建设工程监理百问及实例

筑龙网 组编

中国建材工业出版社

图书在版编目（CIP）数据

建设工程监理百问及实例/筑龙网组编．—北京：中国建材工业出版社，2009.9

ISBN 978-7-80227-617-8

Ⅰ．建… Ⅱ．筑… Ⅲ．建筑工程—监督管理—问答 Ⅳ．TU712-44

中国版本图书馆 CIP 数据核字（2009）第 161412 号

内 容 简 介

本书采用问答的形式，内容基本涵盖了现阶段建设工程监理工作中常见的问题。本书共五章，汇集了相关监理问题 384 个，其中第一章建设工程监理基础知识，第二章施工阶段的监理工作，第三章监理资料，第四章安全监理，第五章施工技术。为了方便读者对一些问题的理解，本书还针对部分问题增加了相对应的案例，如监理规划、监理实施细则、安全监理规划等常用的监理资料实例以及建设工程监理常用的部分法律法规，供从事监理工作的人员参考使用。

全书语言简洁，内容丰富，可供从事监理工作的一线人员和施工现场管理人员日常阅读，也可供大专院校相关专业师生参考。

建设工程监理百问及实例

筑龙网　组编

出版发行：中国建材工业出版社

地　　址：北京市西城区车公庄大街 6 号

邮　　编：100044

经　　销：全国各地新华书店

印　　刷：北京鑫正大印刷有限公司

开　　本：787mm×960mm　1/16

印　　张：27.5

字　　数：518 千字

版　　次：2009 年 9 月第 1 版

印　　次：2009 年 9 月第 1 次

书　　号：ISBN 978-7-80227-617-8

定　　价：50.00 元

本社网址：www.jccbs.com.cn

本书如出现印装质量问题，由我社发行部负责调换。联系电话：（010）88386906

《建设工程监理百问及实例》

编写委员会

策　　划：张兴诺

顾　　问：蒋晓东　束　拉　张晓萍

主　　编：杨保昌

副 主 编：孙中英　刘　涛　郭宪义　马明林

郭子强　李永振　张保为　陈　忠

赵超然　贾历平

编　　委：姜雪平　乔永强　李朝刚　孔雪灵

程东谊　赵常云　董鸿儒　鲍志勇

王　一　王双有　岳希荣　陈小伟

赵亚鹏　张宝霞　焦晓亚　张双喜

李　澄　张　磊　赖乃鼎　陈　谦

朱大庆　赵广勇

序

建设监理作为一项新的建设管理制度自1988年至今已经走过了二十多个年头。在二十多年的发展历程中，建设监理从无到有，从试点到全面推广，所走的每一步都凝聚着监理工作者的不懈努力和政府的政策与法律法规的保障。

目前，建设监理制度已经在工程建设中发挥着越来越重要的作用，但由于建设监理毕竟是一项专业性比较强的智力活动，监理人员的工作方式不是进行实体建筑产品的生产，而是对生产过程中合同执行情况的监督管理。因此，监理人员在实际工作中要面临各种错综复杂的环境和关系，处理各种意想不到的问题。另外，由于部分监理人员的素质不高，在实际工作中对于监理的一些基本概念都搞不清楚，更不用说做好监理工作了。

为了解决这些问题，筑龙网组织有关专家，从筑龙网论坛监理版常见的网友求助贴入手，结合部分有着多年监理工作经验的专家在实际工作中遇到的问题，根据现行的监理规范、监理工程师培训考试教材等有关资料，并请筑龙网有关专家及资深网友进行评审，编写了《建设工程监理百问及实例》一书。

本书深入浅出地对建设监理实务中经常遇到或困惑许多人的基本概念性问题，通过问答题的方式一一作答，是一本理论结合实际又通俗易懂的解惑释疑读本。附录中的监理规划、监理实施细则等实例更是部分专家集体智慧的结晶，对监理同行有着极其重要的参考价值。

我相信，《建设工程监理百问及实例》一书的出版，会对初入监理行业的年轻同志了解监理以及做好监理工作起很好的作用。

2009年7月

前　言

我国于1988年开始在建设领域试行建设工程监理制度，5年后逐步推广。1997年《中华人民共和国建筑法》以法律制度的形式作出规定，国家推行建设工程监理制度，从而使建设工程监理在全国范围内进入全面推广阶段。这是工程建设领域的重大改革，实行建设工程监理制，目的在于提高工程建设的投资效益和社会效益。由于建设工程监理制度适应了我国社会主义市场经济发展的要求，满足了市场经济的客观需要，因此，二十多年来，这项制度在全国范围内健康、快速地发展起来。

随着建设监理制度的实施，1996年我国开始实行监理工程师执业资格考试。据有关资料显示，十多年来，全国共有13万多人通过了这项考试，其中有11万余人注册并实际从事监理工作。目前，我国已经形成了一支素质较高、规模较大的监理队伍，在工程建设中发挥着越来越重要、明显的作用，受到了社会的广泛关注和认可。

近几年我国工程建设领域发展较快，目前的11万多注册监理工程师远远不能满足工程建设的需要，从而导致目前施工现场从事监理工作的人员很大一部分是毕业时间不久的大学生，他们虽然具有相当的理论基础，但由于对建设工程监理工作不够了解，也没有足够的工作经验，在实际工作中遇到了很多的困难。为了解决这一问题，我们根据筑龙网工程监理版块常见的网友求助贴，请筑龙网资深的专家以及网友评审，编写了《建设工程监理百问及实例》一书。问题从监理人员在日常工作中所遇到的实际困难着手，覆盖面广泛，实用性强，贴合实际需求，能够指导监理工作实践。

本书由杨保昌主编，全书分为五章，共384个问题。第一章建设工程监理基础知识，第二章施工阶段的监理工作，第三章监理资料，第四章安全监理，第五章施工技术。采用问答的形式，内容基本涵盖了现阶段建设工程监理工作中常见的问题。附录1—4中分别列出了监理规划、监理实施细则、安全监理规划等常用监理资料的实例以及建设工程监理常用的部分法律法规，供从事监理工作的人员参考使用。

河南建达工程建设监理公司总工程师束拉（郑州大学教授、中国工程监理大师）为本书撰写了序言；同时本书在编写过程中得到了筑龙网

(www.zhulong.com)、筑龙网网友及专家的大力支持，在此表示衷心的感谢！

全书语言简洁，内容丰富，可供从事监理工作的一线人员和施工现场管理人员日常阅读，也可供大专院校相关专业师生参考。由于本书编者水平有限，书中难免存在错误和不足之处，希望广大读者和专家批评指正！

杨保昌

2009年6月

目　录

第一章　建设工程监理基础知识

1. 什么是监理？

答：所谓监理，通常是指有关执行者根据一定的行为准则，对某些行为进行监督管理，使这些行为符合准则要求，并协助行为主体实现其行为目的。

监理的字面含义十分丰富。“监”在中国古代汉语中作为名词使用时，是当作可以照影的明亮铜镜，而作为动词使用时，则含有对镜审视查看之意。所以，我们现在常见到的一些词，如监察、监督、监工、监测、监视、监管等，都有上述的含义。“理”字通常是指规律、条理、准则。因此，综合起来，“监理”就有以准则为一面镜子，对特定行为进行对照、审察，以便找出问题的意思。“理”字除前面的含义外，又有修正、雕琢的意思。因此，“监理”也就有通过视察、检查、评定，以便对不规范行为进行“修正”“雕琢”“纠偏”，以使行为规范的意思。另外，“理”字还具有媒介、中介、媒人的意思。因而，它有第三方的含义。“理”又当做“吏”“执行者”来使用。所以，“监理”同时具有任务执行者的含义。在现代词汇中，“理”字是管理的“理”，应当说它的词意亦在“管理”中能有更充分的体现。

监理活动的实现，需要具备的基本条件是：应当有明确的监理“执行者”，也就是必须有监理的组织；应当有明确的“行为准则”，它是监理的工作依据；应当有明确的被监理“行为”和“行为主体”，它是被监理的对象；应当有明确的监理目的和行之有效的思想、理论、方法和手段。

2. 何谓建设工程监理？其工作的主要内容有哪些？

答：所谓建设工程监理，是指具有相应资质的监理单位受工程项目建设单位的委托，依据国家有关工程建设的法律、法规，经建设主管部门批准的工程项目建设文件、建设工程委托监理合同及其他建设工程合同，对工程建设实施的专业化监督管理。

建设工程监理工作的主要内容包括：协助建设单位进行工程项目可行性研究，优选设计方案、设计单位和施工单位，审查设计文件，控制工程质量、造价和工期，监督、管理建设工程合同的履行，以及协调建设单位与工程建设有关各方的工作关系等。

专家提示：建设工程监理可以适用于工程建设投资决策阶段和实施阶段，但目前监理工作的开展主要是在建设工程施工阶段，甚至只限于施工阶段的质量控制工作。在施工阶段委托监理，其目的是更有效地发挥监理的规划、控制、协调作用，为在计划目标内建成工程提供最好的管理。

3. 建设工程监理制是在什么背景下产生的?

答：从新中国成立直至20世纪80年代，我国固定资产投资基本上是由国家统一安排计划，由国家统一财政拨款。一般建设工程，由建设单位自己组成筹建机构，自行管理；重大建设工程，从相关单位抽调人员组成工程建设指挥部，由其进行管理。投资“三超”、工期延长的现象较为普遍。80年代我国进入了改革开放的新时期，国务院决定在基本建设和建筑业领域采取一些重大的改革措施，例如，投资有偿使用（即“拨改贷”）、投资包干责任制、投资主体多元化、工程招标投标制等。原建设部于1988年发布了《关于开展建设监理工作的通知》，明确提出要建立建设监理制度。建设工程监理制于1988年开始试点，5年后逐步推开，1997年《中华人民共和国建筑法》以法律制度的形式作出规定，国家推行建设工程监理制度，从而使建设工程监理在全国范围内进入全面推行阶段。

4. 现阶段建设工程监理的特点有哪些?

答：（1）建设工程监理的服务对象具有单一性。

工程监理企业只接受建设单位的委托，即只为建设单位服务。它不能接受承建单位的委托为其提供管理服务。从这个意义上看，可以认为我国的建设工程监理就是为建设单位服务的项目管理。

（2）建设工程监理属于强制推行的制度。

在我国，建设工程监理是计划经济条件下提出来的新制度，是靠行政手段和法律手段在全国推行的。

（3）建设工程监理具有监督功能。

我国的工程监理企业与建设单位构成委托与被委托关系，与承建单位无任何经济关系，但根据授权有权对其不正当建设行为进行监督；强调对承建单位施工过程和施工工序的监督、检查和验收，而且还提出了旁站监理的规定。我国监理工程师在质量控制方面的工作所达到的深度和细度，远远超过国际上建设项目管理人员的工作深度和细度。

（4）市场准入的双重控制。

我国对建设工程监理的市场准入采取了企业资质和人员资格的双重控制。要求专业监理工程师以上的监理人员要取得监理工程师资格证书，不同资质等级的工程监理企业至少要有一定数量的取得监理工程师资格证书并经注册的人员。

5. 监理企业的资质等级标准分为几级？其业务范围分别是什么？

答：目前在我国监理企业共设综合资质、专业甲级、专业乙级、专业丙级（仅限房屋建筑、水利水电、公路和市政公用工程四类）和事务所五个资质等级。甲级、乙级和丙级，按照工程性质和技术特点分为14个专业工程类别，分别是房屋建筑工程、冶炼工程、矿山工程、化工石油工程、水利水电工程、电力工程、农林工程、铁路工程、公路工程、港口与航道工程、航空航天工程、通信工程、市政公用工程、机电安装工程，每个专业工程类别按照工程规模或技术复杂程度又分为三个等级。

综合资质可以承担所有专业工程类别建设工程项目的工程监理业务；专业甲级可承担相应专业工程类别建设工程项目的工程监理业务；专业乙级可承担相应专业工程类别二级以下（含二级）建设工程项目的工程监理业务；专业丙级可承担相应专业工程类别三级建设工程项目的工程监理业务；事务所可承担三级建设工程项目的工程监理业务，但国家规定必须实行监理的工程除外。

此外，工程监理企业都可以开展相应类别建设工程的项目管理、技术咨询等业务。

专家提示：2007年8月1日开始实行的《工程监理企业资质管理规定》中对监理企业新设立了一个资质等级——综合资质，综合资质的最基本的一条要求是，具有5个以上工程类别的专业甲级工程监理资质，而综合资质监理企业的业务范围是可以承担所有专业工程类别建设工程项目的工程监理业务。

6. 哪些工程必须实行监理？

答：为了有效发挥建设工程监理的作用，加大推行监理的力度，根据《中华人民共和国建筑法》，国务院公布的《建设工程质量管理条例》对实行强制性监理的工程范围做了原则性的规定，原建设部又进一步在2001年颁布的《建设工程监理范围和规模标准规定》（86号令）中对实行强制性监理的工程范围做了具体规定。下列建设工程必须实行监理。

（1）国家重点建设工程：依据《国家重点建设项目管理办法》所确定的

对国民经济和社会发展有重大影响的骨干项目。

(2) 大中型公用事业工程：项目总投资额在3 000万元以上的供水、供电、供气、供热等市政工程项目；科技、教育、文化等项目；体育、旅游、商业等项目；卫生、社会福利等项目；其他公用事业项目。

(3) 成片开发建设的住宅小区工程：建筑面积在5万平方米以上的住宅建设工程。

(4) 利用外国政府或者国际组织贷款、援助资金的工程：包括使用世界银行、亚洲开发银行等国际组织贷款资金的项目；使用国外政府及其机构贷款资金的项目；使用国际组织或者国外政府援助资金的项目。

(5) 国家规定必须实行监理的其他工程：项目总投资额在3 000万元以上关系社会公共利益、公众安全的交通运输、水利建设、城市基础设施、生态环境保护、信息产业、能源等基础设施项目，以及学校、影剧院、体育场馆项目。

7. 工程施工阶段的监理工作有哪些？

答：工程施工阶段监理工作的具体内容如下。

(1) 协助建设单位与承建单位编写开工报告，协助建设单位办理开工手续。

(2) 确认承建单位选择的分包单位。

(3) 参加施工图会审和设计交底。

(4) 审查承建单位提出的施工组织设计、施工技术方案、施工进度计划、施工质量保证体系和施工安全保证体系，并提出审查意见。

(5) 督促、检查承建单位执行建设工程施工合同和国家工程技术规范、标准，协调建设单位和承建单位之间的关系和争议。

(6) 审核承建单位或建设单位提供的材料、构配件和设备的清单及所列规格、技术性能与质量。

(7) 审批承建单位报送的施工总进度计划；审批承建单位编制的年、季、月度施工计划；分阶段协调施工进度计划，及时提出调整意见，督促承建单位实施进度计划。

(8) 根据施工进度计划协助建设单位编制用款计划；审核经质量验收合格的工程量，并签证工程支付申请表；协助建设单位进行工程竣工结算工作。

(9) 督促承建单位严格按现行规范、规程、强制性质量控制标准和设计要求施工，控制工程质量。

(10) 检查工程使用的材料、构配件和设备的规格、技术性能和质量。

（11）督促、检查、落实施工安全保证措施和防护措施。

（12）负责施工现场签证。

（13）检查工程进度和施工质量，进行技术复核和隐蔽工程验收，组织有关单位人员进行检验批和分项工程、分部（子分部）工程的验收，编写地基与基础、主体结构和其他主要分项工程、分部（子分部）工程和单位（子单位）工程的质量评估报告（或分阶段工程质量评估报告，报政府质量监督机构进行备案）。

（14）参加、督促和检查对工程质量事故的调查、分析和处理。

（15）督促整理合同文件、施工技术档案资料和竣工资料。

（16）协助建设单位组织设计、施工和有关单位进行工程竣工初步验收，编写工程竣工验收报告，协助建设单位办理工程竣工的备案手续。

（17）协助建设单位审查工程结算。

（18）督促承建单位及时完成未完工程尾项，维修工程出现的缺陷。

专家提示：简单地说，监理单位在施工阶段的监理工作包括质量控制、进度控制、投资控制，合同管理、信息管理、安全管理，以及协调参建单位之间的关系，简称为“三控制三管理一协调”。但在目前的实际工作中，在施工阶段建设单位委托监理的具体工作相对较少，甚至仅限于施工质量控制，而安全管理则是政府部门以《建设工程安全管理条例》形式赋予监理的职责。

8. 工程监理单位与质量监督机构的区别有哪些？

答：工程建设监理与政府工程质量监督都属于工程建设监理领域的监督管理活动。但是，前者属于社会的、民间的行为，后者属于政府行为。工程建设监理是发生在项目组织系统范围内的平等主体之间的横向监督管理，而政府工程质量监督则是项目组织系统外的监督管理主体对项目系统内的建设行为主体进行的一种纵向监督管理行为。因此，它们在性质、执行者、任务、范围、工作深度和广度，以及方法、手段等多方面存在着明显差异。

工程建设监理与政府工程质量监督在性质上是不同的。工程建设监理是一种委托性的服务活动，而政府工程质量监督是一种强制性的政府监督行为。

工程建设监理的实施者是社会化、专业化的监督单位，而政府工程质量监督的执行者是政府建设主管部门的专业执行机构——工程质量监督机构。

工程建设监理是监理单位接受建设单位的委托和授权为其提供的工程技术服务，而政府工程质量监督则是质量监督机构代表政府行使工程质量监督职能。

就工作范围而言，工程建设监理的工作范围伸缩性较大，它随建设单位委托范围的大小而变化。如果是全过程、全方位的监理，则其范围远远大于政府工程质量监督的范围。此时，工程建设监理包括整个建设项目的目标规划、动态控制、组织协调、合同管理、信息管理等一系列活动。而政府质量监督则只限于施工阶段的工程质量监督，且工作范围变化较小，相对稳定。

它们在工程质量方面的工作也存在着较大的区别。一是工作依据不尽相同。政府工程质量监督以国家、地方颁发的有关法律和工程质量条例、规定、规范等法规为基本依据，维护法规的严肃性。而工程建设监理则不仅以法律、法规为依据，还以工程建设合同为依据，不仅维护法律、法规的严肃性，还要维护合同的严肃性。二是它们的深度、广度也不相同。工程建设监理所进行的质量控制工作包括对项目质量目标详细规划，实施一系列主动控制措施，在控制过程中既要做到全面控制又要做到事前、事中、事后控制，它需要连续性地持续在整个项目建设的过程中。而政府工程质量监督则主要在项目建设的施工阶段，对工程质量进行阶段性的监督、检查、确认。三是工程建设监理与政府工程质量监督的工作权限不同。例如，政府工程质量监督拥有最终确认工程质量等级的权力，而目前，工程建设监理则无权进行这项工作。四是两者的工作方法和手段不完全相同。工程建设监理主要采用组织管理的方法，从多方面采取措施进行项目质量控制。而政府工程质量监理则更侧重于行政管理的方法和手段。

9. 工程建设监理的性质有哪些?

答: 工程建设监理是一种特殊的工程建设活动。它与其他工程建设活动有明显的区别和差异。这些区别和差异使得工程建设监理与其他工程建设活动之间划出了清楚的界限。也正是由于这个原因，工程建设监理在建设中成为我国一种新的独立的行业。工程建设监理具有以下性质。

(1) 服务性

工程建设监理既不同于承建商的直接生产活动，也不同于建设单位的直接投资活动。它既不是工程承包活动，也不是工程发包活动。它不需要投入大量资金、材料、设备、劳动力。监理单位既不向建设单位承包工程造价，也不参与承包单位的盈利分成。监理单位既不需要拥有大量的机具、设备和劳动力量，一般也不必拥有雄厚的注册资金。它只是在工程项目建设过程中，利用自己的工程建设方面的知识、技能和经验为客户提供高智能监督管理服务，以满足项目建设单位对项目管理的需要。它所获得的报酬也是技术服务的报酬，是脑力劳动的报酬。

要明确指出，工程建设监理是监理单位接收项目建设单位的委托而开展的技术服务活动。因此，它的直接服务对象是客户，是委托方，也就是项目建设单位，这是不容模糊的。这种服务性的活动是按工程建设监理合同来进行的，是受法律约束和保护的。在监理合同中明确地对各种服务工作进行了分类和界定：哪些是“正常服务（工作）”，哪些是“附加服务（工作）”，哪些是“额外服务（工作）”。因此，“服务”在这里决不是一个笼统的概念。要不要为被监理方提供服务？在市场经济条件下，监理单位没有任何合同责任和义务为它提供直接的服务。但是，在实现项目总目标上，参与项目建设的三方是一致的，他们要携起手来共同实现工程项目。因此，有许多工作需要监理工程师进行协调、指导、纠正，以便使工程能够顺利进行。

工程建设监理的服务性使它与政府对工程建设行政管理活动区别开来，也使它与承建商在工程项目建设中的活动区别开来。

（2）独立性

从事工程建设监理活动的监理单位是直接参与工程项目建设的“三方当事人”之一。它与项目建设单位、承建商之间的关系是平等的、横向的。在工程项目建设中，监理单位是独立的一方。我国的有关法规明确指出，监理单位应按照独立、自主的原则开展工程建设监理工作。国际咨询工程师联合会在它的出版物《业主与咨询工程师标准服务协议书条件》中明确指出，监理单位是“作为一个独立的专业公司受聘于建设单位去履行服务的一方”，应当“根据合同进行”，它的监理工程师应当“作为一名独立的专业人员进行工作”。同时，国际咨询工程师联合会要求其会员“相对于承包商、制造商、供应商，必须保持其行为的独立性，不得从他们那里接受任形式的好处，而使它的决定的公正性受到影响或不利于他行使委托人赋予它的职责”，“不得与任何可能妨碍它作为一个独立的咨询工程师工作的商业活动有关”，“咨询工程师仅为委托人的合法利益行使其职责，他必须以绝对的忠诚履行自己的业务并且忠诚地服务于社会的最高利益以及维护职业荣誉和名望”。因此，监理单位在履行监理合同义务和开展监理活动的过程中，要建立自己的组织，要确定自己的工作准则，要运用自己掌握的方法和手段，根据自己的判断，独立的开展工作。监理单位既要认真、勤奋竭诚地为委托方服务，协助建设单位预定目标，也要按照公正、独立、自主的原则开展监理工作。

工程建设监理的独立性与监理单位是建筑市场上的独立主体分不开，与它的独立的行业性分不开。监理单位是具有独立性、社会化、专业化特点的单位。它们专门为项目建设单位提供工程技术服务。它们所运用的思想、理论、方法、手段，开展内容都与工程建设领域其他行为有所不同。同时，由于它在工程建设中的特殊地位以及因此而构成的与其他建设行为主体之间的特殊关系，使它与设计、施工、材料和设备供应等行业有着明显的界线。因此，为了保证工程监理行业的独立性。从事这一行业的独立性，从事这一行业的监理单位和监理工程师必须与某些行业或单位断绝人事上的依附关系以及经济上的隶属关系或经营关系，也不能从事某些行业的工作。

工程建设监理的这种独立性是建设监理制度的要求，是监理单位在工程项目建设中的第三方地位所决定的，是它所承担的工程建设监理的基本任务所决定的。因此，独立性是监理单位开展工程建设监理工作的重要原则。

(3) 公正性

在工程项目建设中，监理单位和监理工程师应当担任什么角色和如何担任这些角色是从事工程建设监理工作的人们应当认真对待的一个重要问题。监理单位和监理工程师在工程建设过程中，一方面应当作为能够严格履行监理合同各项义务，能够竭诚地为客户服务的“服务方”，同时，应当成为“公正的第三方”。也就是在提供监理服务的过程中，监理单位和监理工程师应当排除各种干扰，以公正的态度对待委托方和被监理方，特别是当建设单位和被监理方发生利益冲突或矛盾时能够以事实为依据，以有关法律、法规和双方所签订的工程建设合同为准绳，站在第三方立场上公正地加以解决和处理，做到“公正地证明、决定或行使自己的处理权”。

对工程建设监理和监理单位公正性的要求，首先是建设监理制对工程建设监理进行约束的条件。因为，实施建设监理制的基本宗旨是建立适合社会主义市场经济的工程建设新秩序，为开展工程建设创造安定、协调的环境，为投资者和承包商提供公平竞争的条件。建设监理制的实施，使监理单位和监理工程师在工程项目建设中具有重要地位。一方面，使项目法人可以摆脱具体项目管理的困扰；另一方面，由于得到专业化的监理公司的有力支持，使建设单位与承建商在业务能力上达到一种制衡。为了保持这种状态，首先要对监理单位和它的监理工程师制定约束条件。

公正性还是工程建设监理正常和顺利开展工作的基本条件。监理工程师进行目标规划、动态控制、组织协调、合同管理、信息管理等工作都是为力争在预定目标内实现工程项目建设任务这个总目标服务的。但是，仅仅依靠监理单位而没有设计、施工、材料和设备供应单位的配合是不能完成这个任务的。监理成败的关键在很大程度上取决于能否与承建单位以及与项目建设单位进行良好合作、相互支持、互相配合。而这一切都需要以监理的公正性作为基础。工程建设监理的公正性也是承建商的要求。由于建设监理制赋予监理单位在项目建设中具有监督管理的权力，被监理方必须接受监理方的监督管理。所以，它们迫切要求监理单位能够办事公道，公正地开展工程建设监理活动。

公正性是监理行业的必然要求，它是社会公认的职业准则，也是监理单位和监理工程师的基本职业道德准则。

因此，我国建设监理制把“公正”作为从事工程建设监理活动应当遵循的重要准则。

（4）科学性

我国《工程监理建设规定》指出：工程建设监理是一种高智能的技术服务，要求从事工程建设监理活动应当遵循科学的准则。

工程建设监理的科学性是由其任务所决定的。工程建设监理以协助建设单位实现其投资目的为己任，力求在预定的投资、进度、质量目标内实现工程项目。而当今工程规模日趋庞大，功能、标准要求越来越高，新技术、新工艺、新材料不断涌现，参加组织和建设的单位越来越多，市场竞争日益激烈，风险日渐增加。所以，只有不断地采用新的更加科学的思想、理论、方法、手段才能驾驭工程项目建设监理。

工程建设监理的科学性是由被监理单位的社会化、专业化特点决定的。承担设计、施工、材料和设备供应的都是社会化、专业化的单位。它们在技术、管理方面已经达到了一定水平。这就要求监理单位和监理工程师应当具有更高的素质和水平。只有如此，他们才能实施有效的监督管理。所以，应当按照智能、智力密集型原则组建监理队伍。

工程建设监理的科学性是由它的技术服务性质决定的。它是专门通过对科学知识的应用来实现其价值的。因此，要求监理单位和监理工程师在开展服务时能够提供科学含量高的服务，以创造更大的价值。

工程建设监理的科学性是由工程项目所处的外部环境特点决定的。工程项目总是处于动态的外部环境包围之中，随时都有被干扰的可能。因此，工程建设监理要适应千变万化的项目外部环境，要抵御来自外部的干扰。这就要求监理工程师既要富有工程经验，又要具有应变能力，要进行创造性的工作。

工程建设监理的科学性是由它维护社会公共利益和国家利益的特殊使命决定的。工程单位建设牵扯到国计民生，维系着人民的生命和财产的安全，涉及公众利益。因此，监理单位和工程师需要以科学的态度，用科学方法来完成这项工作。在开展监理活动的过程中，监理工程师要把维护社会最高利益当作自己的天职。

按照工程建设监理的科学性要求，监理单位应当有足够数量的、业务素质合格的监理工程师；要有一套科学的管理制度；要配备计算机辅助监理的软件和硬件；要掌握先进的监理理论、方法，积累足够的技术、经济资料和数据；

要有现代化的监理手段。

10. 监理工程师应具备哪些素质?

答: 监理工程师不仅要有一定的工程技术或工程经济方面的专业知识、较强的专业技术能力，能够对工程建设进行监督管理，提出指导性的意见，而且要有一定的组织协调能力，能够组织、协调工程建设有关各方共同完成工程建设任务。监理工程师是一种复合型人才，其素质要求主要体现以下几个方面。

（1）较高的专业学历和复合型的知识结构。

作为一名监理工程师至少应掌握一种工程建设专业理论知识。所以，要成为一名监理工程师，至少应具有工程类大专以上学历，并应了解或掌握一定的工程建设经济、法律和组织管理等方面的理论知识，不断了解新技术、新设备、新材料、新工艺，熟悉与工程建设相关的现行法律法规、政策规定，成为一专多能的复合型人才，持续保持较高的知识水准。

（2）丰富的工程建设实践经验。

监理工作具有很强的实践性特点，实践经验是监理工程师的重要素质之一。工程建设中的实践经验主要包括立项评估、地质勘测、规划设计、工程招标投标、工程设计及设计管理、工程施工及施工管理、工程监理、设备制造等方面的工作实践经验。

（3）良好的品德。

监理工程师的良好品德主要体现在以下几个方面。

①热爱本职工作。

②具有科学的工作态度。

③具有廉洁奉公、为人正直、办事公道的高尚情操。

④能够听取不同方面的意见，冷静分析问题。

（4）健康的体魄和充沛的精力。

尽管建设工程监理是一种高智能的技术服务，以脑力劳动为主，但是，也必须具有健康的身体和充沛的精力，才能胜任繁忙、严谨的监理工作。尤其在建设工程施工阶段，由于露天作业，工作条件艰苦，工期往往紧迫，业务繁忙，更需要有健康的身体。我国对年满 65 周岁的监理工程师不再进行注册，主要就是考虑监理从业人员身体健康状况的适应能力而设定的条件。

11. 参加监理工程师考试的条件是什么?

答: 凡中华人民共和国公民，身体健康，遵纪守法，具备下列条件之一者，可申请参加监理工程师执业资格考试。

（一）参加全科（四科）考试条件。

（1）工程技术或工程经济专业大专（含大专）以上学历，按照国家有关规定，取得工程技术或工程经济专业中级职务，并任职满3年。

（2）按照国家有关规定，取得工程技术或工程经济专业高级职务。

（3）1970年（含1970年）以前工程技术或工程经济专业中专毕业，按照国家有关规定，取得工程技术或工程经济专业中级职务，并任职满3年。

（二）免试部分科目的条件。

对从事工程建设监理工作并同时具备下列四项条件的报考人员，可免试《工程建设合同管理》和《工程建设质量、投资、进度控制》两科。

（1）1970年（含1970年）以前工程技术或工程经济专业中专（含中专）以上毕业。

（2）按照国家有关规定，取得工程技术或工程经济专业高级职务。

（3）从事工程设计或工程施工管理工作满15年。

（4）从事监理工作满1年。

12. 总监理工程师的职责有哪些?

答：总监理工程师是项目监理机构决策层的代表人物，按照《建设工程监理规范》GB 50319—2000的规定，其应履行的职责如下。

（1）确定项目监理机构人员的分工和岗位职责。

（2）主持编写项目监理规划，审批项目监理实施细则，并负责管理项目监理机构的日常工作。

（3）审查分包单位的资质，并提出审查意见。

（4）检查和监督监理人员的工作，根据工程项目的进展情况可进行人员调配，对不称职的人员应调换其工作。

（5）主持监理工作会议，签发项目监理机构的文件和指令。

（6）审定承包单位提交的开工报告、施工组织设计、技术方案、进度计划。

（7）审核签署承包单位的申请、支付证书和竣工结算。

（8）审查和处理工程变更。

（9）主持或参与工程质量事故的调查。

（10）调解建设单位与承包单位的合同争议、处理索赔、审批工程延期。

（11）组织编写并签发监理月报、监理工作阶段报告、专题报告和项目监理工作总结。

（12）审核签认分部工程和单位工程的质量检验评定资料，审查承包单位的竣工申请，组织监理人员对待验收的工程项目进行质量检查，参与工程项目的竣工验收。

（13）主持整理工程项目的监理资料。

13. 专业监理工程师的职责有哪些?

答：专业监理工程师是指根据项目监理岗位职责分工和总监理工程师的指令，负责实施某一专业或某一方面的监理工作，具有相应监理文件签发权的监理工程师。其职责主要有以下几方面。

（1）负责编制本专业的监理实施细则。

（2）负责本专业监理工作的具体实施。

（3）组织、指导、检查和监督本专业监理员的工作，当人员需要调整时，向总监理工程师提出建议。

（4）审查承包单位提交的涉及本专业的计划、方案、申请、变更，并向总监理工程师提出报告。

（5）负责本专业分项工程验收及隐蔽工程验收。

（6）定期向总监理工程师提交本专业监理工作实施情况报告，对重大问题及时向总监理工程师汇报和请示。

（7）根据本专业监理工作实施情况做好监理日记。

（8）负责本专业监理资料的收集、汇总及整理，参与编写监理月报。

（9）核查进场材料、设备、构配件的原始凭证、检测报告等质量证明文件及其质量情况，根据实际情况认为有必要时，对进场材料、设备、构配件进行平行检验，合格时予以签认。

（10）负责本专业的工程计量工作，审核工程计量的数据和原始凭证。

14. 监理员有哪些职责?

答：监理员是指经过监理业务培训，具有同类工程相关专业知识，从事具体监理工作的监理人员，其职责主要有以下几点。

（1）在专业监理工程师的指导下开展现场监理工作。

（2）检查承包单位投入工程项目的人力、材料、主要设备及其使用、运行状况，并做好检查记录。

（3）复核或从施工现场直接获取工程计量的有关数据并签署原始凭证。

（4）按设计图及有关标准，对承包单位的工艺过程或施工工序进行检查和记录，对加工制作及工序施工质量检查结果进行记录。

（5）担任旁站工作，发现问题及时指出并向专业监理工程师报告。

（6）做好监理日记和有关的监理记录。

15. 什么是总监理工程师（简称总监）？什么是总监理工程师代表（简称总监代表）？总监不能将哪些职责委托总监代表？

答： 总监理工程师是由监理单位法定代表人书面授权，全面负责委托监理合同的履行，主持项目监理机构工作的监理工程师。

总监理工程师代表是经监理单位法定代表人同意，由总监理工程师书面授权，代表总监理工程师行使其部分职责和权力的项目监理机构中的监理工程师。

总监代表在取得总监的授权后，可以行使总监的部分职责和权力，但总监不得将下列工作委托总监代表。

（1）主持编写项目监理规划、审批项目监理实施细则。

（2）签发工程开工/复工报审表，工程暂停令、工程款支付证书、工程竣工报验单。

（3）审核签认竣工决算。

（4）调解建设单位与承包单位的合同争议、处理索赔，审批工程延期。

（5）根据工程项目的进展情况进行监理人员的调整，调换不称职的监理人员。

16. 监理工程师应具备哪些职业道德？

答： 监理工程师的职业道德表现在以下方面。

（1）维护国家的荣誉和利益，按照“守法、诚信、公正、科学”的准则执业。

（2）执行有关工程建设的法律、法规、规范、标准和制度，履行监理合同规定的义务和职责。

（3）努力学习专业技术和建设监理知识，不断提高业务能力和监理水平。

（4）不以个人名义承揽监理业务。

（5）不同时在两个或两个以上监理单位注册和从事监理活动，不在政府部门、施工、材料和设备的生产供应等单位兼职。

（6）不为所监理项目指定承建商、建筑构配件、设备、材料和施工方法。

（7）不收受被监理单位的任何礼金。

（8）不泄露所监理工程各方认为需要保密的事项。

（9）坚持独立自主地开展工作。

17. 工程监理企业的经营活动有哪些基本准则？

答：工程监理企业从事建设工程监理活动，应当遵循“守法、诚信、公正、科学”的基本准则。

（1）守法：即遵守国家的法律法规。对于工程监理企业来说，守法即是要依法经营，主要体现在以下几方面。

1）工程监理企业只能在核定的业务范围内开展经营活动。工程监理企业的业务范围，是指填写在资质证书中，经工程监理资质管理部门审查确认的主项资质和增项资质。核定的业务范围包括两方面：一是监理业务的工程类别；二是承接监理工程的等级。

2）工程监理企业不得伪造、涂改、出租、出借、转让、出卖《资质等级证书》。

3）建设工程监理合同一经双方签订，即具有法律约束力，工程监理企业应按照合同的约定认真履行，不得无故或故意违背自己的承诺。

4）工程监理企业离开原住所地承接监理业务，要自觉遵守当地人民政府颁发的监理法规和有关规定，主动向监理工程所在地的省、自治区、直辖市建设行政主管部门备案登记，接受其指导和监督管理。

5）遵守国家关于企业法人的其他法律、法规的规定。

（2）诚信：即诚实守信用。这是道德规范在市场经济中的体现。它要求一切市场参加者在不损害他人利益和社会公共利益的前提下，追求自己的利益，目的是在当事人之间的利益关系和当事人与社会之间的利益关系中实现平衡，并维护市场道德秩序。诚信原则的主要作用在于指导当事人以善意的心态、诚信的态度行使民事权利，承担民事义务，正确地从事民事活动。

加强企业信用管理，提高企业信用水平，是完善我国工程监理制度的重要保证。企业信用的实质是解决经济活动中经济主体之间的利益关系。它是企业经营理念、经营责任和经营文化的集中体现。信用是企业的一种无形资产，良好的信用能为企业带来巨大效益。我国是世贸组织的成员，信用将成为我国企业走出去，进入国际市场的身份证。它是能给企业带来长期经济效益的特殊资本。监理企业应当树立良好的信用意识，使企业成为讲道德、讲信用的市场主体。工程监理企业应当建立健全企业的信用管理制度。信用管理制度主要有以下几方面。

1）建立健全合同管理制度；

2）建立健全与建设单位的合作制度，及时进行信息沟通，增强相互间的信任感；

3）建立健全监理服务需求调查制度，这也是企业进行有效竞争和防范经营风险的重要手段之一；

4）建立企业内部信用管理责任制度，及时检查和评估企业信用的实施情况，不断提高企业信用管理水平。

（3）公正：是指工程监理企业在监理活动中既要维护建设单位的利益，又不能损害承包商的合法利益，并依据合同公平合理地处理建设单位与承包商之间的争议。工程监理企业要做到公正，必须做到以下几点。

1）要具有良好的职业道德；

2）要坚持实事求是；

3）要熟悉有关建设工程合同条款；

4）要提高专业技术能力；

5）要提高综合分析判断问题的能力。

（4）科学：是指工程监理企业要依据科学的方案，运用科学的手段，采取科学的方法开展监理工作。工程监理工作结束后，还要进行科学的总结。实施科学化管理主要体现在以下几方面。

1）科学的方案：工程监理的方案主要是指监理规划。其内容包括：工程监理的组织计划；监理工作的程序；各专业、各阶段监理工作内容；工程的关键部位或可能出现的重大问题的监理措施等。在实施监理前，要尽可能准确地预测出各种可能的问题，有针对性地拟定解决办法，制定出切实可行、行之有效的监理实施细则，使各项监理活动都纳入计划管理的轨道。

2）科学的手段：实施工程监理必须借助于先进的科学仪器才能做好监理工作，如各种检测、试验、化验仪器、摄录像设备及计算机等。

3）科学的方法：监理工作的科学方法主要体现在监理人员在掌握大量的、确凿的有关监理对象及其外部环境实际情况的基础上，适时、妥帖、高效地处理有关问题。解决问题要用事实说话、用书面文字说话、用数据说话。要开发、利用计算机软件辅助工程监理。

18.《建设工程质量管理条例》中对工程监理单位质量责任和义务做了哪些规定？

答：（1）市场准入和市场行为规定。

工程监理单位应当依法取得相应等级的资质证书，并在其资质等级许可的范围内承担工程监理业务。禁止工程监理单位超越本单位资质等级许可的范围或者以其他工程监理单位的名义承担工程监理业务。禁止工程监理单位允许其他单位或者个人以本单位的名义承担工程监理业务。工程监理单位不得转让其工程监理业务。

(2) 工程监理单位与被监理单位关系的限制性规定。

工程监理单位与被监理工程的施工承包单位以及建筑材料、建筑构配件和设备供应单位有隶属关系或者其他利害关系的，不得承担该项建设工程的监理业务。

(3) 工程监理单位对施工质量监理的依据和监理责任。

工程监理单位应当依照法律、法规以及有关技术标准、设计文件和建设工程承包合同，代表建设单位对施工质量实施监理，并对施工质量承担监理责任。

(4) 监理人员资格要求及权力方面的规定。

工程监理单位应当选派具备相应资格的总监理工程师和（专业）监理工程师进驻施工现场。未经监理工程师签字，建筑材料、建筑构配件和设备不得在其工程上使用或安装，施工单位不得进行下道工序的施工。未经总监理工程师签字，建设单位不拨付工程款，不进行竣工验收。

(5) 监理方式的规定。

监理工程师应当按照工程监理规范的要求，实行旁站、巡视和平行验收等方法，对建设工程实施监理。

19. 实施建设工程监理应遵循哪些原则？

答：监理单位受建设单位委托对建设工程实施监理时，应遵守以下基本原则。

(1) 公正、独立、自主的原则。

监理工程师在建设工程监理中必须尊重科学、尊重事实，协调各方协同配合，维护有关各方的合法权益。为此，必须坚持公正、独立、自主的原则。建设单位和承建单位追求的经济目标有差异，监理工程师应在合同约定的责、权、利关系的基础上，协调双方的一致性。

(2) 权责一致的原则。

监理工程师承担的职责应与建设单位授予的权限相一致。监理工程师的监理职权，依赖于建设单位的授权。这种权力的授予，除体现在建设单位与监理单位之间签订的委托监理合同之中，还应作为建设单位与承建单位之间建设工程合同的合同条件。监理工程师与建设单位协商，明确相应的授权，明确反映在委托监理合同及建设工程合同中。总监理工程师代表监理单位全面履行建设工程委托监理合同，承担合同中确定的监理方向建设单位方所承担的责任和义务。因此，在委托监理合同的实施中，监理单位应给总监理工程师充分授权，体现权责一致的原则。

（3）总监理工程师负责制的原则。

要建立和健全总监理工程师负责制，就要明确权、责、利关系，健全项目监理机构，具有科学的运行制度、现代化的管理手段，形成以总监理工程师为首的高效能的决策指挥体系。总监理工程师负责制的内容包括：1）总监理工程师是工程监理的责任主体。责任是总监理工程师负责制的核心，它构成了对总监理工程师的工作压力与动力，也是确定总监理工程师权力和利益的依据。所以总监理工程师应是向建设单位和监理单位所负责任的承担者。2）总监理工程师是工程监理的权力主体。总监理工程师全面领导建设工程的监理工作，包括组建项目监理机构，主持编制建设工程监理规划，组织实施监理活动，对监理工作总结、监督、评价。

（4）严格监理、热情服务的原则。

严格监理，就是各级监理工作人员严格按照国家政策、法规、规范、标准和合同控制建设工程的目标，依照既定的程序和制度，认真履行职责，对承建单位进行严格监理。监理工程师还应为建设单位提供热情的服务，“应运用合理的技能，谨慎而勤奋地工作”。由于建设单位一般不熟悉建设工程管理与技术服务，监理工程师应按照委托监理合同的要求多方位、多层次地为建设单位提供良好服务，维护建设单位的正当权益；也不能损害承建单位的正当权益。

（5）综合效益的原则。

建设工程监理活动既要考虑建设单位的经济效益，也必须考虑与社会效益和环境效益的有机统一。虽经建设单位的委托和授权，但监理工程师应首先严格遵守国家的建设管理法律、法规、标准等，以高度负责的态度和责任感，既对建设单位负责，谋求最大的经济利益，又要对国家和社会负责，取得最佳的综合效益。只有在符合宏观经济效益、社会效益和环境效益的条件下，建设单位投资项目的微观经济效益才能得以实现。

20. 建设工程监理的作用是什么?

答：（1）有利于提高建设工程投资决策科学化水平。

工程监理单位可协助建设单位选择适当的工程咨询机构，管理工程咨询合同的实施，并对咨询结果（如项目建议书、可行性研究报告）进行评估，提出有价值的修改意见和建议；或者直接从事工程咨询工作，为建设单位提供建设方案。工程监理单位参与或承担项目决策阶段的监理工作，有利于提高项目投资决策的科学化水平，避免项目投资决策失误，也为实现建设工程投资综合效益最大化打下了良好的基础。

（2）有利于规范工程建设参与各方的建设行为。

在建设工程实施过程中，工程监理单位可依据委托监理合同和有关的建设工程合同对承建单位的建设行为进行监督管理。由于这种约束机制贯穿于工程建设的全过程，采用事前、事中和事后控制相结合的方式，因此可以有效地规范各承建单位的建设行为，最大限度地避免不当建设行为的发生。即使出现不当建设行为，也可以及时加以制止，最大限度地减少其不良后果。应当说，这是约束机制的根本目的。另一方面，由于建设单位不了解建设工程有关的法律、法规、规章、管理程序和市场行为准则，也可能发生不当建设行为。在这种情况下，工程监理单位可以向建设单位提出适当的建议，从而避免发生建设单位的不当建设行为，这对规范建设单位的建设行为也可起到一定的约束作用，当然，要发挥上述约束作用，工程监理单位首先必须规范自身的行为，并接受政府的监督管理。

（3）有利于促进承建单位保证建设工程质量和使用安全。

在加强承建单位自身对工程质量管理的基础上，由工程监理单位介入建设工程施工过程的管理，对保证建设工程质量和使用安全有着重要作用。

（4）有利于实现建设工程投资效益最大化。

建设工程投资效益最大化有以下三种不同表现：

1）在满足建设工程设定功能和质量标准的前提下，投资额最少。

2）在满足建设工程设定功能和质量标准的前提下，建设工程寿命周期费用（或全寿命费用）最少。

3）建设工程本身的投资效益与环境、社会效益的综合效益最大化。

21. 建设工程监理实施程序是什么？

答：（1）确定项目总监理工程师，成立项目监理机构。

监理单位应根据建设工程的规模、性质、建设单位对监理的要求，委派称职的人员担任项目总监理工程师，代表监理单位全面负责该工程的监理工作。一般情况下，监理单位在承接工程监理任务时，在参与工程监理的投标、拟定监理方案（大纲）以及与建设单位商签委托监理合同时，即应选派称职的人员主持该项工作。在监理任务确定并签订委托监理合同后，该主持人即可作为项目总监理工程师。这样他在承接任务阶段即早已介入，从而更能了解建设单位的建设意图和对监理工作的要求，并与后续工作能更好地衔接。总监理工程师是建设工程监理工作的总负责人，他对内向监理单位负责，对外向建设单位负责。监理机构的人员构成是监理投标书中的重要内容，是建设单位在评标过程中认可的，总监理工程师在组建项目监理机构时，应根据监理大纲内容和签订的委托监理合同内容组建，并在执行监理规划和具体实施计划中进行及时的调整。

（2）编制建设工程监理规划。

建设工程监理规划是开展工程监理活动的纲领性文件。监理规划的编制应针对项目的实际情况，明确项目监理机构的工作目标，确定具体的监理工作制度、程序、方法和措施，并应具有可操作性。监理规划应在签订委托监理合同及收到设计文件后开始编制，完成后必须经监理单位技术负责人审核批准，并应在召开第一次工地会议前报送建设单位。监理规划应由总监理工程师主持，专业监理工程师参加编制。

（3）制定各专业监理实施细则。

对中型及以上或专业性较强的工程项目，项目监理机构应编制监理实施细则。监理实施细则应符合监理规划的要求，并应结合工程项目的专业特点，做到详细，具有可操作性。

（4）规范化地开展监理工作。

1）工作的时序性。监理的各项工作都应按一定的逻辑顺序先后展开，从而使监理工作能有效地达到目标而不致造成工作状态的无序和混乱。

2）职责分工的严密性。建设工程监理工作是由不同专业、不同层次的专家群体共同来完成的，他们之间严密的职责分工是进行监理工作的前提和实现监理目标的重要保证。

3）工作目标的确定性。在职责分工的基础上，每一项监理工作的具体目标都应是确定的，完成的时间也应有时限规定，从而能通过报表资料对监理工作及其效果进行检查和考核。

（5）参与验收，签署建设工程监理意见。

施工完成以后，监理单位应在正式验交前组织竣工预验收，在预验收中发现的问题，应及时与施工单位沟通，提出整改要求。监理单位应参加建设单位组织的工程竣工验收，签署监理单位意见。

（6）向建设单位提交建设工程监理档案资料。

监理工作完成后，监理单位向建设单位提交的监理档案资料应在委托监理合同文件中约定。不管在合同中是否作出明确的规定，监理单位提交的资料应符合有关规范规定的要求，一般应包括：设计变更、工程变更资料，监理指令性文件，各种签证资料等。

（7）监理工作总结。

监理工作完成后，项目监理机构应及时从两个方面进行监理工作总结。其一，是向建设单位提交的监理工作总结，主要内容包括：委托监理合同履行情况概述，监理组织机构、监理人员和投入的监理设施，监理任务或监理目标完成情况的评价，工程实施过程中存在的问题和处理情况，由建设单位提供的供监理活动使用的办公用房、车辆、试验设施等的清单，必要的工程图片，表明监理工作终结的说明等。其二，是向监理单位提交的监理工作总结，主要内容包括：①监理工作的经验，可以是监理技术、方法，及某种经济措施、组织措施；委托监理合同执行方面，协调与建设单位、承包单位关系等的经验。②监理工作中存在的问题及改进的建议。

22. 监理单位应怎样建立项目监理机构?

答：（1）监理单位履行施工阶段的委托监理合同时，必须在施工现场建立项目监理机构。项目监理机构在完成委托监理合同约定的监理工作后可撤离施工现场。

（2）项目监理机构的组织形式和规模，应根据委托监理合同规定的服务内容、服务期限、工程类别、规模、技术复杂程度、工程环境等因素确定。

（3）监理人员应包括总监理工程师、专业监理工程师和监理员，必要时可配备总监理工程师代表。总监理工程师应由具有3年以上同类工程监理工作经验的人员担任；总监理工程师代表应由具有2年以上同类工程监理工作经验的人员担任；专业监理工程师应由具有1年以上同类工程监理工作经验的人员担任。项目监理机构的监理人员应专业配套、数量满足工程项目监理工作的需要。

（4）监理单位应于委托监理合同签订后10d内将项目监理机构的组织形式、人员构成及对总监理工程师的任命书面通知建设单位。当总监理工程师需要调整时，监理单位应征得建设单位同意并书面通知建设单位；当专业监理工程师需要调整时，总监理工程师应书面通知建设单位和承包单位。

23. 施工阶段监理工作的主要内容有哪些?

答：（1）施工阶段的质量控制

1）对所有的隐蔽工程在进行隐蔽以前进行检查和办理签证，对重点工程要派监理人员驻点跟踪监理，签署重要的分项工程、分部工程和单位工程质量评定表。

2）对施工测量、放样等进行检查，对发现的质量问题应及时通知施工单位纠正，并做好监理记录。

3）检查确认运到现场的工程材料、构件和设备质量，并应查验试验、化验报告单、出厂合格证是否齐全、合格，监理工程师有权禁止不符合质量要求的材料、设备进入工地和投入使用。

4）监督施工单位严格按照施工规范、设计图纸要求进行施工，严格执行施工合同。

5）对工程主要部位、主要环节及技术复杂工程加强检查。

6）检查施工单位的工程自检工作，数据是否齐全，填写是否正确，并对施工单位质量评定自检工作作出综合评价。

7）对施工单位的检验测试仪器、设备、度量衡定期检验，不定期地进行抽验，保证度量资料的准确。

8）监督施工单位对各类土木和混凝土试件按规定进行检查和抽查。

9）监督施工单位认真处理施工中发生的一般质量事故，并认真做好监理记录。

10）对大、重大质量事故以及其他紧急情况，应及时报告建设单位。

（2）施工阶段的进度控制

1）监督施工单位严格按施工合同规定的工期组织施工。

2）对控制工期的重点工程，审查施工单位提出的保证进度的具体措施，如发生延误，应及时分析原因，采取对策。

3）建立工程进度台账，核对工程形象进度，按月、季向建设单位报告施工计划执行情况，工程进度及存在的问题。

（3）施工阶段的投资控制

1）审查施工单位申报的月、季度计量报表，认真核对其工程数量，不超计、不漏计，严格按合同规定进行计量支付签证。

2）保证支付签证的各项工程质量合格、数量准确。

3）建立计量支付签证台账，定期与施工单位核对清算。

4）按建设单位授权和施工合同的规定审核变更设计。

（4）施工阶段的安全监理

1）发现存在安全事故隐患的，要求施工单位整改或停工处理。

2）施工单位不整改或不停止施工的，及时向有关部门报告。

24. 监理单位取得监理业务的方式有哪些?

答: 工程监理单位承揽监理业务的表现形式有两种：一是通过投标竞争取得监理业务。二是由建设单位直接委托取得监理业务。通过投标竞争取得监理业务，是市场经济体制下比较普遍的形式。我国《招标投标法》明确规定，关系到公共利益安全、政府投资、外贸工程等实行监理必须招标。在不易公开招标的机密工程或没有竞争对手的情况下，或者是工程规模比较小、比较单一的监理业务，或者是对原工程监理单位的续用等情况下，建设单位也可以直接委托工程监理业务。

专家提示：需要提醒监理单位应注意的是“对原工程监理单位续用的情况下建设单位可以直接委托工程监理业务”这一点，如果监理单位做好这一点的工作，不但可以以较少的成本承揽到更多的监理业务，而且还可以为建设单位节约一部分监理的招标费用，达到双赢的目标。

25. 工程监理单位在竞争承揽监理业务中应注意哪些事项？

答：（1）严格遵守国家的法律、法规及有关规定，遵守监理行业职业道德，不参与恶性竞争活动，严格履行委托监理合同。

（2）严格按照批准的经营范围承接监理业务，特殊情况下，承接经营范围以外的监理业务时，需向资质管理部门申请批准。

（3）承揽监理业务的总量要视本单位的力量而定，不得在与建设单位签订监理合同后，把监理业务转包给其他工程监理单位，或允许其他企业、个人以本监理单位的名义挂靠承揽业务。

（4）对于监理风险较大的建设工程，可以联合几家工程监理单位组成联合体共同承担监理业务，以分担风险。

26. 监理规划有哪些作用？

答：监理规划是监理单位接受建设单位委托并签订委托监理合同后，在项目总监的主持下，根据委托监理合同，在监理大纲的基础上，结合工程的具体情况，广泛收集工程信息和资料的情况下制定，经监理单位技术负责人批准，用来指导项目监理机构全面开展工作的指导性文件。其作用如下：

（1）指导项目监理机构全面开展监理工作：监理规划的基本作用就是指导项目监理机构全面开展监理工作。建设工程监理的中心目的是协助建设单位实现建设工程的总目标。实现建设工程总目标是一个系统的过程，它需要制订计划，建立组织，配备合适的监理人员，进行有效的领导，实施工程的目标控制。在实施监理的过程中，监理单位要集中精力做好目标控制工作。因此，监理规划需要对项目监理机构开展的各项监理工作做出全面、系统的组织和安排。它包括确定监理工作目标，制定监理工作程序，确定目标控制、合同管理、信息管理、组织协调等各项措施和确定各项工作的方法和手段。

（2）监理规划是建设监理主管机构对监理单位监督管理的依据：政府建设监理主管机构对建设工程监理单位要实施监督、管理和指导，对其人员素质、专业配套和建设工程监理业绩要进行核查和考评以确认其资质和资质等级，以使我国整个建设工程监理行业能够达到应有的水平。要做到这点，除了进行一般性的资质管理工作之外，更为重要的是通过监理单位的实际监理工作来认定它的水平。而监理单位的实际水平可以从监理规划和它的实施中充分地表现出来。

对监理单位进行考核时，要重视对监理规划的检查，也就是说，监理规划是政府建设监理主管机构监督、管理和指导监理单位开展监理活动的重要依据。

（3）监理规划是建设单位确认监理单位履行合同的主要依据：监理单位如何履行监理合同，如何落实建设单位委托监理单位所承担的各项监理服务工作，作为监理的委托方，建设单位不但需要而且应当了解和确认监理单位的工作。同时，建设单位有权监督监理单位全面、认真执行监理合同。监理规划正是建设单位了解和确认这些情况问题的最好资料，是建设单位确认监理单位是否履行监理合同的主要说明性文件。实际上，监理规划的前期文件，即监理大纲，是监理规划的框架性文件。而且，经由谈判确定的监理大纲应当纳入监理合同的附件之中，成为监理合同文件的组成部分。

（4）监理规划是监理单位内部考核的依据和重要的存档资料：从监理单位内部管理制度化、规范化、科学化的要求出发，需要对各项目监理机构（包括总监理工程师和专业监理工程师）的工作进行考核，其主要依据就是经过内部主管负责人审批的监理规划。通过考核可以对有关监理人员的监理工作水平和能力作出客观、正确的评价，有利于今后更合理地安排监理人员，提高监理工作效率。监理规划的内容必然随着工程的进展而逐步调整、补充和完善；真实地反映一个建设工程监理工作的全貌，是最好的监理工作过程记录。

27. 监理实施细则的作用有哪些？

答：监理实施细则对于不同的建设主体来说有不同的作用：

（1）对建设单位的作用：监理实施细则编制的好坏，直接反映了监理项目机构的业务水平。当建设单位拿到一份切合工程实际的监理实施细则，通过对其中具体、全面、周到的措施叙述，能使建设单位在很大程度上消除对监理人员素质的质疑，从而取得建设单位对监理在工作中的信任和支持；

（2）对监理人员的作用：

1）监理实施细则的编写需要较强的针对性，因此，通过监理实施细则的编写，可以增加监理人员对工程情况的认识，熟悉施工图纸，掌握工程特点。

2）监理实施细则中所列的控制内容和措施，可指导现场监理人员及时了解监理细则中规定的控制点和相应的检查方法、质量通病和预控措施，能使监理人员在工作过程中有的放矢，有利于有效实施工程质量控制。

(3) 对施工单位的作用：

1) 通过监理实施细则，能有效地提示施工单位对工程中可能出现的质量通病，并对通病采取积极的预防手段，以避免和减少不必要的损失，而从监理角度来看，则实现了事前预控的目的。

2) 通过监理实施细则中控制点及监理人员具体工作的交代，使施工单位除了清楚强制性标准要求的内容之外，还能提示有哪些工序和部位要求监理人员必须到位，从而能在控制点施工时及时通知监理方，避免由于事前交底不清而引发的纠纷，同时也起到了监理事中控制的作用。

28. 总监理工程师应具备哪些能力？

答：(1) 组织能力：总监理工程师是项目监理工作的策划者和组织者，是团结、带领项目监理机构全体人员完成监理合同中各项职责和任务的核心人物，因此总监理工程师应具备有较强的组织管理能力。信息系统工程监理工作是一项集体工作，作为总监理工程师必须团结项目监理机构全体人员，调动每个成员的积极性，激发他们的工作热情和潜力。

(2) 执行能力：对于总监理工程师来讲，主持制定监理规划固然重要，但更重要的是监理规划的执行，能否将既定的监理规划执行到位是信息系统工程监理质量好坏的关键。因此，可以认为执行是总监理工程师最重要的工作，总监理工程师应该身体力行地去做，确保应该进行的每项工作都已落到实处。事实上，如果不能转化为实际行动的话，再好的监理规划也无法带来实际的成果。另外，执行也应该成为公司组织文化中的一部分，促使各级监理人员的行为水平得到改进。

(3) 协调能力：协调能力是总监理工程师领导才能的重要标志和综合体现。在信息系统工程监理实施过程中，特别是在项目进入实施阶段过程中，往往是多技术融合，亦有可能是多方在同一个施工项目现场中平行、立体、交叉作业，所以，如何有条不紊的协同作战，是非常重要的，总监理工程师要承担协调处理好参与建设各方的关系，实现项目的控制目标。这是总监理工程师多年工作的水平反映。事实也表明：专业知识易学而组织管理协调能力往往在短时间内难以提高。

(4) 业务技术能力：总监理工程师要“一专多能”。既要有一门专业技术，而且还要掌握与所监理的项目相关的多门知识，比如说，法律、经济、政策方面的知识。如果总监理工程师没有“一专”，没有深厚的专业技术功底，在技术上就没有充分的发言权，则难以服众，难以形成项目监理的核心。作为总监理工程师，没有可能也没有必要成为所有专业技术的专家，但是总监理工程师要想在所监理的项目中运筹帷幄，需对项目监理中所涉及的专业知识均应有所了解，争取达到“一专多能”。这个“能”，不仅反映在解决工程技术问题的“理论”，而且还要同样注重反映在解决工程实施过程中出现的问题，积累丰富的工作实践经验。

（5）总结创新能力：总监理工程师在监理工作中所处的特殊地位，要求总监理工程师做到在项目监理机构内部中要集思广益，发挥、调动项目监理机构中每个人员的潜在能力，对创新保持开明的态度。此外，总监理工程师还要组织有关监理人员的培训。

第二章　施工阶段的监理工作

第一节　施工准备阶段的监理工作

29. 施工准备阶段建设监理工作的主要内容有哪些?

答: 施工准备阶段监理工作的主要内容有:

(1) 审查施工单位选择的分包单位的资质。

(2) 监督检查施工单位质量保证体系及安全技术措施，完善质量管理程序与制度。

(3) 参加设计单位向施工单位的技术交底。

(4) 审查施工单位上报的实施性施工组织设计，重点对施工方案、劳动力、材料、机械设备的组织及保证工程质量、安全、工期和控制造价等方面的措施进行监督，并向建设单位提出监理意见。

(5) 在单位工程开工前检查施工单位的复测资料，特别是两个相邻施工单位之间的测量资料、控制桩橛是否交接清楚，手续是否完善，质量有无问题，并对贯通测量、中线及水准桩的设置、固桩情况进行审查。

(6) 对重点工程部位的轴线、水平控制线进行复查。

(7) 监督落实各项施工条件，审批一般单项工程、单位工程的开工报告，并报建设单位备查。

30. 审查施工组织设计的工作程序及基本要求是什么?

答: 施工组织设计审查程序如下:

(1) 承包单位必须完成施工组织设计的编制及自审工作，并填写施工组织设计（方案）报审表，报送项目监理机构。

(2) 总监理工程师应在约定时间内，组织专业监理工程师审查，提出审查意见后，由总监理工程师审定批准。需要承包单位修改时，由总监理工程师签发书面的意见，退回承包单位修改后再报审，总监理工程师应重新审定。

(3) 已审定的施工组织设计由项目监理机构报送建设单位。

（4）承包单位应按审定的施工组织设计文件组织施工。如需对其内容做较大变更，应在实施前将变更内容书面报送项目监理机构重新审定。

（5）对规模大、结构复杂或属新结构、特种结构的工程，项目监理机构应在审查施工组织设计后，报送监理单位技术负责人审查，其审查意见由总监理工程师签发。必要时与建设单位协商，组织有关专家会审。

审查施工组织设计的基本要求：

①施工组织设计应有承包单位负责人签字。

②施工组织设计应符合施工合同要求。

③施工组织设计应由专业监理工程师审核后，经总监理工程师签认。

④发现施工组织设计中存在问题应提出修改意见，由承包单位修改后重新报审。

31. 监理工程师审查施工组织设计时应掌握的原则有哪些？

答：（1）施工组织设计的编制、审查和批准应符合规定的程序。

（2）施工组织设计应符合国家的技术政策，充分考虑承包合同规定的条件、施工现场条件及法规条件的要求，突出“质量第一、安全第一”的原则。

（3）施工组织设计的针对性：承包单位是否了解并掌握了本工程的特点及难点，施工条件是否分析充分。

（4）施工组织设计的可操作性：承包单位是否有能力执行并保证工期和质量目标，该施工组织设计是否切实可行。

（5）技术方案的先进性：施工组织设计采用的技术方案和措施是否先进适用，技术是否成熟。

（6）质量管理和技术管理体系，质量保证措施是否健全且切实可行。

（7）安全、环保、消防和文明施工措施是否切实可行并符合有关规定。

（8）在满足合同和法规要求的前提下，对施工组织设计的审查，应尊重承包单位的自主技术决策和管理决策。

32. 审查专项施工方案的注意事项有哪些？

答：（1）重要的分部、分项工程的施工方案，承包单位在开工前，应向监理工程师提交详细说明，包括为完成该项工程而制定的施工方法、施工机械设备及人员配备与组织、质量管理措施以及进度安排等，报请监理工程师审查认可后方能实施。

（2）在施工顺序上应符合先地下、后地上；先土建、后设备；先主体、后围护的基本规律。所谓先地下、后地上是指地上工程开工前，应尽量把管道、线路等地下设施和土方与基础工程完成，以避免干扰，造成浪费，影响质量。此外，施工流向要合理，即平面和立面上都要考虑施工的质量保证与安全保证；考虑使用的先后和区段的划分，与材料、构配件的运输不发生冲突。

（3）施工方案与施工进度计划的一致性。施工进度计划的编制应以确定的施工方案为依据，正确体现施工的总体部署、流向顺序及工艺关系等。

（4）施工方案与施工平面图布置的协调一致。施工平面图的静态布置内容，如临时施工供水供电供热、供气管道、施工道路、临时办公房屋、物资仓库等，以及动态布置内容，如施工材料模板、工具器具等，应做到布置有序，有利于各阶段施工方案的实施。

33. 怎样审核确认分包单位资格？

答：（1）总包单位提交《分包单位资质报审表》内容：

1）关于拟分包工程的情况，说明拟分包工程名称（部位）、工程数量、拟分包合同额，分包工程占全部工程额的比例。

2）关于分包单位的基本情况，包括：该分包单位的企业简介、资质材料、技术实力、企业过去的工程经验与业绩、企业的财务资本状况等，施工人员的技术素质和条件。

3）分包协议草案。包括总承包单位与分包单位之间责、权、利、分包项目的施工工艺、分包单位设备和到场时间、材料供应，总包单位的管理责任等。

（2）监理工程师审查总承包单位提交的《分包单位资质报审表》：审查时，主要是审查施工承包合同是否允许分包，分包的范围和工程部位是否可进行分包，分包单位是否具有按工程承包合同规定的条件完成分包工程任务的能力。（审查、控制的重点一般是分包单位施工组织者、管理者的资格与质量管理水平，特殊专业工种和专业工种和关键施工工艺或新技术、新工艺、新材料等应用方面操作者的素质与能力）。

（3）对分包单位进行调查。调查的目的是核实总承包单位申报的分包单位情况是否属实。

34. 设计交底的目的和主要内容是什么？

答：设计交底是指在施工图完成并经审查合格后，设计单位在设计文件交付施工时，按法律规定的义务就施工图设计文件向施工单位和监理单位作出详细的说明。其目的是对施工单位和监理单位正确理解贯彻设计意图，使其加深对设计文件特点、难点、疑点的理解，掌握关键工程部位的质量要求，确保工程质量。

设计交底的主要内容一般包括：施工图设计文件总体介绍，设计的意图说明，特殊的工艺要求，建筑、结构、工艺、设备等各专业在施工中的难点、疑点和容易发生的问题说明，对施工单位、监理单位、建设单位等对设计图纸疑问的解释。

35. 监理工程师对试验室的检查包括哪些内容？

答：（1）工程作业开始前，承包单位应向项目监理机构报送试验室的资质证明文件，列出本试验室所开展的试验、检测项目、主要仪器、设备，法定计量部门对计量器具的标定证明文件，试验检测人员上岗资质证明，试验室管理制度等。

（2）监理工程师的实地检查。监理工程师应检查工地试验室资质证明文件、试验设备、检测仪器能否满足工程质量检查要求，是否处于良好的可用状态，精度是否符合需要，法定计量部门标定资料、合格证、率定表，是否在标定的有效期内。试验室管理制度是否齐全、符合实际，试验、检测人员的上岗资质等。经检查，确认能满足工程质量检验要求，则予以批准，同意使用。否则，承包单位应进一步完善、补充，在没得到监理工程师同意之前，工地试验室不得使用。

36. 怎样划分检验批？

答：检验批可根据施工及质量控制和专业验收需要按楼层、施工段、变形缝等进行划分。多层及高层建筑工程中主体分部的分项工程可按楼层或施工段来划分检验批，单层建筑工程的分项工程可按变形缝等划分检验批。地基基础分部工程一般划分为一个检验批；地基基础分部工程中的分项工程一般划分为一个检验批；有地下层的基础工程可按不同地下层划分检验批。屋面分部工程中的分项工程不同楼层屋面可划分为不同的检验批，其他分部工程中的分项工程，一般按楼面划分检验批。对于工程量较少的分项工程可统一划分为一个检验批。安装工程一般按一个设计系统或设备组别划分为一个检验批。室外工程统一划分为一个检验批。散水、台阶、明沟等含在地面检验批中。

专家提示：检验批的划分要反映施工过程，体现不同工序、工种施工工艺特点，符合施工工艺安排。某些分项工程施工条件比较单一，比如钢结构子分部中的预拼装，门窗子分部中的各种门窗安装，都按统一的生产条件施工，检验批的划分比较直观，容易划分。某些分项工程由多个工序组成，如混凝土结构子分部中的混凝土分项工程，它是由原材料、配合比设计和混凝土施工这几个工序组成，不能笼统地划分为一种若干个检验批，要按规定的方式汇总为几种不同的检验批，如果笼统地划分为一种若干个检验批，在混凝土浇筑时若发现原材料或配合比设计有问题，就会造成一定的损失。

检验批的划分要考虑不同专业工种的配合，许多按工种划分的分项工程，施工中需要不同专业工种的配合，其他工种分项工程与主要工种分项工程检验批的划分应尽可能一致，如吊顶施工、喷淋管道施工、电气照明施工的检验批划分不一致的话，就会出现吊顶要封板而喷淋管道还没有试压，或者吊顶施工按检验批已验收而电气照明工种又来拆吊顶装灯等问题。

检验批的划分不能过大，如石材幕墙分项工程，主控项目验收条款多达12条，一般项目多达7条，如划分为一种检验批是不利于质量控制的，在实际工作中监理工程师也是无法一次验收的，可按主控项目和一般项目划分为两种检验批。

检验批的编号要明确无误，指代准确，防止填错表格或造成已验收的假象而漏验。有些分项工程会在几个子分部中出现，如砖砌体分项在地基与基础和主体结构中都有；建筑电气的接地装置在室外、变配电室、防雷接地、不间断电源和备用等子分部工程中都有。

37. 怎样划分分部（子分部）工程?

答: 分部工程的划分应按专业性质、建筑部位确定。建筑与结构工程划分为地基与基础、主体结构、建筑装饰装修（含门窗、地面工程）和建筑屋面四个分部。地基与基础包括房屋相对标高±0.00以下的地基基础、地下防水及基坑支护工程，其中有地下室的工程其首层地面以下的结构工程属于地基与基础分部工程。地下室内的砌体等可纳入主体结构分部，地面、门窗、轻质隔墙、吊顶、抹灰工程应纳入建筑装饰装修工程。建筑设备安装工程划分为建筑给排水及采暖、建筑电气、智能建筑、通风与空调及电梯5个分部。

当分部工程较大或较复杂时，可按材料种类、施工特点、施工程序、专业系统及类别等划分为若干个子分部工程。如建筑屋面分部可划分为卷材防水、涂膜防水、刚性防水、瓦、隔热屋面5个子分部，当分部工程中仅采用一种防水屋面形式时可不再划分子分部工程。

第二节　施工阶段质量控制

38. 什么是质量?

答: 质量的定义是：反映实体满足明确或隐含需要的能力特性之总和。所谓质量是指产品的质量，对建设工程而言是指工程实体的质量或工程质量。实体是指质量的主体，它可以是活动的过程；可以是活动结果的有形产品（如厂房）或无形产品（如监理规划）；可以是某些组织或人；以及以上各项的组合。需要是常被转化为有规定准则的特性，如适用性、安全性、可信性、可靠性、维修性、经济性、美观性等。在许多情况下，需要是要随时间、环境变化而改变的。明确需要是指在合同、标准、规范、图纸、技术文件中已作出明确规定的要求。隐含需要一是指顾客或社会对实体的期望，二是指人们公认的，不言而喻，不必做出规定的需要。

39. 什么是建设工程质量?

答: 建设工程质量简称工程质量。工程质量是指工程满足建设单位需要的，符合国家现行的有关法规、法律、技术标准、设计文件及工程合同中对工程的安全、适用、经济、美观等特性的综合要求。

工程质量可从不同角度分析：①从功能和使用价值看，工程项目质量体现在适用性、耐久性、安全性、可靠性、经济性以及与环境的协调性等。②从工程项目的组成看，工程项目都是由分项工程、分部工程、单位工程组成，工程项目建设是通过一道道工序来完成，是在工序过程中创造的，所以工程项目质量包含了工序质量、分项工程质量、分部工程质量和单位工程质量。③从工程项目质量形成的过程来看，工程项目质量包括了工程建设各个阶段的质量，即决策质量、设计质量、施工质量、回访保修质量。

40. 建设工程项目的质量特性有哪些?

答: 建设工程项目从本质上说是一项拟建或在建的建筑产品，它和一般产品具有同样的质量内涵，即一组固有特性满足需要的程度。这些特性是指产品的适用性、耐久性、可靠性、安全性、经济性以及环境的适宜性等。由于建筑产品一般是采用单件性筹划、设计和施工的生产组织方式，因此，其具体的质量特性指标是在各建设工程项目的策划、决策和设计过程中进行定义的。在工程管理实践和理论研究中，把建设工程项目质量的基本特性概况为以下四个方面：

（1）反映使用功能的质量特性

建设工程项目的功能性质量，主要是反映对建设工程使用功能需求的一系列特性指标，如房屋建筑的平面空间布局、通风采光性能；工业建设工程项目的生产能力和工艺流程；道路交通工程的路面等级、通行能力等。按照现代质量管理理念，功能性质量必须以顾客关注为焦点，通过需求的识别进行定义。

(2) 反映安全可靠的质量特性

即建筑产品不仅要满足使用功能和用途的要求，而且在正常的使用条件下应能达到安全可靠的要求，如建筑结构的自身安全可靠，建筑物使用过程的防腐蚀、防坠、防火、防盗、防辐射等，以及设备系统运行与使用安全等。可靠性质量必须在满足功能性质量需求的基础上，结合综合技术标准、规范特别是强制性条文的要求进行确定与实施。

(3) 反映艺术文化的质量特性

建筑产品具有深刻的社会文化背景，历来人们都把建筑产品视同艺术品，对其个性的艺术效果，包括建筑造型、立面外观、文化内涵、时代表征以及装饰装修、色彩视觉等，不仅使用者关注，社会也关注；不仅当前引人关注，而且未来也会引起人们的关注与评价。建设工程项目艺术文化特性的质量来自于设计者的设计理念、创意和创新，以及施工者对设计意图的领会与精益生产。

(4) 反映建筑环境的质量特性

作为项目管理对象（或管理单元）的建设工程项目，可能是独立的单项工程或单位工程，甚至某一重要分部工程；也可能是一个由群体建筑或线型工程组成的建设项目，如新、改、扩建的工业厂区、大学城或校区、枢纽空港机场、深水港区、高速公路等。建筑环境质量包括项目用地范围内的规划布局、道路交通组织、绿化景观；更追求其与周边环境的协调性或适宜性。

具体地来说质量的特性主要表现在以下六个方面：

1) 适用性。即功能，是指工程满足使用目的的各种性能。包括：理化性能、结构性能、使用性能、外观性能。

2) 耐久性。即寿命，是指工程在规定的条件下，满足规定功能要求使用的年限，也就是工程竣工后的合理使用寿命周期。

3) 安全性。是指工程建成后在使用过程中保证结构安全、保证人身和环境免受危害的程度。

4) 可靠性。是指工程在规定的时间和规定的条件下完成规定功能的能力。

5) 经济性。是指工程从规划、勘察、设计、施工到整个产品使用寿命周期内的成本和消耗的费用。工程经济性主要表现为设计成本、施工成本、使用成本三者之和。

6) 与环境的协调性。是指工程与其周围生态环境协调，与所在地区经济环境协调及与周围已建工程相协调，以适应可持续发展的要求。

上述六个方面的质量特性彼此之间是相互依存的，总体而言，适用、耐久、安全、可靠、经济、与周围适应性，都是必须达到的基本要求，缺一不可。

41. 影响工程质量的因素有哪些？

答：影响工程质量的因素：归纳起来主要有五个方面，即人（Man）、材料（Material）、机械（Machine）、方法（Method）和环境（Environment），简称为4M1E因素。

（1）人员素质：人是生产经营活动的主体，也是工程项目建设的决策者、管理者、操作者，人员的素质，都将直接和间接地对规划、决策、勘察、设计和施工的质量产生影响。因此，建筑行业实行经营资质管理和各类专业从业人员持证上岗制度是保证人员素质的重要管理措施。

（2）工程材料：工程材料选用是否合理、产品是否合格、材质是否经过检验、保管使用是否得当等，都将直接影响建设工程的结构刚度和强度，影响工程外表及观感，影响工程的使用功能，影响工程的使用安全。

（3）机械设备：机械设备可分为两类：一是指组成工程实体及配套的工艺设备和各类机具，它们构成了建筑设备安装工程或工业设备安装工程，形成完整的使用功能。二是指施工过程中使用的各类机具设备，简称施工机具设备，它们是施工生产的手段。机具设备对工程质量也有重要的影响。工程用机具设备其产品质量优劣，直接影响工程使用功能质量。施工机具设备的类型是否符合工程施工特点，性能是否先进稳定，操作是否方便安全等，都将会影响工程项目的质量。

（4）方法：在工程施工中，施工方案是否合理，施工工艺是否先进，施工操作是否正确，都将对工程质量产生重大的影响。大力推进采用新技术、新工艺、新方法，不断提高工艺技术水平，是保证工程质量稳定提高的重要因素。

（5）环境条件：是指对工程质量特性起重要作用的环境因素，包括：工程技术环境，工程作业环境，工程管理环境，周边环境等。环境条件往往对工程质量产生特定的影响。加强环境管理，改进作业条件，把握好技术环境，辅以必要的措施，是控制环境对质量影响的重要保证。

42. 工程项目质量的特点有哪些？

答：由于工程项目本身具有以下一些特点：单项性；一次性与寿命长期性；高投入性；生产管理方式特殊性以及风险性，这就决定了工程项目质量具有以下一些特点：

（1）影响因素多。

如人的因素、材料的因素、设备的因素、环境的因素、施工方法等。

（2）质量的波动性大。

由于建筑生产的单件性、流动性，与一般工业产品的生产不同，所以工程质量容易产生波动且波动大。同时由于影响工程质量的偶然性因素和系统性因素比较多，其中任一因素发生变动，都会使工程质量产生波动。

(3) 质量隐蔽性。

建设工程在施工过程中，分项工程交接多、中间产品多、隐蔽工程多，因此质量存在隐蔽性。若在施工中不及时进行质量检查，事后只能从表面上检查，就很难发现存在的内在质量问题，这样就容易判断错误，将不合格品误认为合格品。

(4) 终检的局限性。

工程项目的终检（竣工验收）无法进行工程内在质量的检验，发现隐蔽的工程质量。因此，工程项目的终检存在一定的局限性。这就要求工程质量控制应以预防为主，防患于未然。

(5) 评价方法的特殊性。

工程质量的检查评定及验收是按检验批、分项工程、分部工程、单位工程进行的。隐蔽工程在隐蔽前要检查合格后验收，涉及结构安全的试块、试件以及有关材料，应按规定进行见证取样检测，涉及结构安全和使用功能的重要分部工程要进行抽样检测。工程质量是在施工单位按合格质量标准的基础上，由监理工程师（或建设单位项目负责人）组织有关单位、人员进行检验确认验收。这种评价方法体现了“验评分离、强化验收、完善手段、过程控制”的指导思想。

43. 什么是质量控制？什么是工程质量控制？

答：质量控制的定义是：质量管理的一部分，致力于满足质量要求。可以从以下几个方面来理解：(1) 质量控制是指为达到质量要求所采取的作业技术和活动。(2) 质量控制就是按规定的质量标准对产品进行工程管理。(3) 质量控制是将实际测量的质量结果与标准对比，并对差异采取措施调节管理过程。质量控制的目的是为了满足预定的质量要求，取得期望的经济效益。

工程质量控制是指致力于满足工程质量要求，也就是为了保证工程质量满足工程合同、规范标准所采取的一系列方式、方法和手段。工程质量要求主要表现为工程合同、设计文件、技术规范标准规定的质量标准。

44. 什么是工程质量的预控？

答：所谓工程质量预控就是根据主动控制原理对工程质量实施控制，具体地来说，就是针对所设置的质量控制点或分部、分项工程，事先分析施工中可能发生的质量问题和隐患，分析可能产生的原因，并提出相应的对策，采取有效的措施进行预先预控，以防在施工中发生质量问题。工程质量预控是对未发生的质量问题采取措施，体现了监理质量控制工作“以预防为主”的重要思想。

45. 监理单位施工阶段质量控制的目标是什么?

答：建设工程监理单位在施工阶段，通过审核施工质量文件、报告报表及采取现场旁站、巡视、平行检测等形式进行施工过程质量监理；并应用施工指令和结算支付控制等手段，监控施工承包单位的质量活动行为、协调施工关系，正确履行对工程施工质量的监督责任，以保证工程质量达到施工合同和设计文件所规定的质量标准。我国《建筑法》规定建设工程监理人员认为工程施工不符合设计要求、施工技术标准和合同约定的，有权要求建筑施工企业改正。

46. 监理工程师施工阶段质量控制的工作有哪些?

答：（1）对所有的隐蔽工程在进行隐蔽以前进行检查和办理签证，对重点工程由监理人员驻点跟踪监理，签署重要的分项、分部工程和单位工程质量验收记录表。

（2）对施工测量和放样进行检查，对发现的问题应及时通知施工单位纠正，并做好监理记录。

（3）检查和确认运到现场的材料、构配件和设备的质量，并应检查试验和化验报告单，监理工程师有权禁止不符合质量要求的材料和设备进入工地和投入使用。

（4）监督施工单位严格按照施工规范和设计文件要求进行施工。

（5）监督施工单位严格执行合同。

（6）对工程主要部位、主要环节及技术复杂工程加强检查。

（7）检查和评价施工单位的工程自检工作。

（8）对施工单位的检测仪器设备、度量衡定期检验，不定期地进行抽检，以确保度量资料的准确。

（9）监督施工单位对各类土木和混凝土试件按规定进行检查和抽查。

（10）监督施工单位认真处理施工中发生的一般质量事故，并认真做好记录。

（11）对大和重大质量事故以及其他紧急情况及时报告建设单位。

47. 工程质量控制的分类有哪些?

答：（1）工程质量控制按其实施主体不同，分为自控主体和监控主体。前者是指直接从事质量职能的活动者，后者是指对他人质量能力和效果的监控者，主要包括以下四个方面。

1）政府的工程质量控制。政府属于监控主体，它主要是以法律法规为依据，通过抓工程报建、施工图设计文件审查、施工许可、材料和设备准用、工程质量监督、重大工程竣工验收备案等主要环节进行的。

2）工程监理单位的质量控制。工程监理单位属于监控主体，它主要是受建设单位的委托，代表建设单位对工程实施全过程进行的质量监督和控制，包括勘察设计阶段质量控制、施工阶段质量控制，以满足建设单位对工程质量的要求。

3）勘察设计单位的质量控制。勘察设计单位属于自控主体，它是以法律、法规及合同为依据，对勘察设计的整个过程进行控制，包括工作程序、工作进度、费用及成果文件所包含的功能和使用价值，以满足建设单位对勘察设计质量的要求。

4）施工单位的质量控制。施工单位属于自控主体，它是以工程合同、设计图纸和技术规范为依据，对施工准备阶段、施工阶段、竣工验收交付阶段等施工全过程的工作质量和工程质量进行的控制，以达到合同文件规定的质量要求。

（2）工程质量控制按工程质量形成过程，包括全过程各阶段的质量控制，主要有以下三个阶段。

1）决策阶段的质量控制，主要是通过项目的可行性研究，选择最佳建设方案，使项目的质量要求符合建设单位的意图，并与投资目标相协调，与所在地区环境相协调。

2）工程勘察设计阶段的质量控制，主要是要选择好勘察设计单位，要保证工程设计符合决策阶段确定的质量要求，保证设计符合有关技术规范和标准的规定，要保证设计文件、图纸符合现场和施工的实际条件，其深度能满足施工的需要。

3）工程施工阶段的质量控制，一是择优选择能保证工程质量的施工单位，二是严格监督承建商按设计图纸进行施工，并形成符合合同文件规定质量要求的最终建筑产品。

48. 监理工程师在工程质量控制过程中应遵循哪些原则？

答：（1）坚持质量第一的原则：监理工程师在进行投资、进度、质量三大目标控制时，在处理三者关系时，应坚持“百年大计，质量第一”，在工程建设中自始至终把“质量第一”作为对工程质量控制的基本原则。

（2）坚持以人为核心的原则：人是工程建设的决策者、组织者、管理者和操作者。在工程质量控制中，要以人为核心，重点控制人的素质和人的行为，充分发挥人的积极性和创造性，以人的工作质量保证工程质量。

（3）坚持以预防为主的原则：工程质量控制要重点做好质量的事先控制和事中控制，以预防为主，加强过程和中间产品的质量检查和控制。

（4）坚持质量标准的原则：质量标准是评价产品质量的尺度，工程质量是否符合合同规定的质量标准要求，应通过质量检验并和质量标准对照，符合质量标准要求的才是合格，不符合质量标准要求的就是不合格，必须返工处理。

（5）坚持科学、公正、守法的职业道德规范：在工程质量控制中，监理人员必须坚持科学、公正、守法的职业道德规范，要尊重科学，尊重事实，以数据资料为依据，客观、公正地进行处理质量问题。要坚持原则，遵纪守法，秉公监理。

49. 工程监理单位的质量责任有哪些？

答：（1）工程监理单位应按其资质登记许可的范围承担工程监理业务，不许超越本单位资质等级许可的范围或其他工程监理单位的名义承担工程监理业务，不得转让工程监理业务，不许其他单位或个人以本单位的名义承担工程监理业务。

（2）工程监理单位应依照法律、法规以及有关技术标准、设计文件和建设工程承包合同，与建设单位签订监理合同，代表建设单位对工程质量实施监理，并对工程质量承担监理责任。监理责任主要有违法责任和违约责任两个方面。如果工程监理单位故意弄虚作假，降低工程质量标准，造成质量事故的，要承担法律责任。若工程监理单位与承包单位串通，谋取非法利益，给建设单位造成损失的，应当与承包单位承担连带赔偿责任。如果监理单位在责任期内，不按照监理合同约定履行监理职责，给建设单位或其他单位造成损失的，属违约责任，应当向建设单位赔偿。

50. 什么是施工图审查？施工图审查的主要内容有哪些？

答：施工图审查是指国务院建设行政主管部门和省、自治区、直辖市人民政府建设行政主管部门委托依法认定的设计审查机构，根据国家法律、法规、技术标准与规范，对施工图进行结构安全和强制性标准、规范执行情况等进行的独立审查。

其主要内容有：

（1）建筑物的稳定性、安全性审查，包括地基基础和主体结构是否安全、可靠。

（2）是否符合消防、节能、环保、抗震、卫生、人防等有关强制性标准、规范的规定。

（3）施工图是否达到规定的深度要求。

（4）是否损害公众利益。

51. 监理工程师怎样进行施工图审核？

答： 施工图是对建筑物、设备、管线等工程对象的尺寸、布置、选用材料、构造、相互关系、施工及安装质量要求的详细图纸和说明，是指导施工的直接依据。因此，监理工程师应重视施工图纸的审核工作。

施工图纸的审核主要是由项目总监理工程师负责组织各专业监理工程师进行，必要时，应组织专家会审或邀请有关专业专家参加。审查设计单位提交的设计图纸和设计文件内容是否准确完整，是否符合编制深度的具体描述，特别是侧重于使用功能及质量要求是否满足设计文件和合同中关于质量目标的具体描述，并应提出书面的监理审核验收意见。如果不能满足要求，应监督设计单位予以修改后再进行审核验收。

监理工程师进行施工图审核的主要内容有：

（1）图纸的规范性。

（2）建筑造型与立面设计。

（3）平面设计。

（4）空间设计。

（5）装修设计。

（6）结构设计。

（7）工艺流程设计。

（8）设备设计。

（9）水、电、自控等设计。

（10）城规、环境、消防、卫生等要求满足情况。

（11）各专业设计的协调一致情况。

（12）施工可行性。

专家提示： 这一问题的答案主要描述的是设计阶段监理对施工图的审核，但对于施工阶段监理的图纸会审工作有着极为重要的借鉴意义。在目前的施工阶段监理工作中，监理单位对图纸会审工作不够重视，在图纸会审时经常只看到施工单位在提出问题，这严重影响了建设单位对监理单位的认可度。项目监理机构只有重视施工图审核工作，发现图纸中存在的问题，多向建设单位提出一些合理化的建议，才能得到建设单位的认可，从而取得建设单位的信任。

52. 图纸会审一般包括的主要内容有哪些方面?

答:（1）是否无证设计或越级设计，图纸是否经设计单位正式签署。

（2）地质勘探资料是否齐全。

（3）设计图纸与说明是否齐全，有无分期供图的时间表。

（4）设计地震烈度是否符合当地要求。

（5）几个设计单位共同设计的图纸相互间有无矛盾，专业图纸之间、平立剖面图之间有无矛盾，标注有无遗漏。

（6）总平面图与施工图的几何尺寸、平面位置、标高等是否一致。

（7）防火、消防是否满足要求。

（8）建筑结构与各专业图纸本身是否有差错及矛盾，结构图与建筑图的平面尺寸及标高是否一致，建筑图与结构图的表示方法是否清楚，是否符合制图标准，预埋件是否表示清楚，有无钢筋明细表，钢筋的构造要求在图中是否表示清楚。

（9）施工图中所列各种标准图册，施工单位是否具备。

（10）材料来源有无保证，能否代换，图中所要求的条件能否满足，新材料、新技术的应用有无问题。

（11）地基处理方法是否合理，建筑与结构构造是否存在不能施工、不便于施工的技术问题，或容易导致质量、安全、工程费用增加等方面的问题。

（12）工艺管道、电气线路、设备装置、运输道路与建筑物之间或相互间有无矛盾，是否合理。

（13）施工安全、环境卫生有无保证。

（14）图纸是否符合监理大纲所提出的要求。

53. 施工阶段质量控制的依据有哪些?

答:施工阶段监理工程师进行质量控制的依据，根据其适用范围及性质，大体可分为以下两类:

（1）质量管理与控制共同性的依据

适用于工程项目施工阶段，与质量控制有关的、通用的、具有普遍意义的和必须遵守的基本条件，它们包括:

①工程合同文件。

②设计文件。

③国家及政府有关部门颁布的有关质量管理方面的法律、法规性文件。

（2）有关质量检验与控制的专门技术法规性文件

这类文件依据一般是针对不同行业、不同质量控制对象而制定的技术法规性的文件，包括各种有关的标准、规范、规程或规定。其中有：

①工程项目施工质量验收标准（《建筑工程施工质量验收统一标准》GB 50300—2001以及配套的各专业工程施工质量验收规范）。

②有关工程材料、半成品和构配件质量控制方面的专门技术法规性依据。

③控制施工作业活动质量的技术规程。

④凡采用新工艺、新技术、新方法的工程，事先应进行试验，并应有权威性技术部门的技术鉴定及有关的质量数据、指标，在此基础上制定有关的质量标准和施工工艺规程，以此作为判断与控制质量的依据。

54. 施工阶段监理工程师施工质量控制的工作程序是什么?

答：在施工阶段的全过程中，监理工程师要进行全过程、全方位的监督、检查与控制，不仅涉及最终产品的检查、验收，而且涉及施工过程的各环节及中间产品的监督、检查与验收。

在每项工程开始前，承包单位须做好施工准备工作，然后填报《工程开工/复工报审表》，附上该项工程的开工报告、施工方案以及施工进度计划、人员及机械设备配置、材料准备情况等，报送监理工程师审查。若审查合格，则由总监理工程师批复准予施工。否则，承包单位应进一步做好施工准备，待条件具备时，再次填报开工申请。

在施工过程中，监理工程师应督促承包单位加强内部质量管理，严格质量控制，施工作业过程均应按规定工艺和技术要求进行，在每道工序完成后，承包单位应进行自检，自检合格后，填报《____报验申请表》交监理工程师检验。监理工程师收到检查申请后应在合同规定的时间内到现场检验，检验合格后予以确认。

只有上道工序被确认质量合格后，方能准许下道工序施工，按上述程序完成逐道工序。当一个检验批、分项、分部工程完成后，承包单位首先对检验批、分项、分部工程进行自检，填写相应质量验收记录表，确认工程质量符合要求，然后向监理工程师提交《____报验申请表》附上自检的相关资料，经监理工程师对相关资料审核及现场检查后，符合要求予以签认验收，反之，则指令承包单位进行整改或返工处理。

在施工质量验收过程中，涉及结构安全的试块、试件以及有关材料，应按规定进行见证取样检测，涉及结构安全和使用功能的重要分部工程要进行抽样检测，承担见证取样检测及有关结构安全检测的单位应具有相应资质。

通过返修或加固处理仍不能满足安全使用要求的分部工程、单位工程严禁验收。

55. 什么是质量控制点？怎样选择质量控制点？

答：质量控制点是指为了保证作业过程质量而确定的重点控制对象、关键部位或薄弱环节。设置质量控制点是保证达到施工质量要求的必要前提，监理工程师在拟定质量控制工作计划时，应予以详细地考虑，并以制度来保证落实。对于质量控制点，一般要事先分析可能造成质量问题的原因，再针对原因制定对策和措施进行预控。承包单位在工程施工前应根据施工过程质量控制的要求，列出质量控制点明细表，提交监理工程师审查批准后，在此基础上实施质量预控。

质量控制点一般应当选择那些保证质量难度大的、对质量影响大的或者是发生质量问题时危害大的对象作为质量控制点。

（1）施工过程中的关键工序或环节以及隐蔽工程，例如预应力结构的张拉工序，钢筋混凝土结构中的钢筋架立。

（2）施工中的薄弱环节，或质量不稳定的工序、部位或对象，例如地下防水层施工。

（3）对后续工程施工或对后续工序质量或安全有重大影响的工序、部位或对象，例如预应力结构中的预应力钢筋质量、模板的支撑与固定等。

（4）采用新技术、新工艺、新材料的部位或环节。

（5）施工上无足够把握的、施工条件困难的或技术难度大的工序或环节，例如复杂曲线模板的放样等。

56. 监理工程师进行现场质量检验的方法有哪几类？分别包括哪些内容？

答：按质量检验的程度，即检验对象被检验的数量划分，可有以下几类：

（1）全数检验。全数检验也叫做普遍检验。它主要是用于关键工序部位或隐蔽工程，以及那些在技术规程、质量检验标准或设计文件中有明确规定应进行全数检验的对象。例如，对安装模板的稳定性、刚度、强度、结构物轮廓尺寸等；对于架立的钢筋规格、尺寸、数量、间距、保护层，以及绑扎或焊接质量等。

（2）抽样检验。对于主要的建筑材料、半成品或工程产品等，由于数量大，通常大多采取抽样检验。即从一批材料或产品中，随机抽取少量样品进行检验，并根据对其数据的统计结果分析，判断该批产品的质量状况。

（3）免检。就是在某种情况下，可以免去质量检验过程。对于已经有足够证据证明质量有保证的一般材料或产品；或实践证明其产品质量长期稳定、质量保证资料齐全者；或是某些施工质量只有通过在施工过程中的严格质量监控，而质量检验人员很难对产品内在质量再作检验的，均可考虑采取免检。

57. 什么是见证取样？见证取样的程序是什么？

答：见证是指由监理工程师现场监督承包单位某工序全过程完成情况的活动。见证取样则是指对工程项目使用的材料、半成品、构配件的现场取样、工序活动效果的检查实施见证。

为确保工程质量，建设部规定，在市政工程及房屋建筑工程项目中，对工程材料、承重结构的混凝土试块、承重墙体的砂浆试块、结构工程的受力钢筋（包括接头）实行见证取样。

见证取样的工作程序如下：

（1）工程项目施工开始前，项目监理机构要督促承包单位尽快落实见证取样的送检试验室。对于承包单位提出的试验室，监理工程师要进行实地考察。试验室一般是和承包单位没有行政隶属关系的第三方。试验室要具有相应的资质，经国家或地方计量、试验主管部门认证，试验项目满足工程需要，试验室出具的报告对外具有法定效果。

（2）项目监理机构要将选定的试验室到负责本项目的质量监督机构备案并得到认可，同时要将项目监理机构中负责见证取样的监理工程师在该质量监督机构备案。

（3）承包单位在对进场材料、试块、试件、钢筋接头等实施见证取样前要通知负责见证取样的监理工程师，在该监理工程师现场监督下，承包单位按相关规范的要求，完成材料、试块、试件等的取样过程。

（4）完成取样后，承包单位将送检样品装入木箱，由监理工程师加封，不能装入箱中的试件，如钢筋样品，钢筋接头，则贴上专用加封标志，然后送往试验室。

58. 实施见证取样有哪些要求？

答：（1）试验室要具有相应的资质并进行备案、认可。

（2）负责见证取样的监理工程师应具有材料、试验等方面的专业知识，且应具有相应资格证书（一般为见证员）。

（3）承包单位从事取样的人员，一般应是试验室人员或专职质检人员，且应具有相应资格（一般为试验员或取样员）。

（4）送往试验室的样品，要填写“送验单”，送验单要盖有见证取样专用章，并有见证取样监理工程师的签字。

（5）试验室出具的报告一般一式三份，分别由承包单位、项目监理机构和相关单位保存，并作为归档资料，是工序产品质量评定的重要依据。

（6）见证取样的频率，国家或地方主管部门有规定的，执行相关规定，施工承包合同中如有明确规定的，执行施工承包合同的规定。见证取样的频率和数量，包括在承包单位自检范围内，一般所占比例为30%。

（7）见证取样的试验费用由承包单位支付。

（8）实行见证取样，绝不代替承包单位对材料、构配件进场时必须进行的自检。自检频率和数量要按相关规范要求执行。

专家提示：对于见证取样的要求，各地规定可能略有不同，但总体的要求基本上是一致的。

59. 哪些材料必须经监理见证取样和送检？

答：下列试块、试件和材料必须实施见证取样和送检：

（1）用于承重结构的混凝土试块。

（2）用于承重墙体的砌筑砂浆试块。

（3）用于承重结构的钢筋及连接接头试件。

（4）用于承重墙的砖和混凝土小型砌块。

（5）用于拌制混凝土和砌筑砂浆的水泥。

（6）用于承重结构的混凝土中使用的掺加剂。

（7）地下、屋面、厕浴间使用的防水材料。

（8）国家规定必须实行见证取样和送检的其他试块、试件和材料。

专家提示：目前在施工现场几乎所有需要复验的材料均经过监理见证取样，而且所有的试验基本上均在外部试验室进行，而按照国家相关规定仅30%的比例需要外检，其他试验可在施工现场或施工企业自己的试验室进行。即便是这样，见证取样也未能起到应有的作用。因此，监理工程师要想做好进场材料的质量控制工作，必须加强自身的素质，做到对常用的原材料的特性有所了解，才能更好地保证施工质量。

60. 施工阶段监理质量控制的任务是什么？监理工程师怎样做好施工阶段质量控制？

答：施工阶段工程建设监理质量控制的任务主要是通过对施工投入、施工和安装过程、产出品进行全过程控制，以及对参加施工单位和人员的资质、材料和设备、施工机械和机具、施工方案和方法、施工环境实施全面控制，以期按标准达到预定的施工质量目标。

为完成施工阶段质量控制任务，监理工程师应当做好以下工作：协助建设单位做好施工现场准备工作，为施工单位提交质量合格的施工现场。确认施工单位资质，审查确认施工分包单位。做好材料和设备检查工作，确认其质量。检查施工机械和机具，保证施工质量。审查施工组织设计，检查并协助搞好各项生产环境、劳动环境、管理环境条件。进行施工工艺过程质量控制工作，检查工序质量，严格工序交接检查制度，做好各项隐蔽工程的检查工作。做好工程变更方案的比选，保证工程质量。进行质量监督，行使质量监督权，认真做好质量鉴证工作。行使质量否决权，协助做好付款控制，组织质量协调会，做好中间质量验收准备工作，做好竣工验收工作，审核竣工图等。

61. 施工阶段监理工程师进行质量监督检查可以通过哪些手段进行？

答：（1）审核技术文件、报告和报表。是对工程质量进行全面监督、检查与控制的重要手段。内容包括：

1）审查进入施工现场的分包单位的资质证明文件，控制分包单位的质量。

2）审批施工承包单位的开工申请书，检查、核实与控制其施工准备工作质量。

3）审批承包单位提交的施工方案、质量计划、施工组织设计或施工计划，控制工程施工质量有可靠的技术措施保障。

4）审批施工承包单位提交的有关材料、半成品和构配件质量证明文件（出厂合格证、质量检验或试验报告等），确保工程质量有可靠的物质基础。

5）审核承包单位提交的反映工序施工质量的动态统计资料或管理图表。

6）审核承包单位提交的有关工序产品质量的证明文件（检验记录及试验报告）、工序交接检查（自检）、隐蔽工程检查、分部分项工程质量检查报告等文件、资料，以确保和控制施工过程的质量。

7）审批有关工程变更、修改设计图纸等，确保设计及施工图纸的质量。

8）审核有关应用新技术、新工艺、新材料、新结构等的技术鉴定书，审批其应用申请报告，确保新技术应用的质量。

9）审批有关工程质量问题或质量问题的处理报告，确保工程质量问题或质量问题处理的质量。

10）审核与签署现场有关质量技术签证、文件等。

（2）指令文件与一般管理文件。指令文件是监理工程师运用指令控制权的具体形式。所谓指令文件是表达监理工程师对施工承包单位提出指示或命令的书面文件，属要求强制性执行的文件。监理工程师的各项指令都应是书面的或有文件记载方为有效，并作为技术文件资料存档。一般管理文件，如监理工程师函、备忘录、会议纪要、发布有关信息、通报等，主要是对承包商工作状态和行为，提出建议、希望和劝阻等，不属强制性要求执行，仅供承包人自主决策参考。

（3）现场监督与检查：

其内容包括：

1）开工前的检查。

2）工序施工中的跟踪监督、检查和控制。

3）对于重要的和对工程质量有重大影响的工序和工程部位，还应在现场进行施工过程的旁站监督与控制，确保使用材料及工艺过程质量。

其方式有：

1）旁站与巡视。旁站是指在关键部位或关键工序施工过程中由监理人员在现场进行的监督活动。旁站的部位或工序要根据工程特点，也应根据承包单位内部质量管理水平及技术操作水平决定。一般而言，混凝土灌注、预应力张拉过程及压浆、基础工程中的软基处理、复合地基施工（如搅拌桩、悬喷桩、粉喷桩）、路面工程的沥青拌和料摊铺、沉井过程、桩基的打桩过程、防水施工、隧道衬砌施工中超挖部分的回填、边坡喷锚打锚杆等要实施旁站。巡视是指监理人员对正在施工的部位或工序现场进行的定期或不定期的监督活动，巡视是一种“面”上的活动，它不限于某一部位或过程，而旁站则是“点”的活动，它是针对某一部位或工序。

2）平行检验。是指监理工程师利用一定的检查或检测手段在承包单位自检的基础上，按照一定的比例独立进行检查或检测的活动。

（4）规定质量监控工作程序。规定双方必须遵守的质量监控工作程序，按规定的程序进行工作，这也是进行质量监控的必要手段。

（5）利用支付手段。这是国际上较通用的一种重要的控制手段，也是建设单位或合同中赋予监理工程师的支付控制权。所谓支付控制权就是：对施工承包单位支付任何工程款项，均需由总监理工程师审核签认支付证明书，没有总监理工程师签署的支付证书，建设单位不得向承包单位进行支付工程款。

62. 什么情况下总监理工程师可以下达工程暂停令？

答：为了确保工程质量，根据委托监理合同中建设单位对监理工程师的授权，出现下列情况需要停工处理时，应下达停工指令：

（1）施工作业活动存在重大隐患，可能造成质量事故或已经造成质量事故。

（2）承包单位未经许可擅自施工或拒绝项目监理机构管理。

（3）在出现下列情况下，总监理工程师有权行使质量控制权，下达停工令，及时进行质量控制。

1）施工中出现质量异常情况，经提出后，承包单位未采取有效措施，或措施不力未能扭转异常情况者。

2）隐蔽作业未经依法查验确认合格，而擅自封闭者。

3）已发生质量问题迟迟未按监理工程师要求进行处理，或者是已发生质量缺陷或问题，如不停工则质量缺陷或问题将继续发展的情况下。

4）未经监理工程师审查同意，而擅自变更设计或修改图纸进行施工者。

5）未经技术资质审查的人员或不合格人员进入现场施工。

6）使用的原材料、构配件不合格或未经检查确认者，或擅自采用未经审查认可的代用材料者。

7）擅自使用未经项目监理机构审查认可的分包单位进场施工。

总监理工程师在签发工程暂停令时，应根据停工原因的影响范围和影响程度，确定工程项目停工范围。总监理工程师下达工程暂停令，宜事先向建设单位报告。

63. 怎样进行隐蔽工程验收?

答: 隐蔽工程是指将被其后续工程施工所隐蔽的分项、分部工程，在隐蔽前所进行的检查验收。它是对一些已完分项、分部工程质量的最后一道检查，由于检查对象就要被其他工序覆盖，给以后的检查整改造成障碍，故显得尤为重要，它是质量控制的一个关键过程。

隐蔽工程验收工作程序如下:

（1）隐蔽工程施工完毕，承包单位按有关技术规程、规范、施工图纸先进行自检，自检合格后，填写《报验申请表》，附上相应的工程检查证（或隐蔽工程检查记录）及有关材料证明、试验报告、复试报告等，报送项目监理机构。

（2）监理工程师收到报验申请后首先对质量证明资料进行审查，并在合同规定的时间内到现场检查（检测或核查），承包单位的专职质检员及相关施工人员应随同一起到现场。

（3）经现场检查，如符合质量要求，监理工程师在《报验申请表》及工程检查证（或隐蔽工程检查记录）上签字确认，准予承包单位隐蔽、覆盖，进入下道工序施工。

如经现场检查发现不合格，监理工程师签发“不合格项目通知”，指令承包单位整改，整改后自检合格再报监理工程师复查。

64. 如何区分工程质量不合格、工程质量问题和质量事故？

答：根据国际标准化组织（ISO）和我国有关质量、质量管理和质量保证标准的定义，凡工程质量没有满足某个规定的要求，就称之为质量不合格。

根据1989年建设部颁布的第3号令《工程建设重大事故报告和调查程序规定》和1990年建设部建建工字第55号文件关于第3号令有关问题的说明：凡是工程质量不合格，必须进行返修、加固或报废处理，由此造成直接经济损失低于5 000元的称为质量问题，直接经济损失在5 000元以上（含5 000元）的称为工程质量事故。

65. 发生工程质量问题的主要原因有哪些？

答：（1）违背建设程序。

（2）违反法规行为。

（3）地质勘察失误。

（4）设计差错。

（5）施工与管理不到位。

（6）使用不合格的原材料、制品及设备。

（7）自然环境因素。

（8）使用不当。

66. 监理工程师发现工程质量问题可以采取哪些处理方式？

答：在各项工程的施工过程中或完工以后，现场监理人员如发现工程项目存在着不合格项或质量问题，应根据其性质和严重程度按如下程序处理：

（1）当施工而引起的质量问题处在萌芽状态，应及时制止，并要求施工单位立即更换不合格材料、设备或不称职人员，或要求施工单位立即改变不正确的施工方法和操作工艺。

（2）当因施工而引起的质量问题已出现时，应立即向施工单位发出《监理工程师通知单》；要求其对质量问题进行补救处理，并采取足以保证施工质量的有效措施后，填报《监理工程师通知回复单》报监理单位。

（3）当某道工序或分项工程完工以后，监理工程师验收不合格，应填写《不合格项通知单》，要求施工单位及时采取措施予以整改。监理工程师对其补救方案进行确认，跟踪处理过程，对处理结果进行验收，否则不允许进行下道工序施工或分项工程的施工。

（4）在交工使用后的保修期内发现的施工质量问题，监理工程师应及时签发《监理工程师通知单》，指令施工单位进行修补、加固或返工处理。

67. 工程质量问题的处理程序是什么？

答：当发现工程质量问题，监理工程师应按以下程序进行处理：

（1）当发生工程质量问题时，监理工程师首先应判断其严重程度。对可以通过返修或返工弥补的质量问题可签发《监理工程师通知单》，责成施工单位写出质量问题调查报告，提出处理方案，填写《监理工程师通知回复单》报监理工程师审核，监理工程师批复后由承包单位处理，必要时应经建设单位和设计单位认可，处理结果应重新进行验收。

（2）对需要加固补强的质量问题，或质量问题的存在影响下道工序和分项工程的质量时，应签发《工程暂停令》，指令施工单位停止有质量问题部位和与其有关联部位及下道工序的施工。必要时，应要求施工单位采取防护措施，责成施工单位写出质量问题调查报告，由设计单位提出处理方案，并征得建设单位同意，批复承包单位处理。处理结果应重新进行验收。

（3）施工单位接到《监理工程师通知单》后，在监理工程师的组织参与下，尽快进行质量问题调查并完成报告的编写。

（4）监理工程师审核、分析质量问题调查报告，判断和确认质量问题产生的原因。

（5）在原因分析的基础上，认真审核签认质量问题处理方案。

（6）指令施工单位按既定的处理方案实施处理并进行跟踪检查。

（7）质量问题处理完毕，监理工程师应组织有关人员对处理的结果进行严格的检查、鉴定和验收，写出质量问题处理报告，报建设单位和监理单位存档。

68. 工程质量事故分为哪几类？

答：工程质量事故是指对工程结构安全、使用功能和外形观感影响较大、损失较大的质量损伤。工程质量事故的分类方法较多，国家现行对工程质量事故通常采用按造成损失严重程度划分为：一般质量事故，严重质量事故和重大质量事故三类。重大质量事故又划分为：一级重大事故、二级重大事故、三级重大事故、四级重大事故。具体如下：

（1）一般质量事故

凡具备下列条件之一者为一般质量事故：

①直接经济损失在5 000元（含5 000元）以上，不满5万元的。

②影响使用功能和工程结构安全，造成永久质量缺陷的。

（2）严重质量事故

凡具备下列条件之一者为严重质量事故：

①直接经济损失在 5 万元（含 5 万元）以上，不满 10 万元的。

②严重影响使用功能和工程结构安全，存在重大质量隐患的。

③事故性质恶劣或造成 2 人以下重伤的。

（3）重大质量事故

凡具备下列条件之一者为重大质量事故：

①工程倒塌或报废。

②由于质量事故，造成人员死亡或重伤 3 人以上。

③直接经济损失在 10 万元以上的。

69. 工程质量事故的处理程序是什么?

答：工程质量事故发生后，监理工程师可按以下程序进行处理。

（1）工程质量事故发生后，总监理工程师应签发《工程暂停令》，并要求停止进行质量缺陷部位和与其有关联部位及下道工序施工，应要求施工单位采取必要的措施，防止事故扩大并保护好现场。同时，要求质量事故发生单位迅速按类别和等级向相应的主管部门上报，并于 24 小时内写出书面报告。

（2）监理工程师在事故调查组展开工作后，应积极协助，客观地提供相应证据。若监理方无责任，监理工程师可应邀参加调查组，参与事故调查；若监理方有责任，则应予以回避，但应配合调查组工作。

（3）当监理工程师接到质量事故调查组提出的技术处理意见后，可组织相关单位研究，并责成相关单位完成技术处理方案，并予以审核签认。

（4）技术处理方案核签后，监理工程师应要求施工单位制定详细的施工方案设计，必要时应编制监理实施细则，对工程质量事故技术处理施工质量进行监理，技术处理过程中的关键部位和关键工序应进行旁站，并会同设计、建设等有关单位共同检查认可。

（5）对施工单位完工自检后报验结果，组织有关各方进行检查验收，必要时应进行处理结果鉴定；要求事故单位整理编写质量事故处理报告，并审核签认，组织将有关技术资料归档。

（6）签发《工程复工令》，恢复正常施工。

70. 工程质量事故处理方案有哪些类型?

答：（1）修补处理。这是最常用的一类处理方案。通常当工程的某个检验批、分项或分部的质量虽未达到规定的规范、标准或设计要求，存在一定缺陷，但通过修补或更换器具、设备后还可达到要求的标准，又不影响使用功能和外观要求，在此情况下，可以进行修补处理。

（2）返工处理。当工程质量未达到规定的标准和要求，存在的严重质量问题，对结构的使用和安全构成重大影响，且又无法通过修补处理的情况下，可对检验批、分项、分部甚至整个工程返工处理。

（3）不做处理。某些工程质量问题虽然不符合规定的要求和标准构成质量事故，但视其严重情况，经过分析、论证、法定检测单位鉴定和设计等有关单位认可，对工程或结构使用及安全影响不大，也可不做专门处理。通常不用专门处理的情况有以下几种：

1）不影响结构安全和正常使用。比如某些隐蔽部位结构混凝土出现混凝土表面裂缝，经检查分析，属于表面养护不够的干缩裂缝，不影响使用及外观，可不做处理。

2）有些质量问题，经过后续工序可以弥补。例如：混凝土墙表面轻微麻面，可通过后期的抹灰、喷涂或刷白等工序弥补，可不做专门处理。

3）经法定检测单位鉴定合格。例如，某检验批混凝土试块强度值不满足规范要求，强度不足，在法定检测单位对混凝土实体采用非破损检验等方法测定其实际强度已达规范允许和设计要求值时，可不做处理。对经检测未达要求值，但相差不多，经分析论证，只要使用前经再次检测达设计强度，也可不做处理，但应严格控制施工荷载。

4）出现的质量问题，经检测鉴定达不到设计要求，但经原设计单位核算，仍能满足结构安全和使用功能。

监理工程师应牢记，不论哪种情况，特别是不做处理的质量问题，均要备好必要的书面文件，对技术处理方案、不做处理结论和各方协商文件等有关档案资料认真组织签认。对责任方应承担的经济责任和合同中约定的罚则应正确判定。

71. 怎样进行工程质量事故处理的鉴定验收？

答：质量事故的技术处理是否达到了预期目的，消除了工程质量不合格和工程质量问题，是否仍留有隐患，监理工程师应通过组织检查和必要的鉴定，进行验收并予以最终确认。

（1）检查验收工程质量事故处理完成后，监理工程师在施工单位自检合格报验的基础上，应严格按施工验收标准及有关规范的规定进行，结合监理人员的旁站、巡视和平行检验结果，依据质量事故技术处理方案设计要求，通过实际量测，检查各种资料数据进行验收，并应办理交工验收文件，组织各有关单位会签。

（2）必要的鉴定为确保工程质量事故的处理效果，凡涉及结构承载力等使用安全和其他重要性能的处理工作，常需做必要的试验和检验鉴定工作。或质量事故处理施工过程中建筑材料及构配件保证资料严重缺乏，或对检查验收结果各参与单位有争议时，常见的检验工作有：混凝土钻芯取样，用于检查密实性和裂缝修补效果，或检测实际强度；结构荷载试验，确定其实际承载力；超声波检测焊接或结构内部质量；池、罐、箱柜工程的渗漏检验等。检测鉴定必须委托政府批准的有资质的法定检测单位进行。

（3）验收结论对所有质量事故无论经过技术处理，通过检查鉴定验收还是不需专门处理的，均应有明确的书面结论。若对后续工程施工有特定要求，或对建筑物使用有一定限制条件，应在结论中提出。

验收结论通常有以下几种：1）事故已排除，可以继续施工。2）隐患已消除，结构安全有保证。3）经修补处理后，完全能够满足使用要求。4）基本上满足使用要求，但使用时应有附加限制条件，例如限制荷载等。5）对耐久性的结论。6）对建筑物外观影响的结论。7）对短期内难以作出结论的，可提出进一步观测检验意见。

对于处理后符合《建筑工程施工质量验收统一标准》规定的，监理工程师应予以验收、确认，并应注明责任方主要承担的经济责任。对经加固补强或返工处理仍不能满足安全使用要求的分部工程、单位（子单位）工程，应拒绝验收。

72. 工程施工质量不符合要求时如何进行处理？

答：一般情况下，不合格现象在检验批的验收时就应发现并及时处理，所有质量隐患必须尽快消灭在萌芽状态，否则将影响后续检验批和相关的分项工程、分部工程的验收。但非正常情况下可按下述规定处理：

（1）经返工重做或更换器具、设备检验批，应重新进行验收。这种情况是指主控项目不能满足规范规定或者一般项目超过偏差限制的子项不符合检验规定的要求时，应及时进行处理的检验批。其中，严重的缺陷应推倒重来，一般的缺陷通过返修或更换器具、设备予以解决，应允许施工单位在采取相应的措施后重新验收。如能够符合相应的专业工程质量验收规范时，则应认为该检验批合格。

（2）经有资质的检测单位鉴定达到设计要求的检验批，应予以验收。这种情况是指个别检验批发现试块强度不满足要求等问题，难以确定是否验收时，应请具有资质的法定检测单位检测，当鉴定结果能够达到设计要求时，该检验批应允许通过验收。

（3）经有资质的检测单位鉴定达不到设计要求但经原设计单位核算认可能满足结构安全和使用功能的检验批，可予以验收。

这种情况是指，一般情况下，规范标准给出了满足安全和使用功能的最低限度要求，而设计往往在此基础上留有一定余量。不满足设计要求和符合相应规范标准的要求，两者并不矛盾。

（4）经返修或加固的分项、分部工程，虽然改变外形尺寸但仍能满足安全使用要求，可按技术处理方案和协商文件进行验收。

这种情况是指更为严重缺陷或范围超过检验批的更大范围内的缺陷可能影响结构的安全性和使用功能。如经法定检测单位检测鉴定以后认为达不到规范标准的相应要求，即不能满足最低限度的安全储备和使用功能，则必须按一定的技术方案进行加固处理，使之能保证其满足安全使用的基本要求。这样会造成一些永久性的缺陷，如改变结构的外形尺寸，影响一些次要的使用功能。为了避免社会财富更大的损失，在不影响安全和主要使用功能的条件下可按处理技术方案和协商文件进行验收，但不能作为轻视质量而回避责任的一种出路，这是应该特别注意的。

（5）通过返修或加固仍不能满足安全和使用要求的分部工程、单位（子单位）工程，严禁验收。

第三节　施工阶段进度控制

73. 何谓建设工程进度控制？

答：建设工程进度控制是指对工程项目建设各阶段的工作内容、工作程序、持续时间和衔接关系根据进度总目标及资源优化配置编制的计划并付诸实施，然后在进度计划的实施过程中经常检查实际进度是否按计划要求进行，对出现的偏差情况进行分析，采取补救措施，灵活调整、修改原计划后再付诸实施，如此循环，直至建设工程竣工验收交付使用。建设工程进度控制的最终目的是确保建设项目按预定的时间动用或提前交付使用，建设工程进度控制的总目标是建设工期。

进度控制必须遵循动态控制原理，在计划执行过程中不断检查，并将实际状况与计划安排进行对比，在分析偏差及其产生原因的基础上，通过采取纠偏措施，使之能正常实施。如果采取措施后不能维持原计划，则需要对原进度计划进行调整或修正，再按新的进度计划实施。

74. 施工阶段项目监理机构进行进度控制的程序是什么？

答：（1）总监理工程师审批承包单位报送的施工总进度计划。

（2）总监理工程师审批承包单位编制的年、季、月度施工进度计划。

（3）专业监理工程师对进度计划实施情况检查、分析。

（4）当实际进度符合计划进度时，应要求承包单位编制下一期进度计划；当实际进度滞后于计划进度时，专业监理工程师应书面通知承包单位采取纠偏措施并监督实施。

75. 监理工程师施工阶段进度控制工作包括哪些内容？

答：建设工程施工进度控制工作从审核承包单位提交的施工进度计划开始，直至建设过程保修期满为止，其工作内容主要有：

（1）编制施工进度控制工作细则。施工进度控制工作细则是在建设工程监理规划的指导下，由项目监理班子中进度控制部门的监理工程师负责编制的更具有实施性和操作性的监理业务文件。其主要内容包括：

①施工进度控制目标分解图。

②施工进度控制的主要工作内容和深度。

③进度控制人员的职责分工。

④与进度控制有关各项工作的时间安排及工作流程。

⑤进度控制的方法（包括进度检查周期、数据采集方式、进度报表格式、统计分析方法等）。

⑥进度控制的具体措施（包括组织措施、技术措施、经济措施及合同措施等）。

⑦施工进度控制目标实现的风险分析。

⑧尚待解决的有关问题。

（2）编制或审核施工进度计划。为了保证建设工程的施工任务按期完成，监理工程师必须审核承包单位提交的施工进度计划。对于大型建设工程，由于单位工程较多、施工工期长，且采取分期分批发包又没有一个负责全部工程的总承包单位时，就需要监理工程师编制施工总进度计划；或者当建设工程由若干个承包单位平行承包时，监理工程师也有必要编制施工总进度计划。当建设工程有总承包单位时，监理工程师只需对总承包单位提交的施工总进度计划进行审核即可。而对于单位工程施工进度计划，监理工程师只负责审核而不需要编制。

（3）按年、月、季度编制工程综合计划。

(4) 下达工程开工令。总监理工程师应根据承包单位和建设单位双方关于工程开工的准备情况，选择合适的时机发布工程开工令。

为了检查双方的准备情况，在一般情况下应由监理工程师组织召开有建设单位和承包单位参加的第一次工地会议。

(5) 协助承包单位实施进度计划。监理工程师要随时了解施工进度计划执行过程中所存在的问题，并帮助承包单位予以解决，特别是承包单位无力解决的内外关系协调问题。

(6) 监督施工进度计划的实施。

(7) 组织现场协调会。监理工程师应每月、每周定期组织召开不同层级的现场协调会议，以解决工程施工过程中的相互协调配合问题。在平行、交叉施工单位多，工序交接频繁且工期紧迫的情况下，现场协调会甚至需要每日召开。对于某些未曾预料的突发变故或问题，监理工程师还可以通过发布紧急协调指令，督促有关单位采取应急措施维护施工的正常秩序。

(8) 签发工程进度款支付凭证。监理工程师应对承包单位申报的已完分项工程量进行核实，在质量监理人员检查验收后，签发工程进度款支付凭证。

(9) 审批过程延期。造成工程进度拖延的原因有两个方面：一是由于承包单位自身的原因；一是由于承包单位以外的原因。前者所造成的进度拖延，称为工程延误；而后者所造成的进度拖延称为工程延期。

①工程延误。当出现工期延误时，监理工程师有权要求承包单位采取有效措施加快施工进度。如果经过一段时间后，实际进度没有明显改进，仍然拖后于计划进度，而且显然影响工程按期竣工时，监理工程师应要求承包单位修改进度计划，并提交给监理工程师重新确认。监理工程师对修改后的施工进度计划的确认，并不是对工程延期的批准，他只是要求承包单位在合理的状态下施工。因此，监理工程师对进度计划的确认，并不能解除承包单位应负的一切责任，承包单位需要承担赶工的全部额外开支和延期损失赔偿。

②工程延期。如果由于承包单位以外的原因造成工期拖延，承包单位有权提出延长工期的申请。监理工程师应根据合同规定，审批工程延期时间。经监理工程师核实批准的工程延期时间，应纳入合同工期，作为合同工期的一部分，即新的合同工期应等于原定的合同工期加上监理工程师批准的工程延期时间。

(10) 向建设单位提交进度报告。监理工程师应随时整理进度资料，并做好工程记录，定期向建设单位提交工程进度报告。

(11) 督促承包单位整理技术资料。

(12) 签署工程竣工报验单、提交工程质量评估报告。当单位工程达到竣工验收条件后，承包单位在自行预验的基础上提交工程竣工报验单，申请验收。监理工程师在对竣工资料及工程实体进行全面检查。验收合格后，签署工程竣工报验单，并向建设单位提出质量评估报告。

（13）整理工程进度资料。在工程完工以后，监理工程师应将工程进度资料收集起来，进行归类、编目和建档，以便为今后其他类似工程项目的进度控制提供参考。

（14）工程移交。监理工程师应督促承包单位办理工程移交手续，颁发工程移交证书。在工程移交后的保修期内，还要处理验收后质量问题的原因及责任等争议问题，并督促责任单位及时修理。当保修期结束且再无争议时，建设工程进度控制的任务即告完成。

76. 影响建设工程进度的因素有哪些?

答: 影响建设工程施工进度的因素有很多，归纳起来，主要有以下几个方面：

（1）建设单位因素。如建设单位使用要求改变而进行设计变更；应提供的施工场地条件不能及时提供或所提供的场地不能满足工程正常需要；不能及时向施工单位或材料供应商付款等。

（2）勘察设计因素。如勘察资料不准确，特别是地质资料错误或遗漏；设计内容不完善，规范应用不恰当，设计有缺陷或错误；设计对施工的可能性未考虑或考虑不周；施工图纸供应不及时、不配套，或出现重大差错等。

（3）施工技术因素。如施工工艺错误；不合理的施工方案；施工安全措施不当；不可靠技术的应用等。

（4）自然环境因素。如复杂的工程地质条件；不明的水文气象条件；地下埋藏文物的保护、处理；洪水、地震、台风等不可抗力等。

（5）社会环境因素。如外单位临近工程施工干扰；节假日交通、市容整顿的限制；临时停水、停电、断路；以及在国外常见的法律及制度变化、经济制裁、战争、骚乱、罢工、企业倒闭等。

（6）组织管理因素。如向有关部门提出各种申请审批手续的延误；合同签订时遗漏条款、表达失当；计划安排不周密，组织协调不力，导致停工待料、相关作业脱节；领导不力、指挥失当，使参加工程建设的各个单位、各个专业、各个施工过程之间交接、配合上发生矛盾等。

（7）材料、设备因素。如材料、构配件、机具、设备供应环节的差错，品种、规格、质量、数量、时间不能满足工程的需要；特殊材料及新材料的不合理使用；施工设备不配套，选型失当，安装失误，有故障等。

（8）资金因素。如有关方拖欠资金，资金不到位，资金短缺，汇率浮动和通货膨胀等。

77. 施工阶段监理进度控制的工作有哪些？监理工程师如何协调进度问题？

答： 施工阶段监理进度控制的主要工作：审查承包单位报送的施工进度计划；制定进度控制方案，对进度目标进行风险分析，制定防范性对策；检查进度计划的实施，并根据实际情况采取措施；在监理月报中向建设单位报告工程进度及有关情况，并提出预防由建设单位原因导致工程延期及相关费用索赔的建议。

由于影响进度的因素错综复杂，因而进度问题的协调工作也十分复杂。实践证明，有两项协调工作很有效：一是建设单位和承包商双方共同商定一级网络计划，并由双方负责人签字，作为工程施工合同的附件；二是设立提前竣工奖，由监理工程师按一级网络计划节点考核，分期支付阶段工期奖，如果整个工程最终不能保证工期，由建设单位从工程款中将已付的阶段工期奖扣回并按合同规定予以罚款。

78. 监理工程师怎样做好施工阶段进度控制？

答： 施工阶段工程建设监理进度控制的任务主要是通过完善项目控制性进度计划、审查施工单位施工进度计划、做好各项动态控制工作、协调各单位关系、预防并处理好工期索赔，以求实际施工进度达到计划施工进度的要求。

为完成施工阶段进度控制任务，监理工程师应当做好以下工作：根据施工招标和施工准备阶段的工程信息，进一步完善建设工程控制性进度计划，并据此进行施工阶段进度控制；审查施工单位施工进度计划，确认其可行性并满足建设工程控制性进度计划要求；制订建设单位方材料和设备供应进度计划并进行控制，使其满足施工要求；审查施工单位进度控制报告，督促施工单位做好施工进度控制；对施工进度进行跟踪，掌握施工动态；研究制定预防工期索赔的措施，做好处理工期索赔跟踪；在施工过程中，做好对人力、材料、机具、设备等的投入控制工作以及转换控制工作、信息反馈工作、对比和纠正工作，使进度控制定期连续进行；开好进度协调会议，及时协调有关各方关系，使工程施工顺利进行。

专家提示： 监理工程师做好进度控制最行之有效的方法，是根据施工总进度计划网络图划分几个重要的节点，在合同中明确这部分节点工期的奖罚措施，这样能够起到过程控制的作用，如果仅仅依靠最终竣工节点的处罚，是无法起到过程控制作用的。

79. 施工进度计划审核的主要内容有哪些?

答: 监理工程师应从以下六个方面审核施工进度计划:

(1) 进度安排是否符合工程项目建设总进度计划中总目标和分目标的要求,是否符合施工合同中开工、竣工日期的规定。

(2) 施工总进度计划中的项目是否有遗漏,分期工程是否满足分批交付使用的需要和配套交付使用的要求。

(3) 施工顺序的安排是否符合施工工艺的要求。

(4) 劳动力、材料、构配件、设备及施工机具、水、电等生产要素的供应计划是否能保证施工进度计划的实现,供应是否均衡、需求高峰期是否有足够能力实现计划供应。

(5) 总包、分包单位分别编制的各项单位工程施工进度计划之间是否相协调,专业分工与计划衔接是否明确合理。

(6) 对于建设单位负责提供的施工条件(包括资金、施工图纸、施工场地、采供的物资等),在施工进度计划中安排得是否明确、合理,是否有造成因建设单位违约而导致工程延期和费用索赔的可能存在。

如果监理工程师在审查施工进度计划的过程中发现问题,应及时向承包单位提出书面修改意见(也称整改通知书),并协助承包单位修改。其中重大问题应及时向建设单位汇报。

专家提示: 编制和实施施工进度计划是承包单位的责任。承包单位之所以将施工进度计划提交给监理工程师审核,是为了听取监理工程师的建设性意见。因此,监理工程师对施工进度计划的审查或批准,并不解除承包单位对施工进度计划的任何责任和义务。此外,对于监理工程师来讲,其审查施工进度计划的主要目的是为了防止承包单位计划不当,以及为承包单位保证实现合同规定的进度目标提供帮助。如果强制地干预承包单位的进度安排,或支配施工中所需要的劳动力、设备和材料,将是一种错误行为。

另外,虽然承包单位向监理工程师提交施工进度计划是为了听取建设性的意见,但施工进度计划一经监理工程师确认,即应当视为合同文件的一部分,它是以后处理承包单位提出的工程延期或费用索赔的一个重要依据。

80. 什么是工程延误和工程延期?

答: 在建设工程施工过程中,其工期的延长分为工程延误和工程延期两种。它们都是使工程拖期，所谓工程延误主要是由于承包单位自身的原因造成的工程进度拖延，而工程延期则是由于承包单位以外的原因造成的工程进度拖延（如工程变更或者监理工程师的错误指令等）。由于性质的不同，因而建设单位和承包单位所承担的责任也就不同。如果是属于工程延误，则由此造成的一切损失由承包单位承担。同时，建设单位还有权对承包单位实行误期违约罚款。而如果是工程延期，则承包单位不仅有权延长工期，而且还有权对建设单位提出补偿费用的要求以弥补由此造成的额外损失。监理工程师是否将施工过程中工期的延长批准为工程延期，对建设单位和承包单位都十分重要。因此，监理工程师应按照合同的有关规定，公正地区分工程延误和工程延期，并合理地批准工程延期时间。

81. 什么条件下承包单位有权提出延长工期的申请?

答: 由于以下原因导致工程延期，承包单位有权提出延长工期的申请，监理工程师应按合同规定，批准工程延期时间。

1）监理工程师发出工程变更指令而导致工程量增加。

2）合同所涉及的任何可能造成工程延期的原因，如延期交图、工程暂停、对合格工程的剥离检查及不利的外界条件等。

3）异常恶劣的气候条件。

4）由建设单位造成的任何延误、干扰或障碍，如未及时提供施工场地、未及时付款等。

5）除承包单位自身以外的其他任何原因。

82. 哪些情况下可以顺延工期?

答: 按照施工合同示范文本通用条件的规定，以下原因造成的工期延误，经监理工程师确认后工期相应顺延:

(1) 发包人不能按专用条款的约定时间提供开工条件。

(2) 发包人不能按约定日期支付工程预付款、进度款，致使工程不能正常进行。

(3) 工程师未按合同约定提供所需指令、批准等，致使施工不能正常进行。

(4) 设计变更和工程量增加。

(5) 一周内非承包商原因停水、停电、停气造成停工累计超过 8h。

(6) 不可抗力。

(7) 专用条款中约定或工程师同意顺延的其他情况。

这些情况下工期可以顺延的根本原因在于：这些情况属于发包人违约或者应当是由发包人承担的风险。反之，如果造成工期延误的原因是承包人的违约或者应当由承包人承担的风险，则工期不能顺延。

83. 工程延期的审批程序是什么?

答：当工程延期事件发生后，承包单位应在合同规定的有效期内以书面形式通知监理工程师（即工程延期意向通知），以便于监理工程师尽早了解所发生的事件，及时作出一些减少延期损失的决定。随后，承包单位应在合同规定的有效期内（或监理工程师可能同意的合理期限内）向监理工程师提交详细的申述报告（延期理由及依据）。监理工程师收到该报告后应及时进行调查核实，准确地确定出工程延期时间。

当延期事件具有持续性，承包单位在合同规定的有效期内不能提交最终详细的申述报告时，应先向监理工程师提交阶段性的详情报告。监理工程师应在调查核实阶段性报告的基础上，尽快作出延长工期的临时决定。临时决定的延期时间不宜太长，一般不超过最终批准的延期时间。

待延期事件结束后，承包单位应在合同规定的期限内向监理工程师提交最终的详情报告。监理工程师应复查详情报告的全部内容，然后确定该延期事件所需要的延期时间。

如果遇到比较复杂的延期事件，监理工程师可以成立专门小组进行处理。对于一时难以作出结论的延期事件，即使不属于持续性的事件，也可以采用先作出临时延期的决定，然后再作出最后决定的办法。这样既可以保证有充足的时间处理延期事件，又可以避免由于处理不及时而造成的损失。

监理工程师在作出临时工程延期批准或最终工程延期批准之前，均应与建设单位和承包单位进行协商。

84. 监理工程师审批工程延期的原则是什么?

答：监理工程师在审批工程延期时应遵循以下原则：

(1) 合同条件：监理工程师批准的工程延期必须符合合同条件。也就是说，导致工期拖延的原因确实属于承包单位自身以外的，否则不能批准为工程延期。这是监理工程师审批工程延期的一条根本原则。

(2) 影响工期：发生延期事件的工程部位，无论其是否处在施工进度计划的关键线路上，只有当所延长的时间超过其相应的总时差而影响到工期时，才能批准为工程延期。如果延期事件发生在非关键线路上，且延长的时间并未超过总时差时，即使符合批准为工程延期的合同条件，也不能批准为工程延期。应当说明，建设工程施工进度计划中的关键线路并非固定不变，它会随着工程的进展和情况的变化而转移。监理工程师应以承包单位提交的、经自己审核后的施工进度计划（不断调整后）为依据来决定是否批准工程延期。

（3）实际情况：批准的工程延期必须符合实际情况。为此，承包单位应对延期事件发生后的各类有关细节进行详细记载，并及时向监理工程师提交详细报告。与此同时，监理工程师也应对施工现场进行详细考察和分析，并做好有关记录，以便为合理确定工程延期时间提供可靠依据。

85. 监理工程师如何减少或避免工程延期事件的发生？

答：发生工程延期事件，不仅影响工程的进展，而且会给建设单位带来损失。因此，监理工程师应做好以下工作，以减少或避免工程延期事件的发生。

（1）选择合适的时机下达工程开工令：监理工程师在下达工程开工令之前，应充分考虑建设单位的前期准备工作是否充分。特别是征地、拆迁问题是否已解决，设计图纸能否及时提供，以及付款方面有无问题等，以避免由于上述问题缺乏准备而造成工程延期。

（2）提醒建设单位履行施工承包合同中所规定的职责：在施工过程中，监理工程师应经常提醒建设单位履行自己的职责，提前做好施工场地及设计图纸的提供工作，并能及时支付工程进度款，以减少或避免由此而造成的工程延期。

（3）妥善处理工程延期事件：当延期事件发生以后，监理工程师应根据合同规定进行妥善处理。既要尽量减少工程延期时间及其损失，又要在详细调查研究的基础上合理批准工程延期时间。

此外，建设单位在施工过程中应尽量减少干预、多协调，以避免由于建设单位的干扰和阻碍而导致延期事件的发生。

86. 监理工程师如何处理工程延误？

答：当出现工程延误时，监理工程师有权要求承包单位采取有效措施加快施工进度。如果经过一段时间后，实际进度没有明显改进，仍然滞后于进度计划，而且显然影响工程按期竣工时，监理工程师应要求承包单位修改进度计划，并提交给监理工程师重新确认。需要注意的是，监理工程师对修改后的施工进度计划的确认，并不是对工程延期的批准，他只是要求承包单位在合理的状态下施工。因此，监理工程师对修改后进度计划的确认，并不能解除承包单位应负的一切责任，承包单位需要承担赶工的全部额外支出和误期损失赔偿。

如果承包单位未按照监理工程师的指令改变延期状态时，通常可以采用下列手段进行处理：

（1）拒绝签署付款凭证。当承包单位的施工活动不能使监理工程师满意时，监理工程师有权拒绝承包单位的支付申请。因此，当承包单位的施工进度滞后且又不采取措施时，监理工程师可以采取拒绝签署付款凭证的手段制约承包单位。

（2）误期损失赔偿。拒绝签署付款凭证一般是监理工程师在施工过程中制约承包单位延误工期的手段，而误期损失赔偿则是当承包单位未能按合同规定的工期完成合同范围内的工作时对其的处理。如果承包单位未能按合同约定的工期和条件完成整个工程，则应向建设单位支付投标书附件中规定的金额，作为该项违约的损失赔偿费。

（3）取消承包资格。如果承包单位严重违反合同，又不采取补救措施，则建设单位为了保证合同工期有权取消其承包资格。例如：承包单位接到监理工程师的开工通知后，无正当理由推迟开工时间，或在施工过程中无任何理由要求延长工期，施工进度缓慢，又无视监理工程师的书面警告等，都有可能受到取消承包资格的处罚。

取消承包资格是对承包单位违约的严厉制裁。因为建设单位一旦取消了承包单位的承包资格，承包单位不但要被驱逐出施工现场，而且还要承担由此造成的建设单位的损失费用。这种惩罚措施一般不轻易采用，而且在作出这项决定前，建设单位必须事先通知承包单位，并要求其在规定的期限内作好辩护准备。

第四节　施工阶段投资控制与合同管理

87. 哪些工程项目必须经过招标？

答：建设工程招标投标，是招标人就拟建的工程项目提出招标条件，通过媒体，邀请符合资质的投标人进行投标。投标人对招标工程项目和招标条件，作出实质性响应的经济法律行为。

《招标投标法》规定，任何单位和个人不得将依法必须进行招标的项目化整为零或者以其他任何方式规避招标。如果发生此类情况，有权责令改正，可以暂停项目执行或者暂停资金拨付，并对单位负责人或其他直接责任人依法给予行政处分或纪律处分。《招标投标法》要求，属于必须以招标方式进行工程项目建设及与建设有关的设备、材料等采购总体范畴包括：

（1）大型基础设施、公用事业等关系社会公共利益、公众安全的项目。

(2) 全部或者部分使用国有资金投资或者国家融资的项目。

(3) 使用国际组织或者外国政府贷款、援助资金的项目。

依据《招标投标法》的基本原则，国家计委颁布了《工程建设项目招标范围和规模标准规定》，对必须招标的范围作出了进一步细化的规定。要求各类工程项目的建设活动，达到下列标准之一者，必须进行招标：

(1) 施工单项合同估算价在200万元人民币以上。

(2) 重要设备、材料等货物的采购，单项合同估算价在100万元人民币以上。

(3) 勘察、设计、监理等服务的采购，单项合同估算价在50万元人民币以上。

为了防止将应该招标的工程项目化整为零规避招标，即使单项合同估算价低于上述规定的标准，但项目总投资在3 000万元人民币以上的勘察、设计、施工、监理以及与工程建设有关的重要设备、材料等的采购，也必须采用招标方式委托工作任务。

依法必须进行招标的项目，全部使用国有资金或者国有资金投资占控股或者主导地位的，应当公开招标。

88. 招标方式分为哪两种？各有什么优缺点？

答：为了规范招标投标活动，保护国家利益和社会利益以及招投标活动当事人的合法权益，《招标投标法》规定招标方式分为公开招标和邀请招标两大类。

(1) 公开招标

招标人通过新闻媒体发布招标公告，凡具备相应资质符合招标条件的法人或组织不受地域和行业限制均可申请投标。公开招标的优点是，招标人可以在较广的范围内选择中标人，投标竞争激烈，有利于将工程项目的建设交予可靠的中标人实施并取得有竞争性的报价。但其缺点是，由于申请投标人较多，一般需要设置资格预审程序，而且评标的工作量较大，所需招标时间长、费用高。

(2) 邀请招标

招标人向预先选择的若干家具备相应资质、符合招标条件的法人或组织发出邀请函，将招标工程的概况、工作范围和实施条件等作出简要说明，请他们参加投标竞争。邀请对象的数目以5～7家为宜，但不应少于3家。被邀请人同意参加投标后，从招标人处获取招标文件，按规定要求进行投标报价。邀请招标的优点是，不需要发布招标公告和设置资格预审程序，节约招标费用和节省时间；由于对投标人以往的业绩和履约能力比较了解，减少了合同履行过程中承包方违约的风险。为了体现公平竞争和便于招标人选择综合能力最强的投标人中标，仍要求在投标书内报送表明投标人资质能力的有关证明材料，作为评标时的评审内容之一（通常称为资格后审）。邀请招标的缺点是，由于邀请范围较小、选择面窄，可能排斥了某些在技术或报价上有竞争实力的潜在投标人，因此投标竞争的激烈程度相对较差。

89. 在什么情况下可以邀请招标？

答：邀请招标也称为有限竞争性招标，招标人事先经过考察和筛选，将投标邀请书发给某些特定的法人或者组织，邀请其参加投标。

为了保护公共利益，避免邀请招标方式被滥用，各个国家和世界银行等金融组织都有相应规定：按规定应该招标的建设工程项目，一般应采用公开招标，如果要采用邀请招标，需经过批准。

对于有些特殊项目，采用邀请招标方式确实更加有利。根据我国的有关规定，有下列情形之一的，经批准可以进行邀请招标：

（1）项目技术复杂或有特殊要求，只有少量几家潜在的投标人可供选择。

（2）受自然地域环境限制的。

（3）涉及国家安全、国家机密或者抢险救灾，适宜招标但不宜公开招标的。

（4）拟公开招标的费用与项目的价值相比，不值得的。

（5）法律、法规规定不宜公开招标的。

招标人采用邀请招标方式，应当向三个以上具备承担招标项目的能力、资信良好的特定的法人或者其他组织发出招标邀请书。

90. 在什么情况下投标文件应作为无效投标文件？

答：在开标时，如果发现投标文件存在下列情形之一，应当作为无效投标文件，不得进入评标：

（1）投标文件未按照招标文件的要求予以密封。

（2）投标文件中的投标函未加盖投标人的企业及企业法定代表人印章，或者企业法定代表人委托代理人没有合法、有效的委托书（原件）及委托代理人印章。

（3）投标文件的关键内容字迹模糊、无法辨认。

（4）投标人未按照招标文件的要求提供投标保证金或者投标保函。

（5）组成联合体投标的，投标文件未附联合体各方共同投标协议。

91. 投标文件中哪些偏差属于重大偏差？

答：未作实质性响应的重大偏差包括：

（1）没有按照招标文件要求提供投标担保或者所提供的投标担保有瑕疵。

（2）没有按照招标文件要求由投标人授权代表签字并加盖公章。

（3）投标文件记载的招标项目完成期限超过招标文件规定的完成期限。

（4）明显不符合技术规程、技术标准的要求。

（5）投标文件记载的货物包装方式、检验标准和方法等不符合招标文件的要求。

（6）投标附有招标人不能接受的条件。

（7）不符合招标文件中规定的其他实质性要求。

所有存在重大偏差的投标文件都属于初评阶段应该淘汰的投标书。

92. 建设工程施工合同的概念是什么？

答：《建筑法》第十五条规定：建筑工程的发包单位与承包单位应当依法订立书面合同，明确双方的权利和义务。

建设工程施工合同的客体是建设工程，也就是《建筑法》中所称的建筑工程。它包括土木建筑工程和建筑范围内的线路、管道、设备安装工程的新建、改建、扩建及相应的装饰装修活动，主要包括各类房屋、公路、铁路、机场、港口、桥梁、矿井、水库、电站、通信线路等。

建设工程施工合同的主要权利义务：建设工程发包人有取得建成的建设工程的权利，有支付工程款的义务，建设工程承包人有交付建设工程的义务，有取得工程价款的义务。

综上所述，建设工程施工合同的概念应当是：建设工程施工合同是发包人和承包人，为完成双方商定的建设工程，明确相互权利义务关系的协议。

93. 建设工程施工合同具有哪些特点？

答：建设工程施工合同是建设工程的主要合同之一，其标的是将设计图纸变为满足功能、质量、进度、投资等发包人投资预期目的的建筑产品。施工合同的特点取决于施工合同标的物的特殊性，即建设工程本身的特点和其交易、生产周期等特点。这些特点可以用“特”“长”“多”“广”四个字来概括。“特”是合同“标的物”特殊；“长”是合同履行周期长；“多”是合同条款内容多；“广”是合同涉及面广。

（1）合同“标的物”特殊

建设工程施工合同的“标的物”是各类建筑产品。建筑产品虽然具有与工、农业产品的一般商品的属性，但从物理角度则有其特点，形成其不可替代性。建筑产品的特点归纳起来，有以下特点：

1）建筑产品的固定性和生产流动性，是区别于社会其他产品的根本特点。

所有工程，不论规模大小，建造在何方，都是利用自然物质进行劳动加工制造而成。它的基础部分都是与大地相连的。如房屋建筑，基础与上部结构愈高，荷载愈大，基础负荷愈大，埋置需要愈深。建筑物、构筑物不论其功能用途如何，从开始建造之日起，到报废拆除为止，它始终伫立在原地，与大地不能分离。由此可见，建筑产品固定不动，只能在建造的地点发挥作用，它的直接属性是“物理不动性”，这是区别于其他商品的根本特点。

由于建筑产品的固定性，带来建筑产品施工生产的流动性。一般工业产品是在车间内部制造的，生产设备固定，形成相对稳定的生产线，加工工件在生产线上流动，劳动者则固定在一定的工作岗位上。这样零件、部件可在不同车间、不同的生产线上由不同工种工人同时加工生产，最后进行总成装配，无疑地这样可以大大缩短生产时间。同时，生产地点可以事先选定，或接近原料产地，或接近消费市场，以求节省运输费用，降低产品成本。但建筑产品的施工生产则不同，产品用户的使用场地，就是建筑产品的施工生产场所，施工机械、生产工人则围绕建筑产品不断移动。当产品全部完成后，就地不动移交给使用单位，而生产者及其手段就要转移到另外场所进行新的建筑产品施工生产。

2）建筑产品的类别庞杂，形成其产品的个体性和生产的单件性。

建筑产品由于各有特定的用途，因而其实物状态上千差万别，其类别庞杂按照建筑产品的性质和使用功能，可以划分为两大类：第一类是生产性建筑，包括工业、农业、交通运输业以及国民经济其他部门生产用房屋建筑物、构筑物；第二类为非生产性建筑，包括住宅、医院、学校、商店、旅馆及文化娱乐设施等。

由于各类建筑产品的使用功能不同、技术要求不同、建筑性质不同、等级标准不同以及受地形地貌、水文地质、气候条件等自然条件和原材料、能源等资源条件的影响，都要单独设计和施工；即使同类用途的建筑，也要受地区特点、民族特点、风俗习惯、政策法律、宗教信仰等社会条件的影响单件生产；就是重复利用标准设计，重复使用图纸，也要根据当地的地质、水文、朝向等条件重新计算，采取必要的修改设计，才能施工。特别是在大规模建设的情况下，使用功能各有千秋，艺术造型千差万别，工艺要求千变万化，建筑产品的个体性存在，单体性生产是在所难免的。

3）建筑产品体积庞大，消耗的人力、物力、财力多，一次性投资数额巨大。

建筑产品依其用途体积都是相对庞大的，如厂房要分单层或多层，有些还要分单跨或多跨；住宅也有平房、多层、高层之分，其他建筑物也依其不同用途在层数、跨度、檐高等方面各有要求。这些建筑宽度、长度、高度少则几米、多则几十米、几百米，由于体积庞大，在建造施工中要消耗大量原材料，每完成1亿元的工程建设投资，大约要消耗钢材15 000t，木材20 000m^3，水泥400 000t左右，除此之外还要消耗大量的玻璃、油漆、油毡、沥青、砖、瓦、灰、砂、石以及水暖和电气材料等，大量材料需要用人工加工制造，以每平方米平均需要6个工日，一座4 000m^2的建筑物，就要耗用24 000工日，这还没计算材料在运输、保管各环节上人力的消耗。

正是由于建筑产品体积庞大和人力、物力消耗多的特征，就产生了建筑资金占用大的特点。以普通住宅为例，每平方米造价约需800至1 000元之间，如建一幢4 000m^2的住宅，就需要300万元至400万元；建筑标准越高，每平方米造价越高，建一幢高级住宅要上千万元，甚至几千万元至上亿元。一些大、中型建设项目造价都很大，占用资金很多，由此带来两个值得注意的问题。

首先，进行工程建设，必须落实建设资金来源，不论是国家投资、银行贷款，还是自筹资金，必须根据建设规模、建筑等级以及市场情况预测，把建设资金准备充足。不论是“先建设后付款”，还是“边建设边付款”或“先付款后建设”，都应根据合同规定的付款日期和方法，按时拨付工程价款。

其次，大量建设资金投入流通领域，一部分购买原材料，一部分支付参与建筑职工的工资。支付作为生产资料的资金，直接以生产资料购买物资；支付作为消费资料的资金，由职工以工资形式间接从市场购买生活资料。这就要求货币和物资供应相平衡，才能保证有支付能力的市场要求得以实现。否则就会有钱买不到物资，特别是生产资料，就会造成停工待料。如果资金不足，也会造成有物资而无钱进货。因此，在工程建设开始前就要做好综合平衡，才能保证工程建设的顺利进行。

由于施工合同“标的物”有如上特点，就使得施工合同在明确“标的物”时，不能像其他合同简单地写明名称、规格、数量、金额，而需要将施工对象的建筑物的幢数、各幢面积、层数或檐高、建筑结构特征等一一写明。

（2）合同履行周期长

建筑产品交易有两种类型。第一种按现货交易方式。现货交易是指交易成立后立即实行交割，或在极短的时间内交割的一种交换。按现货交易方式生产的主要是那些需求量比较大，可以成批施工生产的建筑物，如住宅、服务楼等，这种类型的交易，一般由房屋开发公司与购买单位签订现货交易合同。第二种是按期货交易方式。期货交易是指交易成立时，约定日期实行交割的一种交换方式，实际上就是订货生产。按期货交易方式生产的主要是那些具有特定的目的，进行单件生产的建筑物或工程项目。这种类型的施工生产，就需要签订施工合同。由于建筑产品的体积庞大，结构复杂，建造周期都较长，不同用途、不同专业特点的建设工程工期长短也不同，少则几个月，多则几年。施工合同的履行是贯穿在整个施工期内，当客观情况变化时，就有可能造成施工合同的变化，发生这种情况，在符合合同约定的条款范围内，可以办理签证或签订补充合同。

(3) 合同条款内容多

由于施工合同的“标的物”特殊，履行周期长等特点，施工合同条款内容除《合同法》规定的工程范围、建设工期、中间交工工程的开工和竣工时间、工程质量、工程造价、技术资料交付时间、材料和设备供应责任、拨款和结算、竣工验收、质量保修范围和质量保证期、双方相互协作等条款外，还有很多具体内容。如：

有关工程范围和内容，要规定建筑规模和结构特征，属于群体工程的施工合同还要将构成该群体工程的各个单位工程一一列表。

有关图纸，技术资料提供份数，有无保密要求等。

涉及保证工程质量方面的规定，如施工工程使用的标准和规范，工程质量检验和验收的程序。

有关保证工期的施工进度计划，提前工期、顺延工期、延误工期的责任。

合同价款的预付、支付和调整；材料、设备供应、运输、验收和保管；工程设计变更；工程竣工验收和结算；发包单位应负土地征用，现场“三通一平”，提供水准与坐标控制点，水文地质资料等的责任；承包企业应负提供施工进度计划，提供非夜间施工使用的照明、看守、警卫，向有关部门报告工程质量及施工安全等的责任。

除上述列举的施工合同具体内容外，还有关于安全施工、专利技术使用、发现地下障碍物和文物、工程分包、不可抗力、工程担保、工程有无保险、合同解除或缓建等也是施工合同的重要内容。

总之，施工合同要根据具体工程情况，确定其内容。工程较大、履行时期较长的，施工合同条款可多一些，文字说明详细、内容复杂些；一些较小的工程，施工合同内容可少一些，内容简单些。但要防止由于施工合同内容过于简单，造成履行中的纠纷。

(4) 合同涉及面广

《合同法》第七条规定：当事人订立、履行合同，应当遵守法律、行政法规。根据这项规定，建设工程发包人和承包人签订施工合同时，必须遵守国家颁布的涉及建设工程施工的各项法律和行政法规。由于施工合同条款内容多，涉及的法律和行政法规也就多。签订施工合同除应遵守《合同法》和《民法通则》外，还要依据国务院颁发的有关建设工程施工合同的条例。施工合同签订后需要公证的，还要依据《中华人民共和国公证暂行条例》进行公证。施工合同履行中发生纠纷，需要申请仲裁或诉讼的，还要依据《中华人民共和国仲裁法》和《中华人民共和国民事诉讼法》进行仲裁或诉讼。有关工程质量标准的还有《中华人民共和国标准化法》以及相应的施工及验收规范；涉及施工临时用地的有《中华人民共和国土地管理法》；涉及施工使用专利的有《中华人民共和国专利法》；涉及施工中发掘地下文物的有《中华人民共和国文物保护法》；涉及双方担保的有《中华人民共和国担保法》；涉及工程和人身保险的有《中华人民共和国保险法》；涉及施工现场的环境噪声污染的有《中华人民共和国环境噪声污染防治法》；涉及施工占道和运输的有《中华人民共和国道路交通管理条例》；以及涉及市容和施工现场环境卫生的《城市市容和环境卫生管理条例》和反不正当竞争的《中华人民共和国反不正当竞争法》等。

施工合同除了从法律、行政法规方面涉及面广外，从施工合同监督方面还要涉及工商行政管理部门、建设行政主管部门；合同履行中产生纠纷还要涉及仲裁委员会或人民法院；合同纳税就要涉及税务部门；合同需要公证还要涉及公证部门。

由于建设工程具有以上几个特点，就使得施工合同文本，必须适应其特点，反映其特点，因而施工合同不论是在文本结构上，还是在内容上都不同于其他合同，具有鲜明的特色。

94. 建设工程施工合同条款包括哪些内容?

答：建设工程施工合同签订双方的权利义务，体现在合同条款内容中。施工合同条款内容除当事人写明各自的名称、地址、工程名称和工程范围，明确规定履行内容、方式、期限，违约责任以及解决争议的方法外，还应明确建设工期、中间交工工程的开工和竣工时间、工程质量、工程造价、技术资料交付时间、材料设备供应责任、拨款和结算、交工验收、质量保证期、双方互相协作等内容。

95. 如何进行隐蔽工程的检验和验收？

答：由于隐蔽工程在施工中一旦完成隐蔽，将很难再对其进行质量检查（这种检查往往成本很大），因此必须在隐蔽前进行检查验收。对于中间验收，应按监理合同中专用约定，对需要进行中间验收的单项工程和部位及时进行检查、试验，不应影响后续工程的施工。发包人应为检验和试验提供便利条件。

（1）承包人自检。工程具备隐蔽条件或达到合同专用条款约定的中间验收部位，承包人进行自检，并在隐蔽或中间验收前48h以书面形式通知监理工程师验收。通知包括隐蔽和中间验收的内容、验收时间和地点。承包人准备验收记录。

（2）共同检验。监理工程师接到承包人的请求验收通知后，应在通知约定的时间与承包人共同进行检查和试验。若检测结果表明质量验收合格，经监理工程师在验收记录上签字后，承包人可进行工程隐蔽和继续施工。验收不合格，承包人应在监理工程师限定的时间内修改后重新验收。

如果监理工程师不能按时验收，应在承包人通知的验收时间前24h，以书面形式向承包人提出延期验收要求，但延期不能超过48h。

若监理工程师未能按以上时间提出延期要求，又未按时参加验收，承包人可自行组织验收。承包人经过验收的检查、试验程序后，将检查、试验记录递交监理工程师。本次检验视为监理工程师在场情况下进行的验收，监理工程师应承认验收记录的正确性。

经监理工程师验收，工程质量符合标准、规范和设计图纸等要求，验收24h后，监理工程师不在验收记录上签字，视为监理工程师已经认可验收记录，承包人可进行隐蔽或继续施工。

（3）重新检验。无论监理工程师是否参加了验收，当其对某部分的工程质量有怀疑，均可要求承包人对已经隐蔽的工程进行重新检验。承包人接到通知后，应按要求进行剥离或开孔，并在检验后重新覆盖或修复。重新检验表明质量合格，发包人承担由此发生的全部追加合同价款，赔偿承包人损失，并顺延工期；检验不合格，承包人承担发生的全部费用，工期不予顺延。

专家提示：之所以将该问题列入合同管理的内容，是要提醒监理工程师注意监理工作的时效性，这是监理工作很重要的一个环节。

96. 什么是建设工程委托监理合同？其具有哪些特征？

答：建设工程委托监理合同简称监理合同，是指委托人与监理人就委托的工程项目管理内容签订的明确双方权利、义务的协议。

监理合同是委托合同的一种，除具有委托合同的共同特点外，还具有以下特点：

(1) 监理合同的当事人双方应当是具有民事权利能力和民事行为能力、取得法人资格的企事业单位、其他社会组织，个人在法律允许的范围内也可以成为合同当事人。委托人必须是具有国家批准的建设项目，落实投资计划的企事业单位、其他社会组织及个人，作为受托人必须是依法成立具有法人资格的监理企业，并且所承担的工程监理业务应与企业资质等级和业务范围相符合。

(2) 监理合同委托的工作内容必须符合工程项目建设程序，遵守有关法律、行政法规。监理合同是以对建设工程项目实施控制和管理为主要内容，因此监理合同必须符合建设工程项目的程序，符合国家和建设行政主管部门颁发的有关建设工程的法律、行政法规、部门规章和各种标准、规范要求。

(3) 委托监理合同的标的是服务，建设工程实施阶段所签订的其他合同，如勘察设计合同、施工承包合同、物资采购合同、加工承揽合同的标的物是产生新的物质成果或信息成果，而监理合同的标的是服务，即监理工程师凭据自己的知识、经验、技能受建设单位委托为其所签订其他合同的履行实施监督和管理。

97. 监理合同示范文本的标准条件与专用条件有何关系？

答： 建设工程委托监理合同的专用条件是建设工程委托监理合同标准条件的补充和修正。建设工程委托监理合同标准条件，其内容涵盖了合同中所用词语定义，适用范围和法规，签订双方的责任，权利和义务，合同生效变更与终止，监理报酬，争议的解决，以及其他一些情况。它是委托监理合同的通用条件，适用于各类建设工程项目监理。各个委托人、监理人都应遵守。

由于标准条件适用于各种行业和专业项目的建设工程监理，因此其中的某些条款规定得比较笼统，需要在签订具体工程项目监理合同时，结合地域特点、专业特点和委托监理项目的工程特点，对标准条件中的某些条款进行补充、修正。

(1) 所谓“补充”是指在标准条件条款确定的原则下，专用条件的条款中进一步明确具体内容，使两个条件中相同序号的条款共同组成一条内容完备的条款。

(2) 所谓“修改”是对标准条件中规定的程序方面的内容，如果双方认为不合适，可以协议修改。

98. 监理合同中要求监理人必须完成的监理工作包括哪几类?

答: 监理合同中要求监理人必须完成的监理工作包括三类:

(1) 正常工作。监理合同的专用条款内注明的委托监理工作范围和内容，从工作而言属于正常的监理工作。

(2) 附加工作。与完成正常工作相关，在委托正常监理工作范围以外监理人应完成的工作。可能包括:

1) 由于委托人、第三方原因，使监理工作受到阻碍或延误，以致增加了工作量或延误时间。

2) 增加监理工作的范围和内容等。

(3) 额外工作。指服务内容和附加工作以外的工作，即非监理人自己的原因而暂停或终止监理业务，其善后工作及恢复监理业务前不超过42d的准备工作时间。

由于附加工作和额外工作是委托正常工作之外要求监理人必须履行的义务，因此委托人在其完成工作后应另行支付附加监理工作酬金和额外监理工作酬金，但酬金的计算办法应在专用条款内予以约定。

99. 监理合同中规定的监理人的权利有哪些?

答: 1. 一般权利

(1) 选择工程承包人的建议权。

(2) 选择过程分包人的认可权。

(3) 对工程建设有关事项包括工程规划、设计标准、规划设计、生产工艺设计和使用功能要求，向委托人的建议权。

(4) 对工程设计中的技术问题，按照安全和优化的原则，向设计人提出建议；如果拟提出的建议可能会增加工程造价，或延长工期，应当事先征得委托人的同意；当发现工程设计不符合国家颁布的建设工程质量标准或设计合同约定的质量标准时，监理人应当书面报告委托人要求设计人更正。

(5) 审批工程施工组织设计和技术方案，按照保质量、保工期和降低成本的原则，向承包人提出建议，并向委托人提出书面报告。

(6) 主持工程建设有关协作单位的组织协调，重要协调事项应当事先向委托人报告。

(7) 征得委托人同意，建立人有权发布开工令、停工令、复工令，但应当事先向委托人报告；如在紧急情况下未能事先报告时，则应当在24h内向委托人作出书面报告。

(8) 工程上使用的材料和施工质量的检验权，对于不符合设计要求和合同约定及国家质量标准的材料、构配件、设备，有权通知承包人停止使用；对于不符合规范和质量标准的工序、分部分项工程和不安全施工作业，有权通知承包人停工整改、返工；承包人得到监理机构复工令才能复工。

(9) 工程施工进度的检查、监督权，以及工程实际竣工日期提前或超过工程施工合同规定的竣工期限的签认权。

(10) 在工程施工合同约定的工程价格范围内，工程款支付的审核和签认权，以及工程结算的复核确认权和否决权；未经总监理工程师签字确认，委托人不支付工程款。

(11) 由于委托人或承包人的原因使监理工作受到阻碍或延误，以致产生了附加工作或延长了持续时间，则监理人应当将此情况下可能产生的影响及时通知委托人，完成监理业务的时间相应延长，并得到附加工作的报酬；由于非自己的原因而暂停或终止执行监理业务，其善后工作以及恢复执行监理业务的工作，应当视为额外工作，有权得到额外的报酬。

2. 特别授权

监理人在委托人授权下，可对任何承包人合同规定的义务提出变更。如果出现严重影响了工程费用或质量、进度，则这种变更须经委托人事先批准。在紧急情况下未能事先报告委托人批准时，监理人所做的变更也应尽快通知委托人。在监理过程中如发现工程承包人的人员工作不力，监理机构有权要求承包人调换有关人员。

3. 调解权

在委托监理的工作范围内，委托人或承包人对对方的任何意见和要求（包括索赔要求），均必须首先提交给项目监理机构，由监理机构研究处置意见，再同双方协商确定。当委托人和承包人发生争议时，监理机构应当根据自己的职能，以独立的身份判断，公正地进行调解。当双方的争议由政府建设行政主管部门调解或仲裁机关仲裁时，应当提供作证的事实材料。

100. 施工阶段投资控制的主要工作有哪些?

答: (1) 审查施工单位申报的月度和季度计量表，认真核对其数量，不超计、不漏计，严格按合同规定进行计量支付签证。

(2) 建立计量支付台账，定期与施工单位进行核对清算。

(3) 从投资控制的角度审核设计变更。

101. 监理工程师施工阶段合同管理的主要工作有哪些?

答: (1) 拟定本建设工程合同体系及合同管理制度，包括合同草案的拟定、会签、协商、修改、审批、签署、保管等工作制度及流程。

（2）协助建设单位拟定工程的各类合同条款，并参与各类合同的商谈。

（3）合同执行情况的分析和跟踪管理。

（4）协助建设单位处理与工程有关的索赔事宜及合同争议事宜。

102. 怎样划分不可抗力事件的合同责任？

答：所谓不可抗力，是指合同当事人不能预见、不能避免并且不能克服的客观情况。发生不可抗力事件的合同责任划分应分为以下两种情况：

（1）合同约定工期内发生的不可抗力

《建筑工程施工合同（示范文本）》通用条款规定，因不可抗力导致的费用及延误的工期由双方按以下方法分别承担：

1）工程本身的损害、因工程损害导致第三方人员伤亡和财产损失以及运至施工现场用于施工的材料和待安装的设备的损害，由发包人承担。

2）承发包双方人员的伤亡损失，分别由各自承担。

3）承包人机械设备损坏及停工损失，由承包人承担。

4）停工期间，承包人应工程师要求留在施工现场的必要的管理人员及保卫人员的费用由发包人承担。

5）工程所需的清理、修复费用，由发包人承担。

6）延误的工期相应顺延。

（2）迟延履行合同期间发生的不可抗力

按照合同法规定的基本原则，因合同一方延迟履行合同后发生不可抗力，不能免除迟延履行方的相应责任。

投保"建筑工程一切险"、"安装工程一切险"和"人身意外伤害险"是转移风险的有效措施。如果工程是发包人负责办理的工程险，当承包人有权获得工期顺延的时间内，发包人应在保险合同有效期届满前办理保险的延续手续；若因承包人原因不能按期竣工，承包人也应自费办理保险的延续手续。对于保险公司的赔偿不能全部弥补损失的部分，则应由合同约定的责任方承担赔偿责任。

专家提示：建设工程施工中的不可抗力包括因战争、动乱、空中飞行物坠落或其他非发包人和承包人责任造成的爆炸、火灾以及专用条款中约定的风、雨、雪、洪水、地震等自然灾害。对于自然灾害形成的不可抗力，当事人双方订立合同时应在专用条款中予以约定，如多少级以上的地震、多少级以上持续多少天的大风等。

103. 怎样确定工程的竣工时间?

答: 工程竣工验收通过，承包人送交竣工验收报告的日期为实际竣工日期。工程按发包人要求修改后通过验收的，实际竣工日期为承包人修改后提请发包人验收的日期。这个日期的重要作用是用于计算承包人的实际施工期限，与合同约定的日期比较是提前竣工还是延误竣工。

合同约定的日期指协议书中写明的时间与施工过程中遇到合同约定可以顺延工期条件情况后经过工程师确认应予相应顺延工期之和。

承包人的实际施工期限，从开工之日起到上述确认为竣工日期之间的日历天数。开工日正常情况下为专用条款内约定的日期，也可能是由于发包人或承包人要求延期开工，经工程师确认的日期。

104. 索赔的定义是什么？分为哪几类？

答: 索赔是工程承包合同履行中，当事人一方因对方不履行或不完全履行既定的义务，或由于对方的行为使权利人受到损失时，要求对方补偿损失的权利。索赔应当是双方各自拥有的权利，属于经济补偿行为。在工程实施各阶段都可能发生索赔事件，尤其在施工阶段发生索赔事件较多。因此，索赔控制是施工阶段投资控制的重要手段。

其主要分为两大类：

(1) 承包商向建设单位提出的索赔内容：

1) 发生了应由建设单位承担的特殊风险事件或不利自然条件、人为障碍等情况，致使施工单位蒙受较大损失而向发包单位提出补偿损失的要求。

2) 工程变更引起的索赔。

3) 工程延期的费用索赔，如由于非承包商原因（合同文件内容出错或相互矛盾、有关放线的资料不准、建设单位和监理工程师命令工程暂停、建设单位违约等）导致工程延期而造成的损失。

4) 加速施工的费用索赔。

5) 物价上涨引起的索赔。

6) 法律、货币、汇率变化引起的索赔等。

(2) 建设单位向承包商的索赔内容

承包商不履行或不完全履行约定和义务，或者由于承包商的行为使建设单位受到损失时，建设单位可向承包商提出索赔，提出索赔的内容可能有：

1) 工程延误的索赔。

2) 质量不满足合同要求的索赔。

3）承包商不履行的保险费用的索赔。

4）对超额利润的索赔。

5）对指定分包商的付款索赔。

6）建设单位合理终止合同或承包商不正当地放弃工程的索赔。

专家提示：索赔工作包括施工企业向建设单位要求索赔，也包括建设单位对索赔要求的处理。索赔工作是承发包双方之间经常发生的管理业务，是双方合作的方式，而不是对立。承包人不敢索赔，害怕影响与建设单位的合作；发包人认为索赔是额外的支出、损害自己的声誉，因而不让索赔，都是特别需要克服的错误做法，需加强引导、教育和改进。

105. 索赔具有哪些特征？

答：索赔是当事人在合同实施过程中，根据法律、合同规定及惯例，对不应由自己承担责任的情况造成的损失，向合同的另一方当事人提出给予赔偿或补偿要求的行为。对施工合同的双方来说，都有通过索赔维护自己合法利益的权利，依据双方约定的合同责任，构成正确履行合同的制约关系。

从索赔的基本含义，可以看出索赔具有以下基本特征：

（1）索赔是双向的，不仅是承包人可以向发包人索赔，发包人同样也可以向承包人索赔。由于实践中发包人向承包人索赔发生的频率相对较低，而且在索赔处理中，发包人始终处于主动和有利地位，对承包人的违约行为他可以通过直接从应付工程款中扣除、扣留保证金或通过履约保函向银行索赔来实现自己的索赔要求。因此在工程实践中，大量发生的、处理比较困难的是承包人向发包人的索赔，也是工程师进行合同管理的重点内容之一。

（2）只有实际发生了经济损失或权利损害，一方才能向另一方索赔。经济损失是指因对方因素造成合同外的额外支出，如人工费、材料费、机械费、管理费等额外支出；权利损害是指虽然没有经济上的损失，但造成了一方权利上的损害，如由于恶劣气候条件对工程进度的不利影响，承包人有权要求工期延长等。因此发生了实际的经济损失或权利损害，应是一方提出索赔的一个基本前提条件。有时上述二者同时存在，如发包人未及时支付合格的施工现场，既造成承包人的经济损失，又损害了承包人的工期权利，因此，承包人既可以要求经济赔偿，又可以要求工期延长；有时二者则可单独存在，如恶劣气候条件影响、不可抗力事件等，承包人根据合同规定或惯例只能要求工期延长，不应要求经济补偿。

（3）索赔是一种未经对方确认的单方行为。它与我们通常所说的工程签证不同。在施工过程中签证是承发包双方就额外费用补偿或工期延长等达成一致的书面证明材料和补充协议，它可以直接作为工程款结算或最终增减工程造价的依据，而索赔则是单方面行为，对对方尚未形成约束力，这种索赔要求能否得到最终实现，必须要通过确认（如双方协商、谈判、调解或仲裁、诉讼）后才能实现。

索赔是一种正当的权利或要求，是合情、合理、合法的行为，它是在正确履行合同的基础上争取合理的偿付，不是无中生有，无理争利。索赔同守约、合作并不矛盾、对立，索赔本身就是市场经济中合作的一部分，只要是符合有关规定的、合法的或者符合有关惯例的，就应该理直气壮地、主动地向对方索赔。大部分索赔都可以通过协商谈判和调解等方式获得解决，只有在双方坚持己见而无法达成一致时才会提交仲裁或诉诸法院求得解决。

106. 引起承包商索赔的主要原因有哪些？

答：建设工程施工从合同正式签订到终止，是一个较长的履行期。在整个合同履行期内，由于下列原因都会影响到承包商的利益而提出索赔。

（1）建设工程的特点是体积庞大、结构复杂、资金占用量大、技术质量要求高、施工周期长，工程本身及其环境有许多不准确性和变化。最常见的有：地质条件变化、国家经济政策变化，生产要素市场的价格变化、自然条件变化等。这些变化对合同的履行有着很大的干扰，从而影响合同工期和价格。

（2）对各种条件极其复杂的建设工程，在签订合同时不可能对所有的问题都作出准确预见，工程越大也就越复杂，尽管合同条款比较多，但考虑不周、条款欠缺和漏洞在所难免；再如合同文字不严密，表达不清楚，有二义性，这些就会导致合同履行中双方对责任、义务和权利的争议，而这一切都与工期、合同价格有紧密的联系。

（3）工程发包人在工程实施过程中，大量的工程变更，如建筑功能、形式、装饰、质量标准等，以及施工图纸设计存在的各种问题，都会导致工程量和工程质量的变化，从而直接影响到合同工期和价格。

（4）工程发包人对建设工程实施过程中涉及的技术、经济各方面的法律、法规不熟悉，缺乏足够的管理经验，在合同履行管理上产生诸多失误，如指令错误、合同规定的资料提供不及时、材料供应不及时、拖欠工程款等，都会为承包人提高索赔机会。

（5）建设工程复杂，除总包单位外，还有很多分包单位，同时还涉及材料供应商、机械租赁部门、构配件供应部门等，各方面技术、经济关系错综复杂，责任难以明确分清。在合同履行过程中相互干扰是不可避免的。因而会发生发包人的失误或者是第三方的影响，所有这些都会影响工期和价格。

上述这些原因在任何建设工程施工合同履行过程中都是不可避免的，所以索赔也不可避免。工程承包人为了取得工程经济效益，就会在合同履行过程中注意捕捉一切索赔机会，及时提出索赔意向和要求。而监理工程师，也必须关注这些方面的问题，并尽可能将问题解决在萌芽状态，以避免或减少索赔的发生。

107. 工程索赔的作用有哪些?

答：工程建设索赔是培育和发展建筑市场的一项重要工作。这项工作的健康开展，对加强企业内部管理，提高企业素质；对学习掌握国际惯例，发展对外工程承包；对保护企业合法权益，建立市场经济新秩序；对提高工程建设的效益，进而加快经济建设的发展，都具有非常重要的意义和作用。

(1) 工程索赔的健康开展，对双方的管理与合同的履约管理都提出了很高的要求。它有利于促进双方加强内部管理，严格履行合同，有助于双方提高管理素质，加强合同管理，维护市场正常秩序。

(2) 工程索赔的健康开展，能促使双方迅速掌握索赔和处理索赔的方法和技巧，有利于他们熟悉国际惯例，有利于改革开放，有利于对外承包工程的开展。

(3) 工程索赔的健康开展，可使双方依据合同和实际情况实事求是地协商调整工程造价和工期，有助于政府转变职能，并使它从繁琐的调整概算和协调双方关系等微观管理工作中解脱出来。

(4) 工程索赔的健康开展，把原来打入工程报价的一些不可预见费用，改为按实际发生损失支付，有助于降低工程报价，使工程造价更加合理。

(5) 工程索赔的健康开展，对于培育和发展建筑市场，促进建筑业的发展，提高工程建设的效益，将发挥非常重要的作用。

专家提示：由于受计划经济体制的长期影响，当前我国的承发包双方对工程索赔的认识都不够全面、正确；合同管理及企业内部管理与索赔工作的要求，也有一定差距；实施索赔的方法、程序及问题处理等，也不够科学、规范；保证索赔顺利进行的有关中介机构、管理法规还很不健全。有关方面还不同程度地存在着不敢索赔、不会索赔、不能索赔、不让索赔的现象。要使我国企业的索赔和处理索赔工作能力达到国际先进水平，还需要大家做大量艰苦、细致的工作。

108. 承包人向建设单位的索赔应符合什么程序?

答:（1）承包人提出索赔要求

①发出索赔意向通知。索赔事件发生后，承包人应在索赔事件发生后的28d内向工程师递交索赔意向通知，声明将对此事件提出索赔。该意向通知是承包人就具体的索赔事件向工程师和发包人表示的索赔愿望和要求，如果超过这个期限，工程师和发包人有权拒绝承包人的索赔要求。索赔事件发生后，承包人有义务做好现场施工的同期记录，工程师有权随时检查和调阅，以判断索赔事件造成的实际损害。

②递交索赔报告。索赔意向通知提交后的28d内，或工程师可能同意的其他合理时间，承包人应递送正式的索赔报告。索赔报告的内容应包括：事件发生的原因，对其权益影响的证据资料，索赔的依据，此项索赔要求补偿的款项和工期展延天数的详细计算等有关材料。

如果索赔事件的影响持续存在，28d内还不能算出索赔额和工期展延天数时，承包人应按工程师合理要求的时间间隔（一般为28d），定期陆续报出每一个时间段内的索赔证据资料和索赔要求。在该项索赔事件的影响结束后的28d内，报出最终详细报告，提出索赔论证资料和累计索赔额。

（2）工程师审核索赔报告

①工程师审核承包人的索赔申请。接到正式索赔报告以后，工程师应认真研究承包人报送的索赔资料。首先，在不确认责任归属的情况下，客观分析事件发生的原因，重温合同的有关条款，研究承包人的索赔证据，并检查他的同期记录。其次，通过对事件的分析，工程师再依据合同条款划清责任界限，如果必要时还可以要求承包人进一步提供补充资料；尤其是对承包人与发包人或工程师都负有一定责任的事件影响，更应计算出各方应该承担合同责任的比例。最后，再审查承包人提出的索赔补偿要求，剔除其中的不合理部分，拟定自己计算的合理索赔款额和工期顺延天数。

②判定索赔成立的原则。工程师判定承包人索赔成立的条件为：

a. 与合同相对照，事件已造成了承包人施工成本的额外支出，或总工期延误。

b. 造成费用增加或工期延误的原因，按合同约定不属于承包人应承担的责任，包括行为责任或风险责任。

c. 承包人按合同规定的程序提交了索赔意向通知和索赔报告。

上述3个条件没有先后、主次之分，应当同时具备。只有工程师认定索赔成立后，才处理应给予承包人的补偿额。

③对索赔报告的审查。

a. 事态调查：通过对合同实施的跟踪、分析了解事件经过、前因后果，掌握事件详细情况。

b. 损害事件原因分析：即分析索赔事件是由何种原因引起，责任应由谁来承担。

c. 分析索赔理由：主要依据合同文件判明索赔事件是否属于未履行合同规定义务或未正确履行合同义务导致，是否在合同规定的赔偿范围之内。只有符合合同规定的索赔要求才具有合法性、才能成立。

d. 实际损失分析：即索赔事件的影响分析，主要表现为工期的延长和费用的增加。

e. 证据资料分析。

④确定合理的补偿额。

（3）工程师与承包人协商补偿

工程师核查后初步确定应予以补偿的额度，往往与承包人的索赔报告中要求的额度不一致，甚至差额较大。主要原因大多为对承担事件损害责任的界限划分不一致、索赔证据不充分、索赔计算的依据和方法分歧较大等，因此双方应就索赔的处理进行协商。通过协商达不成共识时，承包人仅有权得到所提供的证据满足工程师认为索赔成立那部分的付款和工期顺延。

工程师收到承包人送交的索赔报告和有关资料后，于28d内给予答复或要求承包人进一步补充索赔理由和证据。如果在28d内既未予答复，也未对承包人作进一步要求的话，则视为承包人提出的该项索赔要求已经认可。

对于持续影响时间超过28d以上的工期延误事件，当工期索赔条件成立时，对承包人每隔28d报送的阶段索赔临时报告审查后，每次均应作出批准临时延长工期的决定，并于事件影响结束后28d内承包人提出最终的索赔报告后，批准顺延工期总天数。应当注意的是，最终批准的总顺延天数，不应少于以前各阶段已同意顺延天数之和。

（4）发包人审查索赔处理

当工程师确定的索赔额超过其权限范围时，必须报请发包人批准。发包人首先根据事件发生的原因、责任范围、合同条款审核承包人的索赔申请和工程师的处理报告，再依据工程建设的目的、投资控制、竣工投产日期要求以及针对承包人在施工中的缺陷或违反合同规定等的有关情况，决定是否同意工程师的处理意见。索赔报告经发包人同意后，工程师即可签发有关证书。

（5）承包人是否接受最终索赔处理

承包人接受最终的索赔处理决定，索赔事件的处理即告结束。如果承包人不同意，就会导致合同争议。通过协商双方达到互谅互让的解决方案是处理争议的最理想方式。达不成谅解，承包人有权提交仲裁或要求诉讼解决。

109. 监理工程师处理索赔应遵循哪些原则？

答：（1）公平合理地处理索赔。按照合同约定行事，监理工程师应该准确理解、正确执行合同，在索赔的解决和处理过程中应贯穿合同精神。

（2）及时作出决定和处理索赔。在工程施工中，监理工程师必须及时地（有的合同规定具体的时间，或“在合理的时间内”）作出决定，下达通知、指令，表示认可等。可以体现出如下重要作用：

1）可以减少承包人的索赔机会。因为如果监理工程师不能迅速及时地行事，造成承包人的损失，必须给予工期或费用的补偿。

2）防止干扰事件影响的扩大。若不及时行事，会造成承包人停工处理指令，或承包人继续施工，造成更大范围的影响和损失。

3）在收到承包人的索赔意向通知后应迅速作出反应，认真研究密切注意干扰事件的发展。一方面可以及时采取措施降低损失；另一方面可以掌握干扰事件发生和发展的过程，掌握第一手资料，为分析、评价承包人的索赔做准备。

4）如不及时地解决索赔问题，将会加深双方的不理解、不一致和矛盾。如果不能及时解决索赔问题，会导致承包人资金周转困难，积极性受到影响，施工进度放慢，对监理工程师和发包人缺乏信任感；而发包人会抱怨承包人拖延工期，不积极履约。

5）不及时行事会造成索赔解决的困难。单个索赔集中、索赔额积累起来，不仅给分析、评价带来困难，而且会带来新的问题，使解决过程复杂化。

（3）尽可能通过协商达成一致。监理工程师在处理和解决索赔问题时应及时地与发包人和承包人沟通，保持经常性的联系。在作出决定，特别是调整价格、决定工期和费用补偿，作出决定前，应充分地与合同双方协商，最好达成一致，取得共识。如果他的协调不成功使索赔争执升级，则对合同双方都是损失，将会严重影响工程项目的整体效益。

（4）诚实信用。监理工程师有很大的工程管理权力，对工程的整体效益有关键性的作用。发包人出于信任，将工程管理的任务交给监理工程师；承包人希望监理工程师公平行事。

110. 监理工程师怎样审查索赔？

答：（1）审查索赔证据。监理工程师对索赔报告审查时，首先判断承包人的索赔要求是否有理、有据。承包人可以提供的证据包括下列证明材料。

1）合同文件中的条款约定。

2）经监理工程师认可的施工进度计划。

3）合同履行过程中的来往函件。

4）施工现场记录。

5）施工会议记录。

6）工程照片。

7）监理工程师发布的各种书面指令。

8）中期支付工程进度款的单证。

9）检查和试验记录。

10）汇率变化表。

11）各类财务凭证。

12）其他有关资料。

（2）审查工期顺延要求

1）对索赔报告中要求顺延的工期，在审核中应注意以下几点：

①划清施工进度拖延的责任。因承包人的原因造成施工进度滞后，属于不可原谅的延期；只有承包人不应承担任何责任的延误，才是可原谅的延期。有时工期延期的原因中可能包含有双方责任，此时工程师应进行详细分析，分清责任比例，只有可原谅延期部分才能批准顺延合同工期。

②被延误的工作应是处于施工进度计划关键线路上的施工内容。但有时也应注意，既要看被延误的工作是否在批准进度计划的关键路线上，又要详细分析这一延误对后续工作的可能影响。因为若对非关键路线工作的影响时间较长，超过了该工作可用于自由支配的时间，也会导致进度计划中非关键路线转化为关键路线，其滞后将影响总工期的拖延。此时，应充分考虑该工作的自由时间，给予相应的工期顺延，并要求承包人修改施工进度计划。

③无权要求承包人缩短合同工期。监理工程师有审核、批准承包人顺延工期的权力，但不可以扣减合同工期。也就是说，监理工程师有权指示承包人删减掉某些合同内规定的工作内容，但不能要求他相应缩短合同工期。如果要求提前竣工的话，这项工作属于合同的变更。

2）审查工期索赔计算。具体计算方法主要有以下两种。

①网络分析法是利用进度计划的网络图，分析其关键线路。

②比例计算法。

对于已知部分工程的延期的时间：工期索赔值 = 受干扰部分的合同价 × 该受干扰部分工期托延时间/原合同总价

对于已知额外增加工程量的价格：工期索赔值＝额外增加的工程量的价值×原合同总工期/原合同总价

(3) 审查费用索赔要求。费用索赔的原因，可能是与工期索赔相同的内容，即属于可原谅并应予以费用补偿的索赔，也可能是与工期索赔无关的理由。工程师在审核索赔的过程中，除了划清合同责任以外，还应注意索赔计算的取费合理性和计算的正确性。

1) 承包人可索赔的费用。费用内容一般可以包括以下几个方面。

①人工费。包括增加工作内容的人工费、停工损失费和工作效率降低的损失费等累计，但不能简单地用计日工费计算。

②设备费。可采用机械台班费、机械折旧费、设备租赁费等几种形式。

③材料费。

④保函手续费。工程延期时，保函手续费相应增加；反之，取消部分工程且发包人与承包人达成提前竣工协议时，承包人的保函金额相应折减，则计入合同价内的保函手续费也应扣减。

⑤贷款利息。

⑥保险费。

⑦利润。

⑧管理费。此项又可分为现场管理费和公司管理费两部分，由于两者的计算方法不一样，所以在审核过程中应区别对待。

2) 审核索赔取费的合理性。费用索赔涉及的款项较多、内容庞杂。承包人都是从维护自身利益的角度解释合同条款，进而申请索赔额。监理工程师应做到公平地审核索赔报告申请，挑出不合理的取费项目或费率。FIDIC《施工合同条件》中，按照引起承包商损失事件原因不同，对承包商索赔可能给予合理补偿工期、费用和利润的情况，分别作出了相应的规定，详见下表中的内容。

可以合理补偿承包商索赔的条款

序号	条款号	主要内容	可补偿内容		
			工期	费用	利润
1	1.9	延误发放图纸	√	√	√
2	2.1	延误移交施工现场	√	√	√
3	4.7	承包商依据工程师提供的错误数据导致放线错误	√	√	√
4	4.12	不可预见的外界条件	√	√	
5	4.24	施工中遇到文物和古迹	√	√	

续表

序号	条款号	主要内容	可补偿内容		
			工期	费用	利润
6	7.4	非承包商原因检验导致施工的延误	√	√	√
7	8.4（a）	变更导致竣工时间的延长	√		
8	8.4（c）	异常不利的气候条件	√		
9	8.4（d）	由于传染病或政府行为导致工期的延误	√		
10	8.4（e）	建设单位或其他承包商的干扰	√		
11	8.5	公共当局引起的延误	√		
12	10.2	建设单位提前占用工程		√	√
13	10.3	对竣工检验的干扰	√	√	√
14	13.7	后续法规引起的调整	√	√	
15	18.1	建设单位办理的保险未能从保险公司获得补偿部分		√	
16	19.4	不可抗力事件造成的损害	√	√	

3）审核索赔计算的正确性。

①所采用的费率是否合理、适度。主要注意的问题包括以下详细内容：

a. 工程量表中的单价是综合单价。该单价不仅含有直接费，还包括间接费、风险费、辅助施工机械费、公司管理费和利润等项目的摊销成本。在索赔计算中不应有重复计费。

b. 停工损失中，不应以计日工费计算。闲置人员的费用不应计算在此期间的奖金、福利等报酬，通常采取人工单价乘以折算系数计算；停驶的机械费补偿，应按机械折旧费或设备租赁费计算，不应包括运转操作费用。

②明确停工损失与因监理工程师临时改变工作内容或作业方法的功效降低损失的区别。凡可改作其他工作的，不应按停工损失计算，但可以适当补偿降效损失。

111. 监理工程师如何预防和减少索赔？

答：索赔虽然不可能完全避免，但通过努力可以减少发生。

（1）正确理解合同规定

合同是规定当事人双方权利义务关系的文件。正确理解合同规定，是双方协商一致地合理、完全履行合同的前提条件。由于施工合同通常比较复杂，因而“理解合同规定”就有一定的困难。双方站在各自立场上对合同规定的理解往往不可能完全一致，总会或多或少地存在某些分歧。这种分歧经常是产生索赔的重要原因之一，所以发包人、工程师和承包人都应该认真研究合同文件，以便尽可能在诚信的基础上正确、一致地理解合同的规定，减少索赔的发生。

（2）做好日常监理工作，随时与承包人保持协调

做好日常监理工作是减少索赔的重要手段。工程师应善于预见、发现和解决问题，能够在某些问题对工程产生额外成本或其他不良影响以前，就把它们纠正过来，就可以避免发生与此有关的索赔。对此现场检查作为工程师监理工作的第一个环节，应该发挥应有的作用。对工程质量、完成工作量等，工程师应该尽可能在日常工作中与承包人随时保持协调，每天或每周对当天或本周的情况进行会签、取得一致意见，而不要等到需要付款时再一次处理。这样就比较容易取得一致意见，可以避免不必要的分歧。

（3）尽量为承包人提供力所能及的帮助

承包人在施工过程中肯定会遇到各种各样的困难。虽然从合同上来讲，工程师没有义务向其提供帮助，但从共同努力建设好工程这一点来讲，还是应该尽可能地提高一些帮助。这样，不仅可以免遭或少遭损失，从而避免或减少索赔。而且承包人对某些似是而非、模棱两可的索赔机会，还可能基于友好考虑而主动放弃。

（4）建立和维护工程师处理合同事务的威信

工程师自身必须有公正的立场、良好的合作精神和处理问题的能力，这是建立和维护其威信的基础；发包人应该积极支持工程师独立、公平地处理合同事务，不予无理干涉；承包人应该充分尊重工程师，主动接受工程师的协调和监督，与工程师保持良好的关系。如果承包人认为工程师明显偏袒发包人或处理问题能力较差甚至是非不分，他就会更多地提出索赔，而不管是否有足够的证据，以求“以量取胜”或“蒙混过关”。如果工程师处理合同事务立场公正，有丰富的经验知识、有较高的威信，就会促使承包人在提出索赔前认真做好准备工作，只提出那些有充足证据的索赔，“以质取胜”，从而减少提出索赔的数量。发包人、工程师和承包人应该从一开始就努力建立和维持相互关系的良性循环，这对合同顺利实施是非常重要的。

112. 索赔的证据有哪些？

答：《建设工程施工合同（示范文本）》专门制定了索赔条款，这个条款对索赔时限、索赔程序、索赔的依据都作出了严格的规定。“索赔事件发生后28d 内，向工程师发出索赔意向通知；发出索赔意向通知后28d 内，向工程师提出补偿经济损失和（或）延长工期的索赔报告及有关资料；工程师在收到

乙方送交的索赔报告和有关资料后，于28d内给予书面答复，或要求乙方进一步补充索赔理由和证据。”

从上述内容足以说明证据是索赔的关键。证据不足或没有证据，索赔是不可能成立的。证据是在施工过程中，也就是合同履行过程中产生的，常见的可以索赔的证据除合同文本外还有如下多种：

（1）投标文件。投标文件是组成施工合同的重要组成部分，其内容包括承发包双方的要约和承诺，在索赔要求中可以直接作为证据。

（2）在施工过程中发包人、承包人、监理人及有关方面针对工程召开的一切会议的纪要。但纪要要经过参与会议各方的签认，或由发包人或其代理人签章发给承包企业才有法律效力。

（3）往来信件。合同双方的往来信件，特别是对承包企业提出问题的答复信或认可信等。

（4）指令或通知。发包人驻工地代表或监理工程师发出的各种指令、通知，以及工程设计变更、工程暂停等指令。

（5）施工组织设计。这是指包括施工进度计划在内，并经发包人驻工地代表或监理工程师批准的施工组织设计或施工方案。

（6）施工现场的各种记录。如施工记录、施工日报、工长日记、检查人员日记或记录，以及经发包人驻工地代表或监理工程师签认的工程中停电、停水、停气和道路封闭、开通记录和证明等。

（7）工程照片。这是指注明日期，可以直观的工程照片。

（8）气象资料。现场每日天气状况记录。请发包人驻工地代表或监理工程师签证的气象记录。

（9）各种试验报告。如隐蔽工程验收报告、中间验收工程报告、材料试验报告以及设备开箱验收报告等。

（10）建筑材料的采购、运输、保管和使用等方面的原始凭证。

（11）政府主管工程造价部门发布的材料价格信息、调整造假的方法和指数等。

（12）各种可以公开的成本和会计资料。

（13）国家发布的法律、法令和政策文件，特别是涉及工程索赔的各类文件，一定要注意积累。

113. 索赔报告应符合哪些要求？

答：在施工过程中，承包人必须抓住索赔机会，迅速作出反应，在索赔事件发生28d内，要向发包人的代表或者监理工程师提出索赔意向，并按合同约定提出索赔报告，索赔报告一般应符合下列几点要求：

（1）保证索赔事件的真实。这是整个索赔的基本要求。这关系到承包人信誉和索赔的成败，不可含糊。索赔报告中所提出的索赔事件必须有足够的证据来证明事件的真实性。这些证据必须附于索赔报告之后。对索赔事件必须叙述清楚，不可用含糊不清的语言，这会使索赔要求无力。

（2）责任必须分析清楚、准确。索赔报告中所针对的索赔事件都是由对方责任引起的，应将责任明确地向对方说清。不可用客气语言或自我批评式的语言，否则会丧失自己在索赔中的有利地位。

（3）强调索赔事件的突发性。要在索赔报告中，强调索赔事件的突发性，强调即使一个有经验的承包商也难于预见，还要强调在事件发生后承包人为减少损失，采取的强有力的措施，这可以为索赔成功打下坚实的基础。

（4）文字简洁，用词委婉，计算准确。索赔报告通常要文字简洁，条理清楚，各种结论、定义准确，逻辑性强。尽量避免报告中用词不当，特别容易伤害对方感情的语言。但是一定要注意索赔事件的证据和索赔值的计算一定要准确，详细说明索赔事件与索赔值之间的直接因果关系。

114. 在《建设工程施工合同（示范文本）》中，工程变更应遵循什么程序？

答：在《建设工程施工合同（示范文本）》中对于工程变更作出如下要求。

（1）工程设计变更的程序

1）发包人对原设计进行变更。施工中发包人如果需要对原工程设计进行变更，应提前14d以书面形式向承包人提出变更通知。承包人对于发包人的变更通知没有拒绝的权利，这是合同赋予发包人的一项权利。因为发包人是工程的出资人、所有人和管理者，对将来工程的运行承担主要的责任，只有赋予发包人这样的权利才能减少最大的损失。但是，变更超过原设计标准或批准的建设规模时，发包人应报规划管理部门和其他有关部门进行重新审查批准，并由原设计单位提供变更的相应通知和说明。承包人按照工程师发出的变更通知及有关要求变更。

2）承包人原因对原设计进行变更。施工中承包人不得为了施工方便而要求对原工程设计进行变更，承包人应当严格按照图纸施工，不得随意变更设计。施工中承包人提出的合理化建议涉及对设计图纸或者施工组织设计的更改及对原材料、设备的更换，须经工程师同意。工程师同意变更后，也须经原规划管理部门和其他有关部门审查批准，并由原设计单位提供变更的相应图纸和说明。

未经工程师同意承包人擅自更换或换用，承包人应承担由此发生的费用，并赔偿发包人的有关损失，延误的工期不予顺延。工程师同意采用承包人的合理化建议，所发生的费用和获得利益的分担和共享，由发包人和承包人另行约定。

（2）其他变更的程序

从合同角度看，除设计变更外，其他能够导致合同内容变更的都属于其他变更。如双方对工程质量要求的变化（如涉及强制性标准的变化）、双方对工期要求的变化、施工条件和环境的变化导致施工机械和材料的变化等。这些变更的程序，首先应当由一方提出，与对方协商一致后，方可进行变更。

115. 在《建设工程监理规范》中，对工程变更程序做了哪些规定？

答：《建设工程监理规范》规定：项目监理机构应按如下程序处理工程变更。

（1）设计单位对原设计存在的缺陷提出的工程变更，应编制设计变更文件；建设单位或承包单位提出的变更，应该提交总监理工程师，由总监理工程师组织专业监理工程师审查。审查同意后，应由建设单位转交原设计单位编制设计变更文件。当工程变更涉及安全、环保等内容时，应按规定经有关部门审核。

（2）项目监理机构应了解实际情况和收集与工程变更有关的资料。

（3）总监理工程师必须根据实际情况、设计变更文件和其他有关资料，按照施工合同的有关款项，在指定专业监理工程师完成下列工作后，对工程变更的费用和工期作出评估。

1）确定工程变更项目与原设计项目之间的类似程度和难易程度。

2）确定工程变更项目的工程量。

3）确定工程变更的单价或总价。

（4）总监理工程师应就工程变更费用及工期的评估情况与承包人和发包人进行协商。

（5）总监理工程师签发工程变更单。

工程变更单应包括工程变更要求、工程变更说明、工程变更费用和工期、必要的附件等内容，有设计变更文件的工程变更应附设计变更文件。

（6）项目监理机构根据项目变更单监督承包人实施。

在发包人和承包人未能就工程变更的费用等方面达成一致时，项目监理机构应提出一个暂定的价格，作为临时支付工程款的依据。该工程款最终结算时，应以发包人和承包人达成的协议为依据。在总监理工程师签发工程变更单之前，承包人不得实施工程变更。未经总监理工程师审查同意而实施的工程变更，项目监理机构不得予以计量。

116. 怎样确定工程变更的价款?

答:（1）承包人在工程变更确定后14d内，可提出变更涉及的追加合同价款要求的报告，经工程师确认后相应调整合同价款。如果承包人在双方确定变更后的14d内，未向工程师提出变更工程价款的报告，视为该项变更不涉及合同价款的调整。

（2）工程师应在收到承包人的变更合同价款报告后14d内，对承包人的要求予以确认或作出其他答复。工程师无正当理由不确认或答复时，自承包人的报告送达之日起14d后，视为变更价款报告已被确认。

（3）工程师确认增加的工程变更价款作为追加合同价款，与工程进度款同期支付。工程师不同意承包人提出的变更价款，按合同约定的争议条款处理。

因承包人自身原因导致的工程变更，承包人无权要求追加合同价款。如由于承包人原因实际施工进度滞后于计划进度，某工程部位的施工与其他承包人的施工发生干扰，工程师发布指示改变了他的施工时间和顺序导致施工成本的增加或效率降低，承包人无权要求补偿。

确定变更价款的原则：确定变更价款时，应维持承包人投标报价单内的竞争性水平。在工程变更确定后14d内，设计变更涉及工程价款调整的，由承包人向发包人提出，经发包人审核同意后调整合同价款。变更合同价款按照下列方法进行：

①合同中已有适用于变更工程的价格，按合同已有的价格变更合同价款。

②合同中只有类似于变更工程的价格，可以参照类似价格变更合同价款。

③合同中没有适用或类似于变更工程的价格，由承包人提出适当的变更价格，经工程师确认后执行。

如双方不能达成一致意见，双方可提请工程所在地的工程造价管理机构进行咨询或按合同约定的争议或纠纷解决程序处理。因此，在变更后合同价款的确定上，首先应当考虑使用合同中已有的、能够适用或能够参考适用的，其原因在于在合同中已经订立的价格（一般是通过招标投标）是较为公平合理的，因此应当尽量采用。

117. 在FIDIC合同下，工程款支付的条件有哪些?

答:（1）质量合格是支付工程款的必要条件

支付以工程计量为基础，计量必须以质量合格为前提。所以，并不是对承包人已完的工程全部支付，而只支付其中质量合格的部分，对于工程质量不合格的部分一律不予支付。

（2）符合合同条件

一切支付均需要符合合同约定的要求，例如：动员支付款的支付款额要符合标书附录中规定的数量，支付的条件应符合合同条件的规定，即承包人提供履约保函和动员预付款保函之后才予以支付动员预付款。

（3）变更项目必须有工程师的变更通知

没有工程师的只是承包人不得作任何变更。如果承包人没有收到指示就进行变更的话，他无理由就此类变更的费用要求补偿。

（4）支付金额必须大于期中支付证书规定的最小金额

合同条件约定，如果在扣除保留金和其他金额之后的净额小于投标书附录中规定的期中支付证书的最小限额，工程师没有义务开具任何支付证书。不予支付的金额将按月结转，直到达到或超过最低限额时才予以支付。

（5）承包人的工作使工程师满意

为了确保工程师在工程管理中的核心地位，并通过经济手段约束承包人履行合同中规定的各项责任和义务，合同条件充分赋予了工程师有关支付方面的权力。对于承包人申请支付的项目，即使达到以上所述的支付条件，但承包人其他方面的工作未能使工程师满意，工程师可通过任何期中支付证书对他所签发的任何原有的证书进行任何修正或更改，也有权在任何期中支付证书中删去或减少该工作的价值。

第五节　施工阶段监理验收工作

118. 建设工程质量验收应符合哪些规定？

答：《建筑工程施工质量验收统一标准》（GB 50300—2001）中规定建筑工程施工质量应按下列要求进行验收：

（1）工程施工质量应符合《建筑工程施工质量验收统一标准》和相关专业验收规范的规定。

（2）工程施工应符合工程勘察、设计文件的要求。

（3）参加工程施工质量验收的各方人员应具备规定的资格。

（4）工程质量的验收均应在施工单位自行检查评定的基础上进行。

（5）隐蔽工程在隐蔽前应由施工单位通知有关单位进行验收，并应形成验收文件。

(6) 涉及结构安全的试块、试件以及有关材料，应按规定进行见证取样检测。

(7) 检验批的质量应按主控项目、一般项目验收。

(8) 对涉及结构安全和使用功能的重要分部工程应进行抽样检测。

(9) 承担见证取样检测及有关结构安全检测的单位应具有相应资质。

(10) 工程的观感质量应由验收人员通过现场检查共同确认。

119. 地基验槽的程序是什么？验槽内容有哪些？

答：地基验槽一般由建设单位组织，因与外部单位（诸如勘察、设计单位）的联系应由建设单位负责，建设单位也可以委托监理单位组织。参加单位应有：勘察、设计、监理、施工及建设方有关负责人及技术人员；部分地区质量监督部门也参与验槽。

不同建筑物对地基的要求不同，基础形式不同，验槽的内容也不同，主要有以下几点：

(1) 根据设计图纸检查基槽的开挖平面位置、尺寸、槽底深度；检查是否与设计图纸相符，开挖深度是否符合设计要求。

(2) 仔细观察槽壁、槽底土质类型、均匀程度和有关异常土质是否存在，核对基坑土质及地下水情况是否与勘察报告相符。

(3) 检查基槽之间是否有旧建筑物基础、古井、古墓、洞穴、地下掩埋物及地下人防工程等。

(4) 检查基槽边坡外缘与附近建筑物的距离，基坑开挖对建筑物稳定是否有影响。

(5) 检查核实分析钎探资料，对存在的异常点位进行复核检查。

120. 地基验槽的注意事项有哪些？

答：(1) 验槽时必须具备的资料和条件：

①勘察、设计、质监、监理、施工及建设方有关负责人员及技术人员到场。

②附有基础平面和结构总说明的施工图阶段的结构图。

③详勘阶段的岩土工程勘察报告。

④开挖完毕，槽底无浮土、松土（若分段开挖，则每段条件相同），条件良好的基槽。

(2) 无法验槽的情况：

①基槽底面与设计标高相差太大。

②基槽底面坡度较大，高差悬殊。

③槽底有明显的机械车辙痕迹，槽底土扰动明显。

④槽底有明显的机械开挖、未加人工清除的沟槽、铲齿痕迹。

⑤现场没有详勘阶段的岩土工程勘察报告或附有结构设计总说明的施工图阶段的图纸。

（3）验槽前的准备工作：

①察看结构说明和地质勘察报告，对比结构设计所用的地基承载力、持力层与报告所提供的是否相同。

②询问、察看建筑位置是否与勘察范围相符。

③察看场地内是否有软弱下卧层。

④场地是否为特别的不均匀场地，勘察方要求进行特别处理的情况；而设计方没有进行处理。

⑤要求建设方提供场地内是否有地下管线和相应的地下设施。

⑥场地是否处于采空影响区而未采取相应的地基、结构措施。

（4）推迟验槽的情况：

①设计所使用承载力和持力层与勘察报告所提供不符。

②场地内有软弱下卧层而设计方未说明相应的原因。

③场地为不均匀场地，勘察方需要进行地基处理而设计方未进行处理。

121. 监理工程师怎样组织检验批及分项工程质量验收？

答：检验批是工程验收的最小单位，是分项工程乃至整个建筑工程质量验收的基础。所谓“检验批”，是指按同一的生产条件或按规定的方式汇总起来供检验用的，由一定数量样本组成的检验体。而对于建筑工程来讲，检验批是施工过程中条件相同并有一定数量的材料、构配件或安装项目，由于其质量基本均匀一致，因此可以作为检验的基础单位，并按批验收。

检验批和分项工程是建筑工程质量的基础，因此，所有检验批和分项工程均应由监理工程师或建设单位项目技术负责人组织验收。验收前，施工单位先填好“检验批和分项工程的质量验收记录”（有关监理记录和结论不填），并由项目专业质量检验员和项目专业技术负责人分别在检验批和分项工程质量检验记录中相关栏目签字，然后由监理工程师组织，严格按规定程序进行验收。

检验批质量验收合格应符合下列规定：

①主控项目和一般项目的质量经抽样检验合格。

②具有完整的施工操作依据、质量检查记录。

分项工程质量验收合格应符合下列规定：

①分项工程所含的检验批均应符合合格质量的规定。

②分项工程所含的检验批的质量验收记录应完整。

专家提示：目前在检验批质量验收合格的两个条件上不同程度地存在一些问题：

①质量控制资料检查不认真：质量控制资料反映了检验批从原材料到最终验收的各施工工序的操作依据，检验情况以及保证质量所必需的管理制度等。对其完整性的检查，实际是对过程的确认，这是检验批合格的前提。谈到这一点，一些项目监理机构就有工作不到位之处。对于质量检查记录，相信几乎所有的监理同行们都会对相应资料进行检查；但对于施工操作依据之类的资料，如技术交底、自检、交接检记录等，可能相当一部分监理同行们并没有给予认真检查。

②事前未编制抽样方案：检验批的合格质量主要取决于对主控项目和一般项目的检验结果，而主控项目和一般项目的质量均是要通过抽样检验的。所谓“抽样检验”，是指按照规定的抽样方案，随机地从进场的材料、构配件、设备或建筑工程的检验项目中，按检验批抽取一定数量的样本进行的检验。提醒监理同行们注意的一点是，这里提到了一个“抽样方案”的名词，而“抽样方案”就是根据检验项目的特性所确定的抽样数量和方法。另外要提到的一点是，因为国家并没有对抽样检验制定相应的实测实量表格，如果项目监理机构不事前编制抽样方案，也就不会自己制定相应表格，那么实测实量这样重要的原始记录资料也就不会存在。而没有这样的原始记录资料，如果产生纠纷，相信我们的监理同行们将会非常被动。

而分项工程的验收在检验批的基础上进行。一般情况下，两者具有相同或相近的性质，只是批量的大小不同而已。因此，将有关的检验批汇集构成分项工程。分项工程合格质量的条件比较简单，只要构成分项工程的各检验批的验收资料文件完整，并且均已验收合格，则分项工程验收合格。很多监理人员认为把分项工程所含的检验批统计即可。笔者认为，这里同样可能会出现一个问题。比如，笔者监理的一个工程，其基础梁的顶标高在 -1.70m，基础施工时分为 3 个区，每个区为一个检验批；而在实际施工中，施工单位为了施工方便，在基础施工完成后只将土方回填至 -1.70m，在一层主体结构施工后进行第二次土方回填，这就造成了基础土方回填分项工程不仅仅是 3 个检验批。因此，监理工程师在分项工程验收时，应注意核查所含检验批的数量有无特殊情况下的变化、所有部位是否已经全部覆盖等。

122. 怎样组织主体分部工程验收？主体分部工程验收合格的条件是什么？

答： 主体分部工程应由总监理工程师（未实施监理的过程由建设单位项目负责人）组织施工单位的项目负责人和项目技术、质量负责人及有关人员进行验收。主体结构分部工程的勘察、设计单位工程项目负责人和施工单位技术、质量部门负责人也应参加相关分部工程验收。

在《建筑工程施工质量验收统一标准》（GB 50300—2001）中规定了主体分部工程质量验收合格应符合下列规定：

①所含分项工程的质量均应验收合格。

②质量控制资料应完整。

③有关安全及功能的检验和抽样检测结果应符合有关规定。

④观感质量验收应符合要求。

其中质量控制资料包括以下内容：图纸会审记录、设计变更、洽商记录，工程定位测量、放线记录，原材料出厂合格证及进场检验报告，施工试验报告及见证检测报告，隐蔽工程验收记录，施工记录，预拌混凝土合格证，主体结构抽样检测资料，分项工程质量验收记录，检验批验收记录，工程质量事故及事故调查处理资料等。

123. 幕墙工程验收时应检查哪些文件和记录？

答：（1）幕墙工程的施工图、结构计算书、设计说明及其他设计文件。

建筑设计：幕墙性能要求
　　　　　幕墙建筑构造要求
　　　　　幕墙建筑安全要求等

结构设计：荷载作用
　　　　　幕墙材料的力学性能及设计
　　　　　幕墙横梁、立柱设计
　　　　　结构硅酮密封胶的强度验算
　　　　　幕墙与建筑主体结构的连接等

（2）建筑设计单位对幕墙工程设计的确认文件。

（3）幕墙工程所用各种材料、五金配件及构件的产品合格证书、性能检测报告、进场验收记录和复验报告。

（4）幕墙工程所用硅酮结构胶的认定证书和抽查合格证书；进口硅酮结构胶的商检证；国家指定检测机构出具的硅酮结构胶相容性和剥离粘结性试验报告；石材用密封胶的耐污染性试验报告。

124. 怎样理解分部工程所含分项工程质量均应验收合格?

答: 分部工程所含分项工程质量均应验收合格包括四个方面的内容:

(1) 分部(子分部)工程所含分项工程均已完成。

(2) 所含各分项工程划分正确。

(3) 所含各分项工程均按规定通过了合格质量验收。

(4) 所含各分项工程验收记录表内容完整,填写正确,收集齐全。

125. 分部工程质量验收中质量控制资料核查应注意哪些问题?

答: (1) 质量控制资料是指在施工过程中所收集到的能反映工程所采用的建筑材料、构配件和建筑设备的质量技术性能,施工质量控制和技术管理状况,涉及结构安全和使用功能的施工试验和抽样检测结果,及建设参与各方参加质量验收的原始依据、客观记录、真实依据和执行见证等资料,是印证各级质量责任的证明,也是将来工程竣工交付使用的"合格证"与"出厂检验报告"。

质量控制资料完善是工程质量合格的重要条件,在分部工程质量验收时,应根据各专业工程质量验收规范中对分部或子分部工程质量控制资料所作的具体规定,进行系统地检查,着重检查资料的齐全,项目的完整,内容的准确和签署的规范。另外,在资料检查时应注意以下两点:

①有些龄期要求较长的资料,在分项工程验收时,尚不能及时提供,应在分部(子分部)工程质量验收时进行补查,如基础混凝土(有时按60d龄期强度设计)或主体结构后浇带混凝土施工等。

②对在施工中质量不符合要求的检验批、分项工程按有关规定进行处理后的资料归档审核。

(2) 分部工程质量控制资料核查的具体内容可参照《建筑工程施工质量验收统一标准》(GB 50300—2001)中表G.0.1—2的要求进行。

从该表及各专业验收规范的要求来看,与原验评标准相比有两个明显变化:其一,对建筑材料、构配件及建筑设备合格证书的要求上,几乎涉及所有建筑材料、成品和半成品,不管是用于结构还是非结构中。其二,对于涉及结构安全和影响使用安全、使用功能的建筑材料的进场复验,也从原来的几种材料增加到几十种,几乎囊括了主要的建筑材料、构配件和设备,既有结构和建筑设备,又有装饰工程的。涉及结构安全的试块、试件及有关材料还应按有关规定进行见证取样检测。具体哪些建筑材料需要进行复验,除了设计文件和合同约定以外,统一标准规定:应按各专业工程质量验收规范进行。由于专业验收规范涉及的分项工程在单位工程中所处的重要性不同,故对需作复验的材料种类、组批量、抽样的频率、试验的项目等规定是不统一的，核查时应注意以下几点：

①不同规范或同一规范对同一种材料的不同要求

a. 用于混凝土结构工程的砂应进行复验，用于砌筑砂浆、抹灰工程的砂未作规定。

b. 砌体规范对用于承重砌体的块材要求进行复验，对填充墙未作规定。

c. 钢结构规范中对用于建筑结构安全等级为一级、大跨度钢结构中主要受力杆件，及板厚40mm及以上且设计有Z向性能要求的钢材，或进口（无商检报告）、混批、质量有疑义的钢材及设计有复验要求的，应进行复验，其他当设计无要求时可不复验。

②材料的取样批量要求

材料取样单位一般按照相关产品的标准中检验规则规定的批量抽取，但个别验收规范有所突破。如水泥应根据水泥厂的年生产能力进行编号后，按每一编号为一取样单位。但在混凝土验收规范中却规定：袋装水泥以不超过200t为一取样单位，散装水泥以不超过500t为一取样单位。

③材料的抽样频率要求

材料的抽样频率，一般按照相关产品标准的规定抽样试验1组，但砌体验收规范对用于多层以上建筑物基础和底层的小砌体抽样数量，规定不应少于2组。

④材料的检验项目要求

材料进场复验究竟要对哪些项目进行检验，就全国范围来讲没有一个权威而统一的标准，有的地区以产品标准中的出厂检验项目为依据；也有以产品标准中的主要技术要求为依据的，成为约定俗成的规矩。但因对某些材料的检验项目意见不统一而引起纠纷的事情时有发生，为此各验收规范作出了不同的规定。如水泥的检验项目：混凝土、砌体规范中为“强度”和“安定性”两项；装饰规范中对饰面砖（板）粘贴工程还增加了“凝结时间”项目，而对抹灰工程仅规定为“凝结时间”和“安定性”两项。

⑤特殊规定

对无粘结预应力筋的涂包质量，一般情况应作复验。但当有工程经验、并经观察认为质量有保证的，可不作复验。又如对预应力张拉孔道灌浆用水泥和外加剂，当用量较少，且具有近期该产品的检验报告，可不进行复验等。

126. 怎样理解“地基与基础、主体结构和设备安装分部工程有关安全及使用功能的检验和抽样检测结果应符合有关规定”?

答：有关对涉及结构安全及使用功能检验（检测）的要求，应按设计文件及各专业工程质量验收规范所作的具体规定执行。如对工程桩应进行承载力检测和桩身质量检测的规定，混凝土验收规范对结构实体所作的混凝土强度及钢筋保护层厚度检验规定等，都应严格执行。在验收时还应注意以下几点：

(1) 检查各专业验收规范所规定的各项检验（检测）项目是否都进行了测试。

(2) 查阅各项检验报告（记录），核查有关抽样方案、测试内容、检测结果等是否符合有关标准规定。

(3) 核查有关检测机构的资质，取样与送样见证人员资格，报告出具单位责任人的签署情况等是否符合要求。

本项检查是在上述三项的基础上对其中涉及结构安全的建筑功能的检测资料所作的一项重点抽查，体现了新的验收规范对涉及结构安全和使用功能方面的强化作用，这些检测资料直接反映了房屋建筑物、附属建筑物及其建筑设备的技术性能，与其他规定的试验、检测资料共同构成了建筑产品的一份“型式”检验报告。

127. 分部工程质量验收为什么要进行观感质量验收？

答：观感质量验收系指在分部所含的分项工程完成后，在①分部工程所含分项工程质量均应验收合格；②质量控制资料应完整；③地基与基础、主体结构和设备安装分部工程有关安全及使用功能的检验和抽样检测结果应符合有关规定三项检查的基础上，对已完工部分工程的质量，采用目测、触摸和简单量测等方法，所进行的一种宏观检查方式。由于其检查的内容和质量指标已包含在各个分项工程内，所以对分部工程进行观感质量检查和验收，并不增加新的项目，只不过是转换一下视角，采用一种更直观、便捷、快速的方法，对工程质量的外观上作一次重复的、扩大的、全面的检查，这是由建筑施工特点所决定的，也是十分必要的。

其一，尽管其所包含的分项工程原来都经过检查与验收，但随着时间的转移、气候的变化、荷载的递增等，可能会出现质量变异情况，如材料收缩、结构裂缝、建筑物的渗漏、变形等。

其二，弥补受抽样方案局限造成的检查数量不足和后续施工部位（如施工洞、井架洞、脚手架洞等）检查不到的缺憾，扩大了检查面。

其三，通过对专业分包工程的质量验收和评价，分清了质量责任，可减少质量纠纷，既促进了专业分包队伍技术素质的提高，又增强了后续施工对产品的保护意识。

总之，这种检查可从更广的范围捕捉和消除质量缺陷，确保结构的安全和建筑的使用功能。观感质量验收并不给出“合格”或“不合格”的结论，而是给出“好、一般或差”的总体评价。所谓“一般”，是指经观感质量检查能符合验收规范的要求。所谓“好”，是指在质量符合验收规范的基础上，能达到精致、流畅、匀净的要求，精度控制好。所谓“差”，是指勉强达到验收规范的要求，但质量不够稳定，离散性较大，给人以粗疏的印象。观感质量验收中如发现有影响安全、功能的缺陷，有超过偏差限值，或明显影响观感效果的缺陷，则应处理后再进行验收。

128. 监理怎样组织甲供材料、设备的验收？

答：凡运到施工现场的原材料、半成品或构配件，无论是施工单位采购还是甲方供应，进场前均应由施工单位向项目监理机构提交《建设工程监理规范》（GB 50319—2000）中 A9 表《工程材料/构配件/设备报审表》，同时附产品出厂合格证及技术说明书，由施工承包单位按规定要求进行检验的检验或试验报告，经监理工程师审查并确认其质量合格后，方准进场。凡是没有产品出厂合格证明及检验不合格者，不得进场。如果监理工程师认为承包单位提交的有关合格证明的文件以及施工承包单位提交的检验和试验报告，仍不足以说明到场产品的质量符合要求时，监理工程师可以再行组织复检或见证取样试验，确认其质量合格后方可允许进场。

专家提示：目前在工程项目上一些重要的材料、设备，甲方往往采用自己招标的方式采购，对于此类甲供材料、设备的验收，笔者建议由项目监理机构制定专门的进场验收表格，材料、设备进场时甲方、监理、施工单位以及供货商共同进行验收，各方均在验收记录表上签字认可，以免因材料质量问题造成监理的被动，而对于监理程序要求的验收资料仍然按照监理规范的要求进行。

129. 建设工程竣工验收应具备什么条件？

答：依据施工合同示范文本通用条款和法律法规的规定，建设工程竣工验收应具备下列条件：

（1）完成建设工程设计和合同约定的各项内容。

（2）施工单位在工程完工后对工程质量进行了检查，确认工程质量符合有关工程建设强制性标准，符合设计文件及合同要求，并提出工程竣工报告。工程竣工报告应经项目经理和施工单位有关负责人审核签字。

（3）对于委托监理的工程项目，监理单位对工程进行了质量评价，具有完整的监理资料，并提出工程质量评估报告。工程质量评估报告应经总监理工程师和监理单位有关负责人审核签字。

（4）勘察、设计单位对勘察、设计文件及施工过程中由设计单位签署的变更通知单进行了确认。

（5）有完整的技术档案和施工管理资料。

（6）有工程使用的主要建筑材料、建筑构配件和设备合格证及必要的进场试验报告。

（7）有施工单位签署的工程保修书。

（8）有公安消防、环保等部门出具的认可文件或准许使用文件。

（9）建设行政主管部门及其委托的工程质量监督机构等有关部门责令整改的问题全部整改到位。

130. 监理工程师在竣工验收阶段的工作有哪些？

答：在一个单位工程完工后或整个工程项目完成后，施工承包单位应先进行竣工自检，自检合格后，向项目监理机构提交《工程竣工报验单》，总监理工程师组织专业监理工程师进行竣工初验，其主要工作包括以下几个方面：

（1）审查施工承包单位提交的竣工验收所需的文件资料，包括各种质量控制资料、试验报告以及各种有关的技术性文件。

（2）审核施工承包单位提交竣工图，并与已完工程、有关的技术文件对照进行核查。

（3）总监理工程师组织专业监理工程师对拟验收工程项目的现场进行检查，如发现质量问题应指令承包单位进行处理。

（4）对拟验收项目初验合格后，总监理工程师对承包单位的《工程竣工报验单》予以签认，并上报建设单位。同时提出“工程质量评估报告”。“工程质量评估报告”是工程验收中的重要资料，它由项目总监理工程师和监理单位技术负责人签署。主要包括以下内容：①工程项目建设概况介绍，参加各方的单位名称、负责人。②工程检验批、分项、分部、单位工程的划分情况。③工程质量验收标准，各检验批、分项、分部工程质量验收情况。④地基与基础分部工程中，涉及桩基工程的质量检测结论，基槽承载力检测结论；涉及结构安全及使用功能的监测结论；建筑物沉降观测资料。⑤施工过程中出现的质量事故及处理情况，验收结论。⑥结论。本工程项目（单位工程）是否达到合同约定；是否满足设计文件要求；是否符合国家强制性标准及条款的规定。

（5）参加由建设单位组织的正式竣工验收。

131. 单位工程竣工验收应符合哪些规定？

答：单位工程竣工验收应符合下列规定：

（1）单位工程完工后，施工单位首先要依据质量标准、设计图纸等组织有关人员进行自检，并对检查结果进行评定，符合要求后向建设单位提交工程验收报告完整的质量控制资料，请建设单位组织验收。

（2）建设单位在收到工程验收报告后，应由建设单位（项目）负责人组织施工（含分包单位）、设计、监理等单位（项目）负责人进行单位（子单位）工程验收。勘察单位虽然亦是责任主体但已参加了地基与基础验收，故单位工程验收时可以不参加。

（3）在一个单位工程中，对满足生产要求或具备使用条件，施工单位已预验，监理工程师已初验通过的子单位工程，建设单位可组织验收。由几个施工单位负责施工的单位工程，当其中的施工单位所负责的子单位工程已按设计完成，并经自行检验，也可按规定的程序组织验收，办理交工验收。在整个单位工程进行全部验收时，已验收的子单位工程验收资料作为单位工程验收的附件。

单位工程有分包单位施工时，分包单位对所承包的工程项目应按《建筑工程施工质量验收统一标准》（GB 50300—2001）规定的程序和组织检查评定，总包单位应派人参加。分包工程完成后，应将工程有关资料交总包单位，待建设单位组织单位工程质量验收时，分包单位负责人也应参加验收。

当参加验收各方对工程质量验收意见不一致时，可请当地建设行政主管部门或工程质量监督机构（也可是其委托的部门、单位或各方认可的咨询单位）协调处理。

单位工程质量验收合格后，建设单位应在规定时间内将工程竣工验收报告和有关文件报县级以上人民政府建设行政主管部门或其他有关部门备案，否则不允许投入使用。

132. 工程竣工质量验收的程序是什么？

答：承发包人之间所进行的建设工程项目竣工验收，通常分为验收准备、初步验收和正式验收三个环节进行。整个验收过程涉及建设单位、设计单位、监理单位及施工总分包各方的工作，必须按照工程项目质量控制系统的职能分工，以监理工程师为核心进行竣工验收的组织协调。

（1）竣工验收准备

施工单位按照合同规定的施工范围和质量标准完成施工任务后，经质量自检并合格后，向现场监理机构（或建设单位）提交工程竣工验收申请报告，要求组织工程竣工验收。施工单位的竣工验收准备，包括工程实体的验收准备和相关工程档案资料的验收准备，使之达到竣工验收的要求，其中设备及管道安装工程等，应经过试压、试车和系统联动试运行检查记录。

(2) 初步验收

监理机构收到施工单位的工程竣工验收申请报告后，应就验收的准备情况和验收条件进行检查。对工程实体质量及档案资料存在的缺陷，及时提出整改意见，并与施工单位协商整改清单，确定整改要求和完成时间。建设工程竣工验收应具备下列条件：

1) 完成建设工程设计和合同约定的各项内容；

2) 有完整的技术档案和施工管理资料；

3) 有工程使用的主要建筑材料、建筑构配件和设备的进场试验报告；

4) 有勘察、设计、施工、工程监理等单位分别签署的质量合格文件；

5) 有施工单位签署的工程保修书。

(3) 正式验收

当初步验收检查结果符合竣工验收要求时，监理工程师应将施工单位的竣工验收申请报告报送建设单位，着手组织勘察、设计、施工、监理等单位和其他方面的专家组成竣工验收小组并制定验收方案。建设单位应在工程竣工验收前7个工作日将验收时间、地点、验收组名单组成通知该工程的工程质量监督机构，建设单位组织竣工验收会议。正式验收过程的主要工作有：

1) 建设、勘察、设计、施工、监理单位分别汇报工程合同履约情况及工程施工各环节施工满足设计要求，质量符合法律、法规和强制性标准的情况。

2) 检查审核设计、勘察、施工、监理单位的工程档案资料及质量验收资料。

3) 实地检查工程外观质量，对工程的使用功能进行抽查。

4) 对工程施工质量管理各环节工作、对工程实体质量及质保资料情况进行全面评价，形成经验收组人员共同确认签署的工程竣工验收意见。

5) 竣工验收合格，建设单位应及时提出工程竣工验收报告。验收报告还应附有工程施工许可证、设计文件审查意见、质量检测功能性试验资料、工程质量保修书等法规所规定的其他文件。

6) 工程质量监督机构应对工程竣工验收工作进行监督。

第六节　施工阶段监理工作实务

133. 如何组织图纸会审和设计交底？

答：图纸会审和设计交底一般同时进行，均由建设单位组织。设计交底是由设计单位相关设计人员对设计图纸的思路，重点难点和关键部位，关键的技术要求等对施工单位和监理单位进行说明，以便他们在施工中加强重视。而图纸会审是由建设、监理、施工单位对图纸中的疑难问题向设计单位提出，由设计单位给予回答，一般由施工单位整理形成会审纪要，并经建设、设计、监理、施工单位签字盖章，作为设计文件的一部分。会审的程序是：①设计单位作设计交底；②有关单位发表意见；③各单位的工程负责人代表对图纸逐页提出问题；④与会者讨论、研究并逐条解决问题。

134. 怎样召开第一次工地会议？

答：工程项目开工前，监理人员应参加建设单位主持召开的第一次工地会议。第一次工地会议应包括以下内容：

（1）建设单位、监理单位和承包单位分别介绍各自驻现场的组织机构、人员及其分工。

（2）建设单位介绍开工准备情况，根据委托监理合同对总监理工程师进行授权。

（3）承包单位介绍施工准备情况。

（4）建设单位和总监理工程师对施工准备情况提出意见和要求。

（5）总监理工程师介绍监理规划的主要内容，并对承包单位进行监理交底。

（6）研究确定各方在施工过程中参加工地例会的主要人员，召开工地例会的周期、地点及主要议题。

第一次工地会议纪要应由项目监理机构负责起草，并经与会各方代表会签。

专家提示：第一次工地会议是项目监理机构正式接触承包商和全面开展监理工作的关键起点，因此开好第一次工地会议至关重要。总监理工程师在第一次工地会议上的表现和作用，将会在很大程度上影响到建设单位和承包商对其能力的评判。在第一次工地会议上进行监理交底，主要是介绍监理规划及监理工作程序。监理工作交底是为了保证与承包商的成功合作走出关键的一步，既是向建设单位和承包商提出要求，又是向他们作出承诺，既是对他人的规定，又是对自己的约束。这种“有言在先”的做法充分体现了监理工作强调的“事前控制”的重要原则。

135. 监理工程师怎样审查开工条件？

答：（1）开工条件的审查，是依法开展工程管理的需要，也是有效保证施工阶段的质量和进度控制，规范监理工作，顺利实现监理工作目标体系的需要。开工报审采用《建设工程监理规范》GB 50319—2000 中 A1 表《工程开工/复工报审表》。

（2）审查内容主要有：

1）建设单位应提供的基础资料和准备工作：①施工许可证；②向质量监督机构办理监督业务手续；③经建设行政主管部门审查批准的设计图纸及设计文件，工程地质勘察报告、水文地质资料；④施工承包合同、招投标文件；⑤建设单位与相关部门签订的合同、协议；⑥水准点、坐标点等原始资料；⑦建设单位驻工地代表的授权；⑧地下管线现状分布图；⑨施工场地条件已按合同约定条件落实到位。

2）施工单位应提供的基础资料和准备工作：①施工企业资质证书、营业执照及其他如质量体系认证证书等；②施工单位提供的试验室资质证书（当施工单位自己承担部分或全部施工试验项目时）；③工程项目经理、技术负责人及管理人员资格证书、岗位证书，特种人员岗位证书；④自审手续齐全的施工组织设计和施工方案；⑥按施工组织设计开列进场的第一批施工机械设备已经报验通过；⑦对建设单位提供的水准点和坐标点的复核工作已经完成，有复核记录并已经完成建筑定位、放样工作；⑧开工所需的原材料已经进场，质保资料、试验报告齐全、有效；⑨质保体系、安全保证体系机构健全，体系文件资料齐全，人员到位，并已开始运转；⑩临时设施搭设满足开工要求。

3）项目监理部应具备的开工条件

包括监理委托合同、总监理工程师授权书、已经批准的监理规划等资料的准备情况。

（3）总监理工程师指定专业监理工程师对上述审查内容进行检查，逐一落实，具备开工条件时，向总监理工程师报告，并在工程开工报审表中填写“该工程各项开工准备工作符合要求，同意于某年某月某日开工”，必须经总监理工程师签发。

（4）注意事项：

1）在签发工程开工报审标前，应提醒建设单位组织第一次工地会议。

2）整个项目一次开工，只报审一次。如工程项目中涉及较多单位工程，且开工时间不同，则每个单位工程开工都应报审一次。

3）由于审查内容较多，监理部可以自制“工程开工条件核查表”，以使工程开工报审资料清晰，有条理。“工程开工条件核查表”可参照附后实例制表。

工程开工条件核查表

工程名称：　　　　　　　　　　　　　　　　　　　　　　　　编号：

开工条件		监理核查	开工条件		监理核查
建设单位应提供的基础资料和准备工作	设计施工图（编号）		施工单位应提供的基础资料和准备工作	施工组织设计报审（编号）	
	工程地质报告（编号）			基础工程施工方案报审（编号）	
	施工许可证（复印件）			进度计划报审（编号）	
	质监委托书（编号）			工程分包资质报审（编号）	
	灰线验收合格证（编号）			工程分包合同（编号）	
	施工招投标文件（编号）			总、分包单位营业执照、资质证书（复印件）	
	施工承包合同（编号）			总、分包单位管理人员、特种人员岗位证书（复印件）	
	地下管线现状分布图			安监委托书（编号）	
	施工图纸交底纪要（编号）			排污许可证（编号）	
	水准点、坐标点原始资料			消防、治安手续	
	"三通一平"完成			夜间施工许可证（复印件）	
	建设单位驻工地代表的授权			主要进场机械申报（编号）	
				主要施工材料/构配件/设备申报（编号）	
				工程测量放线报验（编号）	
				监理工作A表齐备	
				试桩记录（纪要）手续完备	
				主要施工人员已进场	
监理单位准备工作	监理规划，监理细则			施工临时设施基本具备	
	施工图纸自审记录			安全措施已落实	
	第一次工地会议纪要				
	监理人员进场				
	监理办公条件具备				
	承包单位有关开工报审已批复				

136. 监理工程师怎样进行分包单位资质审查？

答：总包单位应使用《分包单位资格报审表》（A3 表）向项目监理机构报审。

（1）审查内容

1）按原建设部第 87 号令颁布的《建筑企业资质管理规定》，检查经建设行政主管部门进行资质审查核发的，具有相应承包企业资质和建筑业劳务分包企业资质的《建筑业企业资质证书》和《企业法人营业执照》。注意拟承担分包工程内容与资质等级、营业执照是否相符。需要时一并审查特种行业施工许可证、国外（境外）企业在国内承包工程许可证。

2）分包单位近年来类似工程业绩，要求提供工程名称，质量等级证明文件。

3）审查拟分包工程的内容和范围。注意承包单位的发包性质，禁止转包、肢解分包、层层分包等违法行为。注意分包是否符合施工合同规定。

4）审查专职管理人员和特种作业人员的资格证、上岗证。

（2）审查意见

专业监理工程师审查意见：对照审查内容逐一审查，必要时可以会同承包单位进行实地考察和调查，核实承包单位申报材料与实际是否相符。在此基础上提出审查意见，签署“该分包单位具备分包条件，拟同意分包，请总监理工程师审核”。如认为不具备分包条件应简要提出不符合条件之处，签署“拟不同意分包，请总监理工程师审查”。

总监理工程师审查意见：总监理工程师对专业监理工程师的审查意见进行审核，如同意专业监理工程师，签署“同意（不同意）分包”；如不同意专业监理工程师意见，应指明不同意专业监理工程师审查意见的不同之处，并签署是否同意分包的意见。

（3）注意事项

1）如承包合同中已明确分包单位的，该分包单位的资格审查可不用报审。但承包单位应采用《承包单位通用报审表》提供该分包单位的营业执照、资质证书、专职管理人员和特种作业人员的资格证、上岗证等资料。

2）对建设单位指定的分包单位，如消防工程、通风与空调安装工程等分包，可按照上述承包合同中已明确的分包单位进行资质报审。

137. 怎样开好监理例会？

答：在施工过程中，总监理工程师应定期（一般为每周一次）主持召开工地例会。会议纪要应由项目监理机构负责起草，并经与会各方代表会签。

工地例会应有会议签到且应包括以下内容：

（1）检查上次例会议定事项的落实情况，分析未完事项的原因。

（2）检查分析工程项目进度计划完成情况，提出下一阶段进度目标及其落实措施。

（3）检查分析工程项目质量状况，针对存在的质量问题提出改进措施。

（4）检查工程量核定及工程款支付情况。

（5）需要监理及建设单位协调的有关事项。

（6）现场安全文明施工情况。

（7）其他有关事项。

（8）本次会议议定事项（一般应为比较重要的事项或限定施工单位在规定时限内解决的事项）。

专家提示：除定期召开工地例会外，项目监理机构应根据工程实际情况，组织召开专题会议，便于及时解决施工过程中的专项问题。专题工地会议是为解决施工过程中的专门问题而召开的会议，由总监理工程师或其授权的监理工程师主持。工程项目各主要参建单位均可向项目监理机构书面提出召开专题工地会议的动议。动议内容一般包括：主要议题，与会单位、人员及召开时间等。经总监理工程师与有关单位协商，取得一致意见后，由总监理工程师签发召开专题工地会议的书面通知，与会各方应认真做好会前准备。专题工地会议纪要的形成过程与工地例会相同。

138. 总监如何做好项目监理机构的内部协调工作？

答：项目监理机构是由人组成的工作体系，工作效率很大程度上取决于人际关系的协调程度，总监理工程师作为项目监理机构的第一负责人，应首先抓好人际关系的协调，激励项目监理机构成员。总监应从以下几个方面做好项目监理机构的内部协调工作：

（1）在人员安排上要量才录用。对项目监理机构各种人员，要根据每个人的专长进行安排，做到人尽其才。人员的搭配应注意能力互补和性格互补，人员配置应尽可能少而精，防止力不胜任和忙闲不均现象。

（2）在工作委任上要职责分明。对项目监理机构内的每一个岗位，都应订立明确的目标和岗位责任制，应通过职能清理，使管理职能不偏不漏，做到事事有人管，人人有专责，同时明确岗位职权。

（3）在成绩评价上要实事求是。谁都希望自己的工作出成绩，并得到肯定。但工作成绩的取得，不仅需要主观努力，而且需要一定的工作条件和相互配合。要发扬民主作风，实事求是评价，以免人员无功自傲或有功受屈，使每个人热爱自己的工作，并对工作充满信心和希望。

（4）在矛盾调解上要恰到好处。人员之间的矛盾总是存在的，一旦出现矛盾就应进行调解，要多听项目监理机构成员的意见和建议，及时沟通，使人员始终处于团结、和谐、热情高涨的工作气氛之中。

139. 监理工程师如何做好与承包商的协调工作？

答：（1）坚持原则，实事求是，严格按规范、规程办事，讲究科学态度。监理工程师应强调各方面利益的一致性和建设工程总目标；应鼓励承包商将建设工程实施状况、实施结果和遇到的困难和意见向他汇报，以寻找对目标控制可能的干扰。

（2）协调不仅是方法、技术问题，更多的是语言艺术、感情交流和用权适度问题。有时尽管协调意见是正确的，但由于方式或表达不妥，反而会激化矛盾。而高超的协调能力则往往能起到事半功倍的效果，令各方面都满意。

（3）施工阶段的协调工作内容：

1）与承包商项目经理关系的协调。既懂得坚持原则，又善于理解承包商项目经理的意见，工作方法灵活，随时可能提出或愿意接受变通办法的监理工程师肯定受欢迎。

2）进度问题的协调。实践证明，有两项协调工作很有效：一是建设单位和承包商双方共同商定一级网络计划，并由双方主要负责人签字，作为工程施工合同的附件；二是设立提前竣工奖，由监理工程师按一级网络计划节点考核，分期支付阶段工期奖，如果整个工程最终不能保证工期，由建设单位从工程款中将已付的阶段工期奖扣回并按合同规定予以罚款。

3）质量问题的协调。在质量控制方面应实行监理工程师质量签字认可制度。对设计变更或工程内容的增减，监理工程师要认真研究，合理计算价格，与有关方面充分协商，达成一致意见，并实行监理工程师签证制度。

4）对承包商违约行为的处理。应该考虑自己的处理意见是否是监理权限以内的；要有时间期限的概念。对不称职的承包商项目经理或某个工地工程师，证据足够可正式发出警告；万不得已时有权要求撤换。

5）合同争议的协调。首先采用协商解决的方式，协商不成才由当事人向合同管理机关申请调解；只有当严重违约而造成重大损失且不能得到补偿时才采用仲裁或诉讼手段。

6）对分包单位的管理。主要是对分包单位明确合同管理范围，分层次管理。将总包合同作为一个独立的合同单元进行投资、进度、质量控制和合同管理，不直接和分包合同发生关系。对分包合同中的工程质量、进度进行直接跟踪监控，通过总包商进行调控、纠偏。分包商在施工中发生的问题，由总包商负责协调处理，必要时，监理工程师帮助协调。当分包合同条款与总包合同发生抵触，以总包合同条款为准。分包合同不能解除总包商对总包合同所承担的任何责任和义务。分包合同发生的索赔问题，一般由总包商负责，涉及总包合同中建设单位义务和责任时，由总包商通过监理工程师向建设单位提出索赔，由监理工程师进行协调。

7）处理好人际关系。

140. 施工组织设计及专项施工方案报审表上是否需要加盖监理公司公章?

答：一般无须加盖监理公司公章，因为施工组织设计及专项施工方案是由专业监理工程师审查，总监负责审核的，因此加盖项目监理部印章即可。

专家提示：对于一些不常见的施工难度较大的专项施工方案，项目监理机构有可能不具备审查的能力，需报经监理公司技术负责人审查，建议这样的方案由公司技术负责人审查后加盖监理公司公章。

141. 无施工许可证、施工图纸不全，总监能否签署开工令?

答：总监坚决不能签署开工令。按照《建设工程监理规范》GB 50319—2000 的规定：专业监理工程师应审查承包单位报送的工程开工报审表及相关资料，具备以下条件时，由总监理工程师签发，并报建设单位。

1）施工许可证已获政府主管部门批准。

2）征地拆迁工作能满足工程进度的需要。

3）施工组织设计已获总监理工程师批准。

4）承包单位现场管理人员已到位，机具、施工人员已进场，主要工程材料已落实。

5）进场道路及水、电、通信已满足开工要求。

专家提示：在目前的建筑行业，无施工许可证就开工的情况相当普遍，尤其是房地产公司的项目。一般情况下监理的处理方式是不签署开工令及书面资料，但实际上开展监理工作，待施工许可证办理后再签开工令。但切记一定要向建设单位下发监理工作联系单，督促建设单位及时办理有关手续，并且在必要的情况下通过各种途径向政府主管部门汇报。

142. 项目监理机构怎样管理分包单位?

答: 项目监理机构对分包单位的管理应按照如下程序进行:对分包合同中的工程质量、进度进行直接跟踪监控,通过总包方进行调控、纠偏。分包商在施工中发生的问题,由总包商负责协调处理。分包合同发生的索赔问题,一般由总包方负责,涉及总包合同中建设单位义务和责任时,由总包方通过监理工程师向建设单位提出索赔,由监理工程师进行协调。简言之:监理不应与分包单位发生直接联系,对分包方的一切指令均应通过总包方发出。

专家提示: *在目前的实际工作中,作为监理工作人员,不可避免地要与分包单位(尤其是主体劳务分包)发生一些工作关系,甚至有时候不得不直接对分包单位发出监理指令。这是极不正常的,主要原因在于目前的劳务分包体制,也在于总包单位的不规范管理。目前很多总包单位的项目部仅有2~3个管理人员,没有建立健全的质量保证体系,对施工质量的控制完全依靠劳务分包单位。*

143. 人防工程监理注意事项有哪些?

答: ①当管道穿越防护密闭墙时,必须预埋带有密闭翼环和防护抗力片的密闭穿墙短管。

②临空墙、密闭隔墙不得用套管螺栓加固模板。

③电器套管穿越人防墙时,套管两边要设过线盒,中间要设密闭肋。

④墙体开洞口若只为平时所用则须在洞口四周预埋角钢框,便于临战封堵。

⑤人防洞口上部墙体须做成暗梁等。

144. 后浇带施工监理注意事项有哪些?

答: 对后浇带除按一般施工缝要求处理,如清除浮浆,清除垃圾、杂物并隔夜提前浇水湿润,浇筑前对接缝处刷一道高强度等级砂浆,还特别强调:

(1)在后浇带接缝处加强防护,最好设置围栏,并作表面覆盖,防止后续施工对后浇带接缝处产生污染。

(2)后浇带后浇混凝土在施工前一定要认真试配,符合要求后再进行后浇混凝土的施工;浇筑时,避免直接靠近缝边下料。

(3)机械振捣宜自中央向后浇带接缝处逐渐推进,并在距缝边80~100mm处停止振捣,避免使原混凝土振裂,然后人工捣实,使其紧密结合。

（4）接缝断面处模板支立难度大、技术性强，且要细心、细致，故此处应选派有经验、有耐心和技术好的木工负责具体操作。

（5）对该部位的支模质量，施工方与监理方要专门进行验收；由于设置了后浇带，此跨区域内的结构在未进行后浇混凝土的浇筑及达到强度要求前，是处于悬臂受力状态，故其底模的支撑架，必须可靠，并不能随便拆卸。

（6）后浇带处后浇混凝土浇注时间与施工进度一般是存在矛盾的，特别是底模支撑架滞后拆卸对后序施工有一定影响，因此在施工组织设计时，对此要事先筹划安排好，绝对避免发生强行提前浇注后浇带的后浇混凝土的情况；因为对后浇带后浇混凝土浇注时间的严格控制是基于对主体结构的负责，因此严禁因为抢工期而随意缩短后浇混凝土应当间隔的时间。

专家提示：目前后浇带施工存在的最严重的问题就是模板支撑系统的过早拆除，很大一部分工程的后浇带的模板支撑系统在施工组织设计或专项施工方案中未给予明确的规定，为了施工方便，施工单位大量采用在后浇带以外混凝土浇筑后浇带部位模板支撑先拆除后支撑的施工方法，这是极其严重的问题，必须引起监理人员的高度重视。为了解决此类问题，监理工程师在审查施工组织设计或专项施工方案时，应要求施工单位的后浇带模板支撑系统单独设置，最好附上简图，该部分支撑在后浇带混凝土未达到设计强度之前严禁拆除。

145. 钢筋隐蔽工程质量验收的主要内容有哪些？

答：（1）按施工图核查绑扎成型的钢筋骨架，检查钢筋品种、直径、数量、间距、形状；骨架外形尺寸，其偏差是否超过规定。

（2）检查保护层厚度，构造筋是否符合构造要求。

（3）锚固长度，箍筋加密区及加密间距。

（4）检查钢筋接头：如是绑扎搭接，要检查搭接长度，接头位置和数量（错开长度、接头百分率）；焊接接头或机械连接，要检查外观质量，取样试件力学性能试验是否达到要求，接头位置（相互错开）数量（百分率）。

146. 怎样做好电渣压力焊的质量预控？

答：要做好电渣压力焊的质量预控，首先要了解电渣压力焊可能产生的质量问题：焊接接头偏心弯折；焊剂型号或规格不符合要求；焊缝的长、宽、厚度不符合要求；凹陷、焊瘤、裂纹、烧伤、咬边、气孔、夹渣等缺陷。

根据对电渣压力焊质量上可能产生的质量问题的估计，分析产生上述电焊质量问题的重要原因，不外乎两个方面：一是施焊人员技术不良，二是焊剂质量不符合要求。所以监理工程师可以有针对性地提出质量预控的措施如下：

①检查焊接人员有无上岗合格证明，禁止无证上岗。

②焊工正式施焊前，必须按规定进行焊接工艺试验。

③每批钢筋焊完后，在承包单位自检后按规定对焊接接头见证取样进行力学性能试验。

④在检查焊接质量时，应同时抽检焊剂型号。

147. 监理人员现场巡视的内容有哪些?

答: 旁站、巡视和平行检验是监理人员进行质量控制的三大手段，现场巡视的内容有：

①现场的施工进度情况。

②现场的施工质量问题及处理情况。

③现场与各方的联系情况。

④现场的安全、文明施工情况等。监理人员现场巡视的情况应如实地记录进监理日记并签字。

148. 如何进行混凝土试件的留置?

答: 混凝土试件的留置必须结合以下规范条文的要求综合考虑：

(1) 《混凝土结构工程施工质量验收规范》（GB 50204—2002）中第7.4.1条规定：结构混凝土的强度等级必须符合设计要求。用于检查结构构件混凝土强度的试件，应在混凝土的浇筑地点随机抽取。取样与试件留置应符合下列规定：

1）每拌制100盘且不超过100m^3的同配合比的混凝土，取样次数不得少于一次。

2）每工作班拌制的同一配合比的混凝土不足100盘时，取样不得少于一次。

3）当一次连续浇筑超过1 000m^3时，同一配合比的混凝土每200m^3取样不得少于一次。

4）每一楼层、同一配合比的混凝土，取样不得少于一次。

5）每次取样应至少留置一组标准养护试件，同条件养护试件的留置组数应根据实际需要确定。

(2)《混凝土结构工程施工质量验收规范》（GB 50204—2002）附录D中第D.0.1条规定：同条件养护试件的留置方式和取样数量，应符合下列要求：

1）同条件养护试件所对应的结构构件或结构部位，应由监理（建设）、施工等各方共同确定。

2）对混凝土结构工程中的各混凝土强度等级，均应留置同条件养护试件。

3）同一强度等级的同条件养护试件，其留置的数量应根据混凝土工程量和重要性确定，不宜少于10组，且不应少于3组。

4）同条件养护试件拆模后，应放置在靠近相应结构构件或结构部位的适当位置，并应采取相同的养护方法。

（3）《混凝土强度检验评定标准》（GBJ 107—1987）中第3.0.4条规定：每批混凝土试样应制作的试件总组数，除应考虑本标准第四章规定的混凝土强度评定所必需的组数外，还应考虑为检验结构或构件施工阶段混凝土强度所必需的试件组数。

其条文说明中是这样解释的：每批混凝土应制作的试件数量，应满足评定混凝土强度的需要和检查混凝土在施工（生产）过程中强度的需要。评定混凝土强度所需的试件组数，应依据选用的评定方法确定，并在事先作出安排。用以检查混凝土在施工（生产）过程中强度的试件，其养护条件应与结构或构件相同，它的强度只作为评定结构或构件能否继续施工的依据，两类试件不能混同。

实例：

1. 基本概况

某高层写字楼，由A座和B座两栋建筑物组成。其中A座地下一层，地上十一层；B座地下一层，地上二十七层，基础采用静压桩多桩承台（局部筏板）基础。A座基础混凝土强度等级均为C40，共留置标准养护试件12组、同条件养护试件6组；B座基础混凝土有C40和C55两个强度等级，其中C40共留置标准养护试件24组、同条件养护试件3组，C55共留置标准养护试件6组、同条件养护试件3组。试件留置数量满足《混凝土结构工程施工质量验收规范》（GB 50204—2002）中第7.4.1条和附录D的基本要求。

2. 基础验收时混凝土试件评定出现的问题

在该工程基础结构验收时，施工单位按照GBJ 107—1987中第2.0.3条的规定对混凝土试件进行了强度评定。其中A、B座C40标准养护试件组数均满足GBJ 107—1987中第4.1.3条中统计方法二所要求的不少于10组的要求，按照此方法评定合格。但由于所有同条件养护试件和B座C55标准养护试件的组数均不符合该条规定，施工单位因此采用了非统计方法进行评定，这样就造成了C55标准养护试件评定不合格。具体结果如下表所示：

各组代表值（MPa）	60.3	64.8	57	59.4	60.8	60.2
平均值（MPa）	$m_{f_{cu}} = \sum_{i=1}^{n} f_{cu,i} = 60.42$					
评定情况	1. $m_{f_{cu}} < 1.15 f_{cu,k} = 1.15 \times 55 = 63.25$ 2. $f_{cu,min} = 57 > 0.95 f_{cu,k}$					
评定结论	不合格					

项目监理部在收到施工单位项目部基础分部工程的报验申请及所有质量控制资料后，总监组织各专业监理工程师对资料进行审核后，对其中的混凝土评定资料提出了疑问。监理工程师认真研究了《混凝土强度检验评定标准》(GBJ 107—1987）的第2.0.4条“预拌混凝土厂、预制混凝土构件厂和采用现场集中搅拌混凝土的施工单位，应按本标准规定的统计方法评定混凝土强度……”后认为：虽然混凝土试件留置组数不满足统计方法的要求，但既然采用的是商品混凝土，其评定方法应选择统计方法。而且，GBJ 107—1987 第2.0.4条的条文说明对评定方法的选择作出了详细说明：当试件数量较少时，非统计方法的检验效率较差，即存在着将合格品误判为不合格品（生产方风险）或将不合格品误判为合格品（用户方风险）的较大可能性。再者，商品混凝土是预拌混凝土厂生产的产品，其评定时必须采用统计方法，施工现场如采用非统计方法评定，等于是用不同的标准去检验同一产品，必然会产生不同的结果。再对照非统计方法的适用情况和评定条件，在本工程中采用非统计方法显然是不合适的。

3. 解决办法

既然出现了这种情况，又该怎么解决呢？我们经过认真分析后提出了两种方法。

方法一：由于当时该工程主体已经施工一部分，也留置了部分试件。在这种特定的情况下，可以借用主体结构的部分试件来达到统计方法二所规定的“不少于10组”的要求。评定情况如下表所示：

各组代表值（MPa）	60.3	64.8	57	59.4	60.8	60.2	65.6	65.9	64.9	58.3
平均值（MPa）	$m_{f_{cu}} = \sum_{i=1}^{n} f_{cu,i} = 61.72$									
合格判定系数（λ_1，λ_2）	$\lambda_1 = 1.70$，$\lambda_2 = 0.90$									
标准差	$s_{f_{cu}} = \sqrt{\dfrac{\sum_{i=1}^{n} f_{cu,i}^2 - nm^2 f_{cu}}{n-1}} = 3.32 > 0.06 f_{cu,k}$									

续表

评定情况	1. $m_{f_{cu}}-\lambda_1 s_{f_{cu}}=61.72-1.70\times3.32=56.076>0.9f_{cu,k}$ 2. $f_{cu,min}=57>\lambda_2 f_{cu,k}$
评定结论	合格

方法二：由于该工程所留置的试件并没有出现不合格的情况，那么可以假定4组只达到合格标准的试件来补充够评定所需要的10组试件。评定情况如下表所示：

各组代表值（MPa）	60.3	64.8	57	59.4	60.8	60.2	55	55	55	55
平均值（MPa）	$m_{f_{cu}}=\sum_{i=1}^{n}f_{cu,i}=58.25$									
合格判定系数（λ_1，λ_2）	$\lambda_1=1.70$，$\lambda_2=0.90$									
标准差	$S_{f_{cu}}=\sqrt{\dfrac{\sum_{i=1}^{n}f_{cu,i}^2-nm^2f_{cu}}{n-1}}=3.375>0.06f_{cu,k}$									
评定情况	1. $m_{f_{cu}}-\lambda_1 S_{f_{cu}}=58.25-1.70\times3.375=52.51>0.9f_{cu,k}$ 2. $f_{cu,min}=55>\lambda_2 f_{cu,k}$									
评定结论	合格									

专家提示：综上所述，混凝土试件的留置应分为标准养护和同条件养护两种。其中留置标准养护试件的目的是为了评定混凝土强度等级，其留置组数应依据《混凝土结构工程施工质量验收规范》（GB 50204—2002）相关规定和选用的评定方法确定，并在事先作出安排。这一点必须引起监理工程师的重视，否则极易出现混凝土试件强度评定不合格的现象，尤其对于高强度混凝土更易出现此类问题。在目前施工现场大量使用商品混凝土的情况下，笔者建议对于较高强度的混凝土，标准养护试件的留置组数不能少于10组，以构成统计方法二所要求的最低组数，避免出现采用非统计方法而导致混凝土试件强度评定不合格的问题。

留置同条件养护试件的目的是为了检查混凝土在施工（生产）过程中的强度等级，其留置组数应考虑两个方面：一为混凝土结构实体检验，二为混凝土结构施工过程中模板拆除、预应力张拉、预制构件吊装等。

为了避免出现混凝土试件由于留置数量不足而导致评定不合格的现象，项目监理机构应要求施工单位在施工前就根据观察实际情况编制混凝土试件的留置方案。

149. 怎样认识旁站监理？如何实施旁站监理？

答：旁站监理是监理人员在建设工程质量形成过程中对一些重要部位、关键工序的建设行为的跟踪检查和监控。旁站监理的主要作用是：通过对建设工程质量形成工程中的一些重点问题、重要部位、关键工序和建设行为的跟踪检查和监控，及时制止和纠正不恰当的施工操作，同时见证承包单位的施工过程。最终形成的旁站监理记录，如实地反映关键部位、关键工序真实的质量信息，是重要的质量可追溯文件。通过旁站监理不但能及时掌握施工中最真实的资料，而且根据取得的数据，可以决定下一步的工作重点，推动和调节后续的监理工作。

旁站监理的实施：

①首先要熟悉图纸、施工组织设计、相关规范的强制性条文及旁站监理方案，对要做什么、怎样做、做到什么标准等要做到心中有数。

②向建设单位和承包商送达“旁站监理方案”，要他们知道监理的计划，让承包商在关键工序施工前24h书面通知监理单位成为规矩和习惯。

③要清楚地认识到承包商才是工程质量形成的最主要的主体，其质量保证体系是工程建设质量的基础。如何保证该体系正常、有效地运转是监理工程师实施质量控制的最重要的工作。监理的旁站决不能造成承包商（施工员）的依赖而放松责任心。

④旁站监理应与平行检验、巡视结合进行。旁站决不是统统一“站”了之，随机进行可能收到的效果更佳，目的是要让施工人员按规定自觉施工，关键是要发现问题、解决问题。

⑤旁站要有合适的工作方法，首先要体谅施工人员的辛苦，不要吹毛求疵、盛气凌人，但对发现的问题决不能放过。对客观原因造成的问题要积极帮助、共同研究解决；对主观原因造成的问题则要坚决制止、决不迁就。

⑥认真做好旁站记录和监理日记，并保存好旁站监理原始资料。旁站监理人员和施工质检人员应在旁站记录上共同签字，未经签字或问题未经处理，不得进行下一道工序施工。

150. 怎样确定工程的质量保修期？

答：工程质量保修期自竣工验收合格之日起计算。当事人双方应针对不同的工程部位，在保修书内约定具体的保修期限。当事人协商约定的保修期限，不得低于法律规定的标准。国务院颁布的《建设工程质量管理条例》明确规定，在正常使用条件下的最低保修期限为：

（1）基础设施工程、房屋建筑工程的地基基础工程和主体工程，为设计文件规定的该工程的合理使用年限。

（2）屋面防水工程、有防水要求的卫生间、房间和外墙面的防渗漏，为5年。

（3）供热与供冷系统，为2个采暖期、供冷期。

（4）电气管线、给排水管道、设备安装和装修工程，为2年。

专家提示：对于住宅工程，质量保修期有两个方面的概念，一是施工单位对建设单位（一般是房地产公司）的质量保修期，另一个是房地产公司对建设单位（房主）的质量保修期。而这两者之间是有时间差的，因为房地产对建设单位（房主）的质量保修期应从交房之日计算。因此，监理工程师应建议房地产公司在和施工单位签订施工合同时，应针对不同的工程部位将保修期分别延长一个时间，这样可以更好地履行保修期内的义务。

151. 监理人员如何回答建设单位提出的关于玻璃钢风管与金属风管到底用哪种好的问题？

答：（1）监理人员要尊重设计方案，无特殊原因尽量建议建设单位不变更。

（2）根据本工程使用的具体情况做出分析，一般从如下几个方面考虑：第一：如果使用的部位经常处于潮湿阴暗环境，建议用玻璃钢风管；第二：如果使用环境要求空气洁净度高，建议最好选用金属风管；第三：如果敷设风管空间复杂或狭窄，建议用金属风管；第四：如果工程量较小，工期短，建议选用金属风管。

（3）由玻璃钢风管改为金属风管时，设计方需要结构受力验算，建设单位需要提前通知原设计人员出具书面变更通知单。

152. 混凝土结构实体检验应由什么单位承担？

答：《混凝土结构工程施工质量验收规范》（GB 50204—2002）的第10.1.1条规定：“……结构实体检验应在监理工程师（建设单位项目专业技术负责人）见证下，由施工项目技术负责人组织实施。承担结构实体检验的试验室应具有相应的资质。”结合有关规定，规范条文的意思可作以下理解：

（1）检测由施工单位组织实施，监理（建设）方参加。

（2）检测应在施工及监理（建设）各方在场的情况下以见证检测的形式进行。

（3）具有进行一般材料及结构试验资质的试验室就可以承担实体检验的任务，一般能做标养强度试验的试验室均可承担。如无此条件，可以委托有资质的试验室进行。

上述规定是为了在强化验收、加强质量控制的同时，不使实体检验复杂化，不增加施工单位的负担；并使检测结果有互相校核、佐证，使检测起到控制质量的作用。

153. 对结构实体混凝土强度进行检测时必须用回弹法检测吗?

答：《混凝土结构工程施工质量验收规范》（GB 50204—2002）中的第10.1.3条规定："对混凝土强度的检验，应以在混凝土浇筑地点制备并与结构实体同条件养护的试件强度为依据。"，第10.1.6条还规定："当未能取得同条件养护试件强度，或同条件养护试件强度被判为不合格……，应委托具有相应资质等级的检测机构按国家有关标准的规定进行检测。"

规范条文的意思可作以下理解：

（1）结构实体混凝土强度的检验应以同条件养护的试件强度为依据。

（2）当合同有规定、试件丢失、同条件养护试件强度不合格或其他没有条件用同条件养护试件强度进行实体强度验收的情况下，可采用其他非破损、局部破损的检测方法，回弹法只是其他方法之一。

（3）采用其他方法检测强度时，应按有关的标准规范进行检测，并出具检测鉴定结论。

规范之所以强调用同条件养护试件作为验收的依据，是因为试验研究表明，在所有的混凝土实体强度检测方式中，同条件养护试件的强度最接近真实的结构实体强度，并且操作方法简单易行。

154. 规范中"设计要求"、"规范规定"和"施工技术方案"三者的关系应怎样理解和执行?

答："设计要求"是设计文件（包括设计图纸、说明、设计变更、洽商等）中提出的对施工对象（如混凝土结构工程）的目标，如结构尺寸、混凝土强度等级等；"规范规定"是规范中提出的对施工质量验收的要求，如允许尺寸偏差，混凝土强度检验评定要求等。两者结合在一起就构成了完整的施工质量验收要求。而"施工技术方案"则是为达到上述验收质量的总体技术措施，一般由施工单位在设计图纸交底，并进行充分分析研究以后，根据对施工对象（混凝土结构工程）的了解，本单位的装备、技术条件以及规范的具体要求而制订的。一般来说，某个工程的施工技术方案形成后，要交上一级的主管部门（公司技术部门）组织审查，批准后执行。

在实际施工过程中，对于上述三种要求可以按以下原则执行：

（1）凡设计规定了具体的技术指标或技术要求的，应遵照执行。

（2）凡设计未规定具体技术指标或要求，而规范中有具体规定的，应按照规范的规定执行。

（3）设计未规定具体的技术要求，而规范中也没有具体规定的，应按照施工技术方案执行。

（4）在绝大多数情况下，设计、规范和施工技术方案的要求应该是一致的。当出现宽严程度不一致时，应按照较严格的规定执行。

（5）当设计要求与验收标准的规定出现矛盾时，应进行协调，按照协调一致的意见执行，并应向有关部门报告；不能协调一致的，应向建设行政主管部门或施工图审查机构、质量监督机构报告，按照上述机构的意见执行并记录存档。

第三章 监理资料

155. 监理日记和监理日志有什么区别？

答：首先来说日记与日志的概念，日记是人们对自己一天的生活、工作、学习和思想等情况的真实记录文字，它可以“备遗忘，录时事，志感想”；而日志是指所有收集来的文字记录材料，在日志里记录了研究者通过对话得到的数据、产生的情感、得到的假设和偏见、还有不断生成的关于质量的研究方法的新想法。也就是说，日志的提法相对来说比较正式。对于工程监理而言，监理日记和监理日志是同义词，只是各地的说法不一样而已，在《建设工程监理规范》（GB 50319—2000）中的唯一提法也是监理日记。

156. 监理日记有什么作用？监理日记的填写要求有哪些？

答：监理日记是监理活动全面而又连续最真实的记录，是监理人员对施工活动最全面的监控记录，它体现了监理人员的技术素质、业务水平，展示了监理人员履行监理职责的能力和工作成效，同时也反映出监理企业的管理水平。

监理日记应按以下要求填写：

（1）监理日记必须全面反映本工程施工及监理工作的全貌，日记由现场监理人员填写，并经总监理工程师签阅。

（2）监理日记应每天及时填写，当天施工及监理工作结束前应填写完毕，内容必须真实完整，力求详细。

（3）监理日记填写内容包括以下五个方面：

①施工作业情况：当天施工内容、工程会议、主要材料、机械、劳动力进出场等情况。

②监理作业情况：a. 对正在施工的工序质量进行平行检查、巡视检查、旁站监理情况；b. 分部分项工程及单位工程质量验收情况；c. 对进场材料进行检查验收情况；d. 安全生产监理工作情况；e. 值班监理交接班安排。

③存在问题及处理：监理工作中发现的问题（包括质量、进度、投资、安全）以及对问题的处理和处理结果。对当天发现的问题要及时进行处理，并对处理过程及结果进行跟踪检查，作详细记载，凡存在的问题必须进行

闭合。

④其他：监理召开的专题会议、工地停（复）工情况及对建设单位提出的合理化建议等。

⑤总监（总监代表）对本日监理工作的意见。

专家提示： 根据《建设工程监理规范》（GB 50319—2000）中3.2.5第七款：由专业工程监理工程师根据本专业监理工作的实际情况做好监理日记和3.2.6第六款：（监理员应履行以下职责）做好监理日记和有关的监理记录，监理日记应由专业监理工程师和监理员书写。监理日记和施工日记一样，都是反映工程施工过程的记录。一个同样的施工行为，往往两本日记可能记载有不同的结论，事后在工程发生问题时，日记就会起到重要的作用。因此，认真、及时、真实、详细、全面地做好监理日记，对发生问题，解决问题，甚至仲裁、起诉都有重要的作用。

157. 下发监理工程师通知单的原则和具体要求是什么？

答： 监理工程师通知单应由总监理工程师或专业监理工程师签发，专业监理工程师签发前应通知总监理工程师。一般在以下三种情况下方可下发监理工程师通知单：

①发生问题属于主控项目。

②发生问题可能产生的后果比较严重。

③重复发生同样问题。

下发监理工程师通知单应遵循以下原则和要求：

①一份监理工程师通知单宜只写一个问题或一类问题的几个方面，不宜写几类问题（如安装与土建不能混合，质量与安全不宜混合）。

②监理工程师通知单要求施工单位达到的相关标准要清楚、准确，以便于监理人员核查。

③每一份监理工程师通知单均应注明该通知是否要求回复和回复的时限。

④收到施工单位的监理工程师通知单回复后，专业监理工程师根据监理工程师通知单逐项检查施工单位的落实情况，检查意见应清楚、全面的记录在回复单上，对不符合要求的，再次发出监理工程师通知单，直至符合要求。

专家提示： 监理工程师通知单是工程项目监理机构按照委托监理合同所赋予的权限，针对承包单位出现的各种问题而发出的要求承包单位进行整改的指令性文件，工程项目监理机构使用时要注意尺度，既不能不发通知，也不能滥发，以维护监理工程师通知单的权威性。一般可由专业监理工程师签发，但发出前必须经过总监理工程师同意，重大问题应由总监理工程师签发。填写时，"事由"应填写通知内容的主题词，相当于标题，"内容"应写明发生问题的具体部位、具体内容，写明监理工程师的要求、依据，质量、安全、进度类通知必须注明要求承包商回复的时限。

158. 怎样填写旁站监理记录表？

答：旁站监理记录表的填写应遵循以下要求：

(1) 记录内容要真实、准确、及时。

(2) 对旁站的关键部位或关键工序，应按照时间或工序形成完整的记录。例如：地下室防水，可按卷材检验、基层处理、铺贴过程、细部处理等工序填写检查记录表。

(3) 记录表内容填写要完整，未经旁站监理人员和施工单位质检人员签字不得进入下道工序施工。

(4) 记录表内施工过程情况是指所旁站的关键部位和关键工序施工情况。例如：人员上岗情况、材料使用情况、施工工艺和操作情况、执行施工方案和强制性标准情况等。

(5) 监理情况主要记录旁站人员、时间、旁站监理的内容、对施工质量检查情况等。将发现的问题做好记录，并提出处理意见。

159. 地基验槽记录中监理单位一栏由谁负责签字？

答：地基验槽记录一般应该由土建专业监理工程师签字，如果参加验收的仅是监理员，那是没有签字权的，是不符合验收程序的。如果验槽是总监参加的，应由总监签字。但不同行业的要求可能也不完全一样，并且还要看当地质监站的表格内要求是谁签字的。

160. 检验批报验能不能减少《建设工程监理规范》(GB 50319—2000)中的报验申请表（A4 表）？

答：不能减少，理由如下：

(1) 检验批验收记录是《建筑工程施工质量验收统一标准》的规定，报验申请表（A4 表）是《建设工程监理规范》的规定。

(2) A4 表不仅用于检验批验收，还用于隐蔽工程、分项工程、分部工程、单位工程等的验收。

(3) A4 表上注明附件名称，而检验批验收记录上没有。

(4) A4 表有编号，检验批验收记录上没有编号。

（5）A4 表由项目经理签字，检验批验收记录由质量检查员签字。

（6）报验申请表强调的是监理工作程序，即监理工程师首先在检查核对报验资料齐全无误后在报验申请表上签署“同意验收”意见，这是最重要的原因。

161. 监理工作总结包括哪些内容?

答：监理工作完成后，项目监理机构应及时从两方面进行监理工作总结。

其一，向建设单位提交的监理工作总结，其主要内容包括：①工程基本概况；②监理组织机构进场及退场时间，监理人员和投入的监理设施；③委托监理合同履行情况概述；④监理任务或监理目标完成情况的评价；⑤工程质量的评价；⑥工程实施过程中出现的问题及处理情况（该内容为总结的要点，主要内容有质量问题、质量事故、合同争议、违约、索赔等处理情况）；⑦质量保修期的监理工作；⑧由建设单位提供的供监理活动使用的办公用房、车辆、实验设施等的清单；⑨表明监理工作终结的说明；⑩监理资料清单及必要的工程照片资料等。

其二，是向监理单位提交的监理工作总结，其主要内容包括：①监理组织机构情况；②监理规划及其执行情况；③监理组织机构各项规章制度执行情况；④监理工作的经验和教训，如采用某种监理技术和方法的经验；采用某种经济措施、组织措施的经验；委托监理合同执行方面的经验；如何处理好与建设单位、承包单位关系的经验；监理工作中存在的问题；⑤改进监理工作的建议；⑥质量保修期监理工作；⑦监理资料清单及工程照片等资料。

专家提示：目前大部分项目监理机构对此项工作不够重视，尤其是向监理单位提交的监理工作总结没有包含上述内容中的“④”“⑤”项内容，没有在监理单位内部起到相互借鉴的作用。

162. 工程质量评估报告的内容有哪些?

答：工程质量评估报告是工程竣工验收中的重要技术资料，它由项目总监理工程师和监理单位技术负责人签署，主要包括以下内容：

①工程项目建设概况介绍，参加各方的单位名称、负责人。

②工程检验批、分项工程、分部工程、单位工程的划分情况。

③工程质量验收标准，各检验批、分项工程、分部工程质量验收情况。

④地基与基础分部工程中，涉及桩基工程的质量检测结论，基槽承载力检测结论；涉及结构安全及使用功能的检测结论；建筑物沉降观测资料。

⑤施工过程中出现的质量事故及处理情况，验收结论。

⑥质量评估结论。本工程项目（单位工程）是否达到合同约定；是否满足设计文件要求；是否符合国家强制性标准及条款的规定。

实例：根据《建设工程监理规范》（GB 50319—2000）中第5.7.1条规定：在竣工验收工作中，总监理工程师应组织编写好工程质量评估报告。质量评估报告是一份很重要的监理文件；它不仅是向建设方提交工程质量的结论性报告，也是监理工作实绩的写照。质量评估报告应由总监理工程师根据《建筑工程施工质量验收统一标准》（GB 50300）编写，主要内容一般包括：

1. 前言：写出工程名称及说明本报告是单位工程或是分部工程，该项工程具备的验收条件：监理对工程质量评估结论性的意见。

2. 工程概况：

（1）工程项目名称（全称），工程规模。若是安装工程中的分部工程需要单独验收时，则应写出该分部工程的主要参数。

（2）建筑形式、结构特点、设备安装及智能化程度、装饰特色等，一般可参考施工图说明进行扼要描述。

（3）参建各单位名称：建设单位，勘察、设计单位，监理单位，施工单位等。

3. 质量评估依据：

（1）设计文件。

（2）相关的主要规范、标准、规程等。

（3）《建设工程施工合同》、《建设监理合同》等。

（4）国家、行业及地方现行有关建设工程质量管理的法规等文件。

4. 施工概况：

可根据施工单位申请验收报告进行浓缩。其主要内容是扼要描述施工单位对质量保证体系的建立、健全和运行效果以及施工进度情况。

5. 监理工作概况：主要描述监理对质量控制的情况，以典型事例扼要地叙述事前、事中对质量的控制措施及取得效果，对施工过程中出现的主要质量问题的处理情况。

6. 工程质量评估情况

此部分内容可依据《建筑工程施工质量验收统一标准》（GB 50300）进行结论性的表述。

（1）分部工程

1）一般可按照《建筑工程施工质量验收统一标准》（GB 50300—2001）

中附录表F.0.1分部（子分部）工程验收记录表的内容进行综合性表述：

①分部共有多少项分项工程、检验批，质量控制资料、安全和功能检验（检测）报告等各有多少份（其中含功能检验）。

②观感质量情况。

2）按《建筑工程施工质量验收统一标准》（GB 50300—2001）第5.0.3条的规定，写出质量达到合格的结论性意见：

①本分部工程（子分部）工程所含各分项工程的质量验收合格。

②质量控制资料完整。

③有关安全及功能检验和本监理项目部的抽样结果符合相关规范的规定的设计要求。

④观感质量情况。

（2）单位工程

1）可按照《建筑工程施工质量验收统一标准》（GB 50300—2001）中附录表G.0.1-1“单位（子单位）工程验收记录表”进行综合性表述：

①本单位工程共有多少分部工程。

②对质量控制资料核查共计多少项（经检查符合要求多少项，经核定符合规范要求多少项）。

③对工程安全和主要功能资料共核查多少项；共抽查多少项，符合要求多少项。

2）按《建筑工程施工质量验收统一标准》（GB 50300—2001）中5.0.4条的规定，通过对以上验收内容的核查和抽查，写出质量达到合格的结论性意见：

①单位（子单位）工程所含分部（子分部）工程的质量均验收合格。

②质量控制资料完整。

③单位工程（子单位工程）所含分部工程有关安全和功能的检测资料完整。

④主要功能项目抽查结果符合相关专业质量验收规范的规定。

⑤观感质量符合要求（评价为好或一般）。

3）结论：本工程施工完成了施工合同约定的内容，满足设计文件的要求，符合国家强制性标准及条款的规定。

163. 监理月报的编写有哪些要求？

答：施工阶段的监理月报的编写内容在《建设工程监理规范》（GB 50319—2000）中第7.2.1条有明确的规定，监理月报应由总监理工程师组织编制，签认后报建设单位和本监理单位。施工阶段的监理月报应包括以下内容：

(1) 本月工程概况。

(2) 本月工程形象进度。

(3) 工程进度：

1) 本月实际完成情况与计划进度比较。

2) 对进度完成情况及采取措施效果的分析。

(4) 工程质量：

1) 本月工程质量情况分析。

2) 本月采取的工程质量措施及效果。

(5) 工程计量与工程款支付：

1) 工程量审核情况。

2) 工程款审批情况及月支付情况。

3) 工程款支付情况分析。

4) 本月采取的措施及效果。

(6) 合同其他事项的处理情况：

1) 工程变更。

2) 工程延期。

3) 费用索赔。

(7) 本月监理工作小结：

1) 对本月进度、质量、工程款支付等方面情况的综合评价。

2) 本月监理工作情况。

3) 有关本工程的意见和建议。

4) 下月监理工作的重点。

专家提示：虽然《建设工程监理规范》对监理月报的编写有明确的规定，但在实际工作中编写内容和格式仍是五花八门、迥然不同，其间固然有工作马虎、态度不认真所致，另一主要原因是不知如何按规范规定的纲要内容展开叙述。

编写目的：通过监理月报，应该能够起到让建设单位足不出户就可以比较全面地了解本月工程的进度、质量、工程款支付额以及工程变更引起工程投资的变化情况等的作用。另外，还必须让建设单位知道监理方为工程三大目标的控制做了哪些具体的工作。

实例：

一、工程概况：

该项内容在第一期月报中写，以后可以省略。

内容：基础形式、结构形式、内外主要装修形式、屋面防水方式、楼地面形式、水电安装方面的概要情况。

用列表形式比较简单明了，如下表所示：

建筑面积、层数、总高度	外墙装修	内墙装修	楼地面	门窗	基础形式
主体结构形式	屋面防水	建筑电气	给排水	消防	

二、工程进度

1. 工程计划进度、形象进度

可以用横道图（双比例单侧或双比例双侧）、柱状图、列表等形式来表示。采用哪种表示方式更直观、更方便，应根据工程的具体情况而定，并且，不同的施工阶段可以采用不同的表示方式。

比如，住宅小区，因单位工程比较多，采用柱状图表示比较好；一个单位工程的高层建筑或小高层建筑则用横道图较为合适，在主体施工阶段用柱状图表示也非常方便和明了；对工作面比较多（如装修阶段），难以用图示的采用列表形式可能更为有效。

2. 进度分析

施工过程中，计划进度和实际进度往往会发生偏差，监理部必须对偏差的原因进行分析，并提出纠正的措施。

原因分析主要从以下几方面入手：

天气原因：影响工程正常施工的雨天、台风、高温、严寒等有几天。

施工作业人员、材料（包括周转材料）、机械设备原因：是否充足，进场是否及时，机械设备性能是否能满足施工要求等。

现场管理原因：计划安排是否合理，组织工作是否严密科学，管理体系是否健全等。

周围环境原因：交通运输方面，夜间施工方面。

工程变更方面原因：有无工程量的增加或减少影响工程进度，变更是否及时。

建设单位方面的原因：工程款支付，设计文件及其他应提供的资料有否影响到工程进度。

3. 监理方采取的措施及其效果

找出了进度产生偏差的原因后监理组应采取一定的措施予以纠正。常规有以下措施：

召开进度专题会议：增加人、材、机等资源，延长工作时间，调整进度计划，加强现场管理，解决周边环境的制约问题等。

加强建设各方的配合：比如缩短验收时间，及时签复各种函件。

技术方面：有否提出新的施工工艺、施工方法，对施工方案中的技术措施是否提出变更建议等。

监理方采取的一系列措施施工单位是否认可，有否落实到位，最终的效果如何。

三、工程质量

1. 本月完成的工程质量概况

原材料、构配件：本月进场的原材料、构配件从质量证明文件、外观质量及试验结果等方面说明其质量情况。

完成的分项工程、检验批质量情况：从施工工艺的规范性，外观质量，实测实量的结果、质量保证和技术资料等方面进行说明。

2. 本月完成的检验批、分项工程、分部工程验收结果（见下表）

项目名称	项目部自验结果	验收结论		备注
		第一次	第二次	
一次验收合格率：				

3. 监理方采取的工程质量措施及效果（见下表）

措　施	次数或份数	主要内容	资料编号
例会或专题会议			
监理工程师通知			
监理备忘录			
停工通知			
监理交底			
缺陷处理记录			

注：有关工程质量整改意见的通知都可在“监理工程师通知单”中签发。

效果：主要写施工单位对监理指令的执行情况以及原来实物质量不够理想部位有否因此而改善。

四、工程计量与工程款支付

本月完成并通过验收合格的工程量和工作量予__日施工单位上报我监理组，根据施工合同、招标文件和有效投标文件的有关规定，经我方详细审核后结果如下表所示：

本月施工单位申报工作量（万元）	本月监理审定工作量（万元）	本月应支付工程进度款（万元）	累计支付工程款（万元）

五、合同其他事项（见下表）

工程变更	工程延期	费用索赔
共____次（项），具体为： 1. ……………编号： 2. ……………编号： 3. ……………编号：	根据施工合同本月工程延期共______天。具体为： 1. ……………………天 2. ……………………天	根据施工合同本月费用索赔共____万元。内容及审核意见详见____号费用索赔审批表

六、本月监理工作小结

1. 本月监理工作情况

本月本工程监理人员有：………………………人。

根据监理委托合同的规定，我监理组采用旁站、验收、监理指令、会议、实测实量、见证、巡视等一系列手段通过组织协调的方式，对工程质量、进度、投资三大目标进行了科学、严格的控制。监理工作统计结果如下表所示：

序号	工作名称	单位	本年度		开工以来
			本月	累计	
1	监理会议及纪要	次			
2	审批施工组织设计（方案）	次			
3	审批施工进度计划	次			
4	发出监理工程师通知单	份			
5	发出监理备忘录	份			
6	监理交底	次			

续表

序号	工作名称	单位	本年度		开工以来
			本月	累计	
7	平行检测记录	次			
8	见证取样、送样	次			
9	发出工程部分暂停指令	份			
10	检验批、分项工程验收	次			
11	旁站时间	小时			
12	考察生产厂家	次			
13	原材料、构配件审批	次			
14					
15					

2. 有关本工程的意见和建议

根据工程的具体情况，认为哪些方面存在不足之处需要改善或改变的，尤其是需要建设单位下决心全力支持方可得以解决的问题，均可在此提出意见或建议。

3. 下月监理工作的重点

根据工程的进展趋势判断下月施工单位的主要工作，为保证这些工作的质量，作为监理方主要应该作好哪些工作，这就是下月监理工作的重点。

例 1. 某工程工期非常紧张，建设单位对此特别重视。针对这一情况，在月报中对下月监理工作重点是这样写的：

继续密切关注工程进展速度，及时分析和预测工程进度偏差，并提出纠正措施；处理和协调好工程进度与工程质量的矛盾，力争使二者相统一。

例 2. 某学生宿舍某月的监理月报中该项是这样写的：

下月监理工作重点：

工程质量方面：加强对现浇楼板厚度的控制；加强对钢筋位置的控制；加强构造柱混凝土外观质量的控制。

安全、文明施工方面：督促施工单位保持和完善上月的整改成果，强调文明、安全施工应贯穿整个项目施工的全过程。

进度方面：配合施工单位调整好工程的工期目标值，并保证该目标值在正常的情况下切实可行。

164. 怎样编写质量问题处理报告？

答：质量问题处理完毕，监理工程师应组织有关人员对处理的结果进行严格的检查、鉴定和验收，由责任单位写出质量问题处理报告，报建设单位和监理单位存档。主要内容包括：

①基本处理过程描述。

②调查与核查情况，包括调查的有关数据、资料。

③原因分析结果。

④处理的依据。

⑤审核认可的质量问题处理方案。

⑥实施处理中的有关原始数据、验收记录、资料。

⑦对处理结果的检查、鉴定和验收结论。

⑧质量问题处理结论。

165. 有涉及材料送检一栏的检验批（如混凝土施工等），监理工程师应该在什么时间进行验收？

答：监理工程师应该在该检验批施工完毕且施工单位自检合格向监理机构报验的基础上组织进行验收，无需等相关试验报告出来。如混凝土施工检验批质量验收记录表，涉及材料送检栏填写制作的混凝土试件的编号即可，因混凝土试件的试验报告上有试件编号，可以与之形成一一对应的关系，而且混凝土试件在基础或者主体验收时还会进行强度评定。

166. 检验批验收记录表中的“施工执行标准名称及编号”一栏应如何填写？

答：应该填写相应的企业施工工艺标准及编号，若企业无相关标准，可以填写相关的行业标准或者其他企业的标准。例：在《钢筋焊接及验收规范》（JGJ 18—2003）的附录表 A1 ~ A4 的“施工执行标准名称及编号”一栏填写的均为“《钢筋焊接及验收规范》（JGJ 18—2003）”。

专家提示：目前在很大一部分的工程项目上，施工单位在这一栏填写的均为相应专业的施工质量验收规范，这是不正确的。因为新的验收规范体系坚持的是“验评分离、强化验收、完善手段、过程控制”的指导思想，施工质量验收规范根本不能起到指导施工的作用。既然称之为“施工执行标准”，就应该起到指导施工人员具体操作的作用，比如板钢筋怎么绑扎等，而这些东西在验收规范中是没有具体规定的。

167. 房屋建筑工程竣工验收备案时需要提交哪些文件？

答：建设单位办理工程竣工验收备案时应当提交下列文件：

（1）工程竣工验收备案表。

（2）工程竣工验收报告。竣工验收报告应当包括工程报建日期，施工许可证号，施工图设计文件审查意见，勘察、设计、施工、工程监理等单位分别签署的质量合格文件及验收人员签署的竣工验收原始文件，市政基础设施的有关质量检测和功能性试验资料以及备案机关认为需要提供的有关资料。

（3）法律、行政法规规定应当由规划、公安消防、环保等部门出具有认可文件或者准许使用文件。

（4）施工单位签署的工程质量保修书。

（5）法规、规章规定必须提供的其他文件。商品住宅还应当提供《住宅质量保修书》和《住宅使用说明书》。

168. 监理规划包括哪些内容？编写监理规划应当注意哪些问题？

答：《建设工程监理规范》（GB 50319—2000）中规定监理规划应包括以下内容：工程项目概况；监理工作范围；监理工作内容；监理工作目标；监理工作依据；项目监理机构的组织形式；项目监理机构的人员配备计划；项目监理机构的人员岗位职责；监理工作程序；监理工作方法及措施；监理工作制度；监理设施等。在《建设工程安全生产管理条例》颁布实施后，一般还应包括安全监理方案。（见附录一监理规划实例）

（1）基本构成内容应当力求统一

监理规划在总体内容组成上应力求做到统一。这是监理工作规范化、制度化、科学化的要求。监理规划基本构成内容的确定，首先应依据建设监理制度对建设工程监理的内容要求。建设工程监理的主要内容是控制建设工程的投资、工期和质量，进行建设工程合同管理，协调有关单位间的工作关系。这些内容是构成监理规划的基本内容。对整个监理工作的组织、控制、方法、措施等将成为监理规划必不可少的内容。至于某个具体建设工程的监理规划，要根据委托监理合同确定的监理实际范围和深度来加以取舍。归纳起来，监理规划基本构成内容应当包括：目标规划、监理组织、目标控制、合同管理和信息管理。施工阶段监理规划统一的内容要求应当在建设监理法规文件或监理合同中明确下来。

（2）具体内容应具有针对性

监理规划是指导某一个特定建设工程监理工作的技术组织文件，它的具体内容应与这个建设工程相适应。每一个监理规划都是针对某一个具体建设工程的监理工作计划，都必然有它自己的投资目标、进度目标、质量目标，有它自己的项目组织形式，有它自己的监理组织机构，有它自己的目标控制措施、方法和手段，有它自己的信息管理制度，有它自己的合同管理措施。只有具有针对性，建设工程监理规划才能真正起到指导具体监理工作的作用。

（3）监理规划应当遵循建设工程的运行规律

监理规划是针对一个具体建设工程编写的，而不同的建设工程具有不同的工程特点、工程条件和运行方式。这也决定了建设工程监理规划必然与工程运行客观规律具有一致性，必须把握、遵循建设工程运行的规律。此外，监理规划要随着建设工程的展开进行不断的补充、修改和完善。其目的是使建设工程能够在监理规划的有效控制之下。监理规划要把握建设工程运行的客观规律，就需要不断地收集大量的编写信息。不可能一气呵成地完成监理规划。

（4）项目总监理工程师是监理规划编写的主持人

监理规划应当在项目总监理工程师主持下编写制定，这是建设工程监理实施项目总监理工程师责任制的必然要求。充分调动整个项目监理机构中专业监理工程师的积极性，广泛征求各专业监理工程师的意见和建议，并吸收其中水平比较高的专业监理工程师共同参与编写；充分听取建设单位的意见，最大限度地满足他们的合理要求；还应当按照本单位的要求进行编写。

（5）监理规划一般要分阶段编写

如前所述，监理规划的内容与工程进展密切相关，没有规划信息也就没有规划内容。因此，监理规划的编写需要有一个过程，需要将编写的整个过程划分为若干个阶段。监理规划编写阶段可按工程实施的各阶段来划分，前一阶段工程实施所输出的工程信息就成为后一阶段监理规划信息。设计的前期阶段，应完成规划的总框架并将设计阶段的监理工作进行“近细远粗”的规划；设计阶段结束，施工招标阶段监理规划的大部分内容能够落实；工程施工合同逐步签订，施工阶段监理规划所需的工程信息基本齐备，足以编制完整的施工阶段监理规划；施工阶段，有关监理规划的主要工作是根据工程进展情况进行调整、修改，使监理规划能够动态地控制整个建设工程的正常进行。监理规划的编写过程中需要进行审查和修改，因此，监理规划的编写还要留出必要的审查和修改的时间，为此，应当为监理规划的编写时间事先作出明确的规定。

（6）监理规划的表达方式应当格式化、标准化

现代科学管理应当讲究效率、效能和效益，其表现之一就是使控制活动的表达方式格式化、标准化，从而使控制的规划显得更明确、更简洁、更直观。因此，需要选择最有效的方式和方法来表示监理规划的各项内容。比较而言，图、表和简单的文字说明应当是采用的基本方法。规范化、标准化是科学管理的标志之一，是科学管理与粗放型管理在具体工作上的明显区别。编写建设工程监理规划各项内容时应当采用什么表格、图示以及哪些内容需要采用简单的

文字说明应当作出统一规定。

（7）监理规划应该经过审核

监理规划在编写完成后需要进行审核并经批准。监理单位的技术主管部门是内部审核单位，其负责人应当签认。监理规划是否要经过建设单位的认可，由委托监理合同或双方协商确定。

从上述编写要求来看，监理规划的编写既需要由主要负责者（项目总监理工程师）主持，又需要形成编写班子。同时，项目监理机构的各部门负责人也有相关的任务和责任。

169. 监理实施细则应包含哪些内容?

答：监理实施细则是在工程项目监理规划的基础上，根据监理规划的要求，由项目监理机构中的专业监理工程师针对所分管的具体监理任务，结合项目具体情况和掌握的工程信息，制定具体指导监理业务实施的文件。它与项目监理规划的关系可以比作施工图纸与初步设计的关系。其内容主要包括工程概况或特点、监理依据、监理目标及分解、控制点和针对性措施及技术资料等。(见附录二监理细则实例)

监理实施细则编制应包含以下内容：

（1）对本分部工程的质量要求。

在监理实施细则中，首先要明确对本分部工程监理工作的流程，同时还应明确该分部工程所要达到的质量要求，并应注明质量标准所采用的依据。

（2）工程施工中可能出现的质量通病。

作为有丰富经验的专业监理工程师，应该十分清楚该分部工程所采用的施工工艺可能导致的质量问题（通病），在监理实施细则中，应当详细的罗列出来。

（3）监理控制点的设置。

根据对工程质量通病的分析，具体写明在哪里应设置控制点，在哪里设置旁站点。监理应根据不同的工程特点，不同施工人员的不同技术水平和素质设置不同的控制点。因此，当监理把监理实施细则提供给施工单位时，实际上等于事先告诉施工单位，在哪里需要监理见证检查，在哪里监理需要旁站检验；同时也通知了施工单位，在哪些工序到来前，应提前通知监理。

（4）监理质量控制手段。

在监理实施细则中，应当详细、具体、明确地叙述工程质量通病的预防措施和对工程控制点的检查手段。从专项施工方案的审核到检验批质量的检查验收，从原材料进场报验到施工现场试块（件）的见证取样，明确告诉施工单位，监理将通过怎样的程序和手段对工程进行监督，对可能出现的问题，采用什么样的处理措施。同时还应明确工程难点、重点部位监理如何进行质量检查、控制和监督。从而有效地指导监理人员对那些点到来之时应做何种检查和验收，从而可以避免由于工程繁杂而遗忘某些内容，确保监理工作到位。

监理实施细则的写法：

监理实施细则就要围绕着细则的作用、工程的特点、专业的特点以及监理工作的内容，有针对性地去编写。

1. 写监理对该分部工程的预控措施

主要是根据该分部工程的特点编写监理的预控措施，如如何审查承包方的施工方案以及对该分部工程开工前承包方的准备工作的检查以及检查的具体内容等。

2. 写监理对该分部工程质量控制点的设置

具体写明在哪里设置见证点，哪里设置停止点，以及该质量控制点到来时监理人员需要检查、验收的具体内容与操作方式。

除了按强制性标准要求验收的项目设置停止点，监理还要对工程的难点、重点以及容易出质量问题的地方设置见证点或停止点，并附上相应的检查、监督方法。

不同的工程，质量控制点的设置也不同。监理还要根据施工人员的不同素质设置不同的控制点。由于质量控制点设置不同，因此必须事先让承包方知道。提供监理实施细则给承包方，等于告诉承包方在质量控制点到来时必须通知监理方；同时，也是指导现场监理人员在该质量控制点到来时，对要检查、验收的项目如何检查、如何验收有所了解。以免由于工程繁杂而遗忘某项内容，确保监理工作到位。

3. 写旁站监督

写哪些工序需要旁站监督、监督的内容以及旁站监督过程中可能出现问题的预防与补救措施等。

4. 写平时巡查

写该分部工程施工时，监理平时巡查的内容。它是指导现场监理人员经常性巡查什么问题。让承包方知道监理巡查的内容，是为了要他们为监理的巡查提供方便。

5. 写监理过程中需要特别注意的事项

这里要突出编写工程的难点、重点的质量如何控制，监理人员如何进行监督、控制、检查；对可能出现的异常情况如何处理，以及对承包方可能出现的不正规做法（偷工减料）的预防与应对措施。

6. 如果监理规划中没有相关工作的监理流程，还要写相关工作流程

专家提示：需要注意的是：在《建设工程监理规范》（GB 50319—2000）中规定监理实施细则由专业监理工程师负责编制，经总监理工程师批准，但笔者认为这样做有欠缺。由于专业监理工程师的自身水平与经验所限，考虑问题不一定很周到，对可能出现的问题会认识不到或认识不足。监理合同示范文本的标准条件中第五条“……监理人为委托人提供与其水平相适应的咨询意见……”，这个“监理人”并非指专业监理工程师或者总监理工程师本身，而是指的监理合同的履行方——“监理公司”，其水平自然是指监理公司的整体水平。因此，监理实施细则必须由监理公司组织一批有较丰富经验的监理工程师针对各分部工程编制有指导意义的监理实施细则样本，然后由负责该工程的专业监理工程师再根据工程具体情况执笔编写。让专业监理工程师执笔，是为了使之在编写的过程中，加深对工程、图纸的了解和熟悉程度，使监理实施细则的内容更切合工程实际，以便更好地指导监理人员的工作，并得到建设单位对监理工作的认可。

170. 什么是监理备忘录？

答：首先要明确备忘录的概念：

①非正式的外交信件：特指政府部门或外交部致大使馆或公使馆的书面声明，尤其用于例行传达或询问，无需签署。

②备忘或保留准备将来用的非正式的记事录；帮助或唤起记忆的记录；日记本里的记事录。

备忘录是说明某一问题事实经过的外交文件。备忘录写在普通纸上，不用机关用纸，不签名，不盖章。备忘录可以当面递交，可以作为独立的文件送出，也可作为外交照会的附件。现在备忘录的使用范围逐渐扩大，有的国际会议用备忘录作为会议决议、公报的附件。

备忘录也是外交上往来文书的一种，其内容一般是对某一具体问题的详细说明和据此提出的论点或辩驳，以便于对方记忆或查对。

外交会谈中，一方为了使自己所做的口头陈述明确而不至于引起误解，在会谈末了当面交给另一方的书面纪要，也是一种备忘录。

而监理备忘录，其目的一般是为了解决一些监理工作中遇到的难题（比如一些较小的可以称之为质量事故的质量问题），这类难题的解决不宜用正式

的诸如监理工程师通知单、监理工作联系单等方式来体现，而采用的双方或者三方达成一致意见的记录文件。

专家提示：监理工程师必须擅用监理备忘录，尤其是对于施工现场存在的安全问题的解决。如施工现场存在一些大的安全隐患，监理部与建设单位沟通要求停工处理，而建设单位不愿意停工，这时候就需要三方在一起协商问题的解决办法，并形成书面的备忘录，以达到规避监理责任的目的。

171. 建设工程施工合同包括哪些文件？

答：组成建设工程施工合同的文件包括：

（1）施工合同协议书。

（2）中标通知书。

（3）投标书及附件。

（4）施工合同专用条款。

（5）施工合同通用条款。

（6）标准、规范及有关技术文件。

（7）设计图纸。

（8）工程量清单。

（9）工程报价单或预算书。

（10）双方有关工程的洽商、变更等书面协议或文件视为施工合同的组成部分。

172. 单位工程施工组织设计包括哪些内容？

答：单位工程施工组织设计是以单位工程（如一栋楼、一个烟囱、一段道路、一座桥梁等）为对象编制的，在施工组织总设计的指导下，由直接组织施工的单位根据施工图设计进行编制，用以指导单位工程的施工活动，是施工单位编制分部（分项）工程施工组织设计和季、月、旬施工计划的依据。单位工程施工组织设计根据工程规模和技术复杂程度不同，其编制内容的深度和广度也有所不同。对于简单的工程，一般只编制施工方案，并附以施工进度计划和施工平面图。单位工程施工组织设计的主要内容如下：

（1）工程概况及施工特点分析。

（2）施工方案的选择。

（3）单位工程施工准备工作计划。

（4）单位工程施工进度计划。

（5）各项资源需求量计划。

（6）单位工程施工总平面图设计。

（7）技术组织措施、质量保证措施和安全施工措施。

（8）主要技术经济指标（工期、资源消耗的均衡性、机械设备的利用程度等）。

173. 设计交底与图纸会审的区别与联系有哪些？

答：（1）设计交底的目的和内容：设计交底是指在施工图完成并经审查合格后，设计单位在设计文件交付施工时，按法律规定的义务就施工图设计文件向施工单位和监理单位作出详细的说明。其目的是对施工单位和监理单位正确贯彻设计意图，使其加深对设计文件特点、难点、疑点的理解，掌握关键工程部位的质量要求，确保工程质量。设计交底的主要内容一般包括：施工图设计文件总体介绍，设计的意图说明，特殊的工艺要求，建筑、结构、工艺、设备等各专业在施工中的难点、疑点和容易发生的问题说明，对施工单位、监理单位、建设单位等对设计图纸疑问的解释等。

（2）图纸会审的目的和内容：图纸会审是指承担施工阶段监理的监理单位组织施工单位以及建设单位，材料、设备供货等相关单位，在收到审查合格的施工图设计文件后，在设计交底前进行的全面细致熟悉和审查施工图纸的活动。其目的有两方面，一是使施工单位和各参建单位熟悉设计图纸，了解工程特点和设计意图，找出需要解决的技术难题，并制定解决方案；二是为了解决图纸中存在的问题，减少图纸的差错，将图纸中的质量隐患消灭在萌芽之中。图纸会审内容：

1）是否无证设计或越级设计；图纸是否经设计单位正式签署。

2）地质勘探资料是否齐全。

3）设计图纸与说明是否齐全，有无分期供图的时间表。

4）设计地震烈度是否符合当地要求。

5）几个设计单位共同设计的图纸相互间有无矛盾；专业图纸之间、平立剖面图之间有无矛盾；标注有无遗漏。

6）总平面与施工图的几何尺寸、平面位置、标高等是否一致。

7）防火、消防是否满足要求。

8）建筑、结构与各专业图纸本身是否有差错及矛盾；结构图与建筑图的平面尺寸及标高是否一致；建筑图与结构图的表示方法是否清楚，是否符合制图标准；预埋件是否表示清楚；有无钢筋明细表；钢筋的构造要求在图中是否表示清楚。

9）施工图中所列各种标准图册，施工单位是否具备。

10）材料来源有无保证，能否代换；图中所要求的条件能否满足；新材料、新技术的应用有无问题。

11）地基处理方法是否合理，建筑与结构构造是否存在不能施工、不便于施工的技术问题，或容易导致质量、安全、工程费用增加等方面的问题。

12）工艺管道、电气线路、设备装置、运输道路与建筑物之间或相互间有无矛盾，布置是否合理。

13）施工安全、环境卫生有无保证。

14）图纸是否符合监理大纲所提出的要求。

（3）组织设计交底与图纸会审的法律、法规依据：设计交底与图纸会审不仅是工程建设中的惯例，而且是法律、法规规定的相关各方的义务。

（4）设计交底与图纸会审的组织：设计交底由承担设计阶段监理任务的监理单位或建设单位负责组织，设计单位向施工单位和承担施工阶段监理任务的监理单位等相关参建单位进行交底。图纸会审由承担施工阶段监理任务的监理单位负责组织，施工单位、建设单位、设计单位等相关参建单位参加。

设计交底与图纸会审通常做法是：设计文件完成后，设计单位将设计图纸移交建设单位，建设单位发给承担施工监理的监理单位和施工单位。由施工阶段监理单位组织参建各方进行图纸会审，并整理成会审问题清单，在设计交底前一周交与设计单位。承担设计阶段监理的监理单位组织设计单位做交底准备，并对会审问题清单拟定解答。设计交底一般以会议形式进行，先进行设计交底，后转入图纸会审问题解释，通过设计、监理、施工三方或参建多方研究协商，确定存在的问题和各种技术问题的解决方案。设计交底应在施工开始前完成。设计交底应由设计单位整理会议纪要，图纸会审应由施工单位整理会议纪要，与会各方会签。设计交底与图纸会审中涉及设计变更的尚应按监理程序办理设计变更手续。设计交底会议纪要、图纸会审会议纪要一经各方签认，即成为施工和监理的依据。

174. 监理工程师审核“施工现场质量管理检查记录”应注意哪些问题？

答：该表是《建筑工程施工质量验收统一标准》（GB 50300—2001）第3.0.1条的附表，是对施工单位健全的质量管理体系的具体要求。一般一个标段或一个单位（子单位）工程检查一次，在开工前检查，由施工单位现场负责人填写，由监理单位的总监理工程师（或建设单位项目负责人）验收。下面分三个部分来说明填表要求和填写方法。

（1）表头部分

填写参与工程建设各方责任主体的概况，应由施工单位的现场负责人填写。

工程名称栏：应填写工程名称的全称，与合同或招标投标文件的工程名称必须一致。

施工许可证（开工证）：填写当地建设行政主管部门批准发给的施工许可证（开工证）的编号。

建设单位栏填写施工合同文件中的甲方，单位名称也应填写全称，与合同签章上的单位名称应相同。建设单位项目负责人栏，应填施工合同书上签字人或签字人以文字形式委托的代表——工程的项目负责人。工程完工后竣工验收备案表中的单位工程项目负责人应与此一致。

设计单位栏填写设计合同中相应签章单位的名称，其全称应与印章上的名称一致。设计单位的项目负责人栏，应是设计合同书签字人或签字人以文字形式委托的该项目负责人。工程完工后竣工验收备案表中的单位工程项目负责人应与此一致。

监理单位栏填写单位全称，应与合同或协议书中的名称一致。总监理工程师栏应是监理合同或协议书中明确的项目监理负责人，也可以是监理单位以文件形式明确的该项目的监理负责人，但必须有国家注册监理工程师任职资格证书，专业要对口。

施工单位栏填写施工合同中相应签章单位的全称，与签章上的名称一致。项目经理栏、项目技术负责人栏与合同中明确的项目经理、项目技术负责人应一致。

表头部分可统一填写，不需要具体人员签名，只是明确了相关单位负责人的地位。

（2）检查项目

填写各项检查项目文件的名称或编号，并将文件（原件或复印件）附在表的后面供检查，检查后应将文件归还施工单位。

1）现场质量管理制度。主要是图纸会审、设计交底、技术交底、施工组织设计编制审批程序、工序交接、质量检查评定制度，质量好的奖励及达不到质量要求的处罚办法，以及质量例会制度及质量问题处理制度等。

2）质量责任制栏。质量负责人的分工，各项质量责任的落实规定，定期检查及有关人员奖罚制度等。

3）主要专业工种操作人员证书栏。测量工，起重、塔吊垂直运输机械司机，钢筋、混凝土、机械、焊接、瓦工、防水工等建筑结构工种。电工、管道等安装工种的上岗证，以当地建设行政主管部门的规定为准。

4）分包方资质与对分包单位的管理制度栏。专业承包单位的资质应在其承包业务的范围内承建工程，超出范围的应办理特许证书，否则不能承包工程。在有分包的情况下，总承包单位应有管理分包单位的制度，主要是质量技术的管理制度等。

5）施工图审查情况栏。重点是看建设行政主管部门出具的施工图审查批准书及审查机构出具的审查报告。如果图纸是分批交出的话，施工图审查可分段进行。

6）地质勘察资料栏。有勘察资质的单位出具的正式地质勘察报告，地下部分施工方案制定时和施工组织总平面图编制时可做参考。

7）施工组织设计、施工方案及审批栏。检查编写内容、有针对性的具体措施，编制程序、内容，有编制单位、审核单位、批准单位，并有贯彻执行的措施。

8）施工技术标准栏。即施工工艺标准，是操作的依据和保证工程施工质量的基础，承建企业应编制不低于国家质量验收规范的操作规程等企业标准。要有批准程序，由企业的总工程师、技术委员会负责人审查批准，有批准日期、执行日期、企业标准编号及标准名称。企业应建立技术标准档案。施工现场应有的施工技术标准都应该有，可做培训工人、技术交底和施工操作的主要依据，也是质量检查评定的标准。对于没有实力编制企业标准的小企业，可填写相关行业标准及其他企业的施工工艺标准。

9）工程质量检验制度栏。包括三方面的检验，一是原材料、设备进场检验制度；二是施工过程的试验报告；三是竣工后的抽查检测，应专门制定抽测项目、抽测时间、抽测单位等计划，使监理、建设单位等都做到心中有数。可以独立编制一个计划，也可以在施工组织设计中作为一项内容。

10）搅拌站及计量设置栏。主要是说明设置在工地的搅拌站的计量设施的精确度、管理制度等内容。预拌混凝土或安装企业没有这项内容的要求。

11）现场材料、设备存放与管理栏。这是为保持材料、设备质量必须有的措施，要根据材料、设备性能制定管理制度，建立相应的库房等。

（3）检查项目填写内容

1）直接将有关资料的名称写上，资料较多时，也可将有关资料进行编号，将编号填写上，注明份数。

2）填表时间是在开工之前，监理单位的总监理工程师（建设单位项目负责人）应对施工现场进行检查，这是保证开工后施工顺利和保证工程质量的基础，目的是做好施工前的准备。

3）由施工单位负责人填写，填写之后，并将有关文件的原件或复印件附在后面，请总监理工程师（建设单位项目负责人）验收核查，验收核查后，将有关资料返还施工单位，并签字认可。

4）通常情况下一个工程的一个标段或一个单位工程只查一次，如分段施工、人员更换，或管理工作不到位时，可再次检查。

5）如总监理工程师或建设单位项目负责人检查验收不合格，施工单位必须在期限内改正，否则不许开工。

175. 检验批质量验收记录表填写应注意哪些问题？

答：检验批质量验收记录的填写应注意以下几个方面：

（1）表的名称及编号

检验批验收记录表为《建筑工程施工质量验收统一标准》GB 50300—2001 中附录 D. 0. 1。检验批由监理工程师或建设单位项目技术负责人组织施工单位项目专业质量检查员等进行验收，表的名称应在制订专用表格时就印好，前边印上分项工程的名称，表的名称下面注上相应专业质量验收规范的编号。

检验批的编号按全部施工质量验收规范系列的分部工程、子分部工程统一为 8 位数的数码编号，写在表的右上角，前 6 位数字均印在表上，后留两个"□"，检查验收时填写检验批的顺序号。其编号规则为：

前边两个数字是分部工程的代码，01 ~ 09。地基与基础分部工程为 01，主体结构为 02，建筑装饰装修为 03，建筑屋面为 04，建筑给水排水及采暖为 05，建筑电气为 06，智能建筑为 07，通风与空调为 08，电梯为 09。

第 3、第 4 位数字是子分部工程的代码。

第 5、第 6 位数字是分项工程的代码。

其顺序号详见《建筑工程施工质量验收统一标准》GB 50300—2001 中附录 B 表 B. 0. 1，即建筑工程分部（子分部）、分项工程划分表。

第 7、第 8 位数字是各项工程检验批的顺序号。由于在大量高层或超高层建筑中，同一个分项工程会有很多检验批的数量，故留了 3 位数的空位置。

如地基与基础分部工程，无支护土方子分部工程，土方开挖分项工程，其检验批表的编号为 010101□□，第一个检验批的编号为：010101 [0][1]。

还需说明的是，有些子分部工程中有些项目可能在两个分部工程中出现，这就要在同一个表上编两个分部工程及相应子分部工程的编号：如砖砌体分项工程在地基与基础和主体结构中都有，砖砌体分项工程检验批的表编号为：010701□□、020301□□。

有些分项工程可能在几个子分部工程中出现，这就应在同一个检验批表上编几个子分部工程及分项工程的编号。如建筑电气的接地装置安装，在室外电气、变配电室、备用和不间断电源安装及防雷接地安装等子分部工程中都有。

其编号分别为：060109□□

060206□□

060608□□

060701□□

4行编号的第5、第6位数字的意思分别是：第一行09是室外电气子分部工程的第9个分项工程，第二行的06是变配电室子分部工程的第6个分项工程，其余类推。

另外，有些规范的分项工程，在验收时也可将其划分为几个不同的检验批来验收。如混凝土结构子分部工程的混凝土分项工程，分为原材料、配合比设计、混凝土施工三个检验批验收。又如建筑装饰装修分部工程建筑地面子分部工程中的基层分项工程，其中有几种不同的检验批。故在其表名下加罗马数字（Ⅰ）、（Ⅱ）、（Ⅲ）……。

（2）表头部分的填写

1）检验批表编号的填写，在两个方框内填写检验批序号。如为第一个检验批则填为[0][1]。

2）单位（子单位）工程名称，按合同文件上的单位工程名称填写，子单位工程名称标出该部分的位置。分部（子分部）工程名称，按验收规范划定的分部（子分部）工程名称填写。验收部位是指一个分项工程中的验收的那个检验批的抽样范围，要标注清楚，如二层①－⑮轴线砖砌体。

施工单位、分包单位栏，应填写施工单位的全称，与合同上公章名称一致。项目经理填写合同中指定的项目负责人。在装饰、安装分部工程施工中，有分包单位时，也应填写分包单位全称，分包单位的项目经理也应是分包合同中指定的项目负责人。这些人员由填表人填写而无须本人签字，只是标明他是项目负责人。

（3）施工执行标准名称及编号

这是此次验收规范编制的一个基本思路“强化验收”，由于验收规范只列出验收的质量指标，对施工工艺等只提出一个原则要求，具体的操作工艺就靠企业标准了。只有按照不低于国家质量验收规范的企业标准来操作，才能保证国家验收规范的实施。如果没有具体的操作工艺，保证工程质量就是一句空话。企业必须制定企业标准（操作工艺、工艺标准、工法等）来进行培训工人，技术交底，规范施工班组的操作。为了能成为企业的标准体系的重要组成部分，企业标准应有编制人、批准人、批准时间、执行时间、标准名称及编号。填写表时要将标准名称及编号填写上，就能在企业的标准系列中查到其详细情况，并要在施工现场有这项标准，工人必须执行这项标准。

（4）质量验收规范的规定栏

如果在制表时就已填写好验收规范中主控项目、一般项目的全部内容，但由于表格的地方小，不能将多余指标全部内容填写下，所以只将质量指标归纳、简化描述或题目及条文填写上，作为检查内容提示，以便查对验收规范的原文；对计数检验的项目，将数据直接印出来。如果是将验收规范的主控、一般项目的内容全部摘录在表的背面，这样方便查对验收条文的内容。但是，根据以往的经验，这样做就会引起只看表格，不看验收规范的后果，规范上还有基本规定、一般规定等内容，它们虽然不是主控项目和一般项目的条文，但这些内容也是验收主控项目和一般项目的依据。所以验收规范的质量指标不宜全抄过来，而且验收资料的填写，应依据现场检查结果和实测数据，表格规定栏及背面不全文抄录也可以尽量规避“编造”资料的情况。

（5）主控项目、一般项目施工单位检查评定记录

填写方法分为以下几种情况，判定验收不验收均按施工质量验收规范规定进行判定。

1）对定量项目直接填写检查的数据。

2）对定性项目，当符合规范规定时，采用打“√”的方法标注；当不符合规范规定时，采用打“×”的方法标注。

3）有混凝土、砂浆强度等级的检验批，按规定制取试件后，可填写试件编号（一般为留置日期），待试件试验报告出来后，对检验批进行判定，并在分项工程验收时进一步进行强度评定和验收。

4）对既有定性又有定量的项目，各个子项目质量均符合规范规定时，采用打“√”的方法来标注；否则采用打“×”的方法标注。无此项内容的打“/”来标注。

5）对一般项目合格点有要求的项目，应是其中带有数据的定量项目、定性项目必须全部达到。定量项目其中每个项目都必须有80%（混凝土保护层为90%）检测点的实测数据达到规范规定。其余20%按各专业施工质量验收规范规定，不能大于150%，钢结构为120%，就是说有数据的项目，除必须达到规定的数值外，其余可放宽的，最大放宽到150%或120%。

“施工单位检查评定记录”栏的填写，有数据的项目，将实际测量的数据填入表格内，超出企业标准而没有超出国家验收规范的数字用“○”将其圈住；对超过国家验收规范的用“△”圈住。

（6）监理（建设）单位验收记录

通常监理人员应采取旁站、巡视或平行检验的方法进行监理，在施工过程中，对施工质量进行察看和测量，并参加施工单位的重要项目的检测。对新开工程或首件产品进行全面检查，以了解质量水平和控制措施的有效性及执行情况，在整个过程中，随时可以测量等。在检验批验收时，对主控项目、一般项目应逐项进行验收。对符合验收规范规定的项目，填写“合格”或“符合要求”，对不符合验收规范规定的项目，暂不填写，待处理后再验收，但应作出标记。

（7）施工单位检查评定结果

施工单位自行检查评定合格后，应注明“主控项目全部合格，一般项目满足规范规定要求”。

专业工长（施工员）和施工班、组长栏目必须由本人签字，以示承担责任。专业质量检查员代表企业逐项检查评定合格，将表填写清楚并写明结果，签字后，交监理工程师或建设单位项目专业技术负责人验收。

（8）监理（建设）单位验收结论

主控项目、一般项目验收合格，混凝土、砂浆试件强度待试验报告出来后判定，其余项目已全部验收合格。注明“同意验收”或“合格”“符合要求”。专业监理工程师及建设单位的专业技术负责人签字。

176. 分项工程质量验收记录表填写应注意哪些问题？

答：分项工程质量验收记录为《建筑工程施工质量验收统一标准》（GB 50300—2001）中附表 E. 0. 1。

分项工程验收由监理工程师组织项目专业技术负责人等进行验收。分项工程是在检验批验收合格的基础上进行，通常只起一个归纳整理的作用，是一个统计表，没有实质性的验收内容。只要注意三点就可以了：一是检查检验批是否将整个工程覆盖了，有没有漏掉的部位；二是检查有混凝土、砂浆强度要求的检验批，到龄期后能否达到规范规定；三是将检验批的资料统一，依次进行登记整理，便于管理。

表格的填写：表名填上所验收分项工程的名称，表头及检验批部位、区段，施工单位检查评定结果，由施工单位项目专业质量检查员填写，由施工单位的项目专业技术负责人检查后给出评价并签字，交监理单位或建设单位验收。

监理单位的专业监理工程师（或建设单位的项目专业技术负责人）应逐项检查，同意项填写“合格”或“符合要求”，不同意项暂不填写，等处理后再验收，但应作出标记。注明验收和不验收的标记，如同意验收并签字确认，不同意验收应指出存在的问题，明确处理意见和完成时间。

177. 分部（子分部）工程验收记录表填写应注意哪些问题?

答: 分部（子分部）工程验收记录表为《建筑工程施工质量验收统一标准》(GB 50300—2001）中附表 F. 0. 1。

分部（子分部）工程的验收，比 GBJ 300—1988 标准增加了内容，是质量控制的一个重点。由于单位工程体量的增大，复杂程度的增加，专业施工单位的增多，为了分清责任，及时修整等，分部（子分部）工程的验收就显得较重要，以往一些到单位工程验收方可进行的内容，转移到分部（子分部）工程验收中来了，除了分项工程的核查外，还有质量控制资料核查，安全、使用功能项目的检测，观感质量的验收等。

分部（子分部）工程应由施工单位自行检查评定合格的表填写后，由项目经理交监理单位或建设单位验收。由总监理工程师组织施工单位项目经理及有关勘察（仅地基与基础分部)、设计（地基与基础及主体结构等）单位项目负责人进行验收，并按照相关要求进行记录表的填写。

（1）表名及表头部分

1）表名：分部（子分部）工程的名称填写要具体，写在分部（子分部）工程的前面，并分别划掉分部或子分部。

2）表头部分的工程名称填写工程全称，与检验批、分项工程、单位工程质量验收记录表的工程名称应一致。

结构类型按设计文件提供的结构类型填写。层数应分别注明地下和地上的层数。

施工单位填写单位全称，与检验批、分项工程、单位工程质量验收记录表的名称应一致。

技术部门负责人及质量部门负责人多数情况下填写项目的技术及质量负责人，只有地基与基础、主体结构及重要的安装分部（子分部）工程应填写施工单位的技术部门及质量部门负责人。

分包单位的填写，有分包单位时才填，没有时就不填写，主体结构不应进行分包。分包单位名称要写全称，与合同或图章上的名称应一致。分包单位负责人及分包单位技术负责人，填写本项目的项目负责人及项目技术负责人。

（2）验收内容，共有四项内容

1）分项工程。按分项工程第一个检验批施工先后的顺序，将分项工程名称填写上，在第二格栏内分别填写各分项工程实际的检验批数量，即分项工程验收记录表上的检验批数量，并将各分项工程评定记录表附在表后。

施工单位检验评定栏，填写施工单位自行检查评定的结果。核查一下各分项工程是否都通过验收，有关有龄期试件的合格评定是否达到要求；有全高、垂直度或总的标高检验项目要求的应进行检查验收。自检符合要求的可打“√”标注，否则打“×”标注。有“×”的项目不能提交监理单位或建设单位验收，应进行返修达到合格后再提交验收。监理单位或建设单位由总监理工程师或建设单位项目专业技术负责人组织审查，在符合要求后，在验收意见栏内签注“同意验收”意见。

2）质量控制资料。应按照《建筑工程施工质量验收统一标准》（GB 50300—2001）中表G.0.1-2单位（子单位）工程质量控制资料核查记录表中相关内容类确定所验收的分部（子分部）工程的质量控制资料项目，按资料核查的要求，逐项进行核查。能基本反映工程质量情况，达到保证结构安全和使用功能的要求，即可通过验收。全部项目都通过，即可在施工单位检查评定栏内打“√”标注检查合格，并送监理单位或建设单位验收。监理单位总监理工程师或建设单位项目专业负责人组织审查，在符合要求后，在验收意见栏内签注“同意验收”意见。

有些工程可按子分部进行资料验收，有些工程可按分部工程进行资料验收，由于工程实际情况不同，并不强求统一。

3）安全和使用功能检验（检测）报告。这个项目是指竣工抽样检测的项目，能在分部（子分部）工程中检测的，尽量放在分部（子分部）工程中检测。检测内容按照《建筑工程施工质量验收统一标准》（GB 50300—2001）中表G.0.1-3单位（子单位）工程安全和使用功能检验资料核查及主要功能抽查记录中相关内容确定核查和抽查项目。在核查时要注意，在开工之前确定的项目是否都进行了检测；逐一检查每个检测报告，核查每个检测项目的检测方法、程序是否符合有关标准规定，检测结果是否达到规范的要求，以及检测报告的审批程序签字是否完整。在每个报告上标注审查同意。每个检测项目都通过审查，即可在施工单位检查评定栏内打“√”标注检查合格。由项目经理送监理单位或建设单位验收，监理单位总监理工程师或建设单位项目专业负责人组织审查，在符合要求后，在验收意见栏内签注“同意验收”意见。

4）观感质量验收。实际不单单是外观质量的验收，还有能启动或运转的要启动或试运转，能打开看的要打开看，有代表性的房间、部位都要走到，并由施工单位项目经理组织进行现场检查，经检查合格后，将施工单位填写的内容填写好后，由项目经理签字后交监理单位或建设单位验收。由监理单位总监理工程师或建设单位项目专业负责人组织验收，在听取参加检查人员意见的基础上，以总监理工程师或建设单位项目专业负责人为主导共同确定质量评价，即“好”、“一般”或“差”。由施工单位的项目经理和总监理工程师或建设单位项目专业负责人共同签认。如评价观感质量差的项目，能修理的尽量修理，如果确难修理时，只要不影响结构安全和使用功能的，可采用协商解决的办法进行验收，并在验收记录表上注明，然后将验收评价结论写在分部（子分部）工程观感质量验收意见栏内。

(3) 验收单位签字认可。按表中所列参与工程建设责任单位的有关人员应亲自签名，以示负责，以便追查质量责任。

勘察单位可只签认地基与基础分部（子分部）工程，由项目负责人亲自签认。

设计单位可只确认地基与基础、主体结构及重要的安装分部（子分部）工程，由项目负责人亲自签认。

施工单位总承包单位必须签认所有的分部（子分部）工程，由项目经理亲自签认，有分包单位的分包单位也必须签认其分包的分部（子分部）工程，由分包单位项目经理亲自签认。

监理单位作为验收方，由总监理工程师亲自签认验收。如果按规定未委托监理单位的工程，可由建设单位项目专业负责人亲自签认验收。

178. 单位（子单位）工程质量竣工验收记录表填写应注意哪些问题？

答：单位（子单位）工程质量验收记录表为《建筑工程施工质量验收统一标准》（GB 50300—2001）中附表 G（1、2、3、4）。

单位（子单位）工程质量验收由五部分内容组成，每一项内容都有自己的专门验收记录表，而单位（子单位）工程质量竣工验收记录表（《建筑工程施工质量验收统一标准》GB 50300—2001 中表 G. 0. 1-1）是一个综合性的表，是各项目验收合格后填写的。

单位（子单位）工程由建设单位（项目）负责人组织施工（含分包单位）、设计、监理等单位（项目）负责人进行验收。单位（子单位）工程验收记录表中的表 G. 0. 1-1 由参加验收单位盖公章，并由负责人签字。表 G. 0. 1-2、3、4 则由施工单位项目经理和总监理工程师（或建设单位项目负责人）签字。

（1）表名及表头的填写

1）将单位工程或子单位工程的名称（项目批准的工程名称）填写在表名的前面，并将单位或子单位工程的名称划掉。

2）表头部分，按分部（子分部）工程质量验收记录表的表头要求填写。

（2）验收内容之一是“分部（子分部）工程”，对所含分部（子分部）

工程逐项检查。首先由施工单位的项目经理组织有关人员逐个对分部（子分部）工程进行检查评定。所含分部（子分部）工程检查合格后，由项目经理提交验收。经验收组成人员验收后，由施工单位填写验收记录栏。注明共验收几个分部，经验收符合标准及设计要求的几个分部。审查验收的分部工程全部符合要求，由监理单位在验收结论栏内，填写“同意验收”的结论。

（3）验收内容之二是“质量控制资料核查”，这项内容有专门的验收表格（《建筑工程施工质量验收统一标准》GB 50300—2001 中表 G. 0. 1-2），也是由施工单位检查合格，再提交监理单位验收。其全部内容在分部（子分部）工程中已经审查。通常单位（子单位）工程质量控制资料核查，也是对分部（子分部）工程逐项检查和审查。一个分部工程只有一个子分部工程时，子分部工程就是分部工程；当有多个子分部工程时，可一个一个地检查和审查，也可按分部工程检查和审查。每个子分部、分部工程检查审查后，也不必再整理分部工程的质量控制资料，只将其依次装订起来，前边的封面写上分部工程的名称，并将所含子分部工程的名称依次填写下边即可。然后将各子分部工程审查的资料逐项进行统计，填入验收记录栏内。通常共有多少项资料，经审查也都应符合要求。如果出现有核定的项目时，应查明情况，只要是协商验收的内容，填在验收结论栏内，通常严禁验收的事件，不会留在单位工程验收时来处理。这项也是施工单位自行检查评定合格后再提交验收，由总监理工程师或建设单位项目负责人组织审查符合要求后，在验收记录栏格内填写项数。在验收结论栏，写上“同意验收”的意见。同时要在《建筑工程施工质量验收统一标准》（GB 50300—2001）中附表 G. 0. 1-1 单位（子单位）工程质量竣工验收记录表中的序号 2 栏内的验收结论栏内填“同意验收”。

（4）验收内容之三是“安全和主要使用功能核查及抽查结果”，这项内容有专门的验收表格（《建筑工程施工质量验收统一标准》GB 50300—2001 中表 G. 0. 1-3）。这个项目包括两个方面的内容，一是在分部（子分部）工程已经进行了安全和使用功能检测的项目，要检查其检测报告结论是否符合设计要求；二是在单位（子单位）工程进行的安全和使用功能抽测项目，要核查其项目是否与设计内容一致，抽测的程序、方法是否符合有关规定，抽测报告的结论是否达到设计要求及规范规定。这个项目也是由施工单位检查评定合格后再提交验收，由总监理工程师或建设单位项目负责人组织审查，程序和内容基本是一致的。按项目逐个进行核查验收，然后统计核查的项数和抽查的项数，填入验收记录栏，并分别统计符合要求的项数，也分别填入验收记录栏相应的空档内。通常两个项数是一致的，如果个别项目的抽测结果达不到设计要求，则可以进行返工处理达到符合要求。然后由总监理工程师或建设单位项目负责人在验收结论栏内填写“同意验收”的结论。

如果返工处理后仍达不到设计要求，就要按不合格处理程序进行处理。

(5) 验收内容之四是观感质量验收。观感质量检查的方法同分部（子分部）工程，单位工程观感质量检查验收不同的是项目比较多，是一个综合性的验收。实际是复查一下各分部（子分部）工程验收后，到单位工程竣工验收的质量变化，成品保护情况以及分部（子分部）工程验收时还没有形成部分的观感质量等。这个项目也是由施工单位检查评定合格后再提交验收，由总监理工程师或建设单位项目负责人组织审查，程序和内容基本是一致的。按核查的项目数及符合要求的项目数填写在验收记录栏内，如果没有影响结构安全和使用功能的项目，由总监理工程师或建设单位项目负责人为主导意见，评价“好”“一般”“差”，不论评价“好”“一般”还是“差”的项目，都可作为符合要求的项目，但评价为“差”的项目应进行返修。由总监理工程师或建设单位项目负责人在验收结论栏内填写“同意验收”的结论。如果有不符合要求的项目，就要按不合格处理程序进行处理。

(6) 验收内容之五是综合验收结论。施工单位应在工程完工后，由项目经理组织有关人员对验收内容逐项进行查对，并将表格中应填写的内容进行填写，自检评定符合要求后，在验收记录栏内填写各有关项数，交建设单位组织验收。综合验收是指在前五项内容均验收符合要求后进行的验收，即按《建筑工程施工质量验收统一标准》（GB 50300—2001）中表 G. 0. 1“单位（子单位）工程质量竣工验收记录表”进行验收。验收时，在建设单位组织下，由建设单位相关专业人员及监理单位专业监理工程师和设计单位、施工单位相关人员分别核查验收有关项目，并由总监理工程师组织进行现场观感质量检查验收。经各项目审查符合要求时，由监理单位或建设单位在“验收结论”栏内填写“同意验收”的意见。各栏均同意验收且经各参加验收方共同同意商定后，由建设单位填写“综合验收结论”，可填写为“通过验收”。

(7) 参加验收单位签名

勘察单位、设计单位、施工单位、监理单位、建设单位都同意验收后，各单位的项目负责人要亲自签字认可，以示对工程质量的负责，并加盖单位行政公章，并注明签字验收的日期。

第四章 安全监理

179. 施工准备阶段的安全监理工作有哪些?

答:（1）根据要求，编制包括安全监理内容的项目监理规划，明确安全监理的范围、内容、工作程序和制度措施，以及人员配备计划和职责等。

（2）对中型及以上项目和《建设工程安全生产管理条例》规定的危险性较大的分部分项工程，监理单位应当编制安全监理实施细则。

（3）督促建设单位与施工承包单位签订工程项目安全施工责任（或承诺）书。督促总包单位与分包单位签订工程项目安全施工协议。

（4）审查总包、专业分包和劳务分包单位的安全生产许可证（原件）或专业主管部门颁发的安全生产资质（原件）是否真实有效。

（5）督促施工承包单位建立、健全施工现场安全生产保证体系；督促施工总承包单位对分包单位的安全生产工作实行统一领导、统一管理，并检查分包单位的安全生产制度和安全管理措施实施。

（6）审查施工单位编制的施工组织设计中的安全技术措施和危险性较大的分部分项工程安全专项施工方案是否符合工程建设强制性标准要求。审查的主要内容包括：施工单位编制的地下管线保护措施方案、分部分项工程的专项施工方案、施工现场临时用电施工组织设计或者安全用电技术措施和电气防火措施、冬期、雨期等季节性施工方案的制定、施工总平面布置图、临时设施设置以及排水、防火措施。

（7）审核施工单位企业负责人、项目负责人和专职安全生产管理人员的安全考核资格证（原件），以及电工、焊工、架子工、起重机械工、塔吊司机及指挥人员、爆破工等特种作业人员资格证（原件）是否真实有效。

（8）督促施工承包单位做好逐级安全技术交底工作，监理应参与技术交底并记录交底情况。

（9）督促检查施工承包单位开展经常性的安全教育活动、培训工作和安全生产费用计划落实情况。

（10）制定安全监理工作文件，建立岗位责任制，进行安全监理工作交底。

（11）在会审施工图纸时，发现不符合有关工程建设法律、法规、强制性标准的规定，或存在较大施工安全风险时，应及时向建设单位、施工承包单位提出。

（12）检查施工承包单位是否有针对工程特点和施工现场实际制定的应急救援预案和建立的应急救援体系。

（13）审核施工现场安全防护是否符合投标时承诺和《建筑施工现场环境与卫生标准》等标准中要求的情况。

180. 施工阶段安全监理的主要工作有哪些？

答：（1）检查施工承包单位安全生产保证体系的运作及专职安全生产管理人员的到岗和工作情况。

（2）监督施工承包单位按照国家有关法律、法规、工程建设强制性标准和经审查同意的施工组织设计或专项施工方案组织施工，制止违规作业。

（3）对施工现场安全生产情况进行巡视检查，监督施工承包单位落实各项安全措施。发现有违规施工和存在安全事故隐患的，应当要求施工承包单位整改；情况严重的，由总监理工程师下达工程暂停施工令，并报告建设单位；施工承包单位拒不整改或者不停止施工的，应及时向安全监督部门进行书面报告。

（4）检查施工承包单位施工机械、安全设施的合格证、检测、验收、准用手续（须持原件），对手续不完备的不准投入使用。

（5）督促施工承包单位定期进行安全生产自查工作（班组检查、项目部检查、公司检查）。

（6）监督施工承包单位做好“四口”、“五临边”、高处作业等危险部位的安全防护工作，并设置明显的安全警示标志；检查施工单位对现场的防洪、防雷、防滑坡、坠落物等的有效控制，建立良好的工作环境。

（7）在定期召开的监理会议上，将安全生产列入会议主要内容之一，评述现场安全生产现状和存在问题，提出整改要求，制定预防措施，使安全生产工作落到实处。

（8）对高危作业，易发生安全事故源和薄弱环节等作为安全监理工作重点，宜采取旁站监理、跟踪检查和平行检验等手段，加大监督力度。

（9）检查安全文明施工措施费的使用情况，督促施工承包单位按安全文明施工措施费用规定正确使用，及时投入并必须用于安全措施上。对未按照规定使用该费用的或挪作他用的，总监理工程师应予以制止，并向建设单位报告。

（10）督促施工承包单位按照国家及地方政府行政主管部门的有关规定，分阶段进行自查自评。工程监理单位根据现场安全实况和自查自评情况，认真、公正地进行审查评价，填写有关报表，并报送当地建设行政主管部门或其授权的建设工程安全监督管理机构（部门）备案。

（11）发生重大安全事故或突发性事件时，应当立即下达工程暂停令，并督促施工承包单位立即向当地建设行政主管部门（安全监督部门）和有关部门报告；配合有关单位做好应急救援和现场保护工作；协助有关部门对事故进行调查处理。

181. 建设工程施工安全监理责任有哪些?

答：建设部2006年10月16日发布的《关于落实建设工程施工安全监理责任的若干意见》中是这样规定的：

（1）监督施工单位按照施工组织设计中的安全技术措施和专项施工方案组织施工，及时制止违规施工作业。

（2）定期巡视检查施工过程中危险性较大的工程作业情况。

（3）核查施工现场施工起重机械、整体提升脚手架、模板等自升式架设施和安全设施的验收手续。

（4）检查施工现场各种安全标志和安全防护措施是否符合强制性标准要求，并检查安全生产费用的使用情况。

（5）督促施工单位进行安全自查工作，并对施工单位自查情况进行抽查，参加建设单位组织的安全生产专项检查。

182.《建设工程安全生产管理条例》对工程监理单位的安全责任作了哪些规定?

答：《建设工程安全生产管理条例》规定：

（1）工程监理单位应当审查施工组织设计中的安全技术措施或者专项施工方案是否符合工程建设强制性标准。

（2）工程监理单位在实施监理的过程中，发现存在安全隐患的，应当要求施工单位整改；情况严重的，应当要求施工单位暂时停止施工，并及时报告建设单位。施工单位拒不整改或不停止施工的，工程监理单位应当及时向有关主管部门报告。

（3）工程监理单位和监理工程师应当按照法律、法规和工程建设强制性标准实施监理，并对建设工程安全生产承担监理责任。

专家提示：结合《建筑法》第四十三条“建设行政主管部门负责建筑安全生产的管理，并依法接受劳动行政主管部门对建筑安全生产的指导和监督”和第四十五条“施工现场安全由建筑施工企业负责。实行总承包的，由总承包单位负责。分包单位向总承包负责，服从总承包单位对施工现场的安全生产管理”的内容，可以看出施工现场安全应由施工企业负责，由建设行政主管部门负责监督管理。而《建设工程安全生产管理条例》等于是将本应由政府主管部门承担的安全生产管理责任强加于监理头上，而由于监理没有政府主管部门那样的强制性的权力，造成目前这种责、权、利不均等的局面，给目前已处于困境的监理工作带来了更大的困难。本来施工现场的安全管理是一项参建各方共同参与的工作，可是“安全监理”的提法似乎把监理人员当成了施工安全的第一责任人。

为了使监理行业摆脱因开展安全监理工作而带来的困境，也为了施工现场的安全管理工作的规范化，笔者在这里提出一个“安全生产评价机制”的概念，就是说施工现场安全管理工作应该引入一个第三方来进行评价，类似于目前实施的安全文明达标工地的评定，与其不同的是这是一种企业行为。豫建建[2005] 173 号文件《河南省建设工程项目管理安全生产评价办法（试行）》中就有这个机制，但是目前基本没有得到实施，而且其中的规定有不合理的地方：①允许监理企业对自己监理的工程进行评价；②监理企业对自身监理的工程进行评价是没有费用的，而委托其他企业来进行评价是需要一定费用的。这个第三方可以由政府主管部门制定相应的资质标准，最好与目前国家的注册安全工程师考试制度相结合，比如资质标准中要规定有几名国家注册安全工程师、评价文件必须有注册安全工程师的签字盖章等，这样可以使施工现场的安全管理工作向规范化、专业化的方向发展，可以避免很多安全事故的出现。

183. 建设工程安全监理的工作程序是什么？

答：监理单位的建设工程安全监理工作应按照如下程序进行：

（1）监理单位按照《建设工程监理规范》和相关行业监理规范要求，编制含有安全监理内容的监理规划（或编制安全监理规划，详见附录三《安全监理规划实例》）和监理实施细则。

（2）在施工准备阶段，监理单位审查核验施工单位提交的有关技术文件及资料，并由项目总监在有关技术文件报审表上签署意见；审查未通过的，安全技术措施及专项施工方案不得实施。

（3）在施工阶段，监理单位应对施工现场安全生产情况进行巡视检查，对发现的各类安全事故隐患，应书面通知施工单位，并督促其立即整改；情况严重的，监理单位应及时下达工程暂停令，要求施工单位停工整改，并同时报告建设单位。安全事故隐患消除后，监理单位应检查整改结果，签署复查或复工意见。施工单位拒不整改或不停工整改的，监理单位应当及时向工程所在地建设主管部门或工程项目的行业主管部门报告，以电话形式报告的，应当有通话记录，并及时补充书面报告。检查、整改、复查、报告等情况应记载在监理日志、监理月报中。监理单位应核查施工单位提交的施工起重机械、整体提升脚手架、模板等自升式架设施和安全设施等验收记录，并由安全监理人员签收备案。

（4）工程竣工后，监理单位应将有关安全生产的技术文件、验收记录、监理规划、监理实施细则、监理月报、监理会议纪要及相关书面通知等按规定立卷归档。

184. 监理单位要落实安全生产监理责任，应做好哪些工作？

答：（1）健全监理单位安全监理责任制：监理单位法定代表人应对本企业监理工程项目的安全监理全面负责；总监理工程师要对工程项目的安全监理负责，并根据工程项目特点，明确监理人员的安全监理职责。

（2）完善监理单位安全生产管理制度：在健全审查核验制度、检查验收制度和督促整改制度的基础上，完善工地例会制度及资料归档制度。

（3）建立监理人员安全生产教育培训制度：总监理工程师和安全监理人员需经安全生产教育培训后方可上岗，其教育培训情况记入个人继续教育档案。

185. 建筑工程施工现场安全事故的诱因有哪些？

答：安全事故的主要诱因有以下几个方面：

（1）人的不安全行为：主要包括身体缺陷、错误行为、违纪违章等。

（2）物的不安全状态：主要包括设备、装置的缺陷，作业场所缺陷，物质与环境的危险源等。

（3）环境的不利因素：现场布置杂乱无序、视线不畅、沟渠纵横、交通阻塞、材料工具乱堆乱放，机械无防护装置、电器无漏电保护、粉尘飞扬、噪声刺耳等使劳动者生理、心理难以承受，则必然诱发安全事故。

（4）管理上的缺陷：对物的管理失误，包括技术、设计、结构上有缺陷、作业现场环境有缺陷、防护用品有缺陷等；对人的管理失误，包括教育、培训、指示和对作业人员的安排等方面的缺陷；管理工作的失误，包括对作业程序、操作规程、工艺过程的管理失误以及对采购、安全监控、事故防范措施的管理失误。

186. 安全控制的目标是什么?

答: 安全控制是生产过程中涉及的计划、组织、监控、调节和改进等一系列致力于满足生产安全所进行的管理活动。

安全控制的目标是减少和消除生产过程中的事故，保证人员健康安全和财产免受损失。具体应包括:

(1) 减少或消除人的不安全行为的目标。

(2) 减少或消除设备、材料的不安全状态的目标。

(3) 改善生产环境和保护自然环境的目标。

187. 监理工程师应从哪些方面审查施工组织设计中的安全技术措施或安全专项施工方案?

答: 项目监理机构应在总监理工程师的主持下对施工组织设计中的安全技术措施或安全专项施工方案进行程序性、符合性、针对性审查。

(1) 程序性审查

施工组织设计中的技术措施或安全专项施工方案是否有编制人、审核人、施工单位技术负责人签认并加盖单位公章；专项施工方案须经专家论证、审查的，是否执行；不符合程序的应予退回。

(2) 符合性审查

施工组织设计中的技术措施或安全专项施工方案必须符合安全生产法律、法规、规范、工程建设强制性标准及有关规定；必要时应附有安全验算的结果；须经专家论证、审查的项目，应附有专家审查的书面报告；安全专项施工方案还应有紧急救援措施等应急救援预案。

(3) 针对性审查

安全技术措施或安全专项施工方案应针对工程特点、施工部位、所处环境、施工管理模式、现场实际情况等编制，应具有可操作性。

专家提示: 笔者认为，监理对施工组织设计中的安全技术措施或安全专项施工方案的审查重点在于程序性和针对性的审查，符合性审查只能作为一种辅助要求。无论是国家的《建筑法》还是其他相关规定，包括监理工程师考试的内容中，均未对监理工程师作出应具有安全验算的素质要求，因此大部分监理工程师是不具备安全验算的水平的，而其对施工组织设计中的安全技术措施或安全专项施工方案的符合性审查也就无从谈起。施工组织设计中的安全技术措施或安全专项施工方案中的安全计算书应由施工单位的技术负责人来负责审查，对验算结果负责。

188. 施工组织设计中的安全技术措施、专项施工方案审查要点有哪些?

答: (1) 施工单位编制的施工组织设计中的安全技术措施和危险性较大工程的安全专项施工方案，应在施工前向现场监理机构办理报审。

(2) 审查施工组织设计中的安全技术措施内容应包括:

1) 施工现场安全生产保证体系、人员、职责及安全管理目标。

2) 安全生产责任制、安全生产教育培训制度、安全施工技术交底制度、安全生产规章制度和操作规程、消防安全责任制、大中型施工机械安装拆卸验收、维护保养管理制度、安全生产自检制度等。

3) 需经监理复核安全许可验收手续的大中型施工机械和安全设施一览表。

4) 需编制专项安全施工方案一览表（包括须经专家论证、审查的项目）。

5) 对周边建筑物、构筑物及地下管道、电缆、线网等保护措施。

6) 现场施工用电方案及管理制度。

7) 施工现场平面布置应附有说明：如施工区、仓库区、办公区、生活区等临时设施标准、位置、间距；现场道路和出入口；场地排水和防洪；施工用电线路埋地或架空；市区内施工的围挡封闭等。

8) 安全生产事故应急救援预案。

(3) 危险性较大的工程应当单独编制安全专项施工方案。依据《安全条例》和建设部《危险性较大工程安全专项施工方案编制及专家论证审查办法》的规定，下列分部分项工程应予编制:

1) 基坑支护及降水工程

开挖深度超过5m（含5m）的基坑（槽）并采用支护结构施工的工程；或基坑虽未超过5m，但地质条件和周围环境复杂、地下水位在坑底以上等工程。

2) 土方开挖工程

开挖深度超过5m（含5m）的基坑、槽的土方开挖。

3) 模板工程

各类工具式模板工程，包括滑模、爬模、大模板等；水平混凝土构件模板支撑系统及特殊结构模板工程。

4) 起重吊装工程

5) 脚手架工程：①高度超过24m的落地式钢管脚手架；②附着式升降脚手架，包括整体提升或分片式提升；③悬挑式脚手架；④门型脚手架；⑤挂脚手架；⑥吊篮脚手架；⑦卸料平台。

6）拆除、爆破工程

采用人工、机械拆除或爆破拆除的工程。

7）其他危险性较大的工程：①建筑幕墙的安装施工；②预应力结构张拉施工；③隧道工程施工；④桥梁工程施工（含架桥）；⑤特种设备施工；⑥网架和索膜结构施工；⑦6m 以上的边坡施工；⑧大江、大河的导流、截流施工；⑨港口工程、航道工程；⑩采用新技术、新工艺、新材料、可能影响建设工程质量安全，已经行政许可，尚无技术标准的施工。

（4）根据建设部《危险性较大工程安全专项施工方案编制及专家论证审查办法》的规定，施工单位应当组织专家组对下列工程进行论证、审查。专家组人数不得少于 5 人，并提出书面论证审查报告。

1）深基坑工程

开挖深度超过 5m（含 5m）或地下室三层以上（含三层），或深度虽未超过 5m（含 5m），但地质条件和周围环境及地下管线极其复杂的工程。

2）地下暗挖工程

地下暗挖及遇有溶洞、暗河、瓦斯、岩爆、涌泥、断层等地质复杂的隧道工程。

3）高大模板工程

水平混凝土构件模板支撑系统高度超过 8m，或跨度超过 18m，施工荷载大于 $10kN/m^2$，或集中线荷载大于 $15kN/m^2$ 的模板支撑系统。

4）30m 及以上高空作业的工程。

5）大江、大河中深水作业的工程。

6）城市房屋拆除爆破和其他土石方大爆破工程。

189. 工程建设重大事故分为哪几类?

答：工程建设重大事故，是指在工程建设过程中由于责任过失造成工程倒塌或报废、机械设备毁坏和安全设施失当造成人身伤亡或者重大经济损失的事故。

工程建设重大事故分为四个等级：

（1）具备下列条件之一者为一级重大事故：①死亡 30 人以上；②直接经济损失 300 万元以上。

（2）具备下列条件之一者为二级重大事故：①死亡 10 人以上，29 人以下；②直接经济损失 100 万元以上，不满 300 万元。

（3）具备下列条件之一者为三级重大事故：①死亡 3 人以上，9 人以下；

②重伤20人以上；③直接经济损失30万元以上，不满100万元。

（4）具备下列条件之一者为四级重大事故：①死亡2人以下；②重伤3人以上，19人以下；③直接经济损失10万元以上，不满30万元。

190. 安全事故的处理原则是什么？

答： 强化安全生产监管监察行政执法。各级安全生产监管监察机构要增强执法意识，做到严格、公正、文明执法。依法对生产经营单位安全生产情况进行监督检查，指导督促生产经营单位建立健全安全生产责任制，落实各项防范措施。组织开展好企业安全评估，搞好分类指导和重点监管。对严重忽视安全生产的企业及其负责人或建设单位，要依法加大执法和经济处罚的力度。认真查处各类安全事故，必须坚持“事故原因未查清不放过”、“责任人员未处理不放过”、“整改措施未落实不放过”、“有关人员未受到教育不放过”的“四不放过”的原则，不仅要追究事故直接责任人的责任，同时要追究有关责任人的领导责任。

191. 安全事故的处理应遵循什么程序？

答：（1）当施工现场发生安全事故后，施工单位应迅速控制并保护现场，及时启动安全救援应急预案，采取必要措施抢救人员和财产，防止事态发展和扩大，及时报告施工单位上级部门和现场项目监理部。

（2）总监理工程师应及时会同建设单位现场负责人向施工单位了解事故情况，判断事故的严重程度，及时发出监理指令并向监理单位主要负责人报告。

（3）当现场发生重伤事故后，总监理工程师应签发《监理通知》，要求施工单位提交事故调查报告，提出处理方案和安全生产补救措施，经安全监理人员审核同意后实施。安全监理人员应进行复查，并在《监理通知回复单》中签署意见，由总监理工程师签认。

（4）当现场发生死亡或重大死亡事故后，总监理工程师应签发《工程暂停令》，并及时向监理单位、建设单位及监理工程所在地建设行政主管部门报告；监理单位应指定本单位主管负责人进驻现场，组织安全监理人员配合有关主管部门组成事故调查组进行调查；项目监理部按照事故调查组提出的处理意见和防范措施建议，监督检查施工单位对处理意见和防范措施的落实情况；对施工单位填报的《工程复工报审表》，安全监理人员进行核查，由总监理工程师签批。

（5）现场发生安全事故后，监理单位应立即收集整理与事故有关的安全监理资料。分析事故原因及事故责任，如实向有关部门报告。

192. 建设工程的安全技术措施包括哪些方面?

答：建设工程结构复杂多变，工程施工涉及专业和工种很多，安全技术措施内容很广泛。但归结起来，可以分为一般工程安全技术措施、特殊工程安全技术措施、季节性工程安全技术措施和应急措施等。

（1）一般工程安全技术措施

一般工程是指结构共性较多的工程，其施工生产作业既有共性，也有不同之处。由于施工条件、环境等不同，同类工程不同之处在共性措施中就无法解决。应根据有关法规的规定，结合以往的施工经验和教训，制定安全技术措施。一般工程施工安全技术措施主要有以下几个方面：

1）土石方开挖工程，应根据开挖深度、土质类别，选择开挖方法，确定保证边坡稳定或采取支护结构措施，防止边坡滑动和塌方。

2）脚手架、吊篮等选用及设计搭设方案和安全防护措施。

3）高处作业的上下安全通道。

4）安全网（平网、立网）的设置要求和范围。

5）对施工电梯、井架（龙门架）等垂直运输设备，位置搭设要求，稳定性、安全装置等的要求。

6）施工洞口的防护方法和主体交叉施工作业区的隔离措施。

7）场内运输道路及人行横道的布置。

8）编制临时用电的施工组织设计和编制临时用电图纸，在建工程（包括脚手架具）的外侧边缘与外电架空线路的间距应达到最小安全距离采取的防护措施。

9）防火、防毒、防爆、防雷等安全措施。

10）在建工程与周围人行横道及民房的防护隔离设置。

11）起重机回转半径达到项目现场范围以外的要设置安全隔离措施。

（2）特殊工程施工安全技术措施

结构比较复杂、技术含量高的工程称为特殊工程。对于结构复杂、危险性大的特殊工程，应编制单项的安全技术措施。如：爆破、大型吊装、沉箱、沉井、烟囱、水塔、特殊架设作业，高层脚手架、井架和拆除工程必须制定专项施工安全技术措施，并注明设计依据，做到有计算、有详图、有文字说明。

（3）季节性施工安全技术措施

季节性施工安全技术措施是考虑不同季节的气候条件对施工生产带来的不安全因素，可能造成的各种突发性事件，从技术、管理上采取的各种预防措施。一般工程的施工组织设计或施工方案的安全技术措施中，都需要编制季节性施工安全措施。对危险性大、高温期长的建设工程，应单独编制季节性的施工安全措施。季节性主要指夏季、雨季和冬季。各季节性施工安全的主要内容是：

1）夏季气候炎热，高温时间持续较长，主要是做好防暑降温工作，避免员工中暑和因长时间暴晒造成的职业病。

2）雨季进行作业，主要应做好防触电、防雷击、防水淹泡、防塌方、防台风和防洪等工作。

3）冬季进行作业，主要应做好防冻、防风、防火、防滑、防煤气中毒等工作。

（4）应急措施

应急措施是在事故发生或各种自然灾害发生的情况下的应对措施。为了在最短的时间内达到救援、逃生、防护的目的，必须在平时就准备好各种应急措施和预案，并进行模拟演练，尽量将损失减少到最低限度。应急措施可包括：

1）应急指挥和组织机构。

2）施工场地内应急计划、事故应急处理程序和措施。

3）施工场地外应急计划和向外报警程序及方式。

4）安全装置、报警装置、疏散口装置、避难场所等。

5）有足够数量并符合规格的安全进、出通道。

6）急救设备（担架、氧气瓶、防护用品、冲洗设施等）。

7）通信联络与报警装置等。

8）与应急服务机构（医院、消防）建立联系渠道。

9）定期进行事故应急训练和演习。

193. 专项安全施工方案应包括哪些基本内容？

答：承包商应通过施工组织设计的编制，对项目施工过程中的危险因素进行分析，制定预防措施，配置满足管理必备的人、财、物等资源，创造安全文明的工作环境，保证施工管理和作业的安全和健康，以确保工程管理目标的实现，所编制的施工组织设计或方案通用性的内容由以下几方面组成：

（1）工程概况

（2）质量、安全、文明施工的工作目标对施工和管理工作目标和合同承诺进行明确对应。

（3）适用的法律法规、规范标准和管理规定。除适用的法律法规、规范标准和管理规定外，适用的企业标准和施工工法也应明确。

(4) 现场管理人员组织机构及人员组成应包括：安全生产管理组织机构图、管理人员职能分配和各管理岗位安全生产责任制等内容。

(5) 危险性较大工程识别与管理

对工程难点、危险点和关键工序的确定及相应的安全专项方案和技术措施，应包括计算书、平面图、立面图等。

(6) 分部分项工程施工方案

安全保证措施、文明施工保证措施、季节施工措施和必要的设计书和计算书。

(7) 应急救援预案

应成立应急救援小组，并制定针对突发伤亡事故，高处坠落、触电、坍塌、中毒、高温、火灾、台风、暴雨等事件的应急救援预案和现场紧急救护措施。

(8) 专业工程或者劳务作业分包管理。可包括：合格分包方名录和相应的管理措施。

(9) 安全技术交底和特种作业持证上岗的管理

应制定对分包商进行安全总交底、各工种安全操作规程交底和分部分项安全技术交底内容和管理措施。应编制特种作业人员名册，并附特种作业操作资格证复印件。

(10) 施工安全检查、检验计划及审批工作管理

包括：安全检查记录、脚手架搭设验收、施工临时用电验收、电工巡视维修工作、施工机械验收、安全防护设施交接验收、脚手架拆除申请和事故隐患处理等几项内容。

194. 监理审核安全专项施工方案的程序是什么？

答：(1) 监理机构收到承包商报审的专项施工方案后，首先按施工方案报审工作要求进行审查，如不符合相关审核规定，应由总监书面明确审核意见，并将施工组织设计退回。

(2) 总监应组织安全监理工程师和相关专业监理工程师对施工方案进行会审，并书面明确审查意见。

(3) 总监在专业监理工程师会审的基础上，全面审查专项施工方案，并书面签署审批意见。

(4) 如总监对专项施工方案中的关键问题不能很好把握，或缺乏必要的专业知识，可报请监理公司总工程师进行审查，并根据公司审查意见签署审批意见。

195. 监理工程师审核安全专项方案的具体要求有哪些?

答: 项目监理机构中经授权的专业监理工程师和总监应按如下三项主要的审核程序和规定要求，依次开展施工方案的审核工作。

（1）专项方案报审工作是否符合规定要求

1）是否办理“施工组织设计审批表”，其中项目经理部技术负责人是否签署审批同意的意见，公司总工程师是否签署审批同意的意见。如为施工方案补充报审，是否“办理施工组织审计修改审批表”，并经项目经理部技术负责人和公司总工程师审核同意。

2）是否办理“施工组织设计（方案）报审表”，并经项目经理签字和加盖企业公章。

3）如涉及需组织专家进行论证审查的工程项目，是否具有书面的安全专项方案论证审核意见，此意见要作为方案报审的附件材料。

（2）专项方案编制内容是否符合规定要求

1）按照有关要求组织专家进行施工论证审查的规定，审查施工方案编制内容是否齐全。

2）审查施工方案确定的安全和文明施工的工作目标是否符合合同约定和工程建设目标。

3）审查施工方案所依据的标准是否现行有效并符合合同的约定，如涉及使用企业标准和施工工法的，应附有企业标准和施工工法的复印确认文件。

4）审查施工方案是否明确安全组织管理机构，各管理岗位安全质量责任制，并建立必要的安全质量检查验收制度和相应的验收计划。

5）审查施工方案确定的安全管理人员是否符合建设部《建筑施工企业安全生产管理机构设置及专职安全生产管理人员配备办法》文件的相关规定。

6）审查施工方案是否明确主要施工工艺的施工流程。

7）审查施工方案确定的周边环境是否与实际情况相符合，是否制定对相邻管线和建筑物的保护措施。

8）审查施工方案是否制定针对性的施工作业人员的个人保护措施。

9）审查施工方案是否制订主要施工机械设备使用计划。

10）审查施工方案是否明确工程危险点和关键的风险因素，并制定相应的安全保障措施。

11）审查施工方案是否配有必要的平面和立面布置图。

12）审查施工方案是否配有必要的计算书。

13）审查施工方案是否制定应急救援预案。

14）如施工方案已经通过专家评审，审查其评审意见在施工方案中是否得到落实，未采纳的意见是否提出切实可行的证据和证明材料。

（3）施工方案是否符合工程建设强制性标准规定

1）审查施工方案是否体现强制性标准条文的规定，是否存在遗漏情况。

2）审查施工方案的内容是否符合强制性标准条文的规定。

3）审查施工方案所规定的各项检查验收指标是否符合规范标准的规定。

196. 安全监理实施细则应包括哪些内容？

答：（1）危险性较大的分部分项工程安全监理工作的特点。

（2）施工现场与周边环境的状况。

（3）安全监理工作的危险源与控制点。

（4）安全监理工作的方法及措施。

（5）针对性地安全监理检查、巡视、旁站计划。

（6）相关过程的检查记录（表）和资料目录。

197. 安全监理资料包括哪些内容？

答：（1）建设工程委托监理合同（含安全监理工作内容）。

（2）监理规划（含安全监理方案）、安全监理实施细则。

（3）施工单位安全管理体系，安全生产人员的岗位证书、安全生产考核合格证书、特种作业人员岗位证书及审核资料。

（4）施工单位的安全生产责任制、安全管理规章制度及审核资料。

（5）施工单位的专项安全施工方案及工程项目应急救援预案的审核资料。

（6）安全监理专题会议纪要。

（7）关于施工安全的工作联系单、监理通知及回复单、工程暂停令及复工审批资料。

（8）关于安全事故隐患、安全生产问题的报告、处理意见等有关文件。

（9）安全监理工作用表及附件。

198. 施工现场安全生产条件审查内容有哪些？

答：（1）审查工程项目安全受监登记表、施工许可证、综合保险登记表等报监手续齐全状况。

（2）审查承包单位（总包、分包、专业分包、劳务分包和租赁）等资质证书，安全生产许可证等承包工程与资质的符合状况。

（3）审查“三类”人员及特种作业人员考核合格证和资格证书持证状况。

（4）审查施工组织设计中安全技术措施、安全专项施工方案是否符合强制性标准情况。

（5）审查施工现场安全生产保证体系、安全生产责任制、各项规章制度和安全监管机构建立及人员配备情况。

（6）审查施工现场安全防护是否符合投标时承诺和《建筑施工现场环境与卫生标准》等标准要求情况。

（7）审查安全文明施工措施费的使用计划，及应急救援预案情况。

（8）审查施工机械的生产许可证、出厂合格证、技术资料、起重机械设备等安装验收手续情况。

（9）审查安全技术措施及安全专项施工方案，应急救援预案交底情况。

199. 建筑企业“三类人员”指哪些人员？

答：（1）建筑施工企业主要负责人，是指对本企业日常生产经营活动和安全生产工作全面负责、有生产经营决策权的人员，包括企业法定代表人、经理、企业分管安全生产工作的副经理等。

（2）项目负责人，是指由企业法定代表人授权，取得建筑施工企业项目经理资质证书或建造师执业资格证书，负责建设工程项目管理的负责人。

（3）专职安全生产管理人员，是指在企业专职从事安全生产管理工作的人员，包括企业安全生产管理机构的负责人及其工作人员和施工现场专职安全生产管理人员。

上述三类人员必须经安全考核并取得相应证书后方可上岗。

200. 哪些人员属于特种作业人员？

答：特种作业人员的范围有：

（1）电工作业；

（2）锅炉司炉；

（3）压力容器操作；

（4）起重机械操作；

（5）爆破作业；

（6）金属焊接（气割）作业；

（7）煤矿井下瓦斯检测；

（8）机动车辆驾驶；

（9）机动船舶驾驶和轮机操作；

（10）建筑登高架设作业；

（11）其他符合特种作业基本定义的作业。

特种作业人员应具备的条件是：必须年满十八周岁以上，而从事爆破作业和煤矿井下瓦斯检验的人员，年龄不得低于二十周岁；工作认真负责，身体健康，没有妨碍从事本种作业的疾病和生理缺陷；具有本种作业所需的文化程度和安全、专业技术知识及实践经验。

201. 施工设备的安全监控要点有哪些?

答:（1）对施工所用的机械设备，包括起重设备、各种加工机械、专项技术设备、检查测量仪器设备及人货两用电梯等，应根据工程需要，从设备选型、主要性能技术参数及使用操作要求等方面加以控制。

（2）模板、脚手架等施工设施，除按使用的标准定型选用外，一般需按设计及施工要求进行专项设计，对其设计方案及制作质量的控制及验收应作为重点进行控制。

（3）按现行施工管理制度要求，工程所用的施工机械、模板、脚手架，特别是危险性较大的现场安装的起重机械设备，施工单位不仅要履行设计安装方案的审批手续。而且安装完毕启用前必须经专业管理部门的验收，合格备案后方可使用。同时，在使用过程中尚需落实相应的管理制度，以保证其安全正常使用。

202. 施工现场安全管理中安全监理检查要点有哪些?

答:（1）安全生产岗位责任制、安全管理目标、施工组织设计中安全管理措施、施工安全技术交底、安全教育制度、新进场工人安全教育、安全管理机构及专职安全管理人员、安全生产操作规程、班前安全活动制度、书面告知危险岗位的操作规程和违章作业的危害。

（2）现场安全警示标志：现场出入口、起重机械、高处作业、吊装作业、脚手架出入口、电梯井口、孔洞口、基坑边、每个临时用电设施。

（3）持证上岗人员：塔吊司机、卷扬机操作人员、施工电梯司机、起重信号工、登高架设作业人员、爆破作业人员、电工、焊工。

（4）现场办公、生活区与作业区的安全距离；临时建筑应安全；不得用在建工程兼做宿舍；在市区施工应围档封闭；工地出入口应符合交通管理要求；施工可能影响毗邻建筑、构筑物、管道、高压线路的防范措施。

203. 基坑施工安全监理检查要点有哪些?

答:（1）基坑施工前必须编制专项施工方案，并应符合施工组织设计要求。

（2）基坑施工方案须经施工单位总工程师批准，并报项目监理机构审查同意。

（3）深度超过2m的基坑，临边应设置防护栏杆，上下基坑应设有专用通道或登高设施。

（4）地下水位较高的基坑应有降水措施。

（5）对地质较差、深度较大的基坑，坑壁支护应有专项方案或措施。

（6）对毗邻基坑的建筑物、构筑物、管道、高压线路等应有防范措施。

（7）基坑上下周边应设置有效的排水系统。

（8）未经验算或采取保护措施，禁止在坑边堆土、存放材料或机械设备、通行车辆。

（9）进场施工机械应经查验，司机须持证上岗，作业区应设警示标志。

204. 脚手架工程安全监理检查要点有哪些？

答：（1）须有脚手架施工方案，经施工单位项目技术负责人批准，项目监理机构审查同意。搭前进行交底，搭后组织验收。

（2）钢管脚手架应用统一管径，扣件连接，严禁钢木混用、铁丝绑扎。

（3）立杆应有垫木或底座基础，并有排水系统。

（4）立杆间距不得大于2m，大横杆间距不大于1.2m，小横杆间距不大于1.5m，立杆有纵横扫地杆。

（5）架子高度在7m以上或无法设支杆时，每高4m，水平每隔7m，脚手架必须同建筑物连接牢固。

（6）剪刀撑：脚手架两端、转角处以及每隔6～7根立杆应设剪刀撑和支杆。剪刀撑和支杆与地面的角度不大于60°，支杆底端要埋入地下不小于30cm。

（7）外脚手架距电力架空线间距：电压≤1kV为4m，1～10kV为6m。

（8）脚手板应满铺，板厚在5cm以上，探头板应捆牢。

（9）工作层外侧应有18cm高的挡脚板，要绑1m高的防护栏杆，下设安全网，架体外侧应挂设防护立网。

（10）脚手架应设置登高斜道，斜道上设有防滑装置。

（11）架体出入口和紧邻架体的通道，应在其上设置防护棚。

（12）卸料平台不准与脚手架连接，并有限定荷载标牌。

（13）钢管脚手架四角应设置保护接地和防雷接地装置。

205. 模板及支撑体系安全监理要点有哪些?

答: (1) 模板工程应有施工方案，经施工单位技术负责人批准，并报项目监理机构审查同意。

(3) 对大跨度、大高度、大荷载模板及支撑体系施工方案应附有支撑系统验算计算书。

(3) 支撑立柱应垂直、稳定，下有垫木，立柱间距、水平支撑、纵横剪刀撑间距应符合方案要求。

(4) 支撑材质：钢管外径不得小于ϕ48 × 3.5mm；方木宜用 100mm × 100mm，不得有腐朽或疖瘤占断面的 1/3 以上。

(5) 支模施工在 2m 以上高处时，作业人员应有稳定、可靠的作业环境。

(6) 支模作业面上的孔洞和临边应有完善的防护设施。

(7) 模板及支撑系统施工完毕，应组织分项工程验收。

206. 施工现场临时用电安全监理要点有哪些?

答: (1) 施工用电现场布置应按施工组织设计中用电平面布置规定进行。

(2) 施工用电干、支线架设高度应符合：架空线高度大于 4m，电缆高度大于 2.5m (或埋地大于 0.2m)。

(3) 架线电杆、横担、绝缘子、电杆埋深等应符合规定。

(4) 严禁使用老化、破皮、漏电的电线和电缆。

(5) 施工照明应有专用回路，灯具金属外壳接零，室内灯高大于 2.5m，室外灯高大于 3m，行灯使用安全电压。

(6) 施工用电变配电装置应符合规范要求：三级配电、二级保护；供电采用三相五线制；配电室应有示警牌，配备灭火器、绝缘垫、绝缘手套等用品。

(7) 配电箱内有标记，下引出线整齐，有门、有锁、有防雨措施。

(8) 动力开关箱应做到一机、一闸、一漏、一箱。

(9) 用电开关箱应统一编号，安装位置适当，周围无杂物，箱体下边高出地面 60cm，箱内闸具齐全，熔断丝匹配。

(10) 用电设备、机械设备应有可靠的接地装置。

(11) 施工用电统一管理，用电必须办理手续，严禁擅自乱接、乱拉临时用电。

(12) 施工用电管理人员和接电、送电、架线作业人员必须持证操作。

207. “三宝”、“四口”及临边防护安全监理要点有哪些？

答：（1）施工人员进入现场必须正确佩戴安全帽。

（2）2m以上高处作业时必须系安全带。

（3）在建工程外侧应采用合格安全网封闭；卸料平台两侧栏杆自上而下加挂立网；每两层楼面四周挂平网；操作层下≤10m有平网；洞口边长>1.5m四周有防护栏杆，洞口下挂平网；电梯井内每隔两层且≤10m一道平网。

（4）楼梯口、电梯井口、预留洞口、坑井口应有防护栏杆和踢脚板。

（5）阳台、洞口、通道、楼梯、楼层、屋面等临边有护栏（上栏杆1～1.5m，下栏杆0.5～0.6m）。

（6）通道及出入口上有防护棚。

208. 龙门架及井架安全监理要点有哪些？

答：（1）经有法定检测资质机构检验合格，并办理准用手续和产品备案。

（2）吊盘有安全门，两侧有挡板。

（3）吊盘停靠装置牢固可靠，并有超高限位装置。

（4）钢丝绳完好，预防断丝、磨损、锈腐、拖地，过路应有保护。

（5）缆风绳竖向每20m设一组，钢丝绳直径不小于9.3mm，45°～60°角地锚。

（6）卷扬机要有地锚，固定可靠，绳筒保险装置有效，并搭卷扬机操作棚。

（7）架体垂直，连接牢固可靠，外包密目安全网。

（8）架体应有避雷装置。

209. 塔吊安全监理要点有哪些？

答：（1）塔吊安装与拆卸必须使用具有安（拆）资质、安全许可证的单位和专业安装人员。

（2）塔吊验收须经有法定检测资质机构检验合格，并在建设主管部门办理备案后，方可使用。

（3）塔吊安装与拆卸应有方案，并经安装单位技术负责人批准。

（4）力矩、重量限制器，回转、变幅、行走、超高限位器以及吊钩保险、卷筒保险等均有效、可靠。

（5）塔吊与塔吊、塔吊与建筑物、塔吊与架空线路之间必须符合安全距离。

（6）塔吊应有接地、接零、漏电保护装置。

（7）塔吊司机，指挥应持证上岗。

（8）塔吊工作时应有上指挥，下指挥和规定旗语。

210. 施工电梯安全监理要点有哪些?

答:（1）施工电梯装拆应有专项方案，须使用专业安装人员装拆。

（2）施工电梯须经市技术监督部门检测验收，并颁发准用证后方可使用。

（3）电梯吊箱超高限位器有效、可靠，严禁超重运载。

（4）电梯底层四周设置防护围网，底层出入口上部应搭设防护棚。

（5）电梯司机必须持证上岗。

（6）电梯操作室与各楼层须设置信号联系装置。

211. 各类施工机械安全监理要点有哪些?

答:（1）打桩机

打桩机出厂证、准用证有效；设备完好，配置齐全，不准带病作业；超高限位装置有效可靠；作业区上空无高压线；电源线路无破损，有专用电开关箱；机上控制系统有效可靠；钢丝绳防锈、润滑良好；操作人员持证作业；机上挂有安全操作规程。

（2）木工机械（平刨机、圆盘锯）

安装验收手续；平刨机护手安全装置；圆盘锯防护挡板、锯盘护罩；传动防护罩；每台机械有专用开关电箱，接地、漏电保护；搭设防护棚；挂有安全操作规程牌。

（3）钢筋机械（剪切机、成型机、冷拉、调直机、对焊机）

安装验收手续；传动部分有防护罩；搭设防护棚；冷拉、对焊作业区设有防护；设有专用开关电箱及接地、漏电保护；挂有安全操作规程牌。

（4）混凝土、砂浆搅拌机

安装验收手续；操作手柄保险装置；料斗保险挂钩；传动部分防护罩；设有专用开关电箱及接地、漏电保护；搭设防护棚；挂有安全操作规程牌。

（5）电焊机

设备检验完好；一次线长度不得超过5m；焊把线接头不超过三处；线路绝缘良好，不得有破皮、漏电现象；焊机配有防雨罩；设有专用开关电箱；外壳有可靠接地、防漏措施。

（6）潜水泵及手持电动工具

设备工具检验完好，绝缘良好，设有专用开关电箱，有接零装置，漏电保护器。

212. 悬挑式操作平台的设置有哪些要求?

答：悬挑式操作平台，通常是以型钢组合而成的钢结构构架，并用木板或钢板为底面，以钢丝绳作吊索。它是一种能整体搬运，使用时一边搁置于楼层边沿，另一头吊挂在结构上的悬挑式平台，可用于接送物料和转运模板等构件。其设置应注意以下问题：

（1）悬挑式操作平台的设计应符合相应的结构设计规范。

（2）搁置点与上部拉结点必须设置在建筑物上，不得设置在脚手架等其他施工设备上。

（3）应设置4个经过验算的吊环。

（4）悬挑式操作平台的两边，应各设两道钢丝绳或斜拉杆。两道中的每一道，都应分别作单独受力计算。

（5）吊装后，须待横梁支撑点搁稳后再固定，调整钢丝绳，并经过检查验收，方可松卸起重吊钩供上下操作使用。

（6）平台外口应略高于内口，不可向外下倾。

（7）悬挑平台安装完毕，应经过项目负责人验收，验收合格挂设限载标志牌（内外均设）才能使用。

213. 什么是接地?

答：（1）接地与接地装置

所谓接地，是指设备与大地作电气连接或金属性连接。电气设备的接地，通常的方法是将金属导体埋入地中，并通过导体与设备作电气连接（金属性连接）。这种埋入地中直接与地接触的金属物体称为接地体，而连接设备与接地体的金属导体称为接地线。接地体与接地线的连接组合就称为接地装置。

应当特别注意，金属燃气管道不能用作自然接地体或接地线，螺纹钢和铝板不能用作人工接地体。

（2）接地的分类

接地按其作用分类可分为：功能性接地和保护性接地及兼有功能和保护性的重复接地。

1）保护性接地

为防止电气设备的金属外壳因绝缘损坏带电危及人、畜安全和设备安全，以及设置相应保护系统需要，而将电气设备正常不带电的金属外壳或其他金属结构接地，称为保护性接地。保护性接地分为保护接地、防雷接地、防静电接地等。

2）重复接地

在三相四线制系统中，为了增强接地保护系统接地的作用和效果，并提高其可靠性，在其接地线的另一处或多处再作接地（通过新增接地装置），称为重复接地。

214. 什么是三级配电、两级漏电保护系统？

答：所谓三级配电是指施工现场从电源进线开始至用电设备中间应经过三级配电装置配送电力。即总配电箱（配电室内的配电柜），经分配电箱（负荷或若干用电设备相对集中处），到开关箱（用电设备处）分三个层次逐级配送电力。而开关箱作为末级配电装置，与用电设备之间必须实行“一机一闸制”，即每一台用电设备必须有自己专用的控制开关箱，而每一个开关只能用于控制一台用电设备。总配电箱、分配电箱内开关电器可设若干分路，且动力与照明宜分路设置。

两级漏电保护和两道防线包括两个内容，一是设置两级漏电保护系统，二是专用保护零线 PE 的实施，二者组合形成了施工现场的防触电的两道防线。

（1）两级漏电保护是指在整个施工现场临时用电工程中，总配电箱中必须装设漏电开关，所有开关箱中也必须装设漏电开关。

（2）保护零线（PE 线）的实施是临时用电的第二道安全防线。

215. 三级配电系统存在的主要问题有哪些？

答：配电系统未按“总配电箱（或配电柜）—分配电箱—开关箱”形成三级配电，一台以上的用电设备共用一个开关箱，分配电箱和开关箱之间距离超标，用电设备与其控制的开关箱距离过远等。

正确做法：施工用电系统必须采用三级配电系统，即在总配电箱或配电柜以下设分配电箱，分配电箱以下设置开关箱，最后从开关箱接线到用电设备。总配电箱设在靠近电源的区域，分配电箱设在用电设备或负荷相对集中的区域，分配电箱与开关箱的距离不得超过30m，开关箱与其控制的固定式用电设备的水平距离不宜超过3m。施工现场应按“一机一箱一闸一漏”设置，即每台用电设备必须有各自专用的开关箱，严禁用同一个开关箱直接控制两台及两台以上用电设备（含插座），每个开关箱里必须设置有一个闸刀开关和一个漏电保护器。

216. 两级漏电保护系统存在的主要问题有哪些?

答：用电系统设置少于两级的漏电保护，漏电保护器参数不匹配或动作失灵，漏电保护器安装于靠近电源一侧。

正确做法：两级漏电保护系统是指用电系统至少应设置总配电箱漏电保护和开关箱漏电保护两级保护，总配电箱和开关箱中两级漏电保护器的额定漏电动作电流和额定漏电动作时间应合理配合，形成分级分段保护；漏电保护器应安装在总配电箱和开关箱靠近负荷的一侧，即用电线路先经过闸刀电源开关，再到漏电保护器，不能反装；漏电保护器应满足以下要求：开关箱中漏电保护器的额定漏电动作电流≤30mA，额定漏电动作时间≤0.1s，使用于潮湿场所的漏电保护器额定漏电动作电流≤15mA，额定漏电动作时间≤0.1s；总配电箱中漏电保护器的额定漏电动作电流应大于30mA，额定漏电动作时间应大于0.1s，但其额定漏电动作电流与额定漏电动作时间的乘积不应大于30mA·s；漏电保护器应动作灵敏，不得出现不动作或者误动作的现象。

217. 保护接零系统存在的问题有哪些?

答：保护零线引出不符合规范，重复接地点不足，未采用专门色标的电线（一般为绿黄双色线）作保护零线，线径过小。保护零线未随所有线路自始至终，未与用电设备外壳相连，起不到保护作用。

正确做法：施工现场专用的电源中性点直接接地的电力线路必须采用TN—S接零保护系统，保护零线应由工作接地线、配电室（总配电箱）电源侧零线或总漏电保护器电源侧零线处引出，单独敷设，不作他用；在TN接零保护系统中，通过总漏电保护器的工作零线与保护零线之间不得再做电气连接；TN系统中的保护零线除必须在配电室或总配电箱处做重复接地外，还必须在配电系统的中间处和末端处做重复接地，每一处重复接地电阻应不大于10Ω；保护零线应采用绿黄双色线，任何情况下均不得用绿黄双色线作负荷线；三相四线制架空线路的保护零线截面不小于相线截面的50%，单相线路的保护零线截面与相线截面相同，用电线路中的保护零线最小截面为$5mm^2$，配电装置和电动机械相连接的保护零线应为截面不小于$2.5mm^2$的绝缘多股铜线。保护零线应从线路始端开始设置，随线路至末端，与电气设备（包括电箱）不带电的外露可导电部分相连。

218. 电箱设置存在的问题有哪些？

答：电箱内无隔离开关或设置不规范，使用木制电箱，电箱无标记，电线从电箱箱体侧面、上顶面、后面或箱门进出，电器安装于木板上，电箱安装位置不合理等。

正确做法：配电箱、开关箱应采用冷轧钢板或阻燃绝缘材料制作，钢板厚度应为1.2～2.0mm，其中开关箱箱体钢板厚度不得小于1.2mm，配电箱箱体钢板厚度不得小于1.5mm，箱体表面应做防腐处理。配电箱、开关箱外形结构应能防雨、防尘。配电箱和开关箱应进行编号，并标明其名称、用途，配电箱内多路配电应作出标记。总配电箱、分配电箱、开关箱均应设置电源隔离开关，隔离开关应设置于电源进线端，即为电线进入电箱后的第一个电器。隔离开关采用分断时应具有可见分断点，能同时断开电源所有极的隔离电器，不能用空气开关或者漏电保护器作隔离开关，不得使用石板开关。电线应从电箱箱体的下底面进出，电箱进出线口处应作套管保护。电箱内电器安装板应用金属板或非木质阻燃绝缘电器安装板，若用金属板，则金属板应与箱体作电气连接。电箱的安装应符合以下要求：配电箱、开关箱应装设端正、牢固，固定式电箱的中心点与地面的垂直距离应为1.4～1.6m，移动式电箱中心点与地面的垂直距离宜为0.8～1.6m；配电箱、开关箱前方不得堆放妨碍影响操作、维修的物料，周围应有足够两人同时工作的空间和通道，电箱安装位置应为干燥、通风及常温场所，不受振动、撞击。

219. 线路敷设存在的问题有哪些？

答：用电架空线路架设在脚手架上，或穿越脚手架引入在建工程；采用竹竿或者钢管作为电线杆；架空线路和灯具架设高度过低；电线、电缆沿地面明设；电线外皮老化、破损，绝缘性差；采用四芯电缆外加一根线代替五芯电缆，两种线路绝缘程度、机械程度、抗腐蚀能力以及载流量不匹配等。

正确做法：施工现场用电线路的敷设应架空或埋地敷设。架空线路严禁沿脚手架、树木或其他设施敷设。架空线路应沿电杆、支架或墙壁敷设，并采用绝缘子固定，绑扎线必须采用绝缘线。室外架空电线最大弧垂与施工现场地面最小距离4m，与机动车道最小距离6m，与建筑物（含外脚手架）最小距离1m。室内配线距地面高度不得小于2.5m。电缆沿墙壁敷设时最大弧垂距地不得小于2m。电杆不得采用竹竿，宜采用钢筋混凝土杆或木杆。木杆梢径不应小于140mm。电缆线路严禁穿越脚手架引入在建工程，必须采用电缆埋地引入。电缆垂直敷设上楼层不得与外脚手架相连，应充分利用在建工程的竖井、垂直孔洞，电缆垂直敷设也可穿套管沿外墙敷设，固定点每层不得少于一处。电缆埋地敷设埋深不小于0.7m，经过道路等易受损伤场所应加设套管。接零保护系统的电缆线路必须采用五芯电缆。电线及电缆应保持外皮完好，绝缘良好。

220. 施工现场围档设置安全监理要点有哪些?

答: (1) 市区主要路段的工地周围设置的围档高度不低于2.5m，一般路段的工地不低于1.8m。

(2) 围档材料应选用砌体、金属板材等硬质材料，做到坚固、平稳、整洁、美观。

(3) 围档的设置必须沿工地四周连续进行，不能有缺口、个别处不坚固等问题。

221. 吊篮脚手架配重安全监理要点有哪些?

答: (1) 吊篮的悬挂机构或屋面小车上必须配置适当的配重。

(2) 配重应准确、牢固地安装在配重点上，并应按图样规定配置足够质量的配重，在吊篮使用前须经过安全检查员核实才能使用。

(3) 抗倾覆系数等于配重矩比前倾力矩，其比值应不小于2。

222. 门式钢管架的剪刀撑设置安全监理要点有哪些?

答: (1) 脚手架高度超过20m时，应在脚手架外侧连续设置。

(2) 剪刀撑斜杆与地面的倾角宜为45°~60°，剪刀撑宽度宜为4~8m。

(3) 剪刀撑应采用扣件与门架立杆扣紧。

(4) 剪刀撑斜杆若采用搭接接长，搭接长度不宜600mm，搭接处应采用两个扣件扣紧。

223. 现场防火工作要求有哪些?

答: 工地应有防火制度和配置灭火器材；危险场所和重点防火部位，配备相对应的防火器材，数量符合要求，设置位置合理、醒目、便于随手可取；动火要有审批手续和监护措施；超过30m高的高层建筑应设消防水源管道，每层要设消防龙头接口，地面设增压泵。

224. 怎样防止施工坍塌事故?

答: (1) 必须规范编制施工方案，制订有针对性的安全技术措施，由施工单位各部门会审后经总工程师（或技术负责人）审核并签字。

（2）技术负责人必须对作业人员进行书面安全技术交底，并明确现场施工安全负责人。

（3）施工时由施工安全负责人指定专人负责监控，并加强安全检查，发现问题和隐患必须及时处理和整改。

225. 大型施工机械的装、拆主要有哪些要求？

答：（1）必须由有装、拆资质的专业施工队伍进行作业。

（2）装、拆前要制定方案，方案须经上级审批通过。

（3）对装、拆人员要进行方案和安全技术交底。

（4）装、拆人员须持证上岗，并派监护人员和设置装、拆的警戒区域。

（5）安装完毕后，企业应进行验收，并经行业主管部门指定的检测机构检测合格后方能投入使用。

226. 人工挖土施工有哪些注意事项？

答：（1）挖掘土方时，必须由上往下进行，禁止采用掏洞、挖空底脚和挖“伸悬土”的方法，防止塌方事故。

（2）多人同时挖土操作时，应保持足够的安全距离，横向间距不得小于2m，纵向间距不得小于3m。禁止面对面进行挖掘作业。

（3）用十字镐挖土时，禁止戴手套，以免工具脱手伤人。

（4）挖掘土方作业中，如遇有电缆、管道、地下埋藏物或辨识不清的物品，应立即停止作业，设专人看护并立即向施工负责人报告。严禁随意敲击、刨挖和玩弄。

（5）基坑、基槽的挖掘深度大于2m时，应在坑、槽周边设置防护栏杆，防护栏杆应符合《建筑施工高处作业安全技术规范》（JGJ 80—1991）的有关规定。

（6）深基坑挖土时，操作人员应使用梯子或搭设斜道上下，禁止蹬踏固壁支撑或在土壁上挖洞蹬踏上下。

（7）从基坑、基槽内向外抛土时，应抛出离坑槽边沿至少1.0m，堆土高度不得超过1.5m。

（8）深基坑挖土时，应按设计要求放坡或采取固壁支撑防护。

在设有支挡工程的地质不良地段作业时，除考虑分段开挖的同时，还应分段修建支挡工程。

（9）作业中，作业人员不得在阶坡及深坑和陡坎下休息。作业时，应随时观察边坡土壁稳定情况，如发现边坡土壁有裂缝、疏松、渗水或支撑断裂、移位等现象，作业人员应先撤离作业现场，并立即报告施工负责人及时采取有效措施，待险情排除后方可继续作业。

（10）在斜坡面上挖土作业，作业人员应系好安全带，坡面挖掘夹有石块的土方时，必须先清除较大石块，在清除危石前应先设置拦截危石的措施。作业时，坡下严禁车辆行人通行。

（11）在滑坡地段开挖时，应从滑坡体两侧向中部自上而下进行，严禁全面拉槽开挖，弃土不得堆在主滑区内。开挖挡墙基槽应从滑坡体两侧向中部分段跳槽进行，并加强支撑，及时砌筑和回填墙背，在作业时应设专人观察，严防塌方。

（12）在电杆附近挖土时，对于不能取消的拉线地垄及杆身，应留出土台。土台半径为：电杆 1.0～1.5m，拉线 1.5～2.5m，并视土质决定边坡坡度。土台周围应插标杆示警。

（13）在公共场所如道路、城区、广场等处进行开挖土方作业时，应在作业区四周设置围栏和护板，设立警告标志牌，夜间设红灯示警。

227. 人工运土施工有哪些注意事项？

答：（1）在深基坑内往上运土时，应设置牢固的上下斜道，斜道坡度不得大于 1∶3，并应设防滑条，两侧设防护栏杆。两人抬运时，要采取同肩同步，同起同落的方法，抬运中不得跳动，防止跳断跳板。

（2）使用人力手推车运土时，运输道路要平坦，禁止推跑车，前后车应保持不少于 3m 的安全距离。

（3）深井运土使用辘轳吊运时，辘轳支架要安装牢固，绳索要坚固，并经常检查设施和工具是否牢固、可靠，下方作业人员必须戴好安全帽，系好帽带。挂好装运土斗或装运土筐起吊时，下方人员必须躲开或上到地面，以免装运土斗（筐）或土、石块掉下砸伤。

（4）吊运时，要听取下方人员指挥；往下运送装运土斗或装运土筐时，应先通知下方人员，以免砸伤下方人员。

（5）运出的泥土应堆放距坑口 1.0m 以外，高度不得超过 1.5m，以免积土压塌坑口或土石块滚入坑内砸伤下方作业人员。

228. 钢筋加工机械使用时应遵守哪些规定？

答：（1）钢筋加工机械的用电应执行有关规定，开关箱及电源的装拆和电气故障的排除，应由电工进行。

(2) 机械的安装应坚实稳固，保持水平位置。固定式机械应有可靠的基础，移动式机械作业时应锲紧行走轮。

(3) 室外作业应设置机棚，机旁应有堆放原料、半成品的场地。

(4) 加工较长的钢筋时，应有专人帮扶，并听从操作人员指挥，不得任意推拉。

(5) 作业后，应堆好成品，清理场地，切断电源，锁好开关箱，做好润滑工作。

229. 钢筋调直机使用时应遵守哪些规定?

答: (1) 料架、料槽应安装平直，并应对准导向筒、调直筒和下切刀孔中心线。

(2) 应用手转动飞轮，检查传动机构和工作装置，调整间隙，紧固螺栓，确认正常，起动空运转，并应检查轴承无异响，齿轮啮合良好，运转正常后，方可作业。

(3) 应按被调直钢筋的直径，选用适当的调直块及传动速度。调直块的孔径应比被调直钢筋的直径大2~5mm，传动速度应根据钢筋直径选用，直径大的宜选用慢速，经调试合格，方可送料。

(4) 在调直块未固定、防护罩未盖好之前不得送料。作业中严禁打开各部防护罩并调整间隙。

(5) 当钢筋送入后，手与曳轮应保持一定的距离，不得接送料前，应将不直的钢筋端头切除。导向筒前安装一根长1m的钢管。钢筋应先穿过钢管再送入调直前端的导孔内。

230. 钢筋切断机使用时应遵守哪些规定?

答: (1) 接送料的工作台面和切刀下部保持水平，工作台的长度可根据加工材料长度确定。

(2) 启动前，应检查并确认切刀无裂纹，刀架螺栓紧固，防护罩牢靠。然后用手转动皮带轮，检查齿轮啮合间隙，调整切刀间隙。

(3) 启动后，应先空运转，检查各传动部分及轴承运转正常后，方可作业。

(4) 机械未达到正常转速时，不得切料。切料时，应使用切刀的中下部位，紧握钢筋对准刃口迅速投入，操作者应站在固定刀片一侧用力压住钢筋，应防止钢筋末端弹出伤人。严禁用两手在刀片两边握住钢筋俯身送料。

(5) 不得剪切直径及强度超过机械铭牌规定的钢筋和烧红的钢筋。一次切断多根钢筋时，其总截面面积应在规定范围内。

（6）剪切低合金钢时，应更换高硬度切刀，剪切直径应符合机械铭牌规定。

（7）切断短料时，手和切刀之间的距离应保持150mm以上，如手握端小于400mm时，应采用套管或夹具将钢筋短头夹住或夹牢。

（8）运转中，严禁用手直接清除切刀附近的断头和杂物。钢筋摆动周围和切刀周围不得停留非操作人员。已切断的钢筋堆放要整齐，防止切口突出，误踢割伤。

（9）当发现机械运转不正常，有异响或切刀歪斜时，应立即停机检修。

（10）作业后，应切断电源，用钢刷清除切刀间的杂物，进行整机清洁润滑。

（11）液压传动式切断机作业前，应检查并确认液压油位及电动机旋转方向符合要求。启动后，应空载运转，松开放油阀，排尽液压缸体内的空气，方可进行切筋。

（12）手动液压式切断机使用前，应将放油阀按顺时针方向旋紧，切割完毕后，应立即按逆时针方向旋松。作业中，手应持稳切断机，并戴好绝缘手套。

231. 钢筋弯曲机使用时应遵守哪些规定？

答：（1）工作台和弯曲机应保持水平，作业前应准备好各种芯轴及工具。

（2）应按加工钢筋的直径和弯曲半径要求，装好相应规格的芯轴和成型轴、挡铁轴。芯轴直径应为钢筋直径的2.5倍。挡铁轴向有轴套。

（3）挡铁轴的直径和强度不得小于被弯钢筋的直径和强度。不直的钢筋，不得在弯曲机上弯曲。

（4）应检查并确认芯轴、挡铁轴、转盘等无裂纹和损伤，防护罩坚固可靠，空载运转正常后，方可作业。

（5）作业时，应将钢筋需弯曲一端插入在转盘固定销的间隙内；另一端紧靠机身固定销，并用手压紧，应检查机身固定销，并确认安放在挡住钢筋的一侧，方可开动。

（6）作业中，严禁更换轴芯、销子和变换角度以及调速，也不得进行清扫和加油。

（7）对超过机械铭牌规定直径的钢筋严禁进行弯曲。在弯曲未经冷拉或带有锈皮的钢筋时，应戴防护镜。

（8）弯曲高强度或低合金钢筋时，应按机械铭牌规定换算最大允许直径并应调换相应的芯轴。

(9) 在弯曲钢筋的作业半径内和机身不设固定销的一侧严禁站人。弯曲好的半成品，应堆放整齐，弯钩不得朝上。

(10) 转盘换向时，应待停稳后进行。

(11) 作业后，应及时清洗转盘及插入孔内的铁锈、杂物等。

232. 钢筋冷拉机使用时安全监理要点有哪些?

答: (1) 应根据冷拉钢筋的直径，合理选用卷扬机。卷扬机前应设置防护挡板，卷扬钢丝绳应经封闭式导向滑轮并和被拉钢筋水平方向成直角，卷扬机的位置应使操作人员能见到全部冷拉场地，卷扬机与冷拉中线距离不得少于5m。

(2) 冷拉场地应在两端地锚外侧设置警戒区，并应安装防护拦板及警告标志。无关人员不得在此停留，作业人员在作业时必须离开钢筋2m以外。

(3) 用配重控制的设备应与滑轮匹配，并应有指示起落的记号，没有指示记号时应有专人指挥。配重架四周应有栏杆及警告标志。

(4) 作业前，应检查冷拉夹具，夹齿应完好，滑轮、拖拉小车应润滑灵活，拉钩、地锚及防护装置均应齐全、牢固。确认良好后，方可作业。

(5) 卷扬机操作人员必须看到指挥人员发出的信号，并待所有人员离开危险区后方可作业。冷拉应缓慢、均匀。当有停车信号或见到有人进入危险区时，应立即停拉，并稍稍放松卷扬机钢丝绳。

(6) 用延伸率控制的装置，应装设明显的限位标志，并应有专人负责指挥。

(7) 夜间作业的照明设施，应装设在冷拉危险区域外。当需要装置在场地上空时，其高度应超过5m。灯泡应加防护罩，导线严禁采用裸线。

(8) 作业后，应放松卷扬机钢丝绳，落下配重，切断电源，锁好开关箱。

233. 预应力钢丝拉伸设备使用时应遵守哪些规定?

答: (1) 作业场地两端外侧应设有防护栏杆和警告标志。台座两端应设有防护设施，并在张拉预应力筋时，沿台座长度方向每隔4~5m设置一个防护架，两端严禁站人，更不准进入台座。

(2) 作业前，应检查被拉钢丝两端的镦头，当有裂纹或损伤时，应及时更换。

(3) 固定钢丝镦头的端钢板上圆孔直径应较所拉钢丝的直径大0.2mm。

(4) 高压油泵启动前，应将各油路调节阀松开，然后开动油泵，待空载运转正常后，再紧闭回油阀，逐渐拧开进油阀，待压力表指示达到要求，油路无泄漏，确认正常后，方可作业。

(5) 作业中，操作应平稳、均匀。张拉时，两端不得站人。拉伸机在有压力情况下，严禁拆卸液压系统的任何零件。

(6) 高压油泵不得超载作业，安全阀应按设备额定油压调整，严禁任意调整。

(7) 在测量钢丝的伸长时，应先停止拉伸，操作人员必须站在侧面操作。

(8) 用电热张拉法时，当张拉达到张拉值时，应先断电，然后锚固。操作人员带电作业时，应穿戴绝缘胶鞋和绝缘手套。钢筋在冷却过程中，两端严禁站人。

(9) 张拉时，不得用手摸或用脚踩钢丝。

(10) 高压油泵停止作业时，应先断开电源，再将回油阀缓缓松开，待压力表退回至零位时，方可卸开通往千斤顶的油管接头，使千斤顶全部卸荷。

(11) 钢筋张拉后要加以防护，禁止压重物或在上面行走。浇灌混凝土时，要防止振动器冲击预应力钢筋。

(12) 千斤顶支脚必须与构件对准，放置平正，测量拉伸长度、加楔和拧紧螺栓，应先停止拉伸，并站在两侧操作，防止钢筋断裂，回弹伤人。

234. 冷镦机使用时应遵守哪些规定?

答: (1) 应根据钢筋直径，配换相应夹具。

(2) 应检查并确认模具、中心冲头无裂纹，并应校正上下模具与中心冲头的同心度，紧固各部螺栓，做好安全防护。

(3) 启动后应空运转，调整上下模具紧度，对准冲头模进行镦头校对，确认正常后，方可作业。

(4) 机械未达到正常转速时，不得镦头。当镦头出的头不匀时，应及时调整冲头与夹具的间隙，冲头导向块应保持足够的润滑。

235. 钢筋冷拔机使用时应遵守哪些规定?

答: (1) 应检查并确认机械各连接牢固，冷拔机与轴承架要保持水平，使主轴与滚筒轴转动灵活。模具无裂纹，轧头和模具的规格配套。然后启动主机空转，确认正常后，方可作业。

(2) 作业前，工作台上的杂物要清除干净，机械附近地面和通道不应有障碍物，并应检查轴承油量和在滚筒轴孔内加注润滑油。

(3) 传动皮带轮和齿轮必须装置防护罩，伞形齿轮前端要装防护网，机械工作台的后端要装防护网，机械工作台的后端要装挡板。

（4）操作人员袖口裤管要扎紧，女工要戴帽子。当挂上传动链带时不得戴手套（握钢筋时应戴厚手套）。

（5）作业时，合上离合器后，操作人员应后退离机械0.5m以外，手和轧辊应保持0.3～0.5m距离，并站在滚筒右侧，禁止用手直接接触钢筋和滚筒。

（6）冷拔钢筋时，每道工序的冷拔直径应按机械出厂说明书规定进行，不得超量缩减模具孔径，无资料时，可按每次缩减孔径0.5～1.0mm。

（7）轧头时，应先使钢筋的一端穿过模具长度达100～150mm，再用夹具夹牢。

（8）冷拔模架中应随时加足润滑剂，润滑剂应采用石灰和肥皂水调和晒干后的粉末，钢筋通过冷拔模前应抹少量润滑脂。

（9）当钢筋的末端通过冷拔模后，应立即脱开离合器，同时用手闸挡住钢筋末端，防止弹开伤人。

（10）拔丝过程中要经常注意放线架、压辘架、滚筒三者间运转情况，当出现断丝或钢筋打结乱盘时，应立即停机；在处理完毕后，方能开机。

236. 钢筋冷挤压连接机使用时应遵守哪些规定？

答：（1）设备使用前后的拆装过程中，超高压油管两端的接头及压接钳、换向阀的进出油接头，应保持清洁，并应及时用专用防尘帽封好。超高压油管的弯曲半径不得小于250mm，挤压接头处不得扭转，且不得有死弯。

（2）挤压机的使用，应遵守其出厂说明书的规定；高压胶管不得荷重拖拉、弯折和受到尖利物体刻划。

（3）检查挤压设备情况，应进行试压，符合要求后方可作业。

（4）作业后，应收拾好成品、套筒和压模，清理场地，切断电源，锁好开关箱，最后将挤压机和挤压钳放到规定地点。

237. 混凝土振捣器安全监理要点有哪些？

答：（1）电源线必须是耐气候型的橡皮护套铜芯软电缆。

（2）绝缘良好，有可靠的接零或接地保护。

（3）电源处漏电保护器必须灵敏可靠。

（4）振捣器电缆不得在钢筋网上拖来拖去，以防破损漏电，电缆长度不应超过30m。

（5）操作者应穿胶底鞋（靴），戴绝缘手套。

（6）振捣器需维修保养时必须切断电源。

238. 蛙式打夯机安全监理要点有哪些?

答:(1)夯机操作开关必须使用定向开关，严禁使用倒顺开关，进线口应有护线胶圈。

(2)手柄必须加装绝缘材料。

(3)每台夯机必须设两名操作人员，一人操作夯机，一人随机整理电缆线。

(4)操作夯机必须穿胶底鞋，戴绝缘手套，搬运夯机必须拉闸断电。

(5)停机时，必须拉闸断电，锁好闸箱。做好电机防潮防水。

239. 木工机械安全监理要点有哪些?

答:(1)木工机械必须专人管理。

(2)安全防护装置必须齐全可靠，操作时不准拆卸。

(3)操作时不准戴手套，不准在运转中维修保养、加油清理和调整。

(4)加工旧木料前必须将铁钉、灰垢清除干净。

(5)每日工作完毕，必须活完场清，拉闸断电，锁好电闸箱。

(6)严禁使用多功能(电锯、电刨、电钻合一的木工机械。

240. 钢筋机械安全监理要点有哪些?

答:(1)机械应专人管理。使用前必须检查电气、机身接零地、漏电保护器必须灵敏可靠，安全防护装置必须完好。

(2)使用调直机应加一根长度为1m左右的钢管，被调直的钢筋应先穿过钢管，再穿入导向管和调直筒，防止钢筋尾头弹出伤人。

(3)使用切断机时应握紧钢筋，冲切刀片向后退时，将钢筋送入刀口，切短料应用钳子送料，以防伤人。

(4)使用弯曲机弯曲钢筋时，必须先将钢筋调直，加工较长的钢筋，应派专人扶稳钢筋；扶钢筋者与操作者动作协调一致，不得任意拉拽。

(5)使用钢筋冷拉设备时，应将冷拉作业区进行围挡防护，严禁人员穿越作业区；卷扬机的作业位置应与拉伸钢筋方向成垂直，防止钢筋拉断时伤人。

(6)工作完毕，拉闸断电，锁好闸箱。

241. 混凝土搅拌机使用时安全监理要点有哪些?

答:(1)操作搅拌机的司机必须经过专业安全培训，考试合格，持证上岗，严禁非司机操作。

（2）料斗提升时，严禁在料斗下工作或穿行，清理斗坑时，应将料斗双保险钩挂牢后方可清理。

（3）运转中不准用工具伸入搅拌筒内扒料。

（4）班后将搅拌机内外刷洗干净，将料斗升起，挂牢双保险钩，拉闸断电，锁好电闸箱。

（5）运转中严禁维修保养。维修保养搅拌机，必须拉闸断电，锁好电闸箱，挂好“有人工作严禁合闸”牌，并派专人监护。

242. 灰浆搅拌机使用时安全监理要点有哪些？

答：（1）开机前检查各部件是否正常，防护装置是否齐全有效，确认无异常，方可试运转。

（2）严禁运转中把工具伸进搅拌机筒内扒料。

（3）运转中严禁维修保养，发现异常必须先停机，拉闸断电，锁好电闸箱后再排除故障。

243. 机动翻斗车使用时安全监理要点有哪些？

答：（1）司机必须经过专门安全培训，考试合格，持证上岗。行驶中不准载人。

（2）在坑壕边倒料时，应放慢速度，必须在0.8～1m处设置车轮止挡。

（3）检修或班后刷车时必须熄火并拉好手制动。

244. 电焊作业时安全监理要点有哪些？

答：电焊属特种作业，电焊工必须持证上岗；电源控制应使用自动开关，不准使用手动开关；一、二次线必须加防触电保护装置；一次线长度不超过5m不能拖地；二次线长度应小于30m，接线应压接牢固，并安装防护罩；焊钳把线应采用专用电缆，双线到位，不准有接头，绝缘无破损；不得借用金属脚手架，轨道及结构钢筋作回路地线。

245. 电焊机为什么要加装二次防触电保护装置？

答：由于交流电焊机的空载电压可达到50V～90V，对操作人员来说是不安全的，发生伤人事故的后果也相当严重。为防止此类事故发生，所以《弧焊变压器防触电装置》（GB 10235—2000）规定了除在一次侧加装漏电保护器外，在二次侧也应加装防触电保护装置。此装置可以把空载电压降到35V～

24V 以下，因此完全能防止触电事故的发生。

246. 使用手持电动工具时安全监理要点有哪些?

答:（1）工具使用前，应经专职电工检验接线是否正确，防止零线与相线错接造成事故。

（2）长期搁置不用或受潮的工具在使用前，应由电工测量绝缘阻值是否符合要求。

（3）工具自带的软电缆或软线不得接长，当电源与作业场所距离较远时，应采用移动电箱解决。

（4）工具原有的插头不得随意拆除或改换，严禁不用插头直接将电线的金属丝插入插座。

（5）发现工具外壳，手柄破裂，应停止使用，进行更换。

（6）非专职人员不得擅自拆卸和修理工具。

（7）手持式工具的旋转部件应有防护装置。

（8）作业人员按规定穿戴绝缘防护用品。

（9）电源处，必须装漏电保护器。

247. 在潮湿的场所使用手持式电动工具有什么安全要求?

答: 潮湿场所应使用Ⅱ类或Ⅲ类工具。如果使用Ⅰ类工具，必须装设额定漏电动作电流不大于 30mA、动作时间不大于 0.1s 的漏电保护器。

248. 使用气瓶时必须遵守哪些规定?

答:（1）禁止敲击、碰撞，以免损伤和损坏气瓶。

（2）冬天瓶阀冻结时，宜用热水或其他安全的方式解冻，不准用明火烘烤，以免气瓶材质的机械特性变坏和气瓶内压增高。

（3）气瓶不得靠近热源。可燃、助燃气体气瓶，与明火的距离一般不得小于 10m。

（4）夏季要防止阳光暴晒。

（5）瓶内气体不能用尽，必须留有剩余压力。可燃气体和助燃气体的余压宜留 0.49MPa 左右，其他气体气瓶的余压可低些。

（6）不得用电磁起重机搬运气瓶，以免失电时气瓶从高空坠落而致气瓶损坏和爆炸。

（7）盛装易起聚合反应气体的气瓶，不得置于有放射性射线的场所。

249. 各类气瓶检验周期为多少?

答:(1)盛装腐蚀性气体的气瓶，每两年检验一次。

(2)盛装一般气体的气瓶，每三年检验一次。

(3)液化石油气瓶，使用未超过二十年的，每五年检验一次；超过二十年的，每二年检验一次。

(4)盛装惰性气体的气瓶，每五年检验一次。

(5)气体在使用过程中，发现有严重腐蚀、损伤，或对其可靠性有怀疑时，应提前进行检验。

250. 气瓶的安全操作规程应包括哪些内容?

答:(1)气瓶的充装工艺指标和要求。

(2)充装方法和操作程序、注意事项。

(3)气瓶使用中应重点检查的项目和部位，使用中可能出现的异常情况和防止措施。

(4)气瓶停用时的封存和保养方法。

251. 季节性施工的注意事项有哪些?

答:(1)暴雨、台风前后，要检查工地各项临时设施，以及脚手架、机电设备、临时用电线路等，发现倾斜、变形、下沉、漏雨、漏电等现象，应及时修理加固；有严重危险的，应立即排除。

(2)高层建筑及烟囱、水塔等高耸构筑物施工，其钢脚手架、大型钢模板及钢筋工程、金属操作平台以及使用的塔吊等垂直运输设备、打桩机械和施工现场贮存易燃易爆品的仓库，应按规定设置避雷装置。机电设备的电器开关，要有防雨、防潮设施。

(3)施工现场的道路、露天使用的机械设备基座、脚手架基础等应有良好的排水措施并必须加强维护。安全通道、脚手架斜道的脚手板应有有效的防滑措施。

(4)夏季作业应调整作息时间。室外作业应避开高温时间，室内的高温作业场所及办公室和宿舍，应加强通风和降温措施。

(5)冬期施工取暖，应符合防火要求，指定专人负责管理，并有防止一氧化碳中毒的措施。禁止在施工现场烧明火取暖，禁止使用电炉、照明灯具取暖。

252. 钢筋运输、制作和绑扎施工应注意哪些安全问题？

答：（1）钢筋制作棚必须符合安全要求，工作台必须稳固，制作棚内设置照明灯具及用电线路应符合有关规定，照明灯具必须加装防护网罩。制作棚内的各种原材料、半成品、废料等应按规格、品种分别堆放整齐。

（2）参加钢筋搬运和安装的人员，衣着必须灵便。人工抬运钢筋时，两人必须同肩，步伐一致；上坡和拐弯时，要前呼后应，步伐放慢，并注意钢筋头尾摆动，防止碰撞人身和电线。到达目的地时，二人同时轻轻放下，严禁反肩抛掷。多人运送钢筋时，起落、转停动作要一致。

（3）人工垂直传递钢筋时，上下作业人员不得在同一垂直方向上，并必须有可靠的立足点，高处传递时必须搭设符合要求的操作平台。

（4）在建筑物内堆放钢筋应分散。钢筋在模板上短时堆放，不宜集中，且不得妨碍交通，脚手架上严禁堆放钢筋。在新浇的楼板混凝土强度未达到1.2MPa前，严禁堆放钢筋。

（5）人工调直钢筋时，铁锤的木柄要坚实牢固，不得使用破头、缺口的锤子，敲击时用力应适中，前后不准站人。

（6）人工錾断钢筋时，作业前应仔细检查使用的工具，铁钳手柄不得短于500mm。钢筋錾断剩300～400mm时，必须压紧，以防飞出伤人。打锤与掌錾人必须互成斜角，不准对面操作。

（7）钢筋除锈时，操作人员要戴好防护眼镜、口罩手套等防护用品，并将袖口扎紧。

（8）使用电动除锈时，应先检查钢丝刷固定有无松动，检查封闭式防护罩装置、吸尘设备和电气设备的绝缘及接零或接地保护是否良好，防止机械和触电事故。送料时，操作人员要侧身操作，严禁在除锈机前方站人，长料除锈要两人操作，互相呼应，紧密配合。

（9）拉直钢筋，卡头要卡牢，地锚要结实牢固，拉筋沿线2m区域内禁止行人。人工绞磨钢筋拉直，不准用胸、肚接触推杠，并要步调一致，稳步进行，缓慢松解，不得一次松开，以免回弹伤人。

（10）在制作台上使用齿口板弯曲钢筋时，操作台必须牢固可靠，三角板应与操作台面固定牢固。弯曲长钢筋时，应两人抬上桌面，齿口板放在弯曲处后扣紧，操作者要紧握扳手，脚要站稳，用力均匀，以防扳手滑移或钢筋突断伤人。

（11）在高处、深坑绑扎钢筋和安装骨架，须搭设脚手架和马道，圆盘展开拉直剪断时，应脚踩两端剪断，避免断筋弹起伤人。

（12）绑扎立柱、墙体钢筋和安装骨架，不得站在骨架上和墙体上安装或攀登骨架上下。柱筋在4m内，重量不大，可在地面或楼面上绑扎，整体竖起；柱筋高于4m以上应搭设工作台。安装人员宜站在建筑物内侧，严禁操作人员背朝外侧和攀在柱筋上操作。

（13）绑扎高层建筑圈梁、挑檐、外墙、边柱钢筋，或在2m以上无牢固立脚点和大于45°斜屋面、陡坡安装钢筋时，应系好安全带。

（14）绑扎基础和楼层钢筋时，应按施工规定，摆放好钢筋支架或马凳，架起上层钢筋，不得任意减少支架或马凳。

（15）吊运钢筋骨架和半成品时，下方禁止站人，必须待吊物降落离地1m以内，方准靠近，就位固定后，方可摘钩。

（16）在操作台上安装钢筋时，工具、箍筋等离散材料必须放稳妥，以免坠落伤人。

（17）高处安装钢筋，应避免在高处修整及扳弯粗钢筋，如必须操作，则应巡视周边环境是否安全，并系好安全带。操作时人要站稳，手应抓紧扳手或采取防止扳手脱落的措施，防止扳手脱落伤人。

（18）安装钢筋，周边不得有电气设备及线路。需要弯曲和调头时，应巡视周边环境情况，严禁钢筋碰撞电气设备。

第五章 施工技术

第一节 土 建 篇

253. 混凝土裂缝通常有哪些处理方法?

答:（1）表面处理法

包括表面修补和表面贴补法。表面修补法是一种简单、常见的修补方法。它主要适用于稳定和对结构承载能力没有影响的表面裂缝以及深进裂缝的处理。通常的处理措施是在裂缝的表面涂抹水泥浆、环氧胶泥或在混凝土表面涂刷油漆、沥青等防腐材料。在防护的同时为了防止混凝土受各种作用的影响继续开裂，通常可以采用在裂缝的表面粘贴玻璃纤维布等措施。表面贴补（土工膜或其他防水片）法适用于大面积漏水（蜂窝麻面等或不易确定具体漏水位置、变形缝）的防渗堵漏。

（2）填充法

用修补材料直接填充裂缝，一般用来修补较宽的裂缝（>0.3mm），作业简单，费用低。宽度小于0.3mm，深度较浅的裂缝、或是裂缝中有填充物，用灌浆法很难达到效果的裂缝，以及小规模裂缝的简易处理可采取开V型槽，然后作填充处理。

（3）灌浆、嵌缝封堵法

灌浆法应用范围广，从细微裂缝到大裂缝均可适用，处理效果好。有两种常用灌浆方法：一是在表面封闭后直接用压力灌入水泥浆；二是混凝土局部修复后再灌浆，以提高其密实度。其主要适用于对结构整体性有影响或有防渗要求的混凝土裂缝的修补，它是利用压力设备将胶结材料压入混凝土的裂缝中，胶结材料硬化后与混凝土形成一个整体，从而起到封堵加固的目的。常用的胶结材料有水泥浆、环氧树脂、甲基丙烯酸酯、聚氨酯等化学材料。

嵌缝法是裂缝封堵中最常用的一种方法，它通常是沿裂缝凿槽，在槽中嵌填塑性或刚性止水材料，以达到封闭裂缝的目的。常用的塑性材料有聚氯乙烯胶泥、塑料油膏、丁基橡胶等；常用的刚性止水材料为聚合物水泥砂浆。

（4）结构补强法

因超荷载产生的裂缝、裂缝长时间不处理导致的混凝土耐久性降低、火灾造成的裂缝等影响结构强度可采取结构补强法。结构加固中常用的主要有以下几种方法：加大混凝土结构的截面面积，在构件的角部外包型钢、采用预应力法加固、粘贴钢板加固、增设支点加固以及喷射混凝土补强加固。

254. 什么是混凝土的耐久性？

答：混凝土的耐久性是指混凝土抵抗环境介质的作用，并长期保持其良好的使用性能和外观完整性的能力。它是一个综合性概念，包括抗渗、抗冻、抗侵蚀性、碳化、碱骨料反应及混凝土中的钢筋锈蚀等性能，这些性能均决定着混凝土经久耐用的程度，故称之为耐久性。

（1）抗渗性。混凝土的抗渗性直接影响到混凝土的抗冻性和抗侵蚀性。混凝土的抗渗性能用抗渗等级表示，分 P4、P6、P8、P10、P12 共五个等级。混凝土的抗渗性主要与其密实度及内部空隙的大小和构造有关。

（2）抗冻性。混凝土的抗冻性能用抗冻等级表示，分 F10、F15、F25、F50、F100、F150、F200、F250、F500 共九个等级。抗冻性能 F50 以上的混凝土简称抗冻混凝土。

（3）抗侵蚀性。当混凝土所处环境中含有侵蚀性介质时，要求混凝土具有抗侵蚀能力，侵蚀性介质包括软水、硫酸盐、镁盐、碳酸盐、一般酸、强碱、海水等。

（4）混凝土的碳化（中性化）。混凝土的碳化是环境中的二氧化碳与水泥石中的氢氧化钙作用，生成碳酸钙和水。碳化使混凝土的碱度降低，削弱混凝土对钢筋的保护作用，可能导致钢筋锈蚀；碳化显著地增加了混凝土的收缩，使混凝土抗压强度增大，但可能产生轻微裂缝，从而使混凝土抗拉、抗折强度降低。

（5）碱骨料反应。碱骨料反应是指水泥中的碱性氧化物含量较高时，会与骨料中所含的活性二氧化硅发生化学反应，并在骨料表面生成碱硅酸凝胶，吸水后会产生较大的体积膨胀，导致混凝土胀裂的现象。

255. 混凝土中的外加剂有哪几类？

答：混凝土外加剂种类繁多，功能多样，可按其主要功能分为以下四类：

（1）改善混凝土拌合物流动性能的外加剂。包括各种减水剂、引气剂和泵送剂。

（2）调节混凝土凝结时间、硬化性能的外加剂。包括缓凝剂、早强剂和速凝剂等。

(3) 改善混凝土耐久性的外加剂。包括引气剂、防水剂和阻锈剂等。

(4) 改善混凝土其他性能的外加剂。包括加气剂、膨胀剂、防冻剂、着色剂、引气剂和泵送剂等。

目前建筑工程中应用较多和较成熟的外加剂有减水剂、膨胀剂、防冻剂、着色剂、防水剂和泵送剂等。

256. 什么是浅基础？什么是深基础？

答：(1) 浅基础：对建筑物而言，基础埋深一般小于基础宽度或小于 5m 的基础。按基础构造类型划分有：1) 条形基础。2) 单独（独立）基础：柱下独立基础、墙下独立基础、薄壳基础。3) 联合基础：柱下条基、十字交叉基础、筏形基础、箱形基础。

(2) 深基础：一般指基础埋深大于其整体基础宽度且超过 5m 的基础。深基础包括桩基础、沉井、沉箱、管柱等。

实际上在工程实践中，深基础和浅基础并没有十分明确的界线，主要根据建筑场地的岩土工程条件、拟建物特征、基础施工条件和地区经验等确定。例如南方一些省市，浅基础和深基础划分的埋深是 3m 而不是 5m。凡基础埋深超过 3m 即视为深基础，否则视为浅基础。

257. 地基施工结束后为什么要经过一定的间歇期方可进行质量验收？

答：地基施工考虑间歇期是因为地基土的密实，孔隙水压力的消散，水泥或化学浆液的固结等均有一个期限，施工结束即进行验收有不符实际的可能。至于间歇多长时间在各类地基规范中有所考虑，具体可由设计人员根据要求确定。有些大工程施工周期较长，一部分已到间歇要求，另一部分仍有施工，就不一定待全部工程施工结束后再进行取样检查，可先在已完工程部位进行，但是否有代表性就应由设计方确定。

258. 地基与基础工程中钢筋工程的施工要求有哪些？

答：(1) 钢筋网的绑扎。四周两行钢筋交叉点应每点绑牢，中间部分交叉点可相隔交错绑牢，但必须保证受力钢筋不移位。双向钢筋的钢筋网，则须将全部钢筋交叉点绑牢。绑扎时应注意相邻绑牢点的钢丝扣要成八字形，以免网片歪斜变形。

(2) 基础底板采用双层钢筋时，在上层钢筋网下面应设置钢筋撑脚（俗称马凳），以保证钢筋位置准确。

（3）钢筋的弯钩应向上，不要倒向一边，但双层钢筋网的上层钢筋弯钩应向下。

（4）独立柱基础为双向钢筋时，其地面短边的钢筋应放在长边的上面。

（5）现浇柱与基础连接用的插筋，一定要固定牢靠，位置准确，以免造成柱轴线位移。

（6）基础中纵向受力钢筋的混凝土保护层厚度应按设计要求，且不应小于40mm；当无垫层时，不应小于70mm。

（7）钢筋的连接。①受力钢筋的接头宜设置在受力较小处。同一纵向受力钢筋不宜设置两个或两个以上接头。接头末端至钢筋弯起点的距离不应小于钢筋直径的10倍。②若采用绑扎搭接接头，则接头相邻纵向受力钢筋的绑扎接头宜相互错开。钢筋绑扎搭接接头连接区段的长度为1.3倍搭接长度，凡搭接接头中点位于该连接区段长度内的搭接接头均属于同一连接区段。位于同一连接区段内的受拉钢筋搭接接头面积百分率为25%。③当受拉钢筋的直径$d>28$mm及受压钢筋的直径$d>32$mm时，不宜采用绑扎接头，宜采用焊接或机械连接。

259. 大体积混凝土有哪些浇筑方法？

答：大体积混凝土浇筑时，为保证结构的整体性和施工的连续性，采用分层浇筑时，应保证在下层混凝土初凝前将上层混凝土浇筑完毕。浇筑方案根据整体性要求、结构大小、钢筋疏密及混凝土供应等情况可以选择全面分层、分段分层、斜面分层三种方式。

（1）全面分层：在整个模板内，将结构分成若干个厚度相等的浇筑层，浇筑区的面积即为基础平面面积。浇筑混凝土时从短边开始，沿长边方向进行浇筑，要求在逐层浇筑过程中，第二层混凝土要在第一层混凝土初凝前浇筑完毕。

（2）分段分层：在采用全面分层方案时浇筑强度很大，现场混凝土搅拌机、运输和振捣均不能满足要求时，可采用分段分层方案。浇筑混凝土时结构沿长边方向分成若干段，浇筑工作从底层开始，当第一层混凝土浇筑一段长度后，便回头浇筑第二层，当第二层浇筑一段长度后，回头浇筑第三层，如此向前呈阶梯型前进。分段分层方案适用于结构厚度不大而面积或长度较大时采用。

（3）斜面分层：采用斜面分层时，混凝土一次浇筑到顶，由混凝土自然流淌而形成斜面。混凝土振捣工作从浇筑层下端开始逐渐上移。斜面分层方案多适用于长度较大的结构。大体积混凝土宜采用斜面式薄层浇捣，利用自然流淌形成斜坡，并应采取有效措施，防止混凝土将钢筋推离设计位置。

260. 大体积混凝土裂缝有哪些控制措施?

答:（1）优先选用低水化热的矿渣水泥拌制混凝土，并适当使用缓凝剂。

（2）在保证混凝土设计强度等级的前提下，适当降低水灰比，减少水泥用量。

（3）降低混凝土的入模温度，控制混凝土内外的温差（当设计无要求时，控制在25℃以内）。如降低拌合水温度（拌合水中加冰屑或用地下水），骨料用水冲洗降温，避免暴晒。

（4）及时对混凝土覆盖保温、保湿材料，并进行养护。

（5）可预埋冷却水管，通入循环水将混凝土内部热量带出，进行人工导热。

（6）在拌合混凝土时，还可掺入适量的微膨胀剂或膨胀水泥，使混凝土得到补偿收缩，减少混凝土的温度应力。

（7）设置后浇缝。当大体积混凝土平面尺寸过大，在设计许可时，可以适当设置后浇缝，以减少外应力和温度应力；同时，也有利于散热，降低混凝土的内部温度。

（8）大体积混凝土必须进行二次抹面工作，减少表面收缩裂缝。

261. 什么是CFG桩?

答: CFG桩是水泥粉煤灰碎石桩的简称，C、F、G分别代表水泥、粉煤灰与碎石。由于利用工业废料——粉煤灰代替部分水泥，大大地降低了工程造价，又增加了桩身后期强度。通过柔性褥垫层的设置，使CFG桩复合地基得到均匀沉降和较高的承载力，是加固软土地基最经济、实用、快速、可靠的一种新型灌注桩。CFG桩复合地基是在碎石桩加固地基法的基础上发展起来的一种地基处理技术。由于CFG桩改善了碎石桩的刚性，使其不仅能很好地发挥全桩的侧阻作用，同时也能很好地发挥其端阻作用。因此得以广泛应用，并取得良好的经济和社会效益。

CFG桩为桩体中掺加适量石屑、粉煤灰和水泥加水拌和，制成一种粘结强度较高的桩体，与桩间土和褥垫层一起构成CFG桩复合地基。桩、桩间土与基础之间必须设置一定厚度的褥垫层，即褥垫层是高粘结强度桩复合地基的一部分。

CFG桩属高粘结强度桩，与素混凝土桩的区别仅在于桩体材料的构成不同，在其受力和变形特性方面无区别。复合地基性状和设计计算，对其他高粘结强度桩复合地基都适用。CFG 桩可适用于条形基础、独立基础，也可用于筏基和箱形基础。就土性而言，CFG 桩可用于填土、饱和及非饱和黏性土，既可用于挤密效果好的土，又可用于挤密效果差的土。

262. CFG 桩褥垫层应采用多厚？它有何作用？

答：CFG 桩桩顶和基础之间应设置中砂、粗砂、级配砂石或碎石（最大粒径不大于 30mm）等褥垫层。褥垫层是桩顶和基础底之间加一层散体材料，若褥垫层厚度过小，桩间土承载能力不能充分发挥；厚度过大，桩承担的荷载太小，复合地基中桩的设置又失去意义。按规范规定，褥垫层厚度宜取150～300mm。

褥垫层的作用如下：

（1）使桩、土共同承担竖向荷载。

褥垫层设置后，能使桩体的顶部和桩端都有上下刺入变形条件，在给定荷载作用下，桩承担较多的荷载，随着时间增长，桩产生一定沉降，荷载逐渐向桩间土体转移，即使桩端地基土很好，桩端变形小，但桩顶也有向褥垫层刺入条件，所以有了褥垫层能保证桩土较好的共同承担外荷载；

（2）减小基础的应力集中。

当褥垫层厚度趋于零时，近似钢筋混凝土桩和承台的作用，这时承台基础要验算冲切承载力。加了褥垫层后起到扩散应力作用，同时桩顶和桩间土应力之比值显著降低，随着荷载增加应力比趋于一常数值。

（3）使基础底面压力分布更均匀。

通过散体褥垫层的调整，随着荷载增加或变化，能使基底压力更均匀分布。

（4）抗水平力作用。

类似地震作用的水平荷载，CFG 桩复合地基主要是通过基础与褥垫层之间的摩擦力和基础侧面土压力承担，褥垫层又是散体结构，所以传递到桩体的水平力较小或为零，这就是桩体可不配筋的缘由。

263. 哪些位置可以留置施工缝？

答：施工缝的位置应在混凝土浇筑之前确定，并宜留置在结构受剪力较小且便于施工的部位。施工缝的留置位置应符合下列规定：

（1）柱：宜留置在基础、楼板、梁的顶面，梁和吊车梁牛腿、无梁楼盖柱帽的下面。

（2）与板连成整体的大截面梁（梁高超过 1m），留置在板底面以下 20～30mm 处，当板下有梁托时，留置在梁托下部。

（3）单向板：留置在平行于板的短边的任何位置。

（4）有主次梁的楼板，施工缝应留置在次梁跨中1/3范围内。

（5）墙：留置在门洞口过梁跨中1/3范围内，也可留置在纵横墙的交接处。

（6）双向受力板、大体积混凝土结构、拱、穹拱、薄壳、蓄水池、斗仓、多层刚架及其他结构复杂的工程，施工缝的留置应按设计要求留置。

264. 施工缝处混凝土怎样施工？

答：在施工缝处继续浇筑混凝土，应符合下列规定：

（1）已浇筑的混凝土，其抗压强度不应小于1.2N/mm^2。

（2）在已硬化的混凝土表面上，应清除水泥薄膜和松动石子以及软弱混凝土层，并加以充分湿润和冲洗干净，且不得积水。

（3）在浇筑混凝土前，宜先在施工缝处刷一层水泥浆（可掺适量界面剂）或铺一层与混凝土内成分相同的水泥砂浆。

（4）混凝土应细致捣实，使新旧混凝土紧密结合。

265. 防水混凝土施工缝怎样施工？

答：防水混凝土应连续浇筑，宜少留施工缝。当留设施工缝时，墙体水平施工缝不应留在剪力与弯矩最大处或底板与侧墙的交接处，应留在高出底板表面不小于300mm的墙体上；拱（板）墙结合的水平施工缝，宜留在拱（板）墙接缝线以下150～300mm处；墙体有预留孔洞时，施工缝距孔洞边缘不应小于300mm；垂直施工缝应避开地下水和裂隙水较多的地段，并宜与变形缝相结合。

施工缝的施工应符合下列规定：水平施工缝浇灌混凝土前，应将其表面浮浆和杂物清除，先铺砂浆，再铺30～50mm厚的1∶1水泥砂浆或涂刷混凝土界面处理剂，并及时浇灌混凝土；垂直施工缝浇灌混凝土前，应将其表面清理干净，并涂刷水泥净浆或混凝土界面处理剂，并及时浇灌混凝土。选用的遇水膨胀止水条应具有缓胀性能，其7d的膨胀率不应大于最终膨胀率的60%。遇水膨胀止水条应牢固地安装在缝表面或预留槽内，采用中埋式止水带时，应确保位置准确、固定牢固。

266. 混凝土的养护有哪些要求？

答：混凝土的养护对于混凝土的早期强度增长有着极为重要的作用，混凝土的养护应符合下列规定：

(1) 混凝土的养护方法分为自然养护和加热养护两大类。施工现场一般为自然养护。自然养护又分覆盖浇水养护、薄膜布养护和养生液养护等，其中养生液养护主要用于竖向混凝土构件（如剪力墙、框架柱等）的养护。

(2) 对已浇筑完毕的混凝土，应在混凝土终凝前（通常为混凝土浇筑完毕后8～12h内），开始进行养护。

(3) 混凝土采用覆盖浇水养护的时间，对采用硅酸盐水泥、普通硅酸盐水泥或矿渣硅酸盐水泥拌制的混凝土，不得少于7d；对火山灰质硅酸盐水泥、粉煤灰硅酸盐水泥拌制的混凝土，不得少于14d；对掺用缓凝型外加剂、矿物掺合料或有抗渗性要求的混凝土，不得少于14d。浇水次数应能保持混凝土处于湿润状态，混凝土的养护用水应与拌制用水相同。

(4) 当采用塑料薄膜布养护时，其外表面应覆盖包裹严密，并应保证塑料布内有凝结水。

(5) 采用养生液养护时，应按产品使用说明，均匀涂刷在混凝土外表面，不得漏涂刷。

(6) 在已浇筑的混凝土强度未达到1.2N/mm^{2}以前，不得在其上踩踏或安装模板及支架等。

267. 混凝土标准养护试件与同条件养护试件的区别在哪里?

答: 混凝土标准养护试件：采用标准养护的试件，应在温度为20±5℃的环境中静置一昼夜至两昼夜，然后编号拆模。拆模后立即放入温度为20±2℃、湿度为95%以上的标准养护室中养护，或在温度为20±2℃的不流动的$Ca(OH)_2$饱和溶液中养护。标准养护龄期为28d（从搅拌加水开始计时）。

同条件养护试件：同条件养护试件拆模后，应放置在靠近相应结构构件或结构部位的适当位置，并应采取相同的养护方法。同条件试块应在达到等效养护龄期时进行强度试验。等效养护龄期应根据同条件养护试件强度与在标准养护条件下28d龄期试件强度相等的原则确定。等效养护龄期可取按日平均温度逐日累计达到600℃·d时所对应的龄期，0℃及以下的龄期不计入。等效养护龄期不应小于14d，也不应大于60d。

268. SBS卷材、APP卷材、复合胎卷材的区别在哪里?

答: 弹性体改性沥青防水卷材简称“SBS卷材”，通常也称为SBS改性沥青防水卷材，是以聚酯毡或玻纤毡为胎基，苯乙烯—丁二烯—苯乙烯(SBS)热塑性弹性体作改性剂，两面覆以隔离材料所制成的建筑防水卷材。产品标记按以下程序进行：弹性体改性沥青防水卷材、型号、胎基、上表面材料、厚度和本标准号。例：3mm 厚砂面聚酯胎 I 型弹性体改性沥青防水卷材，标记为 SBS I PY S3 GB 18242。

塑性体改性沥青防水卷材简称“APP 卷材”，通常也称为 APP 改性沥青防水卷材，是以聚酯毡或玻纤毡为胎基，无规聚丙烯 APP 或聚烯烃类聚合物 APAO、APO 作改性剂，两面覆以隔离材料所制成的建筑防水卷材。产品标记按以下程序进行：塑性体改性沥青防水卷材、型号、胎基、上表面材料、厚度和本标准号。例：3mm 厚砂面聚酯胎 I 型塑性体改性沥青防水卷材，标记为 APP I PY S3 GB 18243。

沥青复合胎柔性防水卷材简称为“复合胎卷材”，以沥青为基料，以两种材料复合为胎体，细砂、矿物粒（片）料、聚酯膜、聚乙烯膜等为覆面材料，以浸涂、滚压工艺而制成的防水卷材。产品标记按以下程序进行：产品名称、品种代号、厚度、等级和标准编号顺序标记。例：3mm 厚的合格品聚乙烯膜覆面涤棉无纺布-网格布复合胎柔性防水卷材标记为：NK—PE 3C JC/T 690。

专家提示：目前在施工现场上大量地存在着将复合胎防水卷材当做 SBS 防水卷材使用的情况，这是很严重的错误。由于复合胎卷材所使用的再生胶粉、涤棉复合胎的耐久性都差，因此复合胎卷材的使用寿命较短，而 SBS 防水卷材的聚酯胎或玻纤胎的耐久性都很好，因此 SBS 改性沥青防水卷材的使用寿命长，在按规范要求使用的情况下，使用寿命在 15 年以上。在相关专业规范中对防水卷材产品规定了不同的使用场合，SBS 改性沥青防水卷材可用于Ⅲ级以上防水工程，在地下工程中不允许使用复合胎卷材，复合胎卷材仅能用于Ⅳ类防水工程及临时建筑等，只能起到代替油毡的作用。

269. 地下防水工程卷材防水层施工有哪些要求？

答：卷材防水层应铺设在混凝土结构主体的迎水面上。用于建筑物地下室的防水层，应铺设在结构主体底板垫层至墙体顶端的基面上，在外围形成封闭的防水层。卷材防水层应采用高聚物改性沥青防水卷材或合成高分子卷材，卷材及其胶粘剂应具有良好的耐水性、耐久性、耐刺穿性、耐腐蚀性和耐菌性。

铺贴高聚物改性沥青防水卷材应采用热熔法施工，铺贴合成高分子卷材采用冷粘法施工。采用热熔法或冷粘法铺贴防水卷材，应符合下列规定：

（1）底板垫层混凝土表面部位的卷材宜采用空铺法或点粘法，其他与混凝土结构相接触的部位应采用满粘法。

（2）采用热熔法施工高聚物改性沥青防水卷材时，幅宽内卷材底表面加热应均匀，不得过分加热或烧穿卷材。厚度小于 3mm 的高聚物改性沥青防水卷材，严禁采用热熔法施工。冷粘法施工合成高分子卷材时，必须采用与卷材材性相容的胶粘剂，并应涂刷均匀。

（3）铺贴时应展平压实，卷材与基面及各层卷材间必须粘结紧密。铺贴立面卷材防水层时，应采取防止卷材下滑的措施。

（4）两幅卷材短边与长边的搭接宽度均不应小于100mm。采用多层卷材时，上下两层和相邻两幅卷材的接缝应错开1/3～1/2幅宽，且两幅卷材不得相互垂直铺贴。

（5）卷材接缝必须粘贴封严。接口处应用材性相容的密封材料封严，宽度不得小于10mm。

（6）在立面与平面的转角处，卷材的接缝应留在平面上，距立面不应小于600mm。

270. 钢筋连接接头的使用有哪些规定?

答: 钢筋连接接头的使用应符合以下规定:

（1）直径大于12mm以上的钢筋，应优先采用焊接接头或机械连接接头。

（2）当受拉钢筋的直径大于28mm及受压钢筋的直径大于32mm时，不宜采用绑扎搭接接头。

（3）轴心受拉及小偏心受拉杆件（如桁架和拱的拉杆）的纵向受力钢筋不得采用绑扎搭接接头。

（4）直接承受动力荷载的结构构件中，其纵向受拉钢筋不得采用绑扎搭接接头。

271. 钢筋焊接施工应注意哪些问题?

答: 钢筋焊接施工应注意以下问题:

（1）电渣压力焊应用于柱、墙、烟囱等现浇混凝土结构中竖向受力钢筋的连接；不得用于梁、板等构件中水平钢筋的连接。

（2）在工程开工或每批钢筋正式焊接前，应进行现象条件下的焊接性能试验。合格后，方可正式生产。

（3）钢筋焊接施工之前，应清除钢筋或钢板焊接部位和与电极接触的钢筋表面上的锈斑油污、杂物等；钢筋端部若有弯折、扭曲时，应予以矫直或切除。

（4）进行电阻点焊、闪光对焊、电渣压力焊或埋弧压力焊时，应随时观察电源电压的波动情况。对于电阻点焊或闪光对焊，当电源电压下降大于5%、小于8%时，应采取提高焊接变压器级数的措施；当大于或等于8%时，不得进行焊接。对于电渣压力焊或埋弧压力焊，当电源电压下降大于5%时，不宜进行焊接。

272. 钢筋机械连接接头性能等级的选定有哪些规定？

答：钢筋机械连接接头性能等级的选定，应符合下列规定：

（1）混凝土结构中要求充分发挥钢筋强度或对接头延性要求较高的部位，应采用Ⅰ级接头。

（2）混凝土结构中钢筋受力小或对接头延性要求不高的部位，可采用Ⅱ级接头。

（3）非抗震设防和不承受动力荷载的混凝土结构中钢筋只承受压力的部位，可采用Ⅲ级接头。

273. 何谓架立筋？

答：架立筋是指梁内起架立作用的钢筋，从字面上理解即可。架立筋的主要功能是当梁上部纵筋的根数少于箍筋上部的转角数目时使箍筋的角部有支撑。所以架立筋就是将箍筋架立起来的纵向构造钢筋。

现行《混凝土结构设计规范》GB 50010—2002 规定：梁内架立钢筋的直径，当梁的跨度小于4m时，不宜小于8mm；当梁的跨度为4～6m时，不宜小于10mm；当梁的跨度大于6m时，不宜小于12mm。平法制图规则规定：架立筋注写在括号内，以示与受力筋的区别。

274. 何谓通长筋？

答：通长筋源于抗震构造要求，这里“通长”的含义是保证梁各个部位的这部分钢筋都能发挥其受拉承载力，以抵抗框架梁在地震作用过程中反弯点位置发生变化的可能。现行《混凝土结构设计规范》GB 50010—2002 规定：沿梁全长顶面和底面至少应各配置两根通长的纵向钢筋，对一、二级抗震等级，钢筋直径不应小于14mm，且分别不应少于梁两端顶面和底面纵向受力钢筋中较大截面面积的1/4；对三、四级抗震等级，钢筋直径不应小于12mm。

当抗震框架梁采用双肢箍时，跨中肯定只有通长筋而无架立筋。只有采用多于两肢箍时，才可能有架立筋。

通长筋需要按受拉搭接长度接长，而架立筋仅交错150mm，是“构造交错”，不起连接作用。通长筋是“抗震”设防需要，架立筋是“一般”构造需要。

275. 什么是纵向受力钢筋？

答：“纵向”是指钢筋的布置方向与构件的轴线方向平行。因此，梁、板中的正弯矩和负弯矩钢筋以及柱中的主筋都属于纵向受力钢筋。在梁的跨中，上部钢筋若在设计计算中考虑其抗压强度，也应属于纵向受力钢筋；若只起到架立的作用，在计算中不考虑其抗压强度，则不属于纵向受力钢筋。纵向受力钢筋不包括箍筋、弯筋等横向受力钢筋以及不作受力考虑的构造筋、分布筋等。

276. 如何正确理解《钢筋机械连接通用技术规程》JGJ 107—2003 第 4.0.3 条所说“Ⅰ级接头可不受限制”的规定？

答：《钢筋机械连接通用技术规程》JGJ 107—2003 中将接头分为Ⅰ、Ⅱ、Ⅲ级，并对接头的应用做了规定：接头宜设置在结构构件受拉钢筋应力较小部位，当需要在高应力部位设置接头时，对Ⅰ、Ⅱ、Ⅲ级接头，接头面积百分率分别为不受限制、不大于50%、不大于25%。所谓“不受限制”，是有条件的(应力较小部位)，应慎重对待。

从传力的性能来看，任何受力钢筋的连接接头都是对传力性能的削弱，因此并不存在“可以不受限制”的问题。钢筋连接的其他要求，如同一受力钢筋不宜设置两个或两个以上接头、连接区段的构造要求，避开在抗震设防要求的框架梁梁端、柱端等，仍应符合标准的相关规定。

而当设计选用了 G101 系列平法图集时，对于抗震框架柱的非连接区不允许进行连接的规定更应严格执行。

277. 凡是“没有明令禁止”的连接区域，钢筋是否就可以连接呢？

答：事实上，除高抗震设防烈度的重要构件外，没有明令“完全”禁止的非连接部位只要保证连接质量和控制连接百分率，在任何位置都可以连接。需要注意的是“尽可能避开”这个要求的含义，如尽可能避开节点区、箍筋加密区、应力（弯矩）较大区等。

278. 剪力墙的水平分布筋在外面还是竖向分布筋在外面？

答：在结构设计受力分析计算时，不考虑构造钢筋和分布钢筋受力，但在钢筋混凝土结构中不存在绝对不受力的钢筋。构造钢筋和分布钢筋有其自身的重要功能，在节点内通常有满足构造锚固长度、端部是否弯钩等要求；在杆件内通常有满足构造搭接长度、布置起点、端部是否弯钩等要求。分布钢筋通常为与板中受力钢筋绑扎、直径较小、不考虑其受力的钢筋。

应当说明的是，习惯上所说的剪力墙，就是《建筑抗震设计规范》GB 50011—2001 里的抗震墙，称其钢筋为“水平分布”筋和“竖向分布”筋是历史沿袭下来的习惯，其实剪力墙的水平分布筋和竖向分布筋均为受力钢筋，其连接、锚固等构造要求均有明确的规定，应予以严格执行。

剪力墙主要承担平行于墙面的水平荷载和竖向荷载作用，对平面外的作用抗力有限。由此分析，剪力墙的水平分布筋在竖向分布筋的外侧和内面都是可以的。因此，“比较方便的钢筋施工位置”（由外到内）是：第一层，剪力墙水平钢筋；第二层，剪力墙的竖向钢筋和暗梁的箍筋（同层）；第三层，暗梁的水平钢筋。剪力墙的竖筋直钩位置在屋面板的上部。

地下室外墙竖向钢筋通常放在外侧，但内墙不必。

279. 如何控制钢筋绑扎、点焊的缺扣、漏焊?

答：对钢筋绑扎、点焊的缺扣、漏焊、虚焊的限制标准，新的国家标准《混凝土结构工程施工质量验收规范》GB 50204—2002 对此未作出明确要求，但原国家标准《钢筋混凝土工程施工及验收规范》GBJ 204—1983 第 5. 3. 1 条具有很好的参考性，这些要求可以在施工组织设计中作出明确规定或在企业标准里作出规定，有利于施工也有利于验收。

施工时应注意以下问题：

（1）钢筋的交叉点应采用铁丝扎牢。

（2）板和墙的钢筋网，除靠近外围两行钢筋的交叉点全部扎牢外，中间部分的交叉点可相隔交错扎牢，但必须保证受力钢筋不位移。双向受力的钢筋，须全部扎牢。

（3）梁和柱的箍筋，除设计有特殊要求时，应与受力钢筋垂直设置。箍筋弯钩叠合处，应沿受力方向错开设置。

（4）柱中的竖向钢筋搭接时，角部钢筋的弯钩应与模板成 45°（多边形柱为模板内角的平分角，圆形柱则应与模板切线垂直）；中间钢筋的弯钩应与模板成 90°。如采用插入式振捣器浇筑小型截面柱时，弯钩与模板的角度最小不得小于 15°。

280. 如何准确理解《混凝土结构工程施工质量验收规范》GB 50204—2002 中“当一次连续浇筑超过 1 000m^3 时，同一配合比的混凝土每 200m^3 取样不得少于一次”的规定制作试件?

答：《混凝土结构工程施工质量验收规范》GB 50204—2002 第 7. 4. 1 条第 1 款、第 3 款规定：“每拌制 100 盘且不超过 1 000m^3 的同配合比的混凝土，取样不得少于一次；当一次连续浇筑超过 1 000m^3 时，同一配合比的混凝土每 200m^3 取样不得少于一次。”

对此不少工程理解为“超过 1 000m^3 时总体上每 200m^3 取样一次”。如此操作，甚至发生这样的不正常现象，今天某幢号连续生产 900m^3 混凝土取样 9 次制作试件，明天某幢号连续生产 1 050m^3 混凝土取样 6 次制作试件，这显然是对规范条文的不正确理解与运用。正确的理解应该是：不是超过 1 000m^3 时总体上每 200m^3 取样一次，而是指对超过 1 000m^3 的部分每 200m^3 取样一次。因此对于连续生产 1 050m^3 混凝土，取样应为 11 次，即在达到 1 000m^3 前，每 100m^3 取样一次，共 10 次，超过 1 000m^3 的 50m^3 的部分也应取样一次（不足 200m^3 时也按一次考虑）。

281. 何谓约束边缘构件?

答：约束边缘构件适用于较高抗震等级剪力墙的较重要部位。其纵筋、箍筋配筋率和形状有较高的要求。设置约束边缘构件范围请参见 GB 50011—2002《建筑抗震设计规范》第 6.4.6 条和《高层建筑混凝土结构技术规程》JGJ 3—2002 第 7.2.16 条，主要措施是加大边缘构件的长度 l_c 及其体积配箍率 ρ_v。对于十字形剪力墙，可按两片墙分别在端部设置边缘约束构件，交叉部位只要按构造要求配置暗柱。

至于设计图纸上如何区分约束边缘构件，只需看其构件代号即可，凡注明 YAZ、YDZ、YYZ、YJZ 即为约束边缘构件。

282. “基础顶面、嵌固部位”应该怎样理解?

答：如果未设置基础拉梁，基础回填后，刚性地面对柱有“单侧”嵌固作用，但不能作为“嵌固部位”对待。

这个问题可以深入探讨一下。柱根部注写“基础顶面、嵌固部位”系指两种不同的情况。“基础顶面”比较明确，独立基础、交叉梁基础、筏形基础肯定指基础梁或板的顶面，箱形基础肯定指箱基顶板顶面。但“嵌固部位”就需要比较高的结构学识来判定了。“嵌固部位”究竟包括哪几种情况目前并无定论，对这一部分的确认权现阶段实际上掌握在结构设计师手中。例如：地下室的基础顶面应该是地下室底板顶面，但地下室整体上可以看做一种“基础结构”，其顶板的刚度肯定比楼面刚度大许多，而且室外地坪以下的土对地下室的外墙也有相当程度的嵌固作用，因此，地下室顶板作为柱根部的“嵌固部位”也说得过去。并且，地下室内的中柱如果与地面以上的框架柱作同等对待也有些问题。再如：埋在土中的基础拉梁对柱有相当的嵌固作用，并且基础拉梁以下至基础顶面这一段柱由于嵌在土中，其受力机理与变形特征要受周围土的影响，因此，将其与地面以上的框架柱作同等对待也有些问题。

283. 什么是框支梁？

答：图纸上注明构件代号为 KZZ 的即为框支梁。框支梁一般为偏心受拉构件，并承受较大的剪力。框支梁纵向钢筋的连接应采用机械连接接头。

习惯上，框支梁一般指部分框支剪力墙结构中支承上部不落地剪力墙的梁，是有了“框支-剪力墙结构”，才有了框支梁。《高层建筑混凝土结构技术规程》JGJ 3—2002 第 10. 2. 1 条所说的转换构件中，包括转换梁，转换梁具有更确切的含义，包含了上部托柱和托墙的梁，因此，传统意义上的框支梁仅是转换梁中的一种。

托柱的梁一般受力也是比较大的，有时受力上成为空腹桁架的下弦，设计中应特别注意。因此，采用框支梁的某些构造要求是必要的。

284. 梁、柱类构件的纵向受力钢筋搭接长度范围内的箍筋有什么特殊要求？

答：在梁、柱类构件的纵向受力钢筋搭接长度范围内，应按设计要求配置箍筋。当设计无具体要求时，应符合下列规定：

（1）箍筋直径不应小于搭接钢筋较大直径的 0. 25 倍。

（2）受拉搭接区段的箍筋间距不应大于搭接钢筋较小直径的 5 倍，且不应大于 100mm。

（3）受压搭接区段的箍筋间距不应大于搭接钢筋较小直径的 10 倍，且不应大于 200mm。

（4）当柱中纵向受力钢筋直径大于 25mm 时，应在搭接接头两个端面外 100mm 范围内各设置两个箍筋，其间距宜为 50mm。

285. 分布钢筋有哪些作用？

答：（1）对四边支撑的单向板，可承担在计算中未计及但实际存在的长跨方向的弯矩。

（2）抵抗由于温度变化或混凝土收缩引起的内力。

（3）承受并分散板上部荷载产生的内力。

（4）与受力钢筋组成钢筋网，便于在施工中固定受力钢筋的位置。

286. 怎样准确理解混凝土同条件养护试件的“等效养护龄期”？

答：（1）“等效养护龄期”应大于等于 14d，不够 14d 超过 600℃ · d 也不做抗压试验。

（2）“等效养护龄期”小于等于60d，即达到60d龄期时即使达不到600℃·d的要求也必须做抗压试验（接近600℃·d）。

（3）低于0℃的天数及其温度不计算入“等效养护龄期”内。

专家提示：在14d以内，任何条件下养护，都不能达到标养，试块强度还会增加；而60d（0℃以下天数不计）后任何条件下养护，都能达到标养，试块强度增加非常缓慢，接近标养；0℃以下混凝土强度基本不增长。

287. 梁腰筋的作用有哪些？

答：（1）保持梁骨架的刚度

腰筋和拉筋的直径和间距要考虑到施工中的荷载作用。当混凝土梁很高时，高大的钢筋骨架要承受钢筋自重，特别是施工中的施工机具、施工人员和施工材料的荷载，就可能使钢筋骨架发生位移和变形，导致钢筋尺寸跑位，这样便会影响钢筋与混凝土的粘结力，保护层厚度，从而影响梁的耐久性。设置适量的腰筋和拉筋，与钢筋骨架中的箍筋绑扎在一起形成一个整体，有效地约束钢筋骨架的变形，增大了钢筋骨架的刚度和稳定性。

（2）限制混凝土的收缩裂缝

混凝土浇筑后必须保持足够的湿度和温度，才能保证水泥的不断水化，以使混凝土的强度不断发展，如果过早失水，会造成强度的下降，而且形成的结构疏松，产生大量的干缩裂缝。由于在混凝土梁的上下部都配置了钢筋，可以约束混凝土的收缩和阻止裂缝的产生。当梁高超过700mm，裂缝就会出现在梁的中部，进而向四周延伸，影响梁的外部观感、完整性和耐久性。在梁的中部设置腰筋，便可以控制这些裂缝的出现和产生。

（3）减少受拉区裂缝的伸展

当梁承受的荷载较大时，梁的受拉区混凝土会开裂，随着荷载的增加，这些裂缝会汇集成宽度较大的根状裂缝向梁的上部延伸，从而影响梁的受力性能。设置腰筋便可以约束这些根状裂缝的伸展，提高梁的承载力。

288. 如何理解规范中的强制性条文？

答：（1）是规范工程建设过程中质量行为的强制性技术规定，是参与工程建设活动的各方执行工程建设的重点，也是政府对实施工程建设监督的依据。从技术上是确保建设工程质量的关键，对保证工程质量、安全和规范建筑市场起着重要的作用，从而促进工程质量的不断提高，适应市场经济的需要。

（2）凡是以黑体字标志的条文均为强制性条文，必须严格执行。它既是最重要的，又是最基本、最低的要求。它涉及工程安全、环境保护、人体健康和社会公益各方面最基本的要求。主要是考虑保证地基基础、主体结构安全和使用功能，不允许出现重大事故、恶性事故以及涉及消防、环保、健康等事故。

（3）既是最重要的，又是最低要求，涉及工程安全、环境保护、人体健康和社会公益各方面的最低要求。

289. 节能保温材料在施工使用时的含水率如何控制？

答：节能保温材料在施工使用时的含水率应符合设计要求、工艺要求及施工技术方案要求。当无上述要求时，节能保温材料在施工使用时的含水率不应大于正常施工环境温度下的自然含水率，否则应采取降低含水率的措施。

290. 外保温复合墙体的节能设计常忽略的细部处理有哪些？

答：（1）外保温系统未注明包覆门窗框外侧洞口、女儿墙以及封闭阳台等热桥部位的施工要求。

（2）对于机械固定EPS钢丝网架板外墙外保温系统，未说明固定件、承托件的热桥影响的处理要求。

（3）对于围护结构施工发生的偏差值，未详细说明在外保温施工前的纠偏处理的技术要求。

291. 外保温复合墙体的外保温施工前对上道工序质量有什么要求？

答：除采用现浇混凝土外墙外保温系统外，外保温工程的施工应在基层施工质量验收合格后进行。外门窗洞口应通过验收，洞口尺寸、位置应符合设计要求和质量要求，门窗框或辅框应安装完毕。伸出墙面的消防梯、水落管、各种进户管线和空调器等预埋件、连接件应安装完毕，并按外保温系统厚度留出间隙。

292. 外墙外保温系统的保护层厚度有哪些要求？

答：对于具有薄抹面层的系统，保护层厚度应不小于3mm并且不宜大于6mm。对于具有厚抹面层的系统，厚抹面层厚度应为25～30mm。

293. 建筑节能工程现场检测有哪些项目？

答：建筑围护结构施工完成后，应对围护结构的外墙节能构造和严寒、寒冷、夏热冬冷地区的外窗气密性进行现场实体检测。采暖、通风与空调、配电与照明工程安装后，应进行系统节能性能的检测。当条件具备时，也可直接对围护结构的传热系数进行检测。

294. 外墙节能构造芯样厚度合格的标准是什么？

答：在垂直于芯样表面（外墙面）的方向上实测芯样保温层厚度，当实测芯样厚度的平均值达到设计厚度的95%及以上且最小值不低于设计厚度的90%时，应判定保温层厚度符合设计要求；否则，应判定保温层厚度不符合设计要求。

295. 外墙节能构造芯样检验不符合设计要求将如何处理？

答：当取样检验结果不符合设计要求时，应委托具备检测资质的见证检测机构增加一倍数量再次取样检验。仍不符合设计要求时应判定围护结构节能构造不符合设计要求。此时应根据检验结果委托原设计单位或其他有资质的单位重新验算房屋的热工性能，提出技术处理方案。

296. 外墙外保温墙面钻芯取样部位如何进行修补？

答：外墙取样部位的修补，可采用聚苯板或其他保温材料制成的圆柱柱形塞填充并用建筑密封胶密封。修补后宜在取样部位挂贴注有“外墙节能构造检验点”的标志牌。

297. 如何理解规范中关于“砌筑砖砌体时，砖应提前1~2d浇水湿润”的要求？

答：砖砌筑前浇水是砖砌体施工工艺的一个部分，砖的湿润程度对砌体的施工质量影响较大。对比试验证明，适宜的含水率不仅可以提高砖与砂浆之间的粘结力，提高砌体的抗剪强度，也可以使砂浆强度保持正常增长，提高砌体的抗压强度。同时，适宜的含水率还可以使砂浆在操作面上保持一定的摊铺流动性能，便于施工操作，有利于保证砂浆的饱满度。这些对确保砌体施工质量和力学性能都是十分有利的。适宜含水率的数值是根据有关科研单位的对比试验和施工企业的实践经验提出的，对烧结普通砖、多孔砖含水率宜为10%~15%；对灰砂砖、粉煤灰砖含水率宜为8%~12%。现场检验砖含水率的简易方法采用断砖法，当砖截面四周融水深度为15~20mm时，视为符合要求的适宜含水率。

298. 对有裂缝的砌体应如何进行验收?

答: 1) 对有可能影响结构安全性的砌体裂缝，应由有资质的检测单位检测鉴定，需返修或加固处理的，待返修或加固满足使用要求后进行二次验收。

2) 对不影响结构安全性的砌体裂缝，应予以验收，对明显影响使用功能和观感质量的裂缝，应进行处理。

专家提示: 砌体中的裂缝现象常有发生，且又常常影响工程质量验收工作。因此，对有裂缝的砌体怎样进行验收应予以规定。上述两种情况，对是否影响结构安全性做了不同的规定。

299. 砌体工程主要质量通病有哪些? 如何进行防治?

答: 1) 砂浆强度偏低、不稳定。

砂浆强度偏低有两种情况:一是砂浆标养试块强度偏低;二是试块强度不低，甚至较高，但砌体中砂浆实际强度偏低。标养试块强度偏低的主要原因是计量不准，或不按配比计量，水泥过期或砂及塑化剂质量低劣等。由于计量不准，砂浆强度离散性必然偏大。主要预防措施是:加强现场管理，加强计量控制，不得使用过期的水泥，沙的含泥量等必须符合要求，严格按照配比进行施工。

2) 砂浆和易性差，沉底结硬。

砂浆和易性差主要表现在砂浆稠度和保水性不符合规定，容易产生沉淀和泌水现象，铺摊和挤浆较为困难，影响砌筑质量，降低砂浆与砖的粘结力。预防措施是:低强度水泥砂浆尽量不用高强水泥配制，不用细砂，严格控制塑化材料的质量和掺量，加强砂浆拌制计划性，随拌随用，灰桶中的砂浆经常翻拌、清底。

3) 砌体组砌方法错误。

砌墙面出现数皮砖同缝(通缝、直缝)、里外两张皮，砖柱采用包心法砌筑，里外皮砖层互不相咬，形成周围通天缝等，影响砌体强度，降低结构整体性。预防措施是:对工人加强技术培训，严格按规范方法组砌，缺损砖应分散使用，少用半砖，禁用碎砖。

4) 墙面灰缝不平直，游丁走缝，墙面凹凸不平。

水平灰缝弯曲不平直，灰缝厚度不一致，出现“螺丝”墙，垂直灰缝歪斜，灰缝宽窄不匀，丁不压中(丁砖未压在顺砖中部)，墙面凹凸不平。预防措施是:砌前应摆底，并根据砖的实际尺寸对灰缝进行调整。采用皮数杆拉线砌筑，以砖的小面跟线，拉线长度(15~20m)超长时，应加腰线。竖缝每隔一定距离应弹墨线找齐，墨线用线锤引测，每砌一步架用立线向上引伸，立线、水平线与线锤应“三线归一”。

5）墙体留槎错误。

砌墙时随意留直槎，甚至是阴槎，构造柱马牙槎不标准，槎口以砖渣填砌，接槎砂浆填塞不严，影响接槎部位砌体强度，降低结构整体性。预防措施是：施工组织设计中应对留槎作统一考虑，严格按规范要求留槎，采用18层退槎砌法：马牙槎高度，标准砖留五皮，多孔砖留三皮。对于施工洞所留槎，应加以保护和遮盖，防止运料车碰撞槎子。

6）拉结钢筋被遗漏。

构造柱及接槎的水平拉结钢筋常被遗漏，或未按规定布置，配筋砖缝砂浆不饱满，露筋年久易锈。预防措施是：拉结筋应作为隐检项目对待，应加强检查，并填写检查记录存档。施工中，对所砌部位需要的配筋应一次备齐，以备检查有无遗漏。尽量采用点焊钢筋网片，适当增加灰缝厚度（以钢筋网片厚度上下各有2mm保护层为宜）。

7）砌块墙体裂缝。

砌块墙体易产生沿楼板的水平裂缝，底层窗台中部竖向裂缝，顶层两端角部阶梯形裂缝以及砌块周边裂缝等。预防措施是：为减少收缩，砌块出池后应有足够的静置时间（30～50d）；清除砌块表面脱模剂及粉尘等；采用粘结力强、和易性较好的砂浆砌筑，控制铺灰长度和灰缝厚度；设置心柱、圈梁、伸缩缝，在温度、收缩比较敏感的部位局部配置水平钢筋。

8）墙面渗水。

砌块墙面及门窗框四周常出现渗水、漏水现象。预防措施是：认真检验砌块质量，特别是抗渗性能；加强灰缝砂浆饱满度控制；杜绝墙体裂缝；门窗框周边嵌缝应在墙面抹灰前进行，而且要待固定门窗框铁脚的砂浆（或细石混凝土）达到一定强度后进行。

9）层高超高。

层高实际高度与设计高度的偏差超过允许偏差。预防措施是：保证配置砌筑砂浆的原材料符合质量要求，并且控制铺灰厚度和长度。砌筑前应根据砌块、梁、板的尺寸和规格，计算砌筑皮数，绘制皮数杆，砌筑时控制好每皮砌块的砌筑高度，对于原楼地面的标高误差，可在砌筑灰缝或圈梁、楼板找平层的允许误差内逐皮调整。超高的墙体一定要注意加圈梁。

300. 引起砌体结构墙面抹灰层开裂的原因有哪些?

答：砌体结构墙面开裂的原因有：

（1）砌体和抹灰砂浆自身存在各种收缩，如化学收缩、干燥收缩、自收缩、温度收缩及塑性收缩。

（2）砌体和抹灰砂浆的导热系数相差过大，从而在两种材料之间产生较大的温差而形成很大的温度应力。

（3）砌体和抹灰砂浆的线膨胀系数差异较大，使得两种材料在温度的作用下热胀冷缩的变形量以及吸湿膨胀、干燥收缩的变形量不一致。

（4）抹灰砂浆的刚度、强度、密实度过大，阻碍了温度应力的释放。

（5）墙体的垂直度不好，造成抹灰过厚，以至于抹灰层的内外干燥程度或速率不一。

（6）砌体本身的质量不合格或设计和施工不当。

301. 砌筑砂浆的主要原材料的质量有哪些要求？

答：（1）水泥：水泥的强度等级应根据设计要求进行选择。水泥砂浆采用的水泥，其强度等级不宜大于32.5级；水泥混合砂浆采用的水泥，其强度等级不宜大于42.5级。

（2）砂：砂宜用中砂，其中毛石砌体宜用粗砂。砂的含泥量：对水泥砂浆和强度等级不小于M5的水泥混合砂浆不应超过5%；强度等级小于M5的水泥混合砂浆，不应超过10%。

（3）石灰膏：生石灰熟化成石灰膏时，应用孔径不大于3mm×3mm的网过滤，熟化时间不得少于7d；磨细生石灰粉的熟化时间不得小于2d。沉淀池中贮存的石灰膏，应采取防止干燥、冻结和污染的措施。配制水泥石灰砂浆时，不得采用脱水硬化的石灰膏。

（4）水：水质应符合现行行业标准《混凝土用水标准》JGJ 63—2006的规定。

（5）外加剂：凡在砂浆中掺入有机塑化剂、早强剂、缓凝剂、防冻剂等，应经检验和试配符合要求后，方可使用。有机塑化剂应有砌体强度的型式检验报告。

302. 怎样判定砌筑砂浆强度合格？

答：砌筑砂浆试块强度验收时其强度合格标准必须符合以下规定：

（1）同一检验批砂浆试块抗压强度平均值必须大于或等于设计强度等级所对应的立方体抗压强度；同一检验批砂浆试块抗压强度的最小一组平均值必须大于或等于设计强度所对应的立方体抗压强度的0.75倍。

抽检数量：每一检验批且不超过250m^{3}砌体的各种类型及强度等级的砌筑

砂浆，每台搅拌机应至少抽检一次。

检验方法：在砂浆搅拌机出料口随机取样制作砂浆试块（同盘砂浆只应制作一组试块），最后检查试块强度试验报告单。

（2）当施工中或验收时出现下列情况，可采用现场检验方法对砂浆和砌体强度进行原位检测或取样检测，并判定其强度：

1）砂浆试块缺乏代表性或试块数量不足。

2）对砂浆试块的试验结果有怀疑或有争议。

3）砂浆试块的试验结果，不能满足设计要求。

303. 加气混凝土砌块有哪些分类方法？

答：加气混凝土砌块以水泥、矿渣、砂、石灰等为主要原料，加入发气剂，经搅拌成型、蒸压养护而成的实心砌块。主要有以下几种分类方法：

（1）加气混凝土砌块按其抗压强度分为：A1.0、A2.0、A2.5、A3.5、A5.0、A7.5、A10七个强度等级。

（2）加气混凝土砌块按其密度分为：B03、B04、B05、B06、B07、B08六个密度级别。

（3）加气混凝土砌块按尺寸偏差与外观质量、密度和抗压强度分为优等品、一等品和合格品。

304. 一般情况下哪些部位不得使用加气混凝土砌块墙？

答：加气混凝土砌块墙如无切实有效措施，不得使用于下列部位：

（1）建筑物室内地面标高以下部位；

（2）长期浸水或经常受干湿交替部位；

（3）受化学环境侵蚀（如强酸、强碱）或高浓度 CO_2 等环境；

（4）砌块表面经常处于80℃以上的高温环境。

305. 建筑地面工程中各层次有什么作用？

答：应正确理解整个建筑地面工程构成各层次的作用，以便能够按不同的使用和功能要求进行施工监督和指导施工，从而保证建筑地面工程的整体质量。

（1）面层

面层是直接承受各种物理和化学作用的建筑地面的表面层。面层类型和品种的选择，由设计部门根据生产特点、使用要求、就地取材和技术经济条件等综合考虑确定。建筑地面的名称按其相应的面层名称而定。

（2）基层

1）基土

基土是底层地面的结构层，它是地面垫层下的地基土层，包括软弱土质的利用和处理，以及按设计要求进行的基土表面加强层。

2）楼板

楼板是楼层地面的结构层，它承受楼面（含各构造层）上的荷载，如现浇钢筋混凝土楼板或预制整块钢筋混凝土板和钢筋混凝土空心板以及木结构基层，也有承受地面（含各构造层）荷载预制架空的钢筋混凝土板（含空心板）。

3）垫层

垫层是承受并传递地面荷载于基土上的构造层，分为刚性和柔性两类垫层。底层地面的垫层常用水泥混凝土或配筋混凝土构成弹性地基上的刚性板体，亦有采用碎石、炉渣、灰土等直接在素土夯实地基（基土层）上铺设而成；楼层地面则是钢筋混凝土楼板结构层。

（3）构造层

1）结合层

结合层是面层与下一层相连接的中间层，有时也可以作为面层的弹性基层。主要指整体面层和板块面层铺设在垫层、找平层上时，用胶凝材料予以连接牢固，以保证建筑地面工程的整体质量，防止面层起壳、空鼓等施工质量问题。

2）找平层

找平层是在垫层上、钢筋混凝土板（含空心板）上或填充层（轻质或松散材料）上起整平、找坡或加强作用的构造层。

3）填充层

填充层是当面层、垫层和基土（或结构层）尚不能满足使用要求或因构造上需要，而增设的构造层。主要在建筑地面上起隔声、保温、找坡或敷设管线等作用的构造层。

4）隔离层

隔离层是防止建筑地面面层上各种液体（主要指水、油、非腐蚀性和腐蚀性液体）侵蚀作用以及防止地下水和潮气渗透地面而增设的构造层。仅防止地下潮气透过地面时，可作为防潮层。

306. 建筑地面工程施工有哪些技术要求？

答：（1）建筑地面各构造层采用拌合料的配合比或强度等级，应按施工规范规定和设计要求通过试验确定后，填写配合比通知单记录，并按规定做好试块的制作、养护和强度检验。

（2）水泥混凝土和水泥砂浆试块的制作、养护和强度检验应按现行国家标准《混凝土结构工程施工质量验收规范》GB 50204—2002 和《砌体工程施工质量验收规范》GB 50203—2002 的有关规定执行。

（3）检验水泥混凝土和水泥砂浆试块的组数，按施工规范的规定：每一层（或检验批）建筑地面工程不应小于一组；当每一层（或检验批）建筑地面工程面积大于1 000m^2 时，每增加1 000m^2 各增做一组试块，小于1 000m^2 按1 000m^2 计算；当改变配合比时，也相应地按上述规定制作试块组数；以保证质量检验。

（4）建筑地面各构造层的厚度应严格控制，按设计要求铺设，并应符合施工规范的规定。

（5）厕浴间和有防滑要求的建筑地面，应选用符合设计要求的具有防滑性能的板块材料，以满足使用功能，防止使用时对人体可能造成的滑倒伤害。

（6）在地面工程上铺设有坡度要求的面层时，应在基层施工中，在夯实的基土上修整基土层高差以达到设计要求的坡度。

在楼面工程上铺设有坡度要求的面层（或在地下室的底层地面和架空板地面）时，施工中应采取在结构层（现浇钢筋混凝土或预制板）上按结构起坡的高差或在钢筋混凝土板上利用变更填充层（或找平层）铺设的厚度差以达到设计要求的坡度。

（7）为了使各层（主要指铺设垫层、找平层、结合层和面层）铺设材料和拌合料、胶结材料具有正常凝结和硬化条件。施工时各层环境温度及其所铺设材料温度的控制，应符合下列规定：

1）采用掺有水泥的拌合料铺设面层、结合层、找平层和垫层时，其环境温度不应低于5℃，并应保持拌合料强度等级达到不小于设计要求的50%。

2）采用沥青胶结料（无特别注明时，均为石油沥青胶结料，以下同）作为结合层和填缝料铺设板块面层、实木地板面层时，其环境温度不应低于5℃。

3）采用掺有石灰的拌合料铺设垫层时，其环境温度不应低于5℃。

4）采用胶粘剂（有机胶粘剂）粘贴塑料板面层、拼花木板面层时，其环境温度不应低于10℃。

5）在砂石垫层和砂结合层上铺设板块料、料石面层时，其环境温度不应低于0℃。

6）铺设碎石、碎砖垫层时，其环境温度不应低于0℃。

如各层环境温度低于上述规定，施工时应采取相应的技术措施，以保证各层的施工质量。

（8）室外散水、明沟、踏步、台阶和坡道等附属工程，其面层和基层（含各构造层）构造均应按设计要求施工，并应符合施工规范的规定。

（9）水泥混凝土散水和明沟应按施工规范规定设置伸缩缝，其间隙宜按各地气候条件和传统做法确定，但其间距不应大于10m；房屋建筑物转角处应做成45°伸缩缝；水泥混凝土散水、明沟和台阶等与建筑物连接处应设缝处理，以防止沉降开裂。上述缝宽度均为15～20mm，缝内填嵌柔性密封材料。

（10）厕浴间、厨房和有排水（或其他液体）要求的建筑地面工程，其结构层标高的确定，应结合房间内外标高差、面层做法和隔离层以能包裹住地漏以及面层坡度流向地漏（管沟）等方面施工。房间内外高差应符合设计要求，当设计无要求时，宜不小于20mm，以防止厕浴间、厨房和排水要求的建筑地面面层铺设后可能出现房间水向外溢出、室内倒泛水和地漏处渗漏等现象，从而影响正常使用。

（11）楼梯踏步的高度和宽度应符合设计要求。施工时，踏步的每级高度应以楼梯间结构层的标高结合楼梯上、下级踏步与平台、走道连接处面层的做法进行划分，使铺设后每级踏步的高度与上一级踏步、下一级踏步的高度差达到施工规范的质量检验标准。

307. 楼层地面防水施工有哪些施工要点?

答：楼层地面防水是房屋建筑防水的重要组成部分，其防水质量的保证将直接关系着建筑地面工程的使用功能，特别是厕浴间、厨房和有防水要求的楼层地面（含有地下室的底层地面），如若发生有渗透、漏水等现象，则严重影响人们的正常活动和居住条件。因此，做好防水层铺设，实为地面工程中一项极其重要的大问题，不应作为质量通病来对待，规范中已列为强制性条文，必须严格实施。其主要有以下施工要点：

（1）合理设置防水层

防水层应设置在面层及其基层的下面，这样就避免了渗漏现象，改善了卫生条件，保持正常的使用功能。

防水层不应设置在结构层上，否则发生渗漏易使面层及其基层下面积聚污水，使厕浴间、厨房等产生异味甚至臭味，不仅环境卫生差，而且影响了正常的使用功能。

（2）确定地漏标高

地漏标高的确定原则应是偏低不偏高。

如确定地漏标高偏低时，土建施工较易处理，采用大一号的塑料或金属箅子代替原铸铁箅子，使大量地面水从地漏排走，少量地面水渗到防水层再排入地漏，这样厕浴间、厨房等地面就不致产生渗漏情况。

当确定地漏标高偏高，则会产生以下不利因素：一是必然抬高面层标高，按规定厕浴间、厨房等的面层均应低于相连接各类面层的标高，一旦抬高厕浴间、厨房等面层的标高，势必降低与相连接各类面层的高度差，如厕浴间、厨房积水过多（当洗浴时或特殊情况）时，易使水漫入相连接的房间，从而严重地影响了相连接房间的使用功能；二是减小厕浴间、厨房面层的排水坡度，这样就容易造成面层积水，长期反复下去则会造成楼面渗漏存在的隐患。

（3）确定排水坡度

排水坡度应从垫层找起，垫层坡向地漏的排水坡度为2%，而地漏处的排水坡度应为3%～5%。其具体做法是：沿厕浴间、厨房的墙面弹出＋500mm标志线，以此线为基准，按已确定的地漏标高及排水坡度，分别弹出面层、找平层、防水层（隔离层）、垫层等坡向地漏的标志线，从而形成厕浴间、厨房以地漏为最低点的地面斜平面线，以便于施工操作。

（4）结构层的设计

对有防水要求的卫生间、盆洗室、厨房等。结构层设计标高必须满足排水坡度的要求，其楼面（含有地下室的底层地面）和墙裙应设置防水层（隔离层）。

（5）预留、预埋管道孔位

根据房间轴线确定预留、预埋管道孔位置、标高及排水坡向。将留、埋孔模具牢固地固定在模板上，待水泥混凝土浇筑后，终凝前进行二次校核，以消除因预留位置不准而发生再凿洞、扩孔等现象。

（6）防水层的铺设

有防水要求的房间防水层应先全部铺设，不可待一些设施（如蹲台、水池等）完工后再进行防水和蹲台下找平，防水要坡向地漏。

（7）管道缝隙处理

厕浴间、厨房等楼层地面（含有地下室上底层地面）穿过的管道较多，如上水管、洗浴下水管、坐便下水道、地漏、暖气管等，各种管道不易区别，因此对于管径较小的宜一律加套管。管道（含套管）与楼板之间的缝隙，应用刚性防水砂浆勾抹，以确保穿过楼板孔洞的防水效果。套管与地面防水层之间的缝应用优质建筑防水密封膏封堵严密，以形成整体防水层。

（8）基层处理

1）厕浴间、厨房等的防水基层必须用1:3的水泥砂浆抹找平层，要求抹平压光无空鼓，表面要坚实，不应有起砂、掉灰现象。抹找平层时，凡管道根部的周围，在200mm范围内的原标高基础上提高10mm坡向地漏，避免管道根部积水。在地漏的周围，应做成略低地面的洼坑，一般在5mm。

2）厕浴间、厨房等找平层的坡度以1%~2%为宜，凡遇到阴阳角处，要抹成半径小于10mm的小圆弧。

3）穿过楼面或墙面的管道、套管、地漏等以及卫生洁具等，必须安装牢固，收头圆滑。

4）基层应基本干燥，一般在基层表面均匀泛白无明显水印时，方可进行涂膜防水层的施工。施工时要把基层表面的尘土杂物清扫干净。

（9）柔性防水施工

厕浴间、厨房的楼层地面可选用高、中、低档涂料做防水层：其中高档防水涂料，如聚氨酯涂膜防水材料，适合于Ⅰ级建筑即旅馆、宾馆等公共建筑；中档防水涂料，如氯丁胶乳沥青涂膜防水材料，适用于Ⅱ级建筑即高级住宅工程等；低档防水涂料，如SBS橡胶改性沥青涂膜防水材料，适用于Ⅲ级建筑即一般住宅工程等。Ⅳ级建筑宜选用低档防水涂料做防水层。

（10）刚性防水施工

厨厕间采用UEA刚性砂浆作防水层可以获得好的技术经济效果。UEA砂浆厚度的微膨胀可以使垫层和防水层不裂不渗，对面积较小的厨厕间更具其独特的优异性，而采用大膨胀的UEA砂浆填充在管件与楼板等节点空隙，更将缝隙封堵严密，与防水层紧密连接形成整体防水结构。不仅防水效果理想，而且施工更简便、造价更低廉，是一种较好的防水做法。

308. 水泥混凝土面层有哪些施工要点？

答：（1）对铺设水泥混凝土面层下基层的要求和处理要符合规范有关规定。基层表面应坚固密实、平整、洁净，不允许有凸凹不平和起砂等现象，表面还应粗糙。水泥混凝土拌合料铺设前，应保持基层表面有一定的湿润，但不得有积水，以利面层与基层结合牢固，防止空鼓。

（2）面层下基层的水泥混凝土抗压强度达到1.2MPa以上时，方可进行面层混凝土拌合料的铺设。

（3）混凝土拌制时，应采用机械搅拌。按混凝土配合比投料，顺序是：先石料、再水泥、后砂子，各种材料计量要正确，严格控制加水量和混凝土坍落度，搅拌必须均匀，时间一般不得少于1min。

（4）混凝土铺设前应按标准水平线用木板隔成按需要的区段，以控制面层厚度。

（5）铺设时，在基层表面上涂一层水灰比为0.4～0.5的水泥浆，并随刷随铺设混凝土拌合料，刮平找平。

（6）混凝土浇筑时的坍落度不宜大于30mm。摊铺刮平采用平板振动器振捣密实或用滚筒压实，以不冒气泡为度，保证面层水泥混凝土密实度，达到混凝土强度等级。

（7）水泥混凝土面层应连续浇筑，不应留置施工缝。如停歇时间超过允许规定时，在继续浇筑前应对已凝结的混凝土接槎处进行清理和处理，剔除松散石子、砂浆部分，润湿并铺设与混凝土同级配合比的水泥砂浆后再进行混凝土浇筑，应重视接缝处的捣实、压平工作，不应显出接槎。

（8）水泥混凝土振实后，必须做好面层的抹平和压光工作。水泥混凝土初凝前，应完成面层抹平、搓打均匀，待混凝土开始凝结即用铁抹子分遍抹压面层，注意不得漏压，并将面层的凹坑、砂眼和脚印压平，在混凝土终凝前需将抹子纹痕抹平压光。

在抹平压光过程中，确因水灰比控制不严，用水量过大而出现表面泌水，或需赶抢时间完成难以抹光时，宜采用干拌合均匀的水泥和砂，一般用水泥：砂（体积比）1∶2～1∶2.5，均匀撒在面层上，待被水吸收后即可抹平压光，但应防止面层起砂、起灰和龟裂等。

（9）浇筑钢筋混凝土楼板或水泥混凝土垫层兼面层时，可采用随捣随抹的施工方法，这样做一次性完成面层不仅能节约水泥用量，而且可提高施工质量，加快进度，防止面层可能出现的空鼓、起壳等施工缺陷。

（10）水泥混凝土面层浇筑完成后，应在24h内加以覆盖并浇水养护，在常温下连续养护不少于7d，使其在湿润的条件下硬化。养护可以采用分间（分块）蓄水养护。

309. 什么是耐磨混凝土地面？有哪些施工要求？

答：耐磨混凝土面层（即高强性耐磨地面）是采用HS系列耐磨面料铺设在新拌水泥混凝土基层上形成复合面强化的现浇整体面层。耐磨面料是以水泥和复合增强外加剂为胶结材料，用人造烧结矿物和（或）金属材料及天然硬质矿物材料以一定大小颗粒组配为耐磨骨料组成的拌合料，铺设而成，具有高耐磨、高强度、抗冲击、不起尘和各种油脂不易渗透等多种功能，应用于各类工业厂房、仓库、停车场以及隧道、码头等地面和其修复工程。

施工时应符合下列要求：

（1）耐磨面料应按设计要求的HS系列代号选用。

（2）HS系列耐磨面料是由水泥、耐磨骨料和复合增加剂等材料组成，系工厂产品，其包装、运输、存放条件均应参照水泥标准执行。材料进场需经研制单位检验后出具合格证方可使用。进场后应妥善保管，切实做好防水、防潮、防戳破。现场存放期不宜超过90d，发现有结块现象，不得使用。

（3）耐磨混凝土面层厚度应符合设计要求，一般为10～15mm，但不应大于30mm。误差不大于1mm。

（4）施工前应根据场地条件制订施工方案，并准备好施工机具。对于强制式砂浆搅拌机和圆盘式抹光机等专用机具，应指定专人操作和维护。

（5）面层铺设在水泥混凝土垫层或结合层上，垫层或结合层的厚度不应小于50mm。当有较大冲击作用时，宜在垫层或结合层内加配防裂钢筋网，一般采用ϕ4@150～200mm双向网格，并应放置在上部，其保护层控制在20mm。

（6）当有较高清洁美观要求时，宜采用彩色耐磨混凝土面层。

（7）施工环境温度不低于5℃。

（8）耐磨混凝土面料铺设时加水量应视基层混凝土的干湿程度由专人负责合理调配，面料加水拌合均匀即可使用，以控制施工进度。

（9）耐磨混凝土面层，应采用随捣随抹的方法。

（10）对复合强化的现浇整体面层下基层的表面处理同水泥砂浆面层。

（11）对设置变形缝的两侧100～150mm宽范围内的耐磨层应进行局部加厚3～5mm处理。

（12）耐磨混凝土面层的主要技术指标：

耐磨硬度（1 000转）　$\leqslant 0.28g/cm^2$

抗压强度　$\geqslant 80N/mm^2$

抗折强度　$\geqslant 8N/mm^2$

310. 水泥砂浆地面有哪些施工要点？

答：（1）基层表面应密实、平整，不允许有凸凹不平和起砂现象，垫层表面上的松散焦渣、水泥混凝土、水泥砂浆均应清理干净，如有油污应用火碱液清洗干净。水泥砂浆铺设前一天即应洒水保持表面有一定的湿润，有利于面层与基层结合牢固。第二天先刷一道水灰比为0.4～0.5的水泥浆结合层，随即进行面层铺抹。如果水泥素浆结合层过早涂刷，则起不到与基层和面层两者粘结的作用，反而造成地面空鼓。所以，一定要做到随刷随铺。

（2）水泥砂浆宜采用机械搅拌，按配合比投料，计量要正确，严格控制加水量，搅拌时间不应小于2min，拌合要均匀，颜色一致。水泥砂浆的稠度（以标准圆锥体沉入度计），当铺设在炉渣垫层上时，宜为25～35mm；当铺设在水泥混凝土垫层上时，应采用干硬性水泥砂浆，以手捏成团稍出浆为准。

(3) 水泥砂浆铺设前，在基层表面涂刷一层水泥浆作粘结层，其水灰比为0.4~0.5，涂刷要均匀，随刷、随铺设拌合料。

(4) 摊铺水泥砂浆后，即进行振实。并做好面层的抹平和压光工作，但必须掌握好水泥砂浆在水泥初凝前完成抹平、终凝前完成压光。一般抹压三遍，先用木抹子拍实、刮平、搓平，再用钢皮抹子压头遍，等表面收水后随即压光，并检查平整度。待水泥砂浆开始凝结，即人踏上有脚印但不下陷时，用钢皮抹子压第二遍，要求不漏压，并将凹坑、砂眼处压平，当水泥砂浆凝结，即人踩上去稍有脚印而无抹子纹时，可用钢皮抹子压第三遍，并将第二遍留下的抹子纹压平、压实、压光。

当采用地面抹光机压光时，在压第二遍、第三遍中，水泥砂浆的干硬度应比手工压光时稍干一些。

(5) 当水泥砂浆面层抹压时，其干湿度不适宜时，应采取措施：如表面稍干，宜淋水予以压光；如确因水灰比稍大，表面难于收水，可撒干拌的水泥和砂进行压光，其体积比为1:1（水泥:砂），砂需过3mm筛，但撒布时应均匀。

(6) 有地漏的房间，应在地漏四周做出不小于5%的泛水坡度，以利流水畅通。

(7) 水泥砂浆面层如遇管线等出现局部面层厚度减薄处在10mm以下时，必须采取防止开裂措施，一般沿管线走向放置钢筋网片，或符合设计要求后方可铺设面层。

(8) 当面层需分格时，即做成假缝，应在水泥初凝后进行弹线分格。宜先用木抹搓一条约一抹子宽的面层，用钢皮抹子压光，并采用分格器压缝。分格缝要求平直，深浅一致。大面积水泥砂浆面层，其分格缝的一部分位置应与水泥混凝土垫层的缩缝相应对齐。

(9) 当水泥砂浆面层采用矿渣硅酸盐水泥拌制时，施工中应采取如下措施：

1) 严格控制水灰比，水泥砂浆的稠度不应大于35mm。尽可能采用干硬性或半干硬性水泥砂浆。

2) 精心进行压光工作，一般不应少于三遍，最后一遍“定光”施工操作是关键，对提高面层的光洁度、密实度，减少微裂纹具有重要作用。

3) 由于矿渣硅酸盐水泥拌制的水泥砂浆，其早期强度较低，故应适当延长养护时间，特别是要强调早期养护，以防止出现干缩性的表面裂纹。

(10) 水泥砂浆面层铺设好并压光后24h，即应开始养护工作。

1) 养护要适时，如浇水过早易起皮，过晚则易产生裂纹或起砂。一般夏天24h后养护，春秋季节应在48h后养护，养护时间不少于7d。最好是铺上锯木屑再浇水养护，浇水时应用喷壶洒水，保持锯木屑湿润即可。

2）当采取蓄水养护方法时，蓄水深度宜为20mm。

3）冬期养护时，如采用生煤火保温，则应注意室内不能完全封闭，宜有通风措施，应做到空气流通，能使局部二氧化碳气体可以逸出，以免影响水泥水化作用的正常进行和面层的结硬，造成水泥砂浆面层松散、不结硬而引起起砂和起灰的质量通病。

4）如采用矿渣硅酸盐水泥时，养护时间应延长到14d。

5）在养护期间，水泥砂浆面层的强度不到5.0MPa前，不准在上面行走或进行其他作业，以免碰坏地面。

（11）当水泥砂浆面层采用干硬性水泥砂浆铺设时，其干硬性水泥砂浆体积比宜为1∶2.8～1∶3.0（水泥∶砂），水灰比为0.36～0.4；面层洒水泥净浆，水灰比为0.67。施工工艺是：基层处理好，刷一遍水泥浆，先摊铺一层20mm厚的干硬性水泥砂浆，经整平、滚压、刮平、打毛，再在面层洒1～1.5mm厚水泥净浆，用钢皮抹子收光，随上浆随压光，一般不压第二道，收光18h后洒水（或浇水）养护7d。经测试，干硬性水泥砂浆与普通塑性水泥砂浆相比，抗压强度可提高1倍以上，面层的抗磨耐久性提高2～3倍，水泥可节约用量7%～15.5%。

（12）水泥砂浆面层完成后，应注意成品保护工作。防止面层碰撞和表面玷污，影响美观和使用。对地漏、出水口等部位安放的临时堵口要保护好，以免灌入杂物，造成堵塞。

311. 建筑抹灰施工时应注意哪些问题？

（1）抹灰施工时应注意处理好基层，砖墙基体应清除表面的灰尘和多余的灰浆，预留孔洞堵好，并充分浇水湿润。

（2）砂浆稠度要根据不同面层的具体情况确定，不能太干或太湿。

（3）要注意配合比的控制。底层砂浆与中层砂浆的配合比应基本相同。中层砂浆的强度不能高于底层，底层砂浆的强度不能高于基层，以免砂浆凝结过程中产生较大的收缩应力，破坏强度较低的底层或基层，使抹灰层产生开裂、空鼓或脱落。一般混凝土基层上不能直接抹石灰砂浆，而水泥砂浆也不得抹在石灰砂浆层上。

（4）同一墙面应统一弹线，不能抹一段弹一段。同一墙面最好一次装饰完。弹分格条定要在弹线以后经检查合格后再粘。

（5）外檐窗台、窗楣、雨篷、阳台、压顶和突出腰线等，上面应做流水坡度，下面应做滴水线或滴水槽，其深度和宽度均不应小于10mm，并整齐一致。

（6）为保证墙面颜色的一致，墙面刷浆或油漆应使用同一种材料。

（7）冬季进行抹灰施工时，抹灰砂浆应采取保温措施。涂抹时，砂浆温度不宜低于5℃。砂浆抹灰硬化初期不得受冻。气温低于5℃时，室外抹灰所用的砂浆可掺入混凝土防冻剂。其掺量由试验确定。作涂料墙面的抹灰砂浆中，不得掺入含氯盐的防冻剂，以免引起涂层表面反碱、咬色。

312. 装饰装修材料燃烧性能等级是怎样划分的？

答：A——不燃　花岗岩、大理石、石灰、混凝土、水泥、玻璃、瓷砖、黏土砖、钢铁等。

B1——难燃　中密度纤维板、珍珠岩、矿棉板、纸面石膏板等。

B2——可燃　天然木材、胶合板、墙布等。

B3——易燃　无火源，温度高而自燃。

专家提示：应注意以下问题：

（1）安装在钢龙骨上的纸面石膏板可作为A级装修材料使用。

（2）当胶合板表面涂覆一级饰面型防火涂料时，可作为B1级装修材料使用。

（3）单位面积重量小于300g/m^{2}的纸质、布质壁纸，当直接粘贴在A级基材上时，可作为B1级装修材料使用。

（4）施涂于A级基材上的无机装饰涂料，可作为A级装修材料使用，施涂于A级基材上，湿涂覆比小于1.5kg/m^{2}的有机装饰涂料，可作为B1级装修材料使用。

313. 幕墙工程中结构胶与耐候胶的区别是什么？

答：密封胶包括建筑密封胶（耐候胶）和结构密封胶（结构胶），耐候胶强调耐大气变化、耐紫外线、耐老化的性能，而结构胶则更重要的是其强度、延性、粘结性能等力学性能要求。所以应根据使用目的选用，不得相互代用，尤其不得将结构胶作为耐候胶使用。

（1）结构胶

作用——保证结构安全

强度——高

模量（定伸时的强度）——高

硬度——高

位移能力——不要求很大

结构胶应与密封胶配套使用（同一品牌、类型）

（2）耐候胶

作用——保证耐候密封

强度——较低

模量（定伸时的强度）——低

硬度——低

位移能力——大

疲劳试验——热拉-冷压循环

污染性——石材胶

专家提示：关于硅酮结构胶的管理规定，国家经贸委等六部门联合发文。对临街10m以上隐框和半隐框幕墙工程严格管理，每个工程都必须做相容性试验（施工前），指定了检测中心。非认定产品不准生产、进口、销售、使用。进口结构胶必须有商检报告。

314. 幕墙工程后置埋件（锚栓）有哪些施工要求？

答：幕墙工程近年来在我国得到了很大的发展，但往往由于设计方案确定不及时或施工中的预埋偏差等原因，预埋件偏位的情况较多，造成在后期幕墙施工时大量采用后置埋件（锚栓）的现象。锚栓作为连接幕墙与混凝土结构的主要受力构件，其施工质量非常重要，会严重影响到幕墙甚至整个主体工程的结构安全问题。因此，在施工中必须严格控制好施工质量。主要有以下施工要求：

（1）锚栓的类型、规格、数量、布置和锚固深度必须符合设计和有关标准规定。

（2）埋设锚栓的基体混凝土应符合设计要求。如混凝土强度达不到设计要求，应报设计单位修改锚固系数。

（3）混凝土表面应坚实、平整，不应有起砂、起壳、蜂窝、麻面等影响锚固承载力的质量缺陷。

（4）锚栓不得布置在混凝土保护层中，锚固深度不得包括混凝土的饰面层或抹灰层。

（5）锚栓不宜设置在钢筋密集的区域（如承重梁的底部），应避开受力主筋，钻孔不得伤及钢筋。

（6）对于废孔，应用化学锚固胶或高强度的树脂水泥砂浆填实。

（7）在锚固孔的周围混凝土应不存在缺陷，锚孔深度范围内应基本干燥；

锚孔应用空压机或手动气筒吹净孔内粉屑。

（8）不宜在与化学锚栓接触的连接件上进行焊接操作。

（9）碳素钢锚栓应经过防腐处理。

（10）每个连接点不应少于 2 个锚栓。

（11）锚栓直径应通过承载力计算确定，并不应小于 10mm。

（12）锚栓的埋设应牢固、可靠，不得漏套管。

（13）锚栓排列应符合设计要求，安装后锚栓应整齐洁净。

（14）化学锚栓植入锚孔后，应按厂方提供的养生条件进行养生，固化期间禁止扰动。

315. 幕墙工程的哪些材料需要做复验？

答：建筑幕墙使用的下列材料，除了进行现场材料检测外，还应对其某些指标进行复验：

（1）铝塑复合板的剥离强度。

（2）石材的弯曲强度、寒冷地区石材的耐冻融性、室内用花岗岩的放射性。

（3）幕墙用结构胶的邵氏硬度，标准条件下拉伸粘结强度。

（4）石材用密封胶的污染性。

（5）幕墙用结构密封胶、耐候密封胶与其相接触材料的相容性和剥离粘结性试验（这两项指标密封胶出厂检验报告中不能提供，但在密封胶使用前必须进行试验）。

316. 屋面防水等级和设防要求有哪些？

答：屋面工程应根据建筑物的性质、重要程度、使用功能要求以及防水层合理使用年限，按不同等级进行设防，并应符合下表的要求。

屋面防水等级和设防要求

项目	屋面防水等级和设防要求			
	Ⅰ级	Ⅱ级	Ⅲ级	Ⅳ级
建筑物类别	特别重要或对防水有特殊要求的建筑	重要的建筑和高层建筑	一般的建筑	非永久性的建筑
防水层合理使用年限	25 年	15 年	10 年	5 年

续表

项目	屋面防水等级和设防要求			
	Ⅰ级	Ⅱ级	Ⅲ级	Ⅳ级
设防要求	三道或三道以上防水设防	二道防水设防	一道防水设防	一道防水设防
防水层选用材料	宜选用合成高分子防水卷材、高聚物改性沥青防水卷材、金属板材、合成高分子防水涂料、细石防水混凝土等材料	宜选用高聚物改性沥青防水卷材、合成高分子防水卷材、金属板材、合成高分子防水涂料、高聚物改性沥青防水涂料、细石防水混凝土、平瓦、油毡瓦等材料	宜选用高聚物改性沥青防水卷材、合成高分子防水卷材、三毡四油沥青防水卷材、金属板材、高聚物改性沥青防水涂料、合成高分子防水涂料、细石防水混凝土、平瓦、油毡瓦等材料	可选用二毡三油沥青防水卷材、高聚物改性沥青防水涂料等材料

注：1. 本表中沥青均指石油沥青，不包括煤沥青和煤焦油等材料。

2. 石油沥青纸胎油毡和沥青复合胎柔性防水卷材，系限制使用材料。

3. 在Ⅰ、Ⅱ级屋面防水设防中，如仅做一道金属板材时，应符合有关技术规定。

317. 什么是高聚物改性沥青防水卷材？其具有哪些特点？

答：高聚物改性沥青卷材是以合成高分子聚合物（如 SBS、APP、APAO、丁苯胶、再生胶等）改性沥青为涂盖层，纤维织物或纤维毡为胎体，粉状、粒状、片状或薄膜材料为覆面材料制成的可卷曲片状防水材料称为高聚物改性沥青防水卷材。

根据高聚物改性材料的种类不同，国内目前使用的高聚物改性沥青卷材主要品种有：SBS 改性沥青热熔卷材、APP 改性沥青热熔卷材、APAO 改性沥青热熔卷材、再生胶改性沥青热熔卷材等。

高聚物改性沥青卷材克服了沥青卷材温度敏感性大、延伸率小的缺点。具有高温不流淌、低温不脆裂、抗拉强度高、延伸率大的特点，而且材料来源广，按要求厚度一次成型。底面敷以热熔胶，可以热熔施工，大大简化了施工工艺，提高了施工安全性。它适用于屋面防水，地下室平面防水。由于它主要材料为沥青，温度敏感性仍然较大，强度和延伸又取决于胎体的强度和延伸，所以在需强度更高、延伸更大的防水层和坡度较大的屋面采用时就必须采取一定的技术措施，否则就不宜采用。

318. 什么是合成高分子卷材？其具有哪些性能？

答：合成高分子卷材以合成橡胶、合成树脂或它们两者共混体为基料，加入适量的化学助剂和填充料，经不同工序加工而成的卷曲片状防水材料；或将上述材料与合成纤维等复合形成两层或两层以上可卷曲的片状防水材料称为合成高分子防水卷材。

目前使用的合成高分子卷材主要有：三元乙丙、氯化聚乙烯、聚氯乙烯、氯磺化聚乙烯防水卷材等。

合成高分子卷材具有拉伸强度高、断裂伸长率大、抗撕裂强度高、耐热性能好、低温柔性好、耐腐蚀、耐老化以及可以冷施工等优越性能，经工厂机械化加工，厚度和质量的保证率高，可采用冷粘铺贴、焊接、机械固定等工艺施工。过去搭接缝采用胶粘剂粘结，胶粘材料有一定缺陷，加上施工条件要求苛刻、难度大，卷材接缝施工质量往往达不到要求。目前改用双面胶带密封粘结，大大提高了可靠性。但高分子材料的后期收缩率较大，在长期使用过程中收缩会导致卷材产生较大应力，在高应力下加速卷材老化，或者将粘结胶拉开导致漏水。另外采用粘贴施工时，对基层含水率要求高，否则粘贴不实或水分蒸发会导致防水层鼓泡。合成高分子卷材适用于各种屋面防水、地下室防水，不适用于屋面有复杂设施、平面标高多变和小面积防水工程应用。用于较大坡度斜屋面时要采取防滑措施，用于大面积防水层时，应设分格缝，使卷材断开，当后期收缩时以减少绝对收缩值。用于潮湿基层时，应在潮湿基层上先涂刷潮湿基层处理剂。

319. 卷材防水屋面施工技术要点有哪些？

答：（1）屋面找平层施工

卷材防水屋面的找平层表面应压实平整，排水坡度应符合设计要求。采用水泥砂浆找平层时，水泥砂浆抹平收水后应二次压光和充分养护，不得有酥松、起砂、起皮现象。

（2）卷材铺贴方向

卷材的铺贴方向应根据屋面坡度和屋面是否有振动来确定。当屋面坡度小于3%时，卷材宜平行于屋脊铺贴；屋面坡度在3%～15%时，卷材可平行或垂直于屋脊铺贴；屋面坡度大于15%或受振动时，沥青防水卷材应垂直于屋脊铺贴，高聚物改性沥青防水卷材和合成高分子防水卷材可根据屋面坡度、屋面有否受振动、防水层的粘结方式、粘结强度、是否机械固定等因素综合考虑采用平行或垂直屋脊铺贴；上下层卷材不得相互垂直铺贴。屋面坡度大于

25%时，卷材宜垂直屋脊方向铺贴，并应采取固定措施，固定点还应密封。

（3）卷材的铺贴顺序

防水层施工时，应先做好节点、附加层和屋面排水比较集中部位（如屋面与水落口连接处，檐口、天沟、檐沟、屋面转角处、板端缝等）的处理，然后由屋面最低标高处向上施工。铺贴天沟、檐沟卷材时，宜顺天沟、檐口方向，减少搭接。

铺贴多跨和有高低跨的屋面时，应按先高后低、先远后近的顺序进行。

大面积屋面施工时，为提高工效和加强管理，可根据面积大小、屋面形状、施工工艺顺序、人员数量等因素划分流水施工段。施工段的界线宜设在屋脊、天沟、变形缝等处。

（4）搭接方法及宽度要求

铺贴卷材应采用搭接法，上下层及相邻两幅卷材的搭接缝应错开。平行于屋脊的搭接缝应顺流水方向搭接；垂直于屋脊的搭接缝应顺年最大频率风向（主导风向）搭接。

叠层铺设的各层卷材，在天沟与屋面的连接处应采用叉接法搭接，搭接缝应错开；接缝宜留在屋面或天沟侧面，不宜留在沟底。

坡度超过25%的拱形屋面和天窗下的坡面上，应尽量避免短边搭接，如必须短边搭接时，在搭接处应采取防止卷材下滑的措施。如预留凹槽，卷材嵌入凹槽并用压条固定密封。

高聚物改性沥青卷材和合成高分子卷材的搭接缝宜用与它材性相容的密封材料封严。各种卷材的搭接宽度应符合规范要求。

（5）卷材与基层的粘贴方法

卷材与基层的粘结方法可分为满粘法、条粘法、点粘法和空铺法等形式。通常都采用满粘法，而条粘、点粘和空铺法更适合于防水层上有重物覆盖或基层变形较大的场合，是一种克服基层变形拉裂卷材防水层的有效措施，设计中应明确规定，选择适用的工艺方法。

空铺法：铺贴卷材防水层时，卷材与基层仅在四周一定宽度内粘结，其余部分采取不粘结的施工方法；条粘法：铺贴卷材时，卷材与基层粘结面不少于两条，每条宽度不小于150mm；点粘法：铺贴卷材时，卷材或打孔卷材与基层采用点状粘结的施工方法。每平方米粘结不少于5点，每点面积为100mm×100mm。

无论采用空铺、条粘还是点粘法，施工时都必须注意：距屋面周边800mm内的防水层应满粘，保证防水层四周与基层粘结牢固；卷材与卷材之间应满粘，保证搭接严密。

320. 卷材防水屋面施工的节点应如何处理?

答: 大面积防水层施工前，应先对节点进行处理，如进行密封材料嵌填、附加增强层铺设等，这有利于大面积防水层施工质量和整体质量的提高，对提高节点处防水密封性、防水层的适应变形能力是非常有利的。由于节点处理工序多，用料种类多，用量零星，而且工作面狭小，施工难度大，因此应在大面积防水层施工前进行。但有些节点，如卷材收头、变形缝等处则要在大面积卷材防水层完成后进行。附加增强层材料的选择可采用与防水层相同材料多做一层或数层，也可采用其他防水卷材或涂料予以增强。

(1) 水落口杯

水落口杯一般应先安装，后浇结构混凝土。如特殊原因须后安装时，后浇的细石混凝土必须掺膨胀剂，以减少收缩裂缝，保证安装牢固。

水落口杯的上口安装标高，要考虑天沟和檐沟排水坡度、水落口处局部加大的坡度（5%）以及找平层、防水层、附加增强层和保护层的厚度，标高必须准确，不得过高也不宜过低。

在水落口与基层交接处，抹好找平层后要预留 10mm × 10mm 的凹槽，填嵌密封材料。找平层坡度要准确，在杯（管）口四周 500mm 范围内如设附加增强层时，应在嵌缝后立即做好。

(2) 天沟、檐沟

天沟、檐沟必须按设计要求找坡，转角处应抹成规定的圆角。找坡（找平层）宜用水泥砂浆抹面。厚度超过 20mm 时，应采用细石混凝土，表面应抹平压光。如天沟、檐沟过长，则应按设计规定留好分格缝或设后浇带，分格缝需填嵌密封材料。大面积防水层施工前，应按设计要求先铺附加增强层，屋面与天沟交角和双天沟上部宜采取空铺法，沟底则采取满粘法铺贴。卷材附加增强层应顺沟铺贴，以减少卷材在沟内的搭接缝。

(3) 反梁过水孔

大挑檐、大雨篷、内天沟有反梁时，反梁下部应预留过水孔，作为排水通道。过水孔留置时首先要按排水坡度和找平层厚度来测定过水孔底标高，如果孔底标高留置不准，必然会造成孔中积水。过水孔防水施工难度大，由于孔小工作面狭小，卷材铺贴剪口多，所以必须精心施工，铺贴平服，密封严密。如采用预埋管道，两端须用密封材料封严。

(4) 穿过防水层的管道

管道穿过防水层分直接穿过和套管穿过两种。直接穿过防水层的管道四周找平层应按设计要求放坡，与基层交接处必须预留 10mm × 10mm 的槽，填嵌密封材料，再将管道四周除锈打光，然后加铺附加增强层。用套管穿过防水层时，套管与基层间的做法与直接穿管做法相同，穿管与套管之间先填弹性材料如泡沫塑料，每端留深 10mm 以上凹槽嵌填密封防水材料，然后再做保护层。

（5）分格缝

分格缝的设置是为了使防水层有效地适应各种变形的影响，提高防水能力。但如果分格缝施工质量不好，则有可能成为漏源之一。

分格缝应按设计要求填嵌密封材料。分格缝位置要准确。一般应先弹线后嵌分格木条或聚苯乙烯（或聚乙烯）泡沫条，待砂浆或混凝土终凝后立即取出木条，泡沫条不必取出。分格缝两侧应做到顺直、平整、密实，否则应及时修补，以保证嵌缝材料粘结牢固。

（6）阴阳角

防水层阴阳角的基层应按设计要求作成圆角或倒角。由于交接处应力集中，往往先于大面积防水层提前破损，因此在这些部位应加做附加增强层，附加增强层可采用涂料加筋涂刷，或采用卷材条加铺。阴角处常以全粘实铺为主，阳角处常采用空铺为主。附加层的宽度按设计规定，一般每边粘贴 50mm 为宜。目前还有采用密封材料涂刷 2mm 厚作为附加层。

（7）防水层收头

防水层在檐口部位的收头，应距檐口边缘 50～100mm，并留凹槽以便防水层端头压入凹槽，嵌填密封材料后不应产生阻水。防水层在泛水部位收头距屋面找平层最低高度应不小于 250mm，待大面卷材铺贴后，再对泛水和收头做统一处理。铺贴卷材前，收头凹槽应抹聚合物水泥砂浆，使凹槽宽度和深度一致，并能顺直、平整。

321. 怎样处理屋面防水卷材起鼓？

答：屋面防水卷材起鼓一般在施工后不久产生。在高温季节，有时候上午施工下午就起鼓。鼓泡一般由小到大，逐渐发展，大的直径可达 200～300mm，小的约数十毫米，大小鼓泡还可能成片串联。起鼓一般从底层卷材开始，其内还有冷凝水珠。

根据气泡直径的大小，可分别采用下列方法处理：

（1）直径 100mm 以下的中、小鼓泡可用抽气灌胶法处理，并压上几块砖，几天后再将砖移去即可。

（2）直径 100～300mm 的鼓泡可先铲除鼓泡处的保护层，再用刀将鼓泡按斜十字形割开，放出鼓泡内的气体，擦干水分，清除旧胶结料，用喷灯把卷材内部吹干。随后按顺序把旧卷材分片重新粘贴好，再新贴一块方形卷材（其边长比开刀范围大100mm)，压入卷材下；最后，粘贴覆盖好卷材，四边搭接好，并重做保护层。上述分片顺序是按屋面流水方向先下再左右后上。

(3) 直径更大的鼓泡用割补法处理。先用刀把鼓泡卷材割除，按上一做法进行基层清理，再用喷灯烘烤旧卷材槎口，并分层剥开，除去旧胶结料后，依次粘贴好旧卷材，上铺一层新卷材（四周与旧卷材搭接不小于100mm)，然后贴上旧卷材。再依次粘贴旧卷材，上面覆盖第二层新卷材，最后粘贴卷材，周边压实刮平，重做保护层。

322. 高聚物改性沥青卷材热熔法施工有哪些技术要求?

答: 热熔法施工是指高聚物改性沥青热熔卷材的铺贴方法。热熔卷材是一种在工厂生产过程中底面即涂有一层软化点较高的改性沥青热熔胶的卷材。其铺贴时不需涂刷胶粘剂，而用火焰烘烤热熔胶后直接与基层粘贴。这种方法施工时受气候影响小，对基层表面干燥程度要求相对较宽松，但烘烤时对火候的掌握要求适度。热熔卷材可采用满粘法或条粘法铺贴，铺贴时要稍紧一些，不能太松弛。

(1) 滚铺法

这是一种不展开卷材而边加热烘烤边滚动卷材铺贴的方法。

1) 起始端卷材的铺贴：将卷材置于起始位置，对好长、短方向搭接缝，滚展卷材1000mm左右，掀开已展开的部分，开启喷枪点火，喷枪头与卷材保持50~100mm距离，与基层呈30°~45°角，将火焰对准卷材与基层交接处，同时加热卷材底面热熔胶面和基层，至热熔胶层出现黑色光泽、发亮至稍有微泡出现，慢慢放下卷材平铺基层，然后进行排汽辊压使卷材与基层粘结牢固。当铺贴至剩下300mm左右长度时，将其翻放在隔热板上，用火焰加热余下起始端基层后，再加热卷材起始端余下部分，然后将其粘贴于基层。

2) 滚铺：卷材起始端铺贴完成后即可进行大面积滚铺。持枪人位于卷材滚铺的前方，按上述方法同时加热卷材和基层，条粘时只需加热两侧边，加热宽度各为150mm左右。推滚卷材人蹲在已铺好的卷材起始端上面，等卷材充分加热后缓缓推压卷材，并随时注意卷材的平整顺直和搭接缝宽度。其后紧跟一人用辊子从中间向两边抹压卷材，赶出气泡，并用刮刀将溢出的热熔胶刮压接缝边。另一人用辊子压实卷材，使之与基层粘贴密实。

(2) 展铺法

展铺法是先将卷材平铺于基层，再沿边掀起卷材予以加热粘贴。此方法主要适用于条粘法铺贴卷材，其施工方法如下：

1) 先将卷材展铺在基层上，对好搭接缝，按滚铺法的要求先铺贴好起始端卷材。

2）拉直整幅卷材，使其无皱折、无波纹，能平坦地与基层相贴，并对准长边搭接缝，然后对末端作临时固定，防止卷材回缩，可采用站人等方法。

3）由起始端开始熔贴卷材，掀起卷材边缘约200mm高，将喷枪头伸入侧边卷材底下，加热卷材边宽约200mm的底面热熔胶和基层，边加热边后退。然后另一人用辊子由卷材中间向两边辊压赶出气泡，并辊压平整。再由紧随的操作人员持辊压实两侧边卷材，并用刮刀将溢出的热熔胶刮压平整。

4）铺贴到距末端1000mm左右长度时，撤去临时固定，按前述滚铺法铺贴末端卷材。

（3）搭接缝施工

热熔卷材表面一般有一层防粘隔离纸，因此在热熔粘结接缝之前，应先将下层卷材表面的隔离纸烧掉，以利搭接牢固严密。

操作时，由持枪人手持烫板（隔火板）柄，将烫板沿搭接粉线后退，喷枪火焰随烫板移动，喷枪应离开卷材50～100mm，贴靠烫板。移动速度要控制合适，以刚好熔去隔离纸为宜。烫板和喷枪要密切配合，以免烧损卷材。排气和辊压方法与前述相同。

当整个防水层熔贴完毕后，所有搭接缝均应用密封材料涂封严密。

（4）复杂部位附加增强层的铺贴

需增强部位基层一般需涂刷一遍基层处理剂（或稀释涂料）作为基层处理，以便较好地粘结增强层，附加增强层卷材应及时粘贴，因此加热前应先做试贴，以提高粘贴速度；附加增强部位较小时，宜采用手持汽油喷枪进行粘贴。

323. 屋面保温层施工有哪些技术要求?

答：（1）松散保温层如采用炉渣或水渣，应经筛选，严格控制粒径，铺水泥焦渣要加水预闷。

（2）松散保温材料应分层铺设，并进行适当压实，每层铺设的厚度，应不大于150mm，其压实的程度及厚度应根据设计要求确定，完工后保温层的允许偏差为+10%或-5%。

（3）铺设水泥焦渣层前，应根据设计要求的厚度拉线找出2%的泛水坡；铺设1:6水泥焦渣，最薄处为30mm；铺设顺序应从一端开始退着向另一端进行，要振捣密实，表面用木杠刮平，用木抹子粗抹一遍。

（4）干铺加气混凝土板或聚苯板块等保温材料，应先将接触面清扫干净，板块应铺平垫稳，分层铺设的板块，其上下两层的接缝应错开，各层板间的缝隙，应用同类材料的碎屑嵌填密实，表面应与相邻两板的高度一致。

（5）已铺完的松散、板状保温层要平整，不得在其上面行走运输小车和堆放重物。

如设计要求采用倒置式屋面，其防水层要平整，不得有积水现象，保温层使用憎水性胶结材料，要用机械搅拌均匀；对于檐口抹灰、薄钢板檐口安装等项，应严格按照施工顺序，在找平层前完成。

324. 钢结构的焊接有哪些技术要求？

答：（1）焊工必须有岗位合格证。安排焊工所担任的焊接工作应与焊工的技术水平相适应。

（2）焊接前应复查组装质量和焊缝区的处理情况，修整后方能施焊。

（3）焊接顺序：先焊上、下弦连接板外侧焊缝，后焊上、下弦连接板内侧焊缝，再焊连接板与腹杆焊缝；最后焊腹杆、上弦、下弦之间的垫板。屋架一面全部焊完后翻转，进行另一面焊接，其焊接顺序相同。

（4）支撑连接板、檩条支座角钢的装配、焊接：用样杆画出支撑连接板的位置，将支撑连接板对准位置装配并定位点焊。用样杆同样画出角钢位置，并将装配处的焊缝铲平，将檩条支座角钢放在装配位置上并定位点焊。全部装配完毕，即开始焊接檩条支座角钢、支撑连接板。焊完后，应清除熔渣及飞溅物。在工艺规定的焊缝及部位上，打上焊工钢印代号。

325. 钢结构电弧焊接平焊有哪些施工要点？

答：（1）选择合格的焊接工艺，焊条直径，焊接电流，焊接速度，焊接电弧长度等，通过焊接工艺试验验证。

（2）清理焊口：焊前检查坡口、组装间隙是否符合要求，定位焊是否牢固，焊缝周围不得有油污、锈物。

（3）烘焙焊条应符合规定的温度与时间，从烘箱中取出的焊条，放在焊条保温桶内，随用随取。

（4）焊接电流：根据焊件厚度、焊接层次、焊条型号、直径、焊工熟练程度等因素，选择适宜的焊接电流。

（5）引弧：角焊缝起落弧点应在焊缝端部，宜大于10mm，不应随便打弧，打火引弧后应立即将焊条从焊缝区拉开，使焊条与构件间保持2～4mm间隙产生电弧。对接焊缝及时接和角接组合焊缝，在焊缝两端设引弧板和引出板，必须在引弧板上引弧后再焊到焊缝区，中途接头则应在焊缝接头前方15～20mm处打火引弧，将焊件预热后再将焊条退回到焊缝起始处，把熔池填满到要求的厚度后，方可向前施焊。

（6）焊接速度：要求等速焊接，保证焊缝厚度、宽度均匀一致，从面罩内看熔池中铁水与熔渣保持等距离（2～3mm）为宜。

（7）焊接电弧长度：根据焊条型号不同而确定，一般要求电弧长度稳定不变，酸性焊条一般为3～4mm，碱性焊条一般为2～3mm为宜。

（8）焊接角度：根据两焊件的厚度确定，焊接角度有两个方面，一是焊条与焊接前进方向的夹角为60°～75°；二是焊条与焊接左右夹角有两种情况，当焊件厚度相等时，焊条与焊件夹角均为45°；当焊件厚度不等时，焊条与较厚焊件一侧夹角应大于焊条与较薄焊件一侧夹角。

（9）收弧：每条焊缝焊到末尾，应将弧坑填满后，往焊接方向相反的方向带弧，使弧坑甩在焊道里边，以防弧坑咬肉。焊接完毕，应采用气割切除弧板，并修磨平整，不许用锤击落。

（10）清渣：整条焊缝焊完后清除熔渣，经焊工自检（包括外观及焊缝尺寸等）确无问题后，方可转移地点继续焊接。

326. 钢结构焊接的立焊有哪些特殊要求？

答：立焊的基本操作工艺过程与平焊相同，但应注意下述问题：

（1）在相同条件下，焊接电源比平焊电流小10%～15%。

（2）采用短弧焊接，弧长一般为2～3mm。

（3）焊条角度根据焊件厚度确定。两焊件厚度相等，焊条与焊条左右方向夹角均为45°；两焊件厚度不等时，焊条与较厚焊件一侧的夹角应大于较薄一侧的夹角。焊条应与垂直面形成60°～80°角，使角弧略向上，吹向熔池中心。

（4）收弧：当焊到末尾，采用排弧法将弧坑填满，把电弧移至熔池中央停弧。严禁使弧坑甩在一边。为了防止咬肉，应压低电弧变换焊条角度，使焊条与焊件垂直或由弧稍向下吹。

327. 钢结构冬期低温焊接有哪些特殊要求？

答：（1）在环境温度低于0℃条件下进行电弧焊时，除遵守常温焊接的有关规定外，应调整焊接工艺参数，使焊缝和热影响区缓慢冷却。风力超过4级，应采取挡风措施；焊后未冷却的接头，应避免碰到冰雪。

（2）钢结构为防止焊接裂纹，应预热、预热以控制层间温度。当工作地点温度在0℃以下时，应进行工艺试验，以确定适当的预热，后热温度。

328. 钢结构防火涂料有哪些质量要求？

答：（1）用于保护钢结构的防火涂料必须有国家检测机构的耐火极限及理化性能检测报告，必须有防火监督部门核发的生产许可证和生产厂方的产品合格证。

（2）钢结构防火涂料出厂时，产品质量应符合有关标准的规定。并应附有涂料品种名称、技术性能、制造批号、储存期限和使用说明。

（3）防火涂料中的底层和面层涂料应相互配套，底层涂料不得锈蚀钢材。

（4）在同一工程中，每使用100t薄涂型钢结构防火涂料应抽样检测一次粘结强度；每使用500t厚涂型钢结构防火涂料应抽样检测一次粘结强度和抗压强度。

329. 钢结构防火涂料施工有哪些技术要求？

答：（1）钢结构防火喷涂保护应由经过培训合格的专业施工队施工。施工中的安全技术和劳动保护等要求，应按国家现行有关规定执行。

（2）当钢结构安装就位，与其相连的吊杆、马道、管架及其他相关连的构件安装完毕，验收合格，防火涂料方可施工。

（3）施工前，钢结构表面应除锈，并根据使用要求确定防锈处理。除锈和防锈处理应符合现行《钢结构工程施工质量验收规范》（GB 50205—2001）中有关规定。

（4）钢结构表面的杂物应清除干净，其连接处的缝隙应用防火涂料或其他防火材料填补堵平后方可施工。

（5）施工防火涂料应在室内装修之前和不被后继工程所损坏的条件下进行。施工时，对不需作防火保护的部位和其他物件应进行遮蔽保护，刚施工的涂层，应防止脏液污染和机械撞击。

（6）施工过程中和涂层干燥固化前，温度宜保持在5～38℃，相对湿度不宜大于90%，空气应流通。当风速大于5m/s，或雨天和构件表面有结露时，不宜作业。

330. 高层及超高层钢结构安装施工中应注意哪些问题？

答：高层及超高层钢结构安装施工中应注意以下问题：

（1）划分合理的安装流水区段。安装流水段可按建筑物平面形状，结构形式，安装机械的数量、工期、现场施工条件等范围划分。

（2）确定构件安装顺序。构件安装顺序，平面上应从中间核心区即标准节框架向四周发展，竖向应由下向上逐件安装；一节柱的各层梁安装完，立即安楼梯及压型钢板。楼面堆放物不能超过钢梁和压型钢板的承载力。

(3) 编制构件安装顺序表，应包括各构件所用的节点板、安装螺栓的规格数量等。

(4) 进行构件安装，或先将构件组拼成扩大安装单元，再行安装。

(5) 高层及超高层钢结构安装施工中还应注意以下几点：

1) 在起重机起重能力允许的情况下，为减少高空作业，确保安装质量，安全生产，减少吊次，提高生产效率。能在地面组拼的尽量在地面组拼好，如钢柱与钢支撑，层间柱与钢支撑，钢桁架组拼等，一次吊装就位；

2) 流水区段、构件安装、校正、固定（包括预留焊接收缩量）后，确定构件接头焊接顺序，平面上应从中部对称地向四周发展，竖向根据有利于工艺协调，方便施工，保证焊接质量原则，制定焊接顺序；

3) 钢构件安装和楼盖钢筋混凝土楼板的施工，两项作业相距不宜超过5层，当必须超过5层时，应通过主管设计者验算而定。

第二节　安　装　篇

331. 避雷针的制作材料及要求有哪些?

答：(1) 避雷针的制作材料一般用圆钢或钢管，且所有避雷针的金属部件必须镀锌。

(2) 独立避雷针一般采用直径为19mm镀锌圆钢。

(3) 屋面上的避雷针一般宜采用直径25mm镀锌钢管。

(4) 水塔顶部避雷针采用直径25mm圆钢或直径40mm的镀锌钢管。

(5) 烟囱顶上避雷针采用直径25mm圆钢或直径40mm的镀锌钢管。

(6) 采用镀锌钢管制作针尖，管壁厚度不得小于3mm，针尖刷锡长度不得小于70mm。

332. 防雷接地系统中利用自然基础接地体应注意哪些事项?

答：目前，防雷接地有两种基本形式：一是在建筑物周围敷设人工接地体；二是利用建筑物的基础作为接地体，即自然基础接地体，它是利用建筑物基础中的金属结构作为接地体。

自然基础接地体主要有无防水底板钢筋或深基础、桩基及承台钢筋两种。

(1) 利用无防水底板钢筋或深基础做接地体：按设计图纸尺寸位置要求，标好位置，将底板钢筋搭接焊好，在室外地面以下将主筋焊好，再将柱主筋

（不少于 2 根）底部与底板筋搭接焊好，并在室外地面以下将主筋焊好连接板，并将两根主筋用色漆做好标记，便于引出和检查。

（2）利用桩基及承台钢筋做接地体：按设计图纸尺寸位置要求，找好桩基组数位置，将每组桩基四角钢筋搭接焊好，再与柱主筋（不少于 2 根）焊好，在室外地面以下将主筋预埋好接地连接板，将两根主筋用色漆做好标记，便于引出和检查。

（3）监理工程师做好隐蔽检查验收记录。

333. 等电位联结施工有哪些注意事项？

答：（1）建筑物是否需要等电位联结，哪些部位或设施需要进行等电位联结，如何布置等电位联结干线或等电位箱，这些问题均由设计方确定。

（2）建筑物等电位联结干线应引自总等电位箱或建筑物接地装置，引自接地装置的应有不少于 2 处，并直接连接。

（3）等电位联结干线以及局部等电位箱之间的连接线应形成环形网络。所形成的环形网络应就近并联连接于等电位联结干线或者局部等电位箱，支路间不能串联连接。

（4）等电位联结的线路最小允许截面：铜的干线为 $16mm^2$，支线为 $6mm^2$；钢的干线为 $50mm^2$，支线为 $16mm^2$。

334. 金属风管连接有哪些检查内容？

答：金属薄板制作的风管，其连接处应根据连接方式的不同进行重点检查，尤其是现场加工时，监理人员要对制作过程进行检查巡视。其主要检查内容：

（1）咬口连接时，要对咬口的宽度和留量按照要求的尺寸进行抽查测量。

（2）铆钉连接时，铆钉的中心线必须和板面垂直，排列要整齐、均匀。

（3）铆钉孔以及螺栓孔，孔距不应大于 150mm。如果用阻燃密封胶条做垫料时，孔距最大不得超过 300mm。

（4）普通钢板在压口时必须先喷一道防锈漆。

335. 在什么情况下，不同类型的导线可以穿在同一根穿线管内？

答：（1）电压为 50V 及以下的回路。

（2）同一台设备的电机回路和无抗干扰要求的控制回路。

（3）照明花灯的所有回路。

（4）同一类照明的几个回路，但管内导线总数不应多于 8 根。

336. 应急照明灯的相关规定有哪些?

答: 应急照明灯有事故照明灯与疏散照明指示标志灯两种。

(1) 位于疏散走道内的疏散照明灯每 10 ~ 20 步行距离以及转角处需要安装 1 个，其高度应在 1m 以下，间距不大于 20m（人防工程不大于 10m)。

(2) 在通向楼梯以及室外的出入口处应设置出入口标志灯，采用绿色标志，安装在门口内侧上部。

(3) 应急照明线路在每个防火分区要有独立的应急照明回路。

(4) 疏散照明线路要采用耐火电线或电缆，额定电压不低于 750V 的铜芯绝缘电线。

337. 民用建筑内常用的点型火灾探测器的安装位置的规定有哪些?

答: 点型火灾探测器由感温探测器和感烟探测器组成。

(1) 探测器到墙壁、梁边的水平距离不应小于 0.5m。

(2) 探测器周围 0.5m 范围内不能有遮挡物。

(3) 探测器到空调的送风口边的水平距离不应小于 1.5m，到多孔送风顶棚孔口的水平距离不应小于 0.5m。

(4) 在宽度小于 3m 的走廊内顶棚上设置的探测器，宜居中布置。

(5) 感温探测器的安装间距不应超过 10m，感烟探测器的安装间距不应超过 15m。

(6) 探测器距端墙的距离不应大于探测器安装间距的一半。

(7) 探测器宜水平安装，当必须倾斜安装时，其倾斜角不应大于 45°。

338. 空调制冷系统的管道、管件和阀门的安装有哪些要求?

答: (1) 首先要对进场的管道、管件、阀门的出场合格证以及质量证明书、产品性能检测报告进行验证，其型号、材质以及工作压力等必须符合设计要求。检查用在法兰和螺纹等处的密封材料是否与管内的介质性能相适应。

(2) 如果是液体制冷剂，其管道不得向上装成“∩”形，支管引出时，必须从干管底部或侧面按介质流向弯成 90°弧度接出；如果是气体制冷剂，其管道不得向下装成“∪”形，支管引出时，必须从干管顶部或侧面按介质流向弯成 90°弧度接出；有两根以上的支管从干管引出时，连接部位应该错开，且间距不应小于 2 倍支管直径，同时不小于 200mm。

(3) 制冷机与附属设备以及制冷剂管道的连接，其坡度和坡向应按照规范的要求进行抽查测量。连接制冷机的吸、排气管道应设单独支架；管径小于等于20mm的铜管道，在阀门处应设支架；管道上下平行敷设时，吸气管应在下方。

(4) 检查制冷剂管道弯管的弯曲半径是否符合要求，应不小于3.5D（D为管道直径），其最大外径与最小外径之差应不大于0.08D，且不应使用焊接的弯管和皱褶弯管。

(5) 阀门安装前应进行强度和严密性试验，尤其是对于安装在主干道上起切断作用的闭路阀门，应逐个做试验。按照规范规定的公称压力及时间进行测试，其中，强度试验压力为阀门公称压力的1.5倍，时间不得少于5min，严密性试验压力为阀门公称压力的1.1倍，持续时间30s不漏为合格。

(6) 阀门的手柄朝向应按规定逐一检查，水平管道上的阀门手柄不应朝下，垂直管道上的阀门手柄应朝向便于操作的地方。

(7) 自控阀门的安装位置应符合设计要求，其阀头均应向上；热力膨胀阀安装位置应高于感温包，感温包应装在蒸发器末端的回气管上，并与管道接触良好，绑扎要紧密；安全阀应垂直安装在便于检查的位置，其排气管的出口应朝向安全处。

(8) 对制冷系统的吹扫排污进行全数检查，采用压力为0.6MPa的干燥压缩空气或者氮气进行吹扫，用浅色布检查5min，无污物即为合格，之后要求施工单位将系统内的阀门的阀芯拆下清洗干净后，重新组装。

专家提示：目前国内小型阀门厂很多，但质量问题也很多，国内大企业或合资企业的阀门质量相对较好。为了保证进入施工现场的阀门产品质量，监理人员尽量建议建设单位到大型正规生产企业进行采购。

339. 管道穿过结构伸缩缝、抗震缝及沉降缝敷设时，应根据情况采取哪些保护措施？

答：(1) 在墙体两侧采取柔性连接。

(2) 在管道或保温层外皮上、下部留有不小于150mm的净空。

(3) 在穿墙处做成方形补偿器，水平安装。

专家提示：在给排水施工监理中，监理人员应重点对伸缩缝、抗震缝及沉降缝处的管道进行逐一检查，是否已按要求施工，如果处理不当，会导致楼板出现变形破裂。

340. 采暖、给水及热水供应系统的金属管道立管管卡安装有哪些规定？

答：(1) 楼层高度小于或等于5m，每层必须安装1个。

（2）楼层高度大于5m，每层不得少于2个。

（3）管卡安装高度，距地面应为1.5～1.8m，2个以上管卡应匀称安装，同一房间管卡应安装在同一高度上。

专家提示：上述规定看似较简单，但是实际的施工中也是经常出问题的环节，也是监理人员容易忽视漏检的部位。

341. 高位水箱的安装有哪些特殊要求？

答：在安装高位水箱时，现场监理人员除进行常规检查验收外，还应检查好：

（1）如果是钢板焊制水箱，要对除锈和防腐处理环节进行过程检查以及隐蔽验收。

（2）水箱下的垫木根数、断面尺寸、安装间距必须符合规定和设计要求。垫木刷沥青防腐这道工序最易遗漏，应检查仔细。

（3）金属水箱底部要放绝缘材料，如橡胶板、塑料板等。

（4）水箱底部距地面留有400mm的净空，要用尺子测量准确。

（5）规范规定水箱出水管处的阀门不允许用截止阀，要用大口径的法兰闸阀或者小口径的内螺纹闸阀。

（6）溢水管不得和排水系统直接连接。

（7）通气管不得安装阀门和水封。

342. 雨水排水系统的安装有哪些要求？

答：（1）检查（观察）雨水斗边缘是否与屋面相连处结合严密不漏。

（2）如果采用塑料雨水管，要检查其伸缩节的安装是否符合设计要求。

（3）管径尺寸符合设计规定，但不得小于100mm。

（4）检查管道的坡度留置是否符合要求。

（5）做好1h的灌水试验。灌水高度必须达到每根立管上部的雨水斗。

343. 太阳能集热器安装有哪些要求？

答：（1）各种水压试验时要进行旁站监理。按照规定时间进行试压，达到不渗不漏为合格。热交换器和集热管、密闭水箱的试验压力为1.5倍的工作压力，时间10min；敞口水箱满水试验静置24h不渗不漏为合格。

（2）控制太阳能的安装朝向，一般为正南，特殊情况下其偏移角也不得大于15°。

（3）上下集管与热水箱之间的循环管的坡度不能小于5‰。

（4）热水箱以及上下集管、循环管均要做好保温。

344. 各种管道的连接有哪些规定？

答：（1）焊接钢管：管径小于或等于32mm，应采用螺纹连接；管径大于32mm，采用焊接（焊接钢管一般用在室内采暖系统中）。

（2）镀锌钢管：管径小于或等于100mm，应采用螺纹连接；管径大于100mm，采用法兰或卡套式专用管件连接。

（3）铜管：管径小于22mm，宜采用承插或套管焊接；管径大于或等于22mm，宜采用对口焊接（铜管一般用在室内给水系统中）。

345. 弯制钢管的弯曲半径应符合哪些规定？

答：（1）热弯：应不小于管道外径的3.5倍。

（2）冷弯：应不小于管道外径的4倍。

（3）焊接弯头：应不小于管道外径的1.5倍。

（4）冲压弯头：应不小于管道外径。

专家提示：在实际的监理过程中，监理人员往往忽略对这项规定的检查，这是极不应该的，至少也应进行抽查检测。

346. 各种管道接口都有什么规定？

答：（1）粘接接口：管端插入承口的深度不得小于下表的规定，且采用水泥捻口时，油麻必须清洁、填塞密实，水泥应捻入并密实饱满，其接口面凹入承口边缘的深度不得大于2mm，如下表所示。

管端插入承口的深度

公称直径（mm）	20	25	32	40	50	75	100	125	150
插入深度（mm）	16	19	22	26	31	44	61	69	80

（2）熔接连接接口：管道的结合面应有一均匀的熔接圈，不得出现局部熔瘤或熔接圈凸凹不匀现象。

（3）橡胶圈接口：允许沿曲线敷设，每个接口的最大偏转角不得超过2°。

（4）法兰连接口：衬垫不得凸入管内，其外边缘接近螺栓孔为宜。不得安放双垫或偏垫。连接法兰的螺栓，直径和长度应符合标准，拧紧后，突出螺母的长度不应大于螺杆直径的1/2。

（5）螺栓连接口：管道安装后的螺纹根部应有 2～3 扣的外露螺纹，多余的麻丝应清理干净并做防腐处理。

（6）卡箍（套）式连接口：管口端应平整、无缝隙，沟槽应均匀，卡紧螺栓后管道应平直，卡箍（套）安装方向应一致。

347. 电线导管、电缆导管埋设位置及深度有哪些要求？

答：（1）砌体内的绝缘导管：剔槽埋设，保护层厚度大于 15mm，要用强度等级不小于 M10 的水泥砂浆抹面保护。

（2）室外的电缆导管：埋地敷设，埋深不应小于 70cm。其管口应设置在盒、箱内。

（3）壁厚小于等于 2mm 的钢导管不应在室外土壤中埋设。

（4）埋设于混凝土内的导管内壁应做防腐处理，外壁可不做；埋设在其他部位内的导管内外壁均应做防腐处理。

348. 各种电源开关、插座安装位置有哪些规定？

答：（1）开关的安装位置：距地面高度 1.3m，开关边缘距门框边缘的距离 0.15～0.2m，便于操作的位置。

（2）潮湿场所内的插座安装高度：距地面不低于 1.5m，且采用密封带保护地线触头的保护型插座。

（3）托儿所、幼儿园以及小学等儿童活动场所安装的插座：当不是采用安全插座时，其安装高度距地面不小于 1.8m；当采用安全插座时，不受此限制。

（4）车间和实验室内的插座安装高度：距地面不小于 0.3m；特殊场所暗装的插座高度：距地面不小于 0.15m。

（5）浴室内的淋浴小间的开关插座安装位置：必须安装在淋浴小间外，距淋浴小间的门边 0.6m 以上的位置。

349. 建筑电气工程中对各种绝缘电阻值的要求，规范有哪些规定？

答：（1）低压电线和电缆：线间以及线对地间的绝缘电阻值必须大于 0.5MΩ。

（2）景观照明灯和庭院灯：灯具的导电体对地的绝缘电阻值大于 2MΩ。

（3）各种开关插座：绝缘电阻值不小于 5MΩ。

（4）柜、屏、台、箱、盘之间的线路：线间以及线对地间绝缘电阻值，馈电线路中必须大于 0.5MΩ，二次回路中必须大于 1MΩ，在比较潮湿的地方，可允许降到0.5MΩ。

（5）发电机组到低压配电柜：馈电线路中的相线间以及相对地间的绝缘电阻值应大于0.5MΩ。

（6）不间断电源装置间的连线：线间以及线对地间绝缘电阻值大于0.5MΩ。

（7）移动式电动机械和手持电动工具使用的导线：绝缘橡皮软线，绝缘电阻应不小于0.5MΩ。

（8）在相邻的两个熔断器间或在最末一个熔断器后面，导线对地或两根导线间绝缘电阻应不小于0.2MΩ。

350. 各类接地电阻装置的接地电阻值，规范是如何规定的?

答：（1）1kV及以上的电力设备中，如果是大电流接地系统，接地电阻≤0.5Ω；如果是小电流接地系统，接地电阻≤10Ω。

（2）低压电力设备中，并联运行电气设备的总容量为100kVA以上时，接地电阻≤4Ω。并联运行电气设备的总容量不超过100kVA以上时，接地电阻≤10Ω。

351. 绝缘电阻测试时有哪些注意事项?

答：（1）测量绝缘电阻时，要检查是否已将熔断器拆除。

（2）动力回路中，测量绝缘电阻时，用电设备、电器、仪表要断开。

（3）照明回路中，应将灯泡取下，但插座、开关盒配电盘仍应留着。

（4）电压为24V以下的设备，应采用电压不超过500V的摇表。

专家提示：保持室内配电线、配电装置和电气设备一定的绝缘电阻，是用电设备安全运行的必要条件，所以绝缘电阻的试验，在电气保安上是一件不容忽视的工作。

352. 监理工程师在审核工地用电负荷方案时应注意哪些事项?

答：（1）对于持续时间超过半小时以上的最大负荷必须考虑在内。

（2）当用电设备台数较少时，需要系数值要适当取大一些；功率因数应适当取小一些。

（3）无功负荷必须进行计算。

（4）总负荷计算时，因各组用电设备的最大负荷往往并不同时出现，所以，要乘以同时系数进行调整。

专家提示：电力负荷的计算，对合理配置电源，合理布置供电线路，正确选择各种建筑电气设备和导线，制定施工方案，安排施工进度等都是必不可少的工作。负荷计算得准确，使设计工作建立在可靠的基础上，可以得出经济合理的工程设计方案，否则势必造成国家投资和设备器材的浪费，或者使设备承受不了负荷电流而造成事故，影响安全生产和工作。因此，建筑工地电力负荷的计算与审核，是建筑工程施工中的一项重要工作。

353. 游泳池的电气安全要求有哪些？

答：游泳池按照电击危险程度，划分为三个区域：

0 区——水池内。

1 区——距水池边 2m 以内和水池上空 2.5m 内（如果有跳台，自跳台上空 2.5m 且离跳板边 1.5m 内）的区域。

2 区——1 区外 1.5m 范围内。

三区对用电安全的要求有：

（1）建筑物要同时采取总等电位联结和局部等电位联结。

（2）0 区内的供电只允许用 12V 及以下的特低电压，且其电源设置在 2 区以外。同时必须采取设有 IP2X 的遮栏或外护物，或者能耐受 500V 试验电压历时 1min 的绝缘措施进行直接接触保护。

（3）各区内不允许采取用阻挡物以及置于伸臂范围以外的直接接触保护措施。

（4）各区内不允许采用非导电场所以及不接地的等电位联结的间接接触的保护措施。

（5）各区内所用电气设备必须具备不小于如下规定等级的防护：0 区内为 IPX8，1 区内为 IPX4，2 区内为 IPX2（室内游泳池）、IPX4（室外游泳池）。

（6）各区内的电线或电缆应是加强绝缘的铜芯线。

（7）0 区和 1 区内部不允许有非本区的配电线路通过，也不允许设接线盒、开关及辅助设备。

（8）水下的照明灯具应保证从灯具的上部边缘到正常水面不低于 0.5m。

（9）在 1 区和 2 区内的电加热器件，必须用金属网栅栏（与等电位接地相连），或接地的金属罩罩住。

354. 医院内医疗场所电气工程的相关规定有哪些？

答：按照国际电工标准，医院内的场所可按医疗电气设备与人体接触的状况分成三组即 0 组、1 组、2 组场所，按照允许间断供电的时间分成三级即

0.5s 级、15s 级、大于 15s 级场所。

0 组场所——不使用由市电供电的有与人体接触作用部分的医疗电气设备。

1 组场所——使用除心脏手术外的医疗电气设备。

2 组场所——使用作心脏手术的医疗电气设备。

0.5s 级场所——0.5s 内恢复供电。

15s 级场所——15s 内恢复供电。

大于 15s 级场所——超过 15s 恢复供电。

(1) 2 组场所内的线路应装设低压断路器作过电流保护，避免其他无关的电气线路通过。

每一病人治疗处的医用 IT 系统的插座应自同一相线引至少两个回路的插座，要有明显的区别标志且其他系统的插头无法插入。

(2) 1 组和 2 组场所内的防电击措施有：①采用隔离特低电压或保护特低电压时用电设备的标称电压不应大于 AC25V 或无波纹 DC60V；带电部分要设置遮拦和外护物，或将带电部分作绝缘包装；手术台灯之类的电气设备的外露导电部分要做局部等电位联结。②功能特低电压不得采用；③在医疗场所和与电气上有联系的场所不允许采用 TN－C 系统；采用 TN－S 系统时，凡电气设备的外露导电部分在伸臂范围内，其供电线路应装设符合要求的剩余电流保护器。

(3) 在外护物内或在上锁的电气间内，用硬电线以绝缘子布线，并使相间或相地间保持适当距离，或用定位隔板予以分隔。

(4) 采用相对地额定电压/线间额定电压不低于 1.8/3kV 的单芯护套电缆敷设。

355. 综合布线系统中，常用的传输介质有哪几种？

答：有非屏蔽的对绞线（UTP）、屏蔽的对绞线（STP）、光缆和同轴电缆四种。

(1) UTP 电缆等级有三类和五类两种。传输话音和低速的数据信号时用三类电缆；局域网内用五类电缆，其传输速率可达 100Mbps。

(2) STP 电缆传输速度快，外形尺寸及接插件尺寸大，安装较困难，而且必须配有支持屏蔽功能的特殊连接器和相应的安装技术，每个节点的平均费用较高，最大电缆长度一般限制在几百米内。

(3) 光缆有带状光缆、束管式光缆、建筑物光缆三类。因光缆所负载的信号是由光纤传导的光脉冲，所以它不受外部电流的干扰，因而光缆具有传输速率高、衰减低、频带宽、抗电磁干扰能力强，可以携带数据传输很长的距离。

（4）同轴电缆有粗、细同轴电缆两种。传输速度快，每个节点的平均费用低，但因采用总线拓扑结构，故障的诊断和修复困难，已逐步被非屏蔽的双绞线或光缆替代。

356. 综合布线系统的等级以及使用场合是怎样规定的?

答： 有三个等级，即最低配置、基本配置、综合配置。

（1）最低配置：用铜芯对绞电缆组网后用于配置标准较低场合。

（2）基本配置：用铜芯对绞电缆组网后用于中等配置标准场合。

（3）综合配置：用铜芯对绞电缆和光缆混合组网后用于配置标准较高场合。

357. 综合布线系统的设备间有哪些规定?

答：（1）设备间的位置应设在干线子系统的中间，尽可能靠近建筑物电缆引入区和网络接口，还要考虑便于接地。

（2）设备间的面积不应小于 $10m^2$。

（3）设备间的防火、温度、湿度、照明、通风、安全应符合相关规定，如安装防火门、防盗门，设置耐火不少于 1h 的防火墙，在安装综合布线硬件的位置均应涂阻燃漆等。

（4）设备间内有不少于两个 220V、10A 带保护接地的单相电源插座。

358. 如何验收建筑物照明通电试运行?

答： 首先将所有照明灯具全部开启，使其连续通电运行，公用建筑系统通电连续运行时间 24h，民用住宅照明系统通电连续运行 8h，监理人员每隔 2h 观察并记录运行状况 1 次，连续运行时间内无故障为合格。

359. 自动喷水灭火报警阀组的安装有哪些注意事项?

答：（1）在供水管网试压、冲洗合格后进行安装报警阀组。

（2）安装时应先安装水源控制阀、报警阀，然后进行报警阀辅助管道的连接。

（3）水源控制阀、报警阀与配水干管的连接，应使水流方向一致。

（4）报警阀组安装位置要符合设计要求，如设计无要求时，应安装在明显便于操作的位置，距室内地面高度宜为 1.2m，两侧与墙的距离不应小于

0.5m，正面与墙的距离不应小于1.2m，报警阀凸出部位之间的距离不应小于0.5m。

(5) 安装报警阀组的室内地面要有排水设施。

专家提示：报警阀组是自动喷水灭火系统的关键组件之一，它在系统中起着启动系统、确保灭火用水畅通，发出警报信号的关键作用，监理工程师应对其安装逐一检查验收。尤其是报警阀与水源控制阀的位置不能随意调换，报警阀方向必须与水源水流方向一致。

360. 在自动喷水灭火报警阀组的附件安装中，应着重检查哪几个部位？

答：(1) 压力表：必须安装，安装时要确保其密封度，安装位置要便于观测。

(2) 排水管和试验阀：检查安装位置是否便于操作。

(3) 水源控制阀：安装位置要便于操作，开、闭位置的标志一定要明显，系统处于准工作状态时，水源控制阀必须处于全开的常开状态，故要检查是否安装锁定其常开位置的装置，并且，要安装常开位置的指示信号与消防控制室连同。

(4) 调试、检测试验管道：为使系统调试、检测、消防水泵启动运行试验能按规范要求进行，必须在系统中安装检测试验装置。

专家提示：消防喷水系统调试、检测消防水泵启动运行试验装置不能被末端试水装置替代，因为末端试水装置测试得到的压力盒流量数据，只是在测试位置处的流量和压力数据，不能判断系统的最不利点压力是否符合设计要求。

361. 湿式报警阀组的安装应符合哪些规定？

答：湿式报警阀组是自动喷水湿式灭火系统两大关键组件之一。湿式灭火系统有结构简单、灭火成功率高、成本低、维护简便等优点。

(1) 在准工作状态中，其报警阀前后管道中均应充满设计要求的压力水。

(2) 报警阀安装方向与水流方向一致；辅助功能管件的安装位置正确。

(3) 报警水路上的过滤器应安装延迟器，且便于排渣操作。

专家提示：湿式报警阀的内部结构是一个止回阀和一个阀瓣开启时能报警的两种作用合为一体的阀门，因此其安装方向要正确；为避免压力波动时发生误报警，所以报警阀前后管道中均应充满设计要求的压力水。监理工程师在现场必须全部逐一检查合格。

362. 干式报警阀的安装应符合哪些规定?

答: 干式报警阀组是自动喷水干式灭火系统的主要组件。

(1) 安装使用环境温度应为4～70℃。

(2) 安装完干式阀系统侧即气室,要充有50～100mm的清水。

(3) 充气管应在冲注水位以上部位接入,充气连接管的直径不应小于15mm;止回阀、截止阀应安装在充气连接管上。

(4) 气源设备的安装应符合设计要求和国家现行有关标准规定。

(5) 安全排气阀应安装在气源与报警阀之间,且应靠近报警阀。

(6) 为加快干式阀的启动速度,加速器要靠近干式阀安装,且要有防止水进入加速器的措施。

(7) 低气压预报警装置应安装在配水管一侧。

(8) 报警阀充水一侧和充气一侧均要安装压力表;空气压缩机的气泵和储气罐上以及加速器处均要安装压力表。

(9) 管网的充气压力应符合设计要求。

专家提示: 根据干式报警阀组的结构特点,其工作环境温度、水源的水压、管网内的气压、气源的气压等必须符合设计要求,才能保证不发生误动作。

363. 自动喷水灭火系统的试压和冲洗,最容易忽视哪些问题?

答: (1) 系统试压时,作为临时用的盲板及管道,应及时全数拆除,并应进行个数的核对。

(2) 系统在试压过程中,当出现泄漏时,严禁带压进行修理,应停止试压,放空管网的试验介质,泄漏缺陷消除后重新再试。

(3) 系统冲洗合格后,应及时将存水排净,以保护冲洗成果,如果系统需经较长时间才能投入使用,则应用压缩空气将其管壁吹干,并加以封闭,以避免管内生锈或再次遭受污染。

364. 自动喷水灭火系统调试时应注意哪些问题?

答: (1) 系统的水源、电源、气源均按照设计要求投入了运行。

(2) 消防水箱要始终保持投入灭火初期10min的用水量,而消防水池要储存系统总的用水量。

(3) 系统调试过程中,排出的水应通过排水装置全部排走,检查系统的试水装置以及报警阀处的放水阀是否与排水系统连接。

365. 自动喷水灭火系统存在问题最多的是哪几个方面?

答:在已经安装完毕的自动喷水灭火系统中，或多或少存在问题的有：系统水源不可靠，电源只有一个，管网管径不合理，无末端试水装置，向下安装的喷头带短管很长，备用电源切换不可靠等。另外，因工程进行二次装修，致使部分喷头被遮挡或影响喷头布水。上述问题在检查验收时，要及时采取措施进行处理。

366. 综合布线系统工程的竣工技术资料包括哪些内容?

答:工程竣工以后施工单位应在工程验收以前，将工程竣工资料交给建设单位。其资料包括：

（1）安装工程量。

（2）工程总说明。

（3）设备器材明细表。

（4）竣工图纸（施工中更改后的施工设计图纸）有：综合布线系统图；信息端口分布图；各配线区布局图；信息端口与配线架端口位置的对应关系表；平面布置图。

（5）测试记录。

（6）工程变更、检查记录。

（7）施工过程中，需要更改设计或相关措施，各相关方之间的洽谈记录。

（8）隐蔽工程的签证。

（9）系统性能自检报告。

（10）竣工验收记录。

（11）工程决算书。

367. 综合布线系统竣工技术资料的验收标准是什么?

答:（1）对系统图的验收标准：系统图应反映整个布线系统的物理连接拓扑结构，图中应注明光缆的数量、类别和路由，每根光缆的芯数，垂直布线对绞电缆的数量、类别和路由，每楼层水平布线对绞电缆的数量、类别及信息端口，各配线区在建筑物中的楼层位置。

（2）系统信息端口分布图：分布图应反映每楼层信息端口在房间中的位置、类别及编号，不使用的信息端口也应标出。

（3）各配线区布局图：布局图应反映电缆布线各配线区对绞电缆的数量

和类别，配线连接硬件的数量和类别，进出线位置、编号及色标；光缆布线各配线区内光端口的编号，连接硬件的数量，光纤的数量和类别；若已作跳线，还要反映跳线的走向。

（4）信息端口与配线架端口位置的对应关系表：表中应严格给出信息端口编号与配线架端接位置编号之间的一一对应关系。

（5）平面布置图：应反映路由的类别，接地情况，路由在楼层间和楼层内的走向及其占用情况。

（6）性能自检报告：应反映整个系统中的每一条链路，即每个信息端口及其水平布线电缆（信息点）、垂直布线电缆的每一线对以及光缆布线的每芯光纤通过测试的情况，未通过的项目应经修复，并应在自检报告中注明。

368. 通信网络系统的试运行周期是如何规定的？

答：通信系统试运行验收测试应从初验测试合格后开始，按照合同规定的周期执行，但是不应少于 3 个月；试运行的主要指标和性能应达到合同的规定，否则，应双方协商后自次日开始重新试运行 3 个月，并对有关数据重测，直至合格。

369. 智能建筑中出现问题最多的是哪个环节？如何控制？

答：系统的接口是智能建筑工程中出现问题最多且最不规范的环节。因此，监理工程师应该对系统接口部分的施工质量严格把关，首先应要求承包商提交接口规范，并在签订合同时进行审定。其次，要求承包商按照审定完的接口规范制定接口测试方案，并经批准后对照实施。最后，检查测试中接口的性能是否符合设计要求，规范中规定的各项性能是否均已实现，兼容性和通信瓶颈问题均不准出现。另外，监理工程师还应对接口的制作质量和安装质量现场巡视检查。

370. 关于环境噪声标准，国家环境立法是如何规定的？

答：测试环境噪声是在距建筑物外窗 1m 处，其标准如下：

（1）学校、医院、旅馆、住宅室内噪声为 35 ~ 60dBA 之间，其中，医院测听室为 25 ~ 30dBA 之间。

（2）位于工业区的住宅要比其他位置的住宅高 5dBA。

371. 在智能建筑工程的系统验收中，对系统检测的结果是如何要求的？

答：（1）检测结论有合格和不合格两种。

(2) 主控项目有一项不合格，则系统检测不合格；一般项目两项或两项以上不合格，则系统检测不合格。

(3) 系统检测不合格应限期整改，然后重新检测，重新检测时抽检的数量要加倍。

(4) 系统检测合格，但存在不合格项时，应对不合格项进行整改，直到整改合格，并且在竣工验收时提交整改报告。

372. 成套配电柜、控制柜（屏、台）以及动力、照明配电箱（盘）安装时有哪些注意事项？

答：(1) 高压柜内的金属框架以及基础内的型钢必须保护接地。

(2) 对于高压柜以外的柜、屏、台、箱、盘的金属框架以及基础内的型钢要根据不同的布线或制式，进行接地或接零保护。

(3) 施工时要保证各接地连接可靠，不能松动，并且要有明显的标识。

(4) 低压成套配电柜、控制柜（屏、台）以及动力、照明配电箱（盘）应有可靠的电击保护，因此，低压成套设备中的接地线（PE）截面积必须符合设计要求，设计无要求时，要符合规范规定。

(5) 动、静触头中心线应一致，接地触头应先入后出。

(6) 高压配电柜内的电气设备要进行电气交接试验，出具试验合格报告后，才能通电试运行。

(7) 每个接线端子上的电线连接不超过2根；同一个垫圈下的螺丝两侧压的电线其截面积和线径均应一致。

(8) 照明配电箱内要分别单设PE排和N排。

专家提示：对于高压配电柜内的试验参数通常由设计给出，为了不影响整个供电电网的安全，其试验参数要得到当地供电部门的确认。

373. 如何理解规范中“不间断电源输出端的中性线（N）极，必须与由接地装置直接引来的接地干线相连接，做重复接地”这一强制性条文？

答：为避免不间断电源供电侧的中性线意外断开所产生电压升高，损坏重要用电设备，另外，中性点漂移后引起的相间电压不均衡，这些问题，均能通过重复接地将危害降到最低。

374. 电动机试运行时应注意哪些事项？

答：(1) 电动机试运行时主要检查其转向和机械转动有无异常情况，并且检查机身和轴承的温度升高状况。

（2）电动机试运行的空载电流要控制在额定电流的30%以下。

（3）机身的温升经2h空载运行后不能太高，其运行时噪声也不能太大或者有异常的撞击声响。

（4）滚动轴承内的润滑脂不能填的过多，否则易引起轴承温度急剧上升至过高。

375. 为什么与母线相关的可接近的裸露导体不能作为接地或接零的中间导体？

答： 因为母线是供电线路中的主要干线，与其相关的可接近的裸露导体本身就需要做接地或接零；另外，规范规定接地或接零的各支线间不能串联，与母线相关的可接近的裸露导体作为一个支路，应该与其他需要接地或接零的支路并联后接入接地装置，以确保接触电压不危及人身安全，同时也给具有保护或讯号的控制、回路正确发出讯号提供可能。

376. 在新建、扩建、改建的建筑物防雷施工中应该重点检查控制的部位有哪些？

答： 监理人员在施工现场除按照规范要求进行检查验收隐蔽工程外，应重点对如下部位或环节进行检查：

（1）接地干线的材质。规范要求宜用多股铜芯导线或铜带，其截面积不应小于$16mm^2$。

（2）各楼层配电柜的接地线应采用绝缘铜导线螺栓连接，截面积不应小于$16mm^2$。

（3）掌握该工程的所有设备中要求的最小接地电阻值，如果安全保护接地是共用一组，则接地装置的接地电阻值必须是所有设备中要求的最小接地电阻值。

（4）人工接地体埋设最好在散水坡外大于1m处。

（5）提前检测土壤电阻率，如果是高土壤电阻率，要采用换土法、降阻剂法或其他新技术、新材料以降低接地装置的接地电阻。

（6）接地装置与室内总等电位连接导体的截面积要检查，铜质接地线不小于$50mm^2$，钢质的接地线不小于$80mm^2$。

（7）接地线与接地体的连接应采用焊接方式。

377. 电缆桥架安装和桥架内电缆敷设工程中监理人员应重点检查哪些方面？

答：（1）金属桥架以及支架与接地（PE）或接零（PEN）干线连接的点

数，不能少于2处。

（2）镀锌电缆桥架间连接板的两端防松螺帽或带有防松垫圈的连接固定螺栓个数，不少于2个。

（3）非镀锌电缆桥架间连接板的两端要有跨接铜芯接地线，铜芯接地线的截面积不能小于$4mm^2$。

（4）伸缩节和补偿装置是否按规定设置。

（5）支架间距应测量，水平间距为1.5~3m，垂直间距不大于2m。设计有要求时，按照设计要求控制。

（6）桥架内的电缆固定点，应按照规定设置：

当大于45°倾斜敷设的电缆每隔2m处设置一个固定点，水平敷设的电缆每隔5~10m处设一个固定点，且首尾两端以及转弯两侧要各设一个固定点。

（7）电缆的标志牌是否按照规定在首尾端、分支处挂设正确。

378. 什么是均压环？在建筑防雷设计时，对均压环的设计有什么要求？

答：均压环是高层建筑物为防侧击雷而设计的环绕建筑物周边的水平避雷带。在建筑设计中当高度超过滚球半径时（一类30m，二类45m，三类60m），每隔6m设一均压环。在设计上均压环可利用圈梁内两条主筋焊接成闭合圈，此闭合圈必须与所有的引下线连接。要求每隔6m设一均压环，其目的是便于将6m高度内上下两层的金属门、窗与均压环连接。

379. 什么叫接地跨接线？

答：接地跨接线是两个金属体（机柜、桥架、线槽、钢筋、金属管等）之间的接地金属连接体（导线、圆钢、扁钢、扁铜等）。指接地母线遇有障碍（如建筑物伸缩缝、沉降缝等）需跨越时相连接的连接线，或利用金属构件，金属管道作为接地线时需要焊接的连接线；常见的接地跨线有伸缩（沉降）缝、管道法兰、吊车钢轨接地跨接线等，计算工程量按“处”为单位。

接地跨接线适用于：1）避雷针和引下线连接；2）避雷网和引下线连接；3）易燃气体管法兰之间的连接；4）接地线和金属体的连接；5）焊接接地螺栓等。

380. 强电和弱电的区别有哪些？

答：在建筑电器技术领域中，人们习惯将它分为强电（电力）和弱电（信息）两部分。两者既有联系又有区别，一般来说强电的处理对象是能源（电力），其特点是电压高、电流大、功率大、频率低，主要考虑的问题是减少损耗、提高效率，弱电的处理对象主要是信息，即信息的传送和控制，其特点是电压低、电流小、功率小、频率高，主要考虑的是信息传送的效果问题，如信息传送的保真度、速度、广度、可靠性。一般来说，弱电工程包括电视工程、通信工程、消防工程、保安工程、影像工程等和为上述工程服务的综合布线工程。弱电是针对强电而言的。强电和弱电从概念上讲，一般是容易区别的，主要区别是用途的不同。强电是用作一种动力能源，弱电是用于信息传递。具体而言，它们大致有如下区别：

（1）交流频率不同

强电的频率一般是50Hz（赫），称“工频”，意即工业用电的频率；弱电的频率往往是高频或特高频，以kHz（千赫）、MHz（兆赫）计。

（2）传输方式不同

强电以输电线路传输，弱电的传输有有线与无线之分。无线电则以电磁波传输。

（3）功率、电压及电流大小不同

强电功率以kW（千瓦）、MW（兆瓦）计、电压以V（伏）、kV（千伏）计，电流以A（安）、kA（千安）计；弱电功率以W（瓦）、mW（毫瓦）计，电压以V（伏）、mV（毫伏）计，电流以mA（毫安）、μA（微安）计，因而其电路可以用印刷电路或集成电路构成。

当然，强电中也有高频（数百kHz）与中频设备，但电压较高，电流也较大。又如手电筒与电动剃须刀虽然电压很低，功率及电流很小，仍属强电。由于现代技术的发展，弱电已渗透到强电领域，如电力电子器件、无线遥控等，但这些只能算作强电中的弱电控制部分，它与被控的强电还是不同的。

381. 什么是一次设备和二次设备？

答：一次设备是指发、输、配电的主系统上所使用的设备。如发电机、变压器、断路器、隔离开关、母线、电力电缆和输电线路等。

二次设备是指对一次设备的工作进行控制、保护、监察和测量的设备。如测量仪表、继电器、操作开关、按钮、自动控制设备、计算机、信号设备、控制电缆以及提供这些设备能源的一些供电装置（如蓄电池、硅整流器等）。

382. 什么是一次回路和二次回路？

答：由一次设备相互连接构成发电、输电、配电或进行其他生产的电气回路，称为一次回路或一次接线。

为保证变、配电所的安全、经济运行以及操作管理上的方便，常在电气系统中，装设各种辅助电气设备，为检测测量仪表、控制及信号电器、几点保护装置、自动装置、远动装置等，这些设备通常是由电流互感器、电压互感器、蓄电池或所（厂）用低压电源供电，表明它们之间互相连接关系的电路称为二次回路。

二次回路按其性质可分为电流回路，操作回路及信号回路。

383. 为什么普通电梯火灾时不能作为垂直疏散工具使用?

答: 普通电梯不具备消防安全的条件，火灾时不能作为垂直疏散工具使用，其主要原因如下：

（1）电源无保障。因为发生火灾时，消防人员必须切断一切正常工作电源，启用应急电源。

（2）产生烟囱效应。因为电梯运行中，电梯竖井就失去了防烟作用，而成为拔烟拔火的垂直通道，既助长烟火扩散蔓延，又威胁人的生命安全。

（3）疏散能力有限。发生火灾时，电梯一次只能载运十几个人，其余人还要等候，这样会延误疏散时机。

（4）如果电梯发生机电故障或停电，疏散人员就会被困在电梯轿厢之内而无法脱险。

384. 烟道和通风道伸出屋面的高度有哪些规定?

答: 烟道和通风道应伸出屋面，伸出高度应有利烟气扩散，并应根据屋面形式、排出口周围遮挡物的高度、距离和积雪深度确定。

（1）平屋面伸出高度不得小于0.60m，且不得低于女儿墙的高度。

（2）坡屋面伸出高度应符合下列规定：

1）烟道和通风道中心线距屋脊小于1.50m时，应高出屋脊0.60m。

2）烟道和通风道中心线距屋脊1.50~3.00m时，应高于屋脊，且伸出屋面高度不得小于0.60m。

3）烟道和通风道中心线距屋脊大于3m时，其顶部同屋脊的连线同水平线之间的夹角不应大于10°，且伸出屋面高度不得小于0.60m。

附录一　监理规划实例

1　工程项目概况

1.1　工程名称

1.2　工程地点

1.3　建筑特点（占地面积、建筑面积、层高、容积率、用途等）

1.4　结构特点（结构形式、结构类型等）

1.5　建设单位

1.6　勘察单位

1.7　设计单位

1.8　施工单位（如有指定分包商，列在总承包商之后）

1.9　其他需要描述的内容

2　监理工作范围

2.1　工程实施阶段（全部/××单位工程施工图）施工过程监理，包括（工程质量控制、进度控制、工程投资控制、工程合同管理、安全管理、信息管理及协调有关单位间的工作关系）。

2.2　工作范围（土建、安装、强弱电等）。

3　监理工作内容

根据《工程建设监理规范》及《建设工程委托监理合同》的有关规定，对本工程建设的设计方案、图纸质量、投资、工期进行控制，对合同、信息、安全进行管理并组织协调各方关系。（下列工作内容根据实际情况进行增删）

3.1　施工准备阶段的监理工作

3.1.1　在设计交底前，总监理工程师组织监理人员熟悉设计文件，并对图纸中存在的问题通过建设单位向设计单位提出书面意见和建议。

3.1.2　参加由建设单位组织的设计交底会，总监理工程师应对设计技术交底会议纪要进行签认。

3.1.3　审查施工单位承包商报送的施工组织设计，提出审查意见。

3.1.4　审查承包商现场项目部的质量管理体系、技术管理体系和质量保证体系并进行人员确认。

3.1.5　审核专职管理人员和特种作业人员的资格证、上岗证。

3.1.6　审查分包商资质材料。

3.1.7　检查测量放线控制成果及保护措施。

3.1.8　审查开工手续及相关资料。

3.1.9　确认现场具备开工条件，签署开工令。

3.1.10　参加第一次工地会议。

3.2　施工过程中的监理工作

3.2.1　定期组织召开工地例会，协调有关各方关系，会议纪要由项目监理部负责起草，并经与会各方代表会签。

3.2.2　工地例会应包括以下主要内容：

（1）检查上次例会议定事项的落实情况，分析未完事项原因；

（2）检查分析工程项目进度计划落实情况，提出下一阶段进度目标及其落实措施；

（3）检查分析工程项目质量状况，针对存在的质量问题提出改进措施；

（4）检查工程量核定及工程款支付情况；

（5）解决需要协调的有关事项；

（6）其他有关事宜。

3.2.3　质量控制工作

（1）审查并签认承包单位对已批准的施工组织设计进行的调整、补充或变动。

（2）督促承包单位严格按照国家现行规范、规程、强制性质量控制标准和设计要求施工，控制工程质量。

（3）专业监理工程师应要求承包单位报送重点部位、关键工序的施工工艺和确保工程质量的措施，审核同意后予以签认。

（4）审查承包单位或建设单位提供的材料和设备清单及其所列的规格与质量，对不合格者不得在工程中使用，并提出更换要求。

（5）检查施工过程中的主要部位、环节以及隐蔽工程施工验收签证，未经签证不得进行下道工序，控制工程质量，对违反规范、标准及规定者，有权向承建单位签发停工通知单，并及时向建设单位报告处理的情况。

（6）当承包单位采用新材料、新工艺、新技术、新设备时，专业监理工程师应要求承包单位报送相应的施工工艺措施和证明材料，组织专题论证，经审定后予以签认。

（7）专业监理工程师应对承包单位报送的拟进场工程材料、构配件和设备及其质量证明资料进行审核，并对进场的材料按照有关工程质量验收规范和管理文件规定的比例采用平行检验或见证取样方式进行抽验。

（8）对未经监理人员验收或验收不合格的工程材料、构配件、设备，监理人员应拒绝签认，并应书面通知承包单位限期将不合格的工程材料、构配件、设备撤出现场。

（9）总监理工程师应安排监理人员对施工过程进行巡视和检查。对于隐蔽工程的隐蔽过程、下道工序施工完成后难以检查的重点部位，专业监理工程师应安排监理员进行旁站。

（10）对施工过程中出现的质量缺陷，专业监理工程师应及时下达监理工程师通知，要求承包商整改，并检查整改结果。

（11）监理人员发现施工存在重大质量隐患，可能造成质量事故或已经造成质量事故时，应通过总监理工程师及时下达工程暂停令，要求承包商停工整改。整改完毕并经监理人员复查，符合规定要求后，总监理工程师应及时签署工程复工报审表。总监理工程师下达工程暂停令和签署复工报审表，应事先报告建设单位。

（12）对工程质量缺陷原因进行调查分析，确定责任归属，对于承包单位原因造成的质量缺陷，督促其修复。

（13）审查、复核测量控制网、测量放线记录。组织各项隐蔽工程、检验批、分项分部工程质量检查验收工作，行使质量监督和否决权。主持或参与工程质量事故的分析及处理工作。

（14）组织工程竣工初验，签署《竣工验收申请报验单》，编写《工程质量评估报告》，对工程质量提出评估意见，做好竣工验收的质量控制工作。

3.2.4　投资控制工作

（1）严格控制工程变更，做好工程变更方案的优选工作。

（2）对于非承包单位原因造成的工程质量缺陷，核实修复工程的费用并签认，做好保修期的费用控制工作。

（3）按照规定程序审核施工单位的工程进度款，根据施工合同相应的付款节点要求，严格控制，实事求是。

（4）及时建立月完成工程量统计表，对实际完成量与计划完成量进行比较、分析，制定调整措施，并应在监理月报中间向建设单位报告。

（5）及时收集、整理有关的施工和监理资料，为处理费用索赔提供证据。

（6）及时按施工合同的有关规定进行竣工结算，并应对竣工结算的价款总额与建设单位和承包单位进行协商。当无法协商一致时，应按《建设工程监理规范》中“6.5 合同争议的调解”的规定进行处理。

（7）审核经质量验收合格的工程量及工程款支付申请，未经监理人员质量验收合格的工程量，或不符合施工合同规定的工程量，监理人员应拒绝计量，并拒绝该部分的工程款支付申请。

（8）做好合同管理、信息管理和文档资料整理、归档工作。

（9）组织工程竣工初验，签署《竣工验收申请报验单》，编写《工程质量评估报告》，对工程质量提出评估意见，做好竣工验收的质量控制工作。

3.2.5 进度控制工作

（1）审批承包单位编制的施工总进度，年、季、月进度计划，督促承包单位贯彻实施，并根据实际情况及时提出调整意见。

（2）审查总包单位的施工总进度的计划，检查年、季、月进度计划和各阶段进度计划的实施，督促其落实。

（3）当发现实际进度滞后于计划进度时，应签发监理工程师通知单指令承包商采取调整措施。

（4）在监理月报中向建设单位报告工程进度和所采取进度控制措施的执行情况，并提出合理预防由建设单位原因导致的工程延期及其相关费用索赔的建议。

3.2.6 竣工验收监理工作

（1）总监理工程师组织专业监理工程师，依据有关法律、法规、工程建设强制性标准设计文件及施工合同，对承包单位报送的竣工资料进行审查，并对工程质量进行竣工预验收。对存在的问题，及时要求承包单位整改。整改完毕由总监理工程师签署工程竣工报验单，并应在此基础上提出工程质量评估报告。工程质量评估报告由总监理工程师和监理单位技术负责人审核签字。

（2）参加由建设单位组织的竣工验收，并提供相关监理资料。对验收中提出的整改问题，项目监理机构应要求承包单位进行整改。工程质量符合要求，由总监理工程师会同参加验收的各方签署竣工验收报告。

（3）督促承包单位完成各阶段及全套竣工图的工作和整理各种必须归档的资料，按规定负责向建设单位移交档案资料。

（4）协助建设单位、施工单位签订《工程保修书》，做好保修期的质量控制工作。

（5）在保修期结束后检查工程保修状况，签署保修意见，办理监理合同终止手续。

4　监理工作目标

4.1　质量控制目标

以施工图纸、国家和地方现行的有关建设工程质量验收标准及验收规范、建设强制性条文为依据，使工程达到合同约定的质量标准。

4.2　投资控制目标

根据建设单位和承包商正式签订的工程承包合同中所确定的工程总价款，作为投资控制的总目标。

4.3　进度控制目标

根据本工程建设单位与工程承包商签订的工程总承包合同中所确定的总工期（合同工期）为目标。

4.4　安全生产、文明施工监理目标

监督、检查施工单位建立安全生产、文明施工管理体系，健全安全生产、文明施工各项制度，有效加强对影响安全施工各因素的控制，杜绝重大安全事故的发生，严格控制轻伤和其他事故。文明施工达到施工合同规定的文明工地标准，减少施工对周围环境的影响和干扰。

5 监理工作依据

5.1 《建设工程委托监理合同》，经批准的《监理规划》。

5.2 招投标文件。

5.3 建设单位与施工单位签订的《建设工程施工合同》。

5.4 完整的工程项目施工图纸及技术说明（包括设计交底、会审记录）；设计变更文件。

5.5 施工单位编制的经其技术负责人批准并经建设单位、监理单位审查同意的施工组织设计（含施工方案）和批准的工程变更。

5.6 《建筑工程施工质量验收统一标准》GB 50300—2001 等国家现行有关规范及标准和工程建设强制性标准。

5.7 《建设工程监理规范》GB 50319—2001。

5.8 国家现行有关政策、法律、法规，国家有关部门规章，地方性法规、条例等。

5.9 建设单位和监理单位以书面形式确认的其他决议、备忘录等。

5.10 监理单位与施工单位在工程实施过程中有关会议记录、函电及其他有效的文字记录，现场项目监理部监理工程师发出的有关通知书和指令等。

5.11 各项设备的技术文件和安装说明。

6 项目监理部的组织形式

6.1 监理部组织情况

为履行委托监理合同，成立“工程项目监理部”，项目监理部实行总监理工程师负责制，总监理工程师全面负责委托监理合同的履行，全面负责该工程施工监理业务及行政管理工作。针对本工程特点，借鉴以往工程建设监理的经验，确定项目监理组织采用直线制组织形式。该组织形式优点是机构简单、命令统一、职责分明、决策迅速、集中领导、隶属关系明确，有利于提高办事效率，并能够充分发挥各专业监理工程师的积极性。总监代表、各专业监理工程师及监理部的其他人员服从总监理工程师的领导，支持总监的工作，共同搞好监理工作，实现项目建设监理目标。

6.2　项目监理部组织机构（如下图所示）

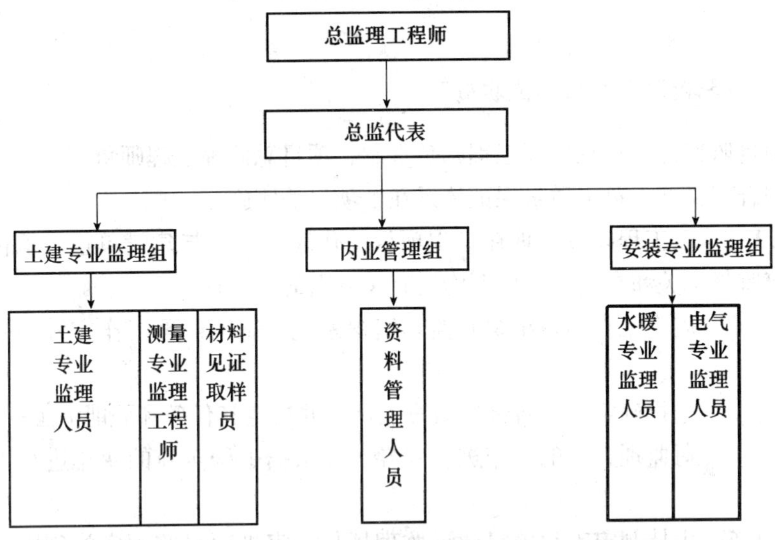

项目经理部组织机构示意图

7　项目监理部人员配备计划

项目监理部人员配备计划

序号	职　务	姓　名	学　历	专　业	职　称	资　格
1	总监理工程师					
2	总监代表					
3	土建监理工程师					
4	土建监理工程师					
5	土建监理工程师					
6	土建监理工程师					
7	电气监理工程师					
8	水暖监理工程师					
9	测量监理工程师					
10	材料见证员					
11	资料员					

8 项目监理部的人员岗位职责

8.1 总监理工程师岗位职责

项目监理部实行总监理工程师负责制，项目总监理工程师负责全面履行项目监理合同义务，负责质量保证体系在本项目的实施。

8.1.1 以工程建设监理在工程项目的代表身份，与建设单位、承包单位及政府监督机关和有关单位协调沟通有关方面的问题；

8.1.2 确定工程项目组织和监理组织系统，制定监理工作方针和基本工作流程；

8.1.3 选择确定监理各部门负责人员，并决定其任务和职能分工；

8.1.4 对监理人员的工作进行督导，并根据工程实施的变化进行人员的调配；

8.1.5 主持制定工程项目建设监理规划，审批项目监理实施细则，并全面组织实施；

8.1.6 协助建设单位进行工程招标工作，参与编写招标文件，进行投标人资格预审、开标、评标，为建设单位决标提出决策建议；

8.1.7 审核确认分包单位；

8.1.8 主持建立监理信息系统，全面负责信息沟通工作；

8.1.9 在规定的时间内及时对工程实施的有关工作做出决策；

8.1.10 审定承包单位提交的施工组织设计、技术方案、进度计划；审核并签署停工令、复工令，付款证明，分部工程、单位工程质量检评资料、竣工资料，监理文件和报告等；

8.1.11 调解建设单位与承包单位的合同争议，处理索赔，审批工程延期；

8.1.12 定期及不定期巡视工地现场，及时发现和提出问题并进行处理；

8.1.13 主持工地例会；

8.1.14 审查和处理工程变更；

8.1.15 主持或参与工程质量事故的调查；

8.1.16 组织编写并签发监理月报、监理工作阶段总结报告和项目监理工作总结；

8.1.17 主持整理工程项目的监理资料；

8.1.18 负责本监理项目保修阶段的监理服务。

8.2 总监理工程师代表岗位职责

8.2.1 负责总监理工程师制定或交办的监理工作；

8.2.2 组织各专业监理人员认真熟悉消化施工图及有关设计说明、资料，了解设计要求，明确土建与设备、安装等相关部位工序之间的关系，根据施工组织设计制定监理目标控制的具体对策；

8.2.3 负责协调和处理监理工作中出现的有关技术问题，协调各施工单位的工作；

8.2.4 核准详细的施工进度计划，并检查施工单位的执行情况，每周向总监理工程师汇报施工进度完成情况；

8.2.5 及时汇总土建与设备安装已完成的实物工程量，督促投资控制人员及时复核后上报总监审核；

8.2.6 负责现场施工安全的检查与监督；

8.2.7 按总监理工程师授权，行使总监理工程师的部分职责和权利；

8.2.8 带领监理人员深入施工现场进行旁站监理及质量检查与验收。

8.3 专业监理工程师岗位职责

专业监理工程师是各专业部门管理机构的负责人，在各自的部门有局部决策职能，在全局监理工作范围内具有规划、执行和检查的职能。

8.3.1 组织制定各自专业或相应子项目的监理实施计划或监理细则，经总监理工程师批准后组织实施；

8.3.2 对所负责控制的目标进行规划，建立实施目标控制的目标划分系统；

8.3.3 建立目标控制系统，落实各控制子系统的负责人员，制定工作流程，确定方法和手段，制定控制措施；

8.3.4 协商确定各部门之间协调程序，为组织一体化主动开展工作；

8.3.5 定期提交本项目目标或本子项目目标控制例行报告和例外报告；

8.3.6 根据信息流结构和信息目录的要求，及时、准确地做好本部门的信息管理工作；

8.3.7 审查有关施工单位提交的计划、方案、申请、证明、单据、变更、资料、报告等；

8.3.8 检查有关的工程情况，掌握工程现状，及时发现和预测工程问题，并采取措施妥善处理；

8.3.9　组织、指导、检查和监督本部门监理员的工作；

8.3.10　协调处理本部门管理范围内各专业施工单位之间的有关工程方面的矛盾；

8.3.11　及时检查、了解和发现承包方的组织、技术、经济和合同方面的问题并向总监理工程师报告，以便研究对策，解决问题；

8.3.12　及时发现并处理可能发生或已发生的工程质量问题；

8.3.13　主持有关检验批，分项工程的检查和验收工作；参与有关的分部工程、单位工程等分期交付工程的检查和验收工作；

8.3.14　参加或组织有关工程会议并做好会前准备；

8.3.15　提供或搜集有关的索赔资料，并把索赔和防索赔当做本部门份内工作来抓，积极配合合同管理部门做好索赔的有关工作；

8.3.16　检查、督促并认真做好监理日记、参与监理月报编写等，建立本部门监理资料管理制度；

8.3.17　定期做好本部门监理工作总结。

8.4　监理员的岗位职责

监理员从事直接的工程检查、计量、检测、试验、旁站监理。监督和跟踪工作，行使检查和发现问题的职能。

8.4.1　负责检查、检测并确认材料、设备、成品和半成品的质量；

8.4.2　检查承包单位人、机、料使用运行情况，并做好记录；

8.4.3　负责工程量原始数据的收集并签署原始凭证；

8.4.4　检查是否按设计图纸施工、按工艺标准施工、按进度计划施工，并对发生的问题随时予以解决纠正；

8.4.5　检查确认工序质量，进行验收并签署；

8.4.6　实施跟踪检查，发现问题及时报告；

8.4.7　做好填报工程原始记录工作，填写旁站记录表；

8.4.8　记好监理日记。

8.5　资料员岗位职责

8.5.1　负责收发监理信息，按《监理信息管理作业指导书》进行监理信息的登记、管理、分类、编码、存档、保管、借阅和注销管理工作；

8.5.2　对各专业的设计图纸、材质保证书、试块报告、技术核定单、隐蔽工程验收单等有关资料按要求收集、整理登录监理工作台账。

9　监理工作程序（见附图）

9.1　监理工作总程序

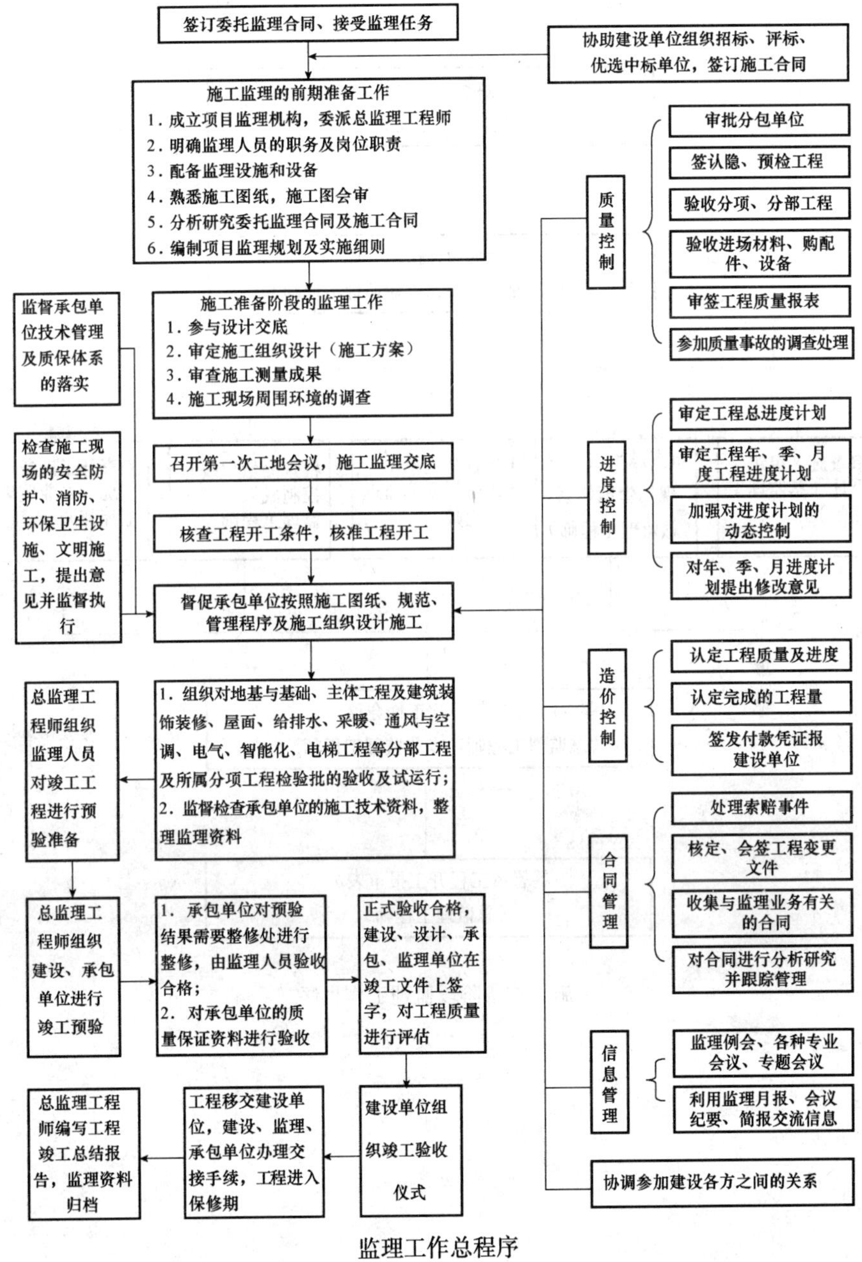

监理工作总程序

9.2 施工准备阶段质量监理工作程序

9.2.1 施工准备阶段监理工作程序（见下图）

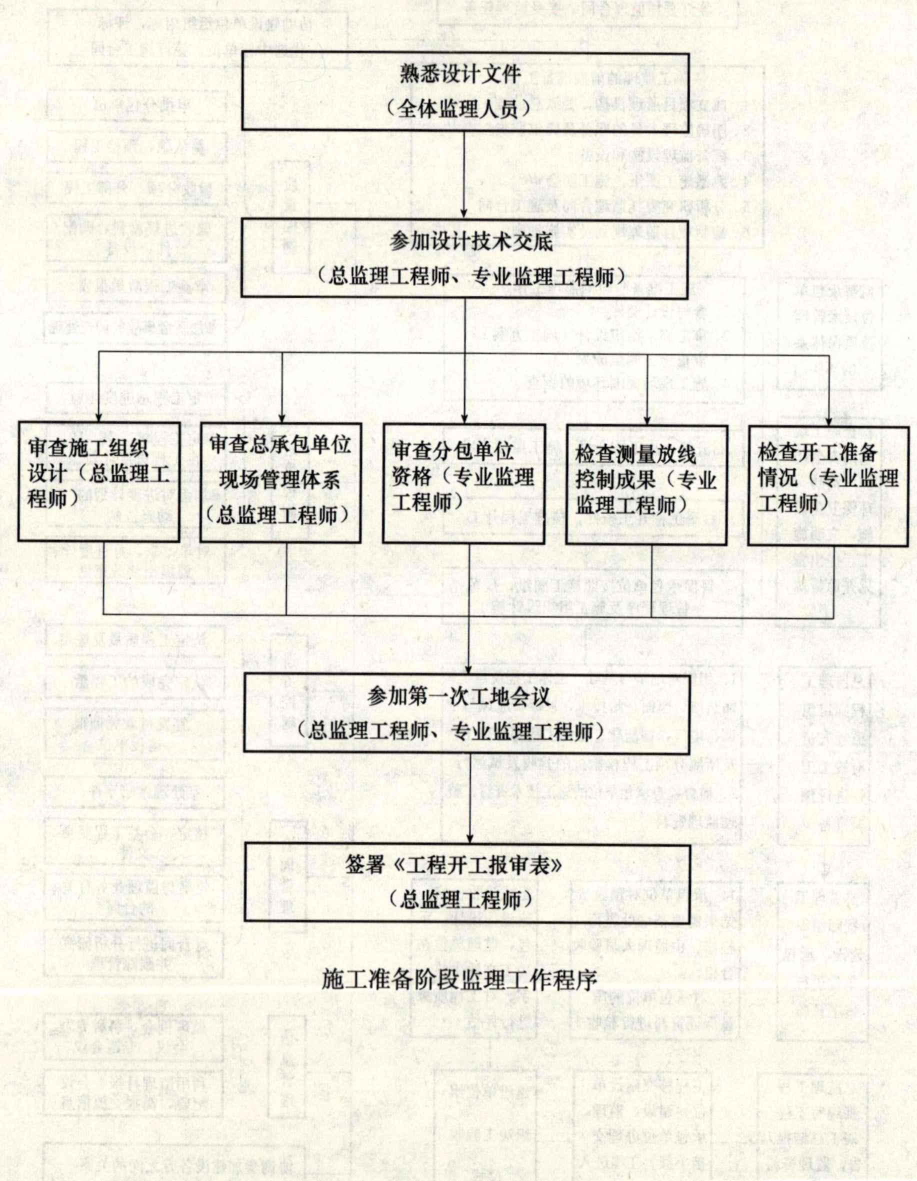

施工准备阶段监理工作程序

9.2.2　开工申请签认工作程序（见下图）

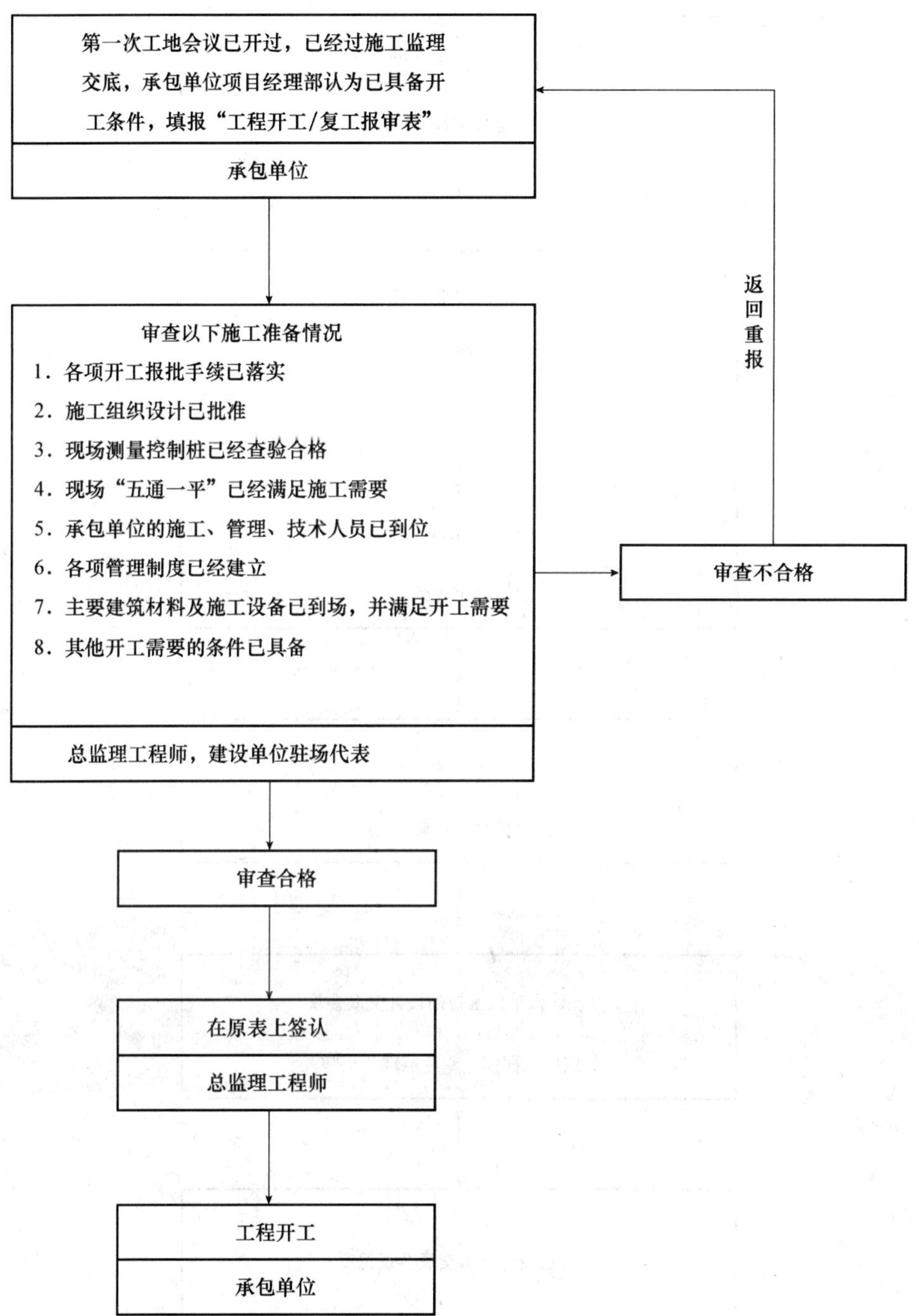

开工申请签认工作程序

9.2.3 设计技术交底工作程序（见下图）

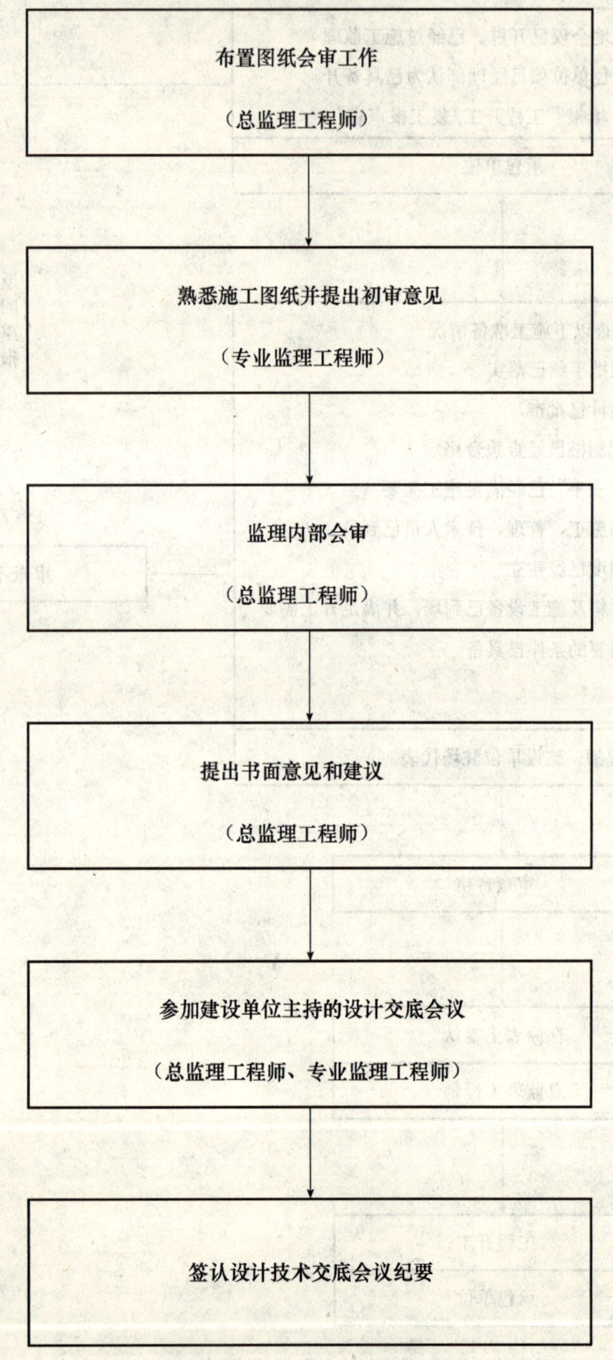

设计技术交底工作程序

9.2.4 施工组织设计（方案）审核工作程序（见下图）

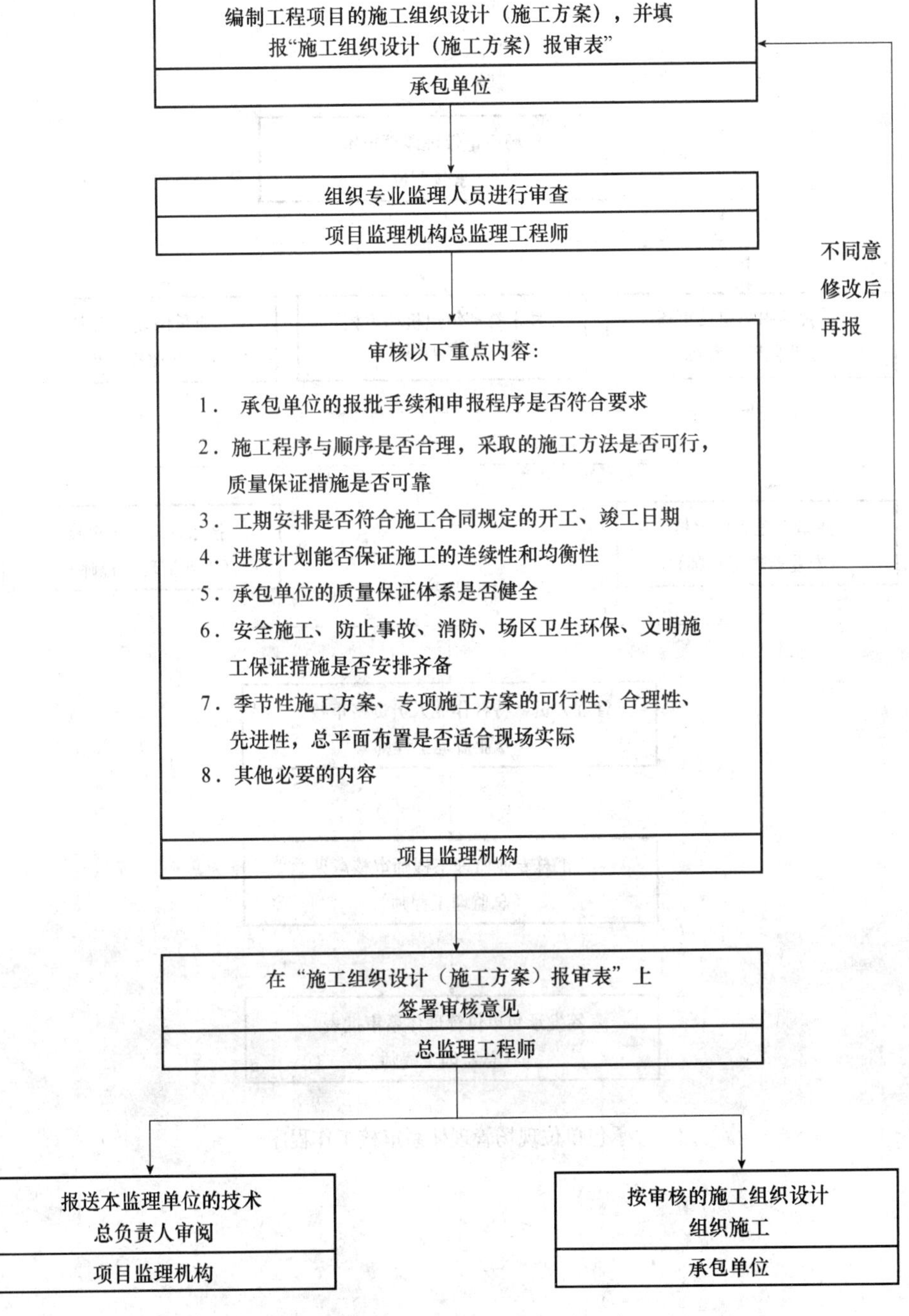

施工组织设计（方案）审核工作程序

9.2.5 承包单位现场管理体系审核工作程序（见下图）

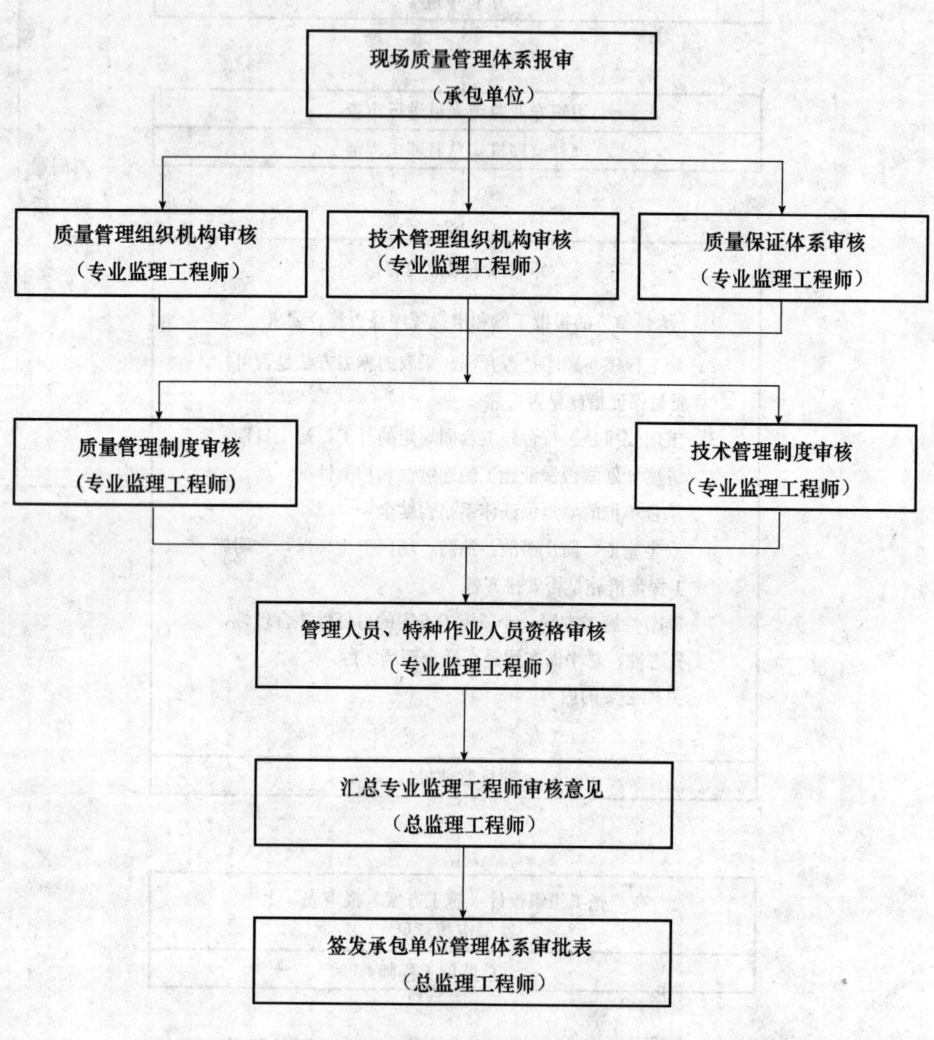

承包单位现场管理体系审核工作程序

9.2.6　分包单位资格审核工作程序（见下图）

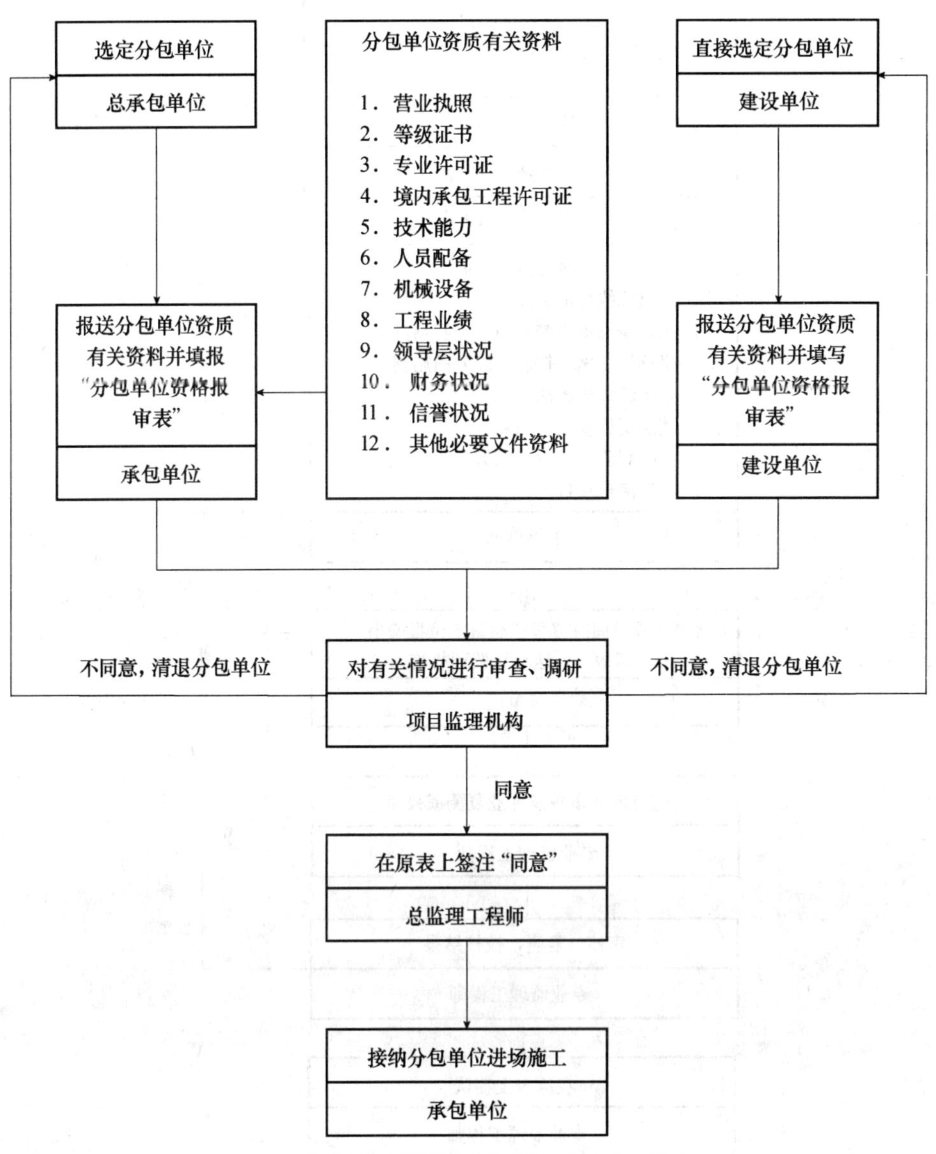

分包单位资格审核监理工作程序

9.2.7 测量放线控制工作程序（见下图）

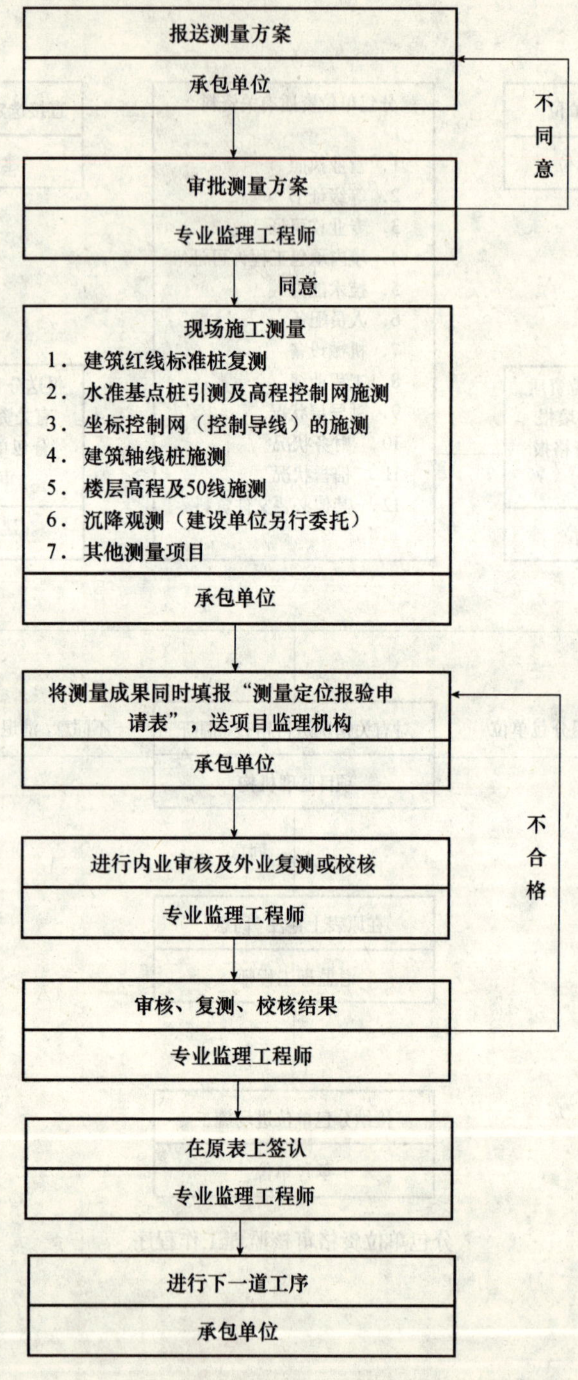

测量放线控制工作程序

9.2.8　建筑材料、构配件、设备质量审核工作程序（见下图）

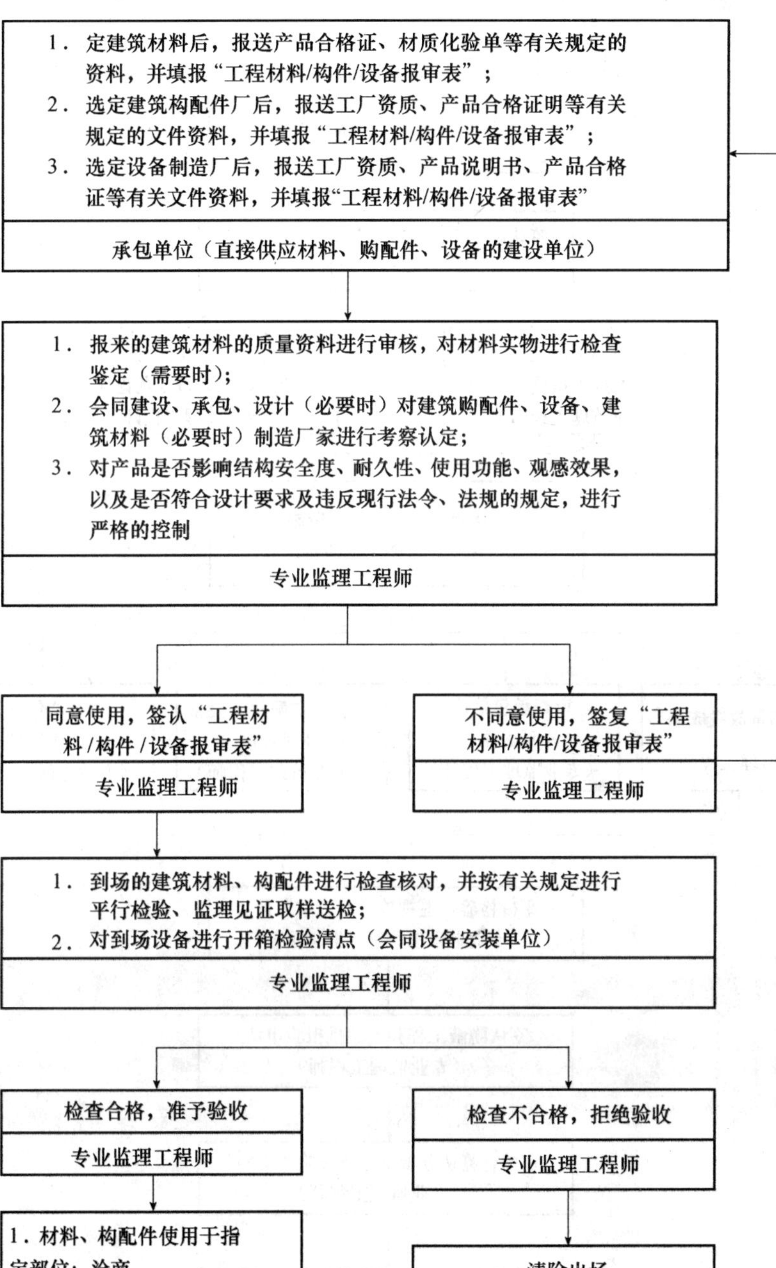

建筑材料、构配件、设备质量审核工作程序

9.3 质量控制工作程序

9.3.1 质量控制工作总程序（见下图）

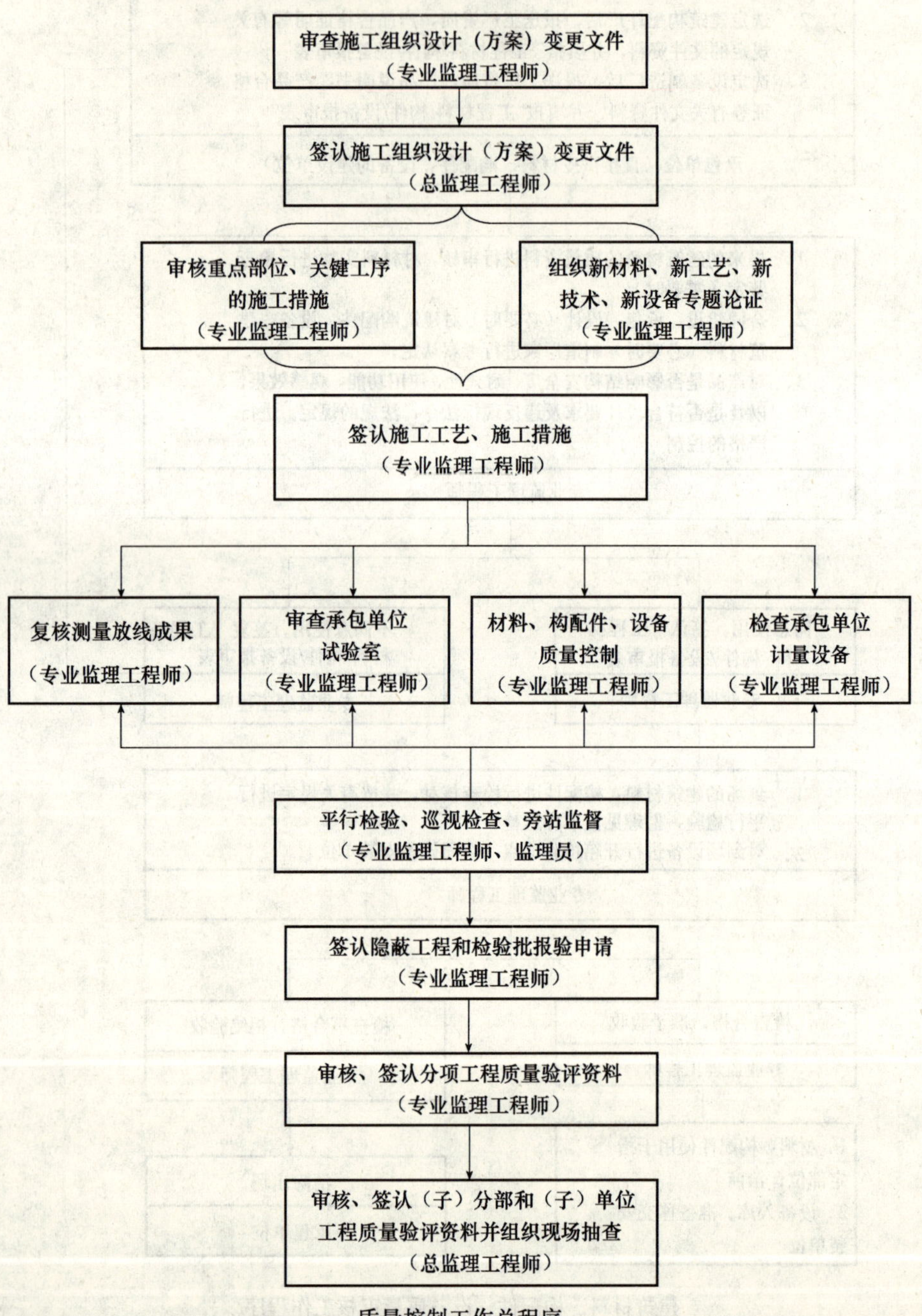

质量控制工作总程序

9.3.2　旁站监理工作程序（见下图）

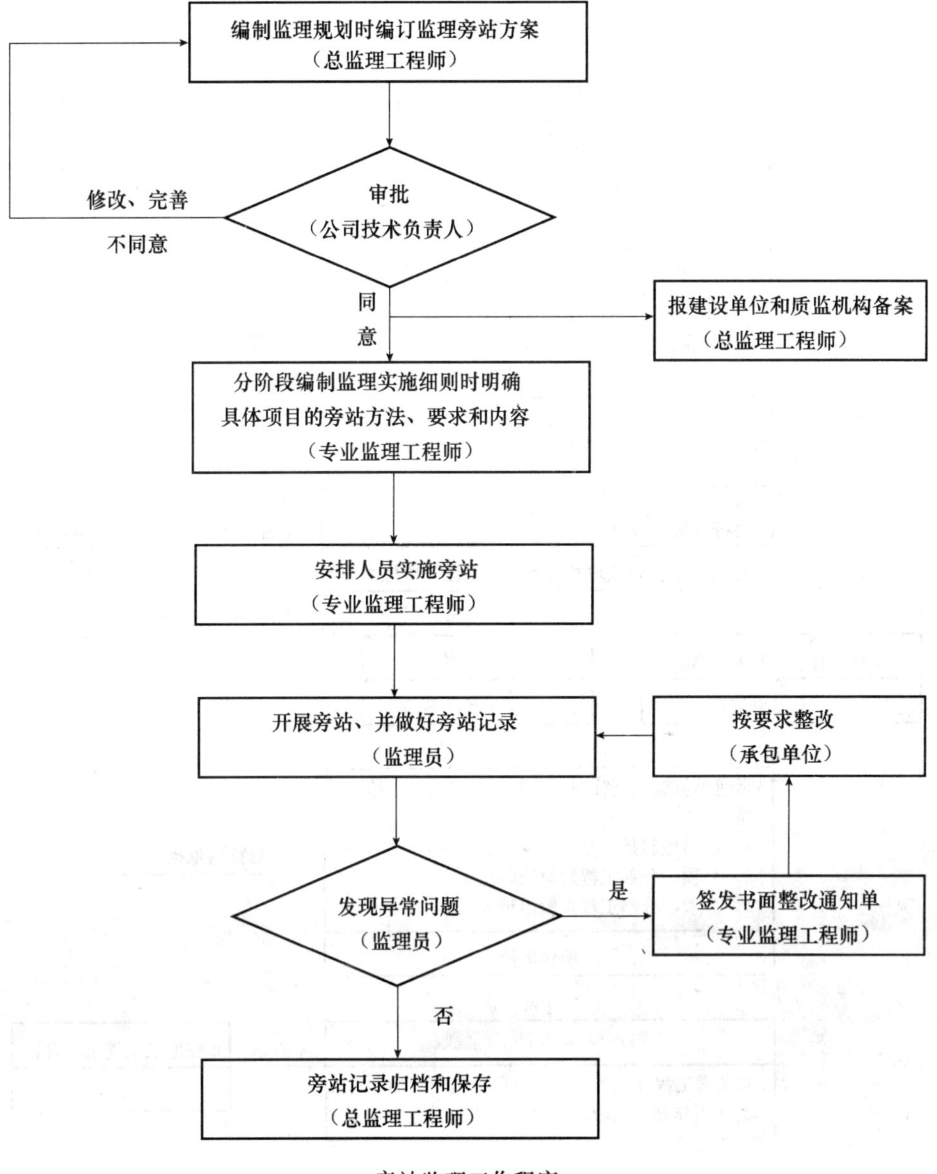

旁站监理工作程序

9.3.3　工程预检、隐检、检验批、分项、分部工程验收监理工作程序（见下图）

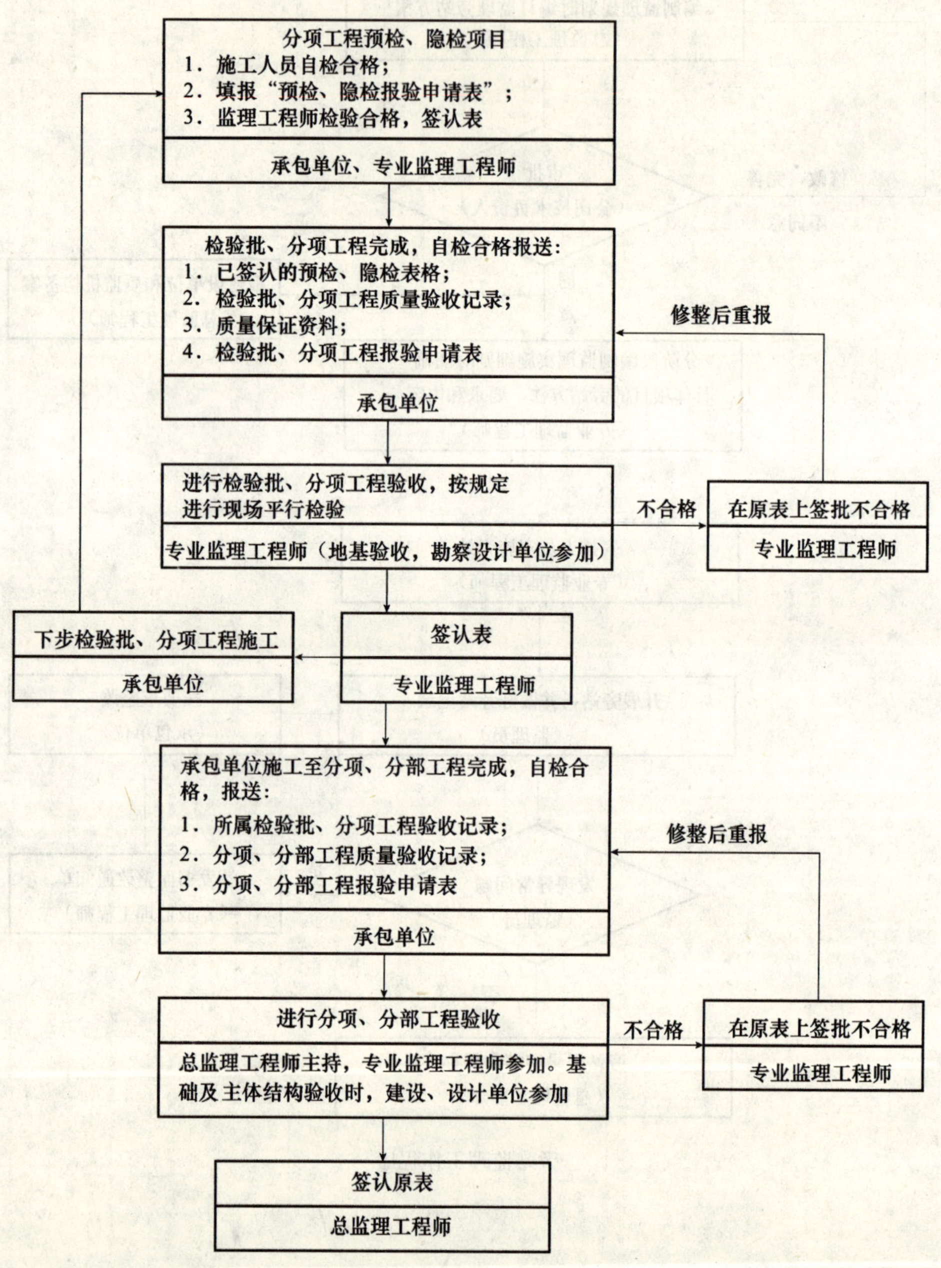

工程预检、隐检、检验批、分项、分部工程验收监理工作程序

9.3.4 工程质量事故处理监理工作程序（见下图）

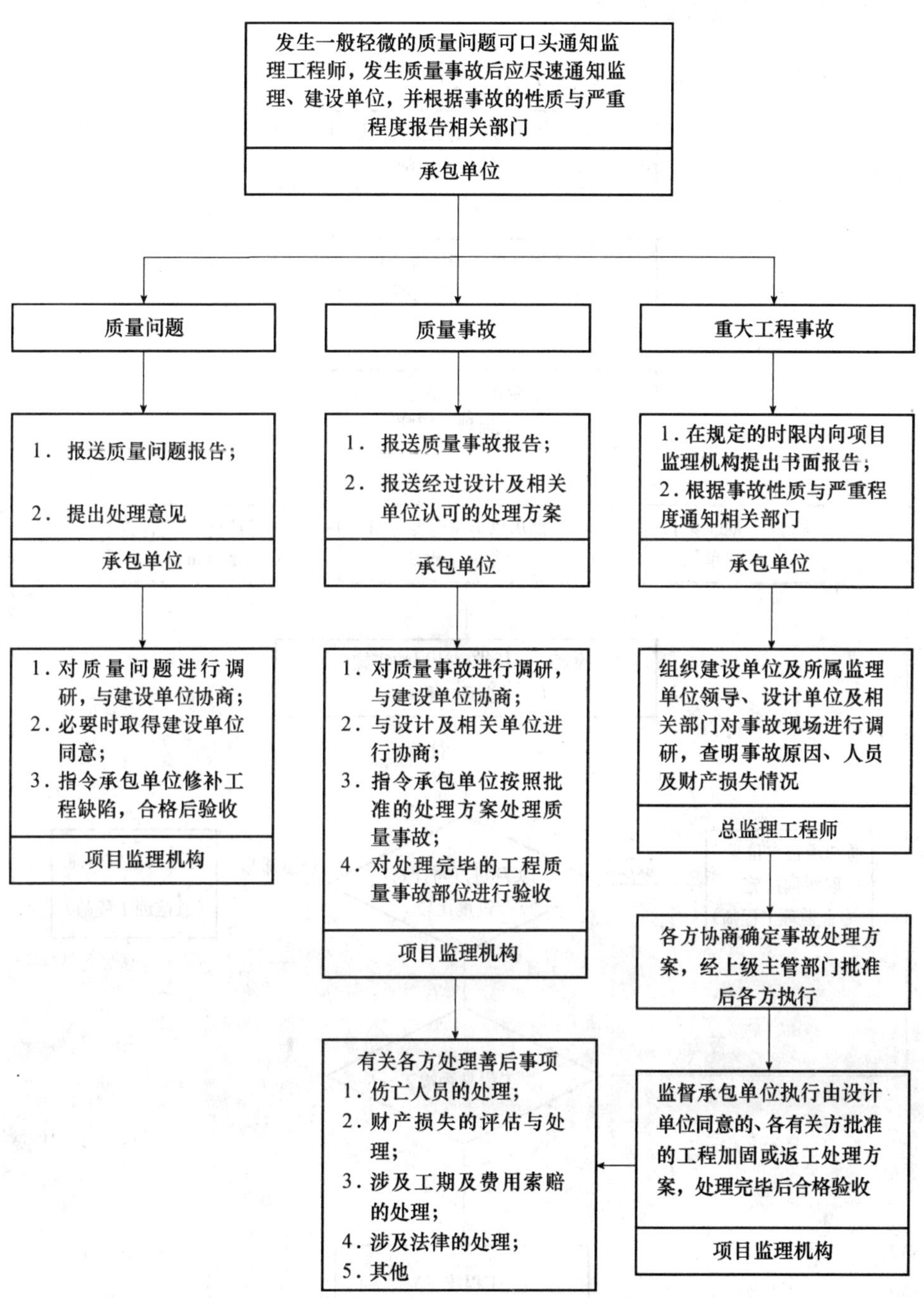

工程质量事故处理监理工作程序

9.4 进度控制工作程序

9.4.1 进度控制工作总程序（见下图）

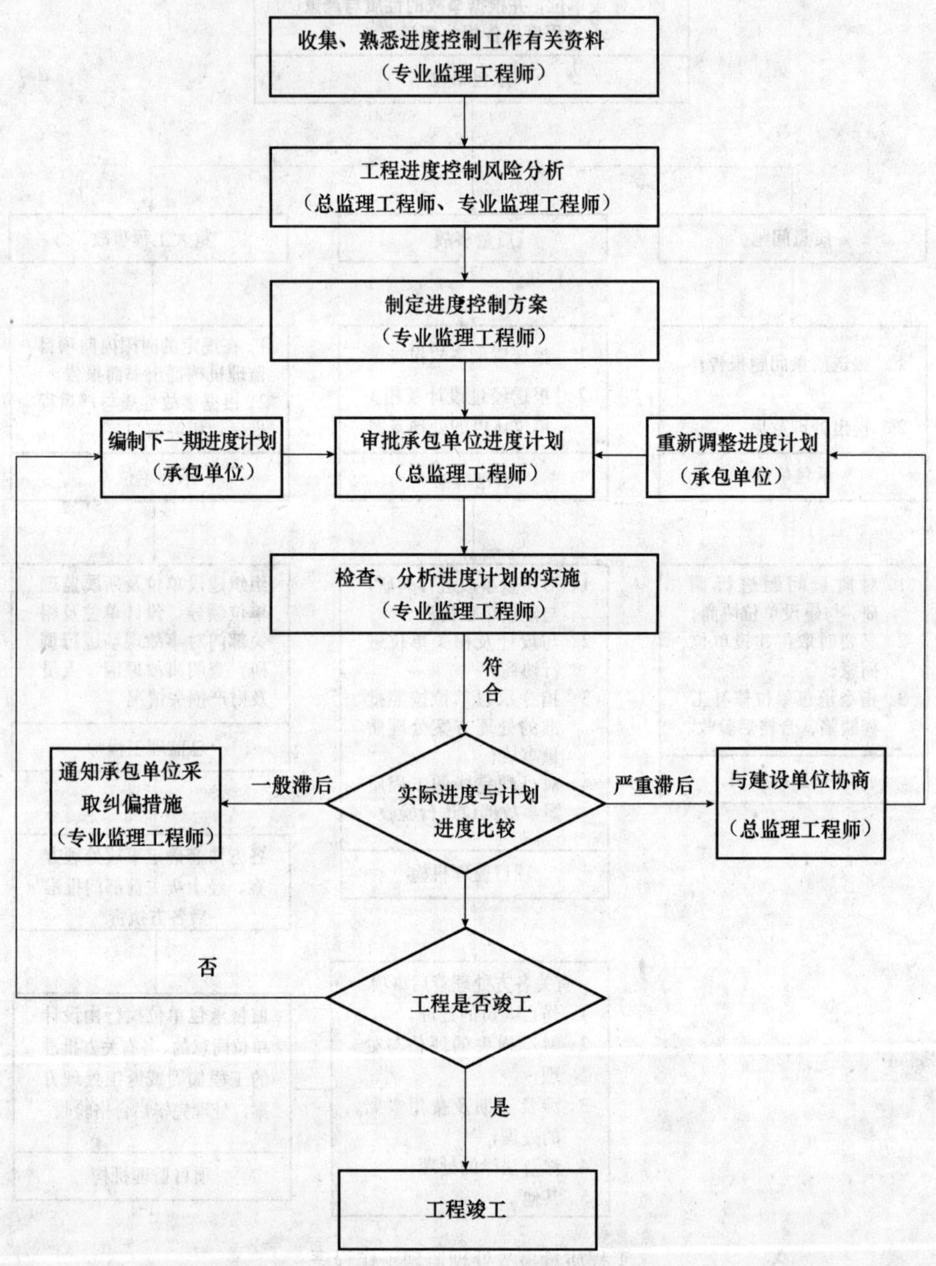

进度控制工作总程序

9.4.2　进度计划审批工作程序（见下图）

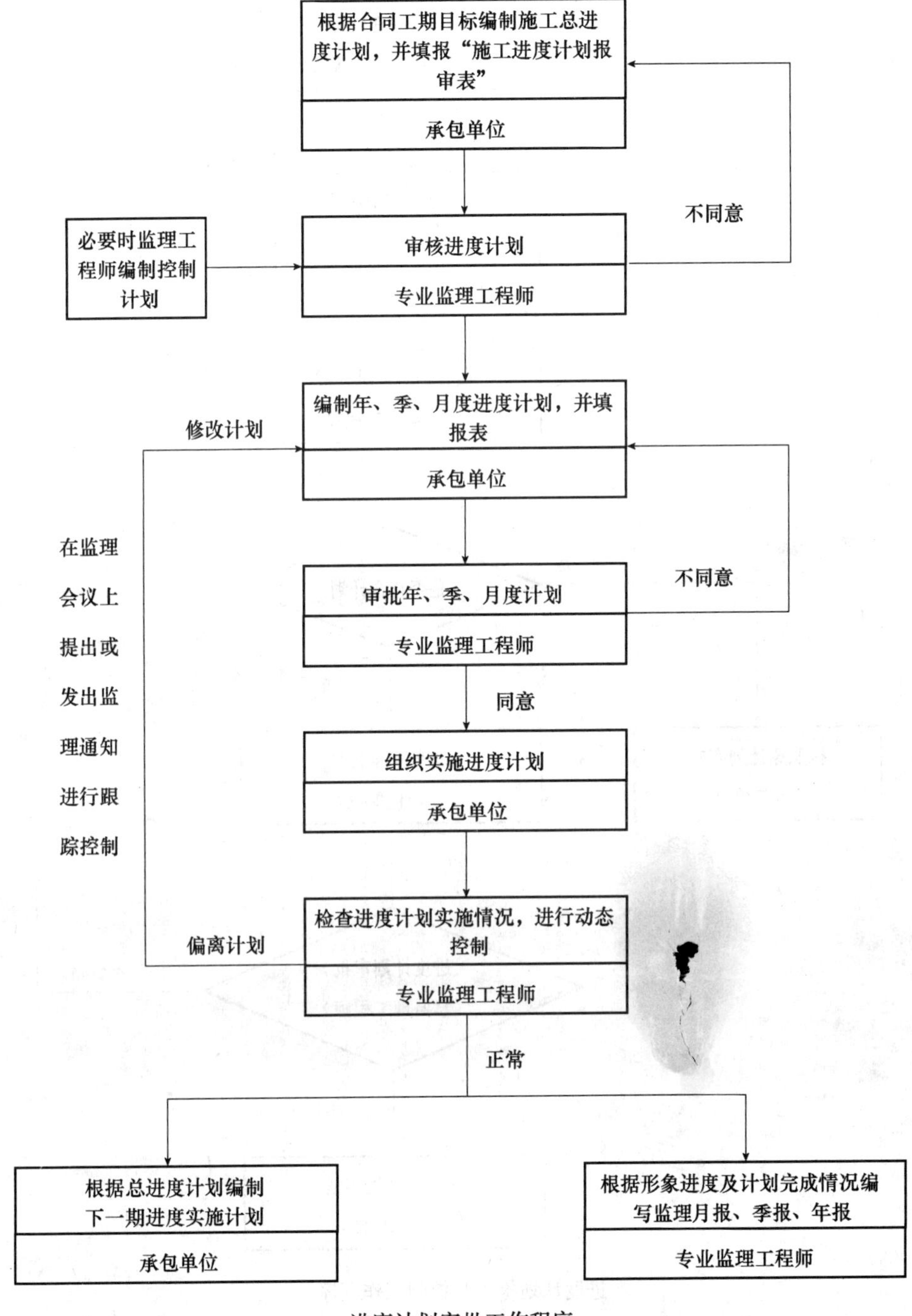

进度计划审批工作程序

9.4.3 进度计划检查与控制工作程序（见下图）

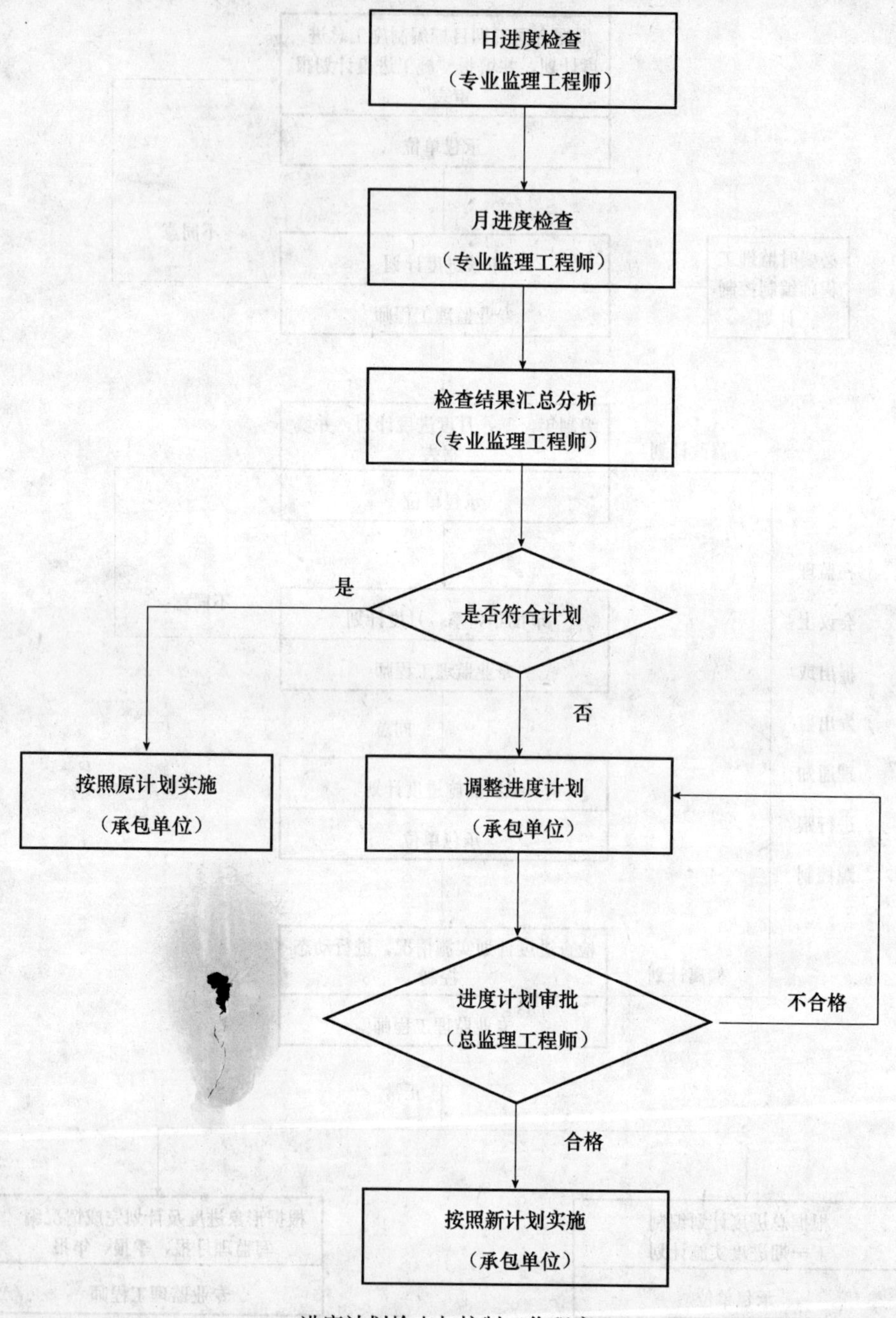

进度计划检查与控制工作程序

9.5　造价控制工作程序

9.5.1　造价控制工作总程序（见下图）

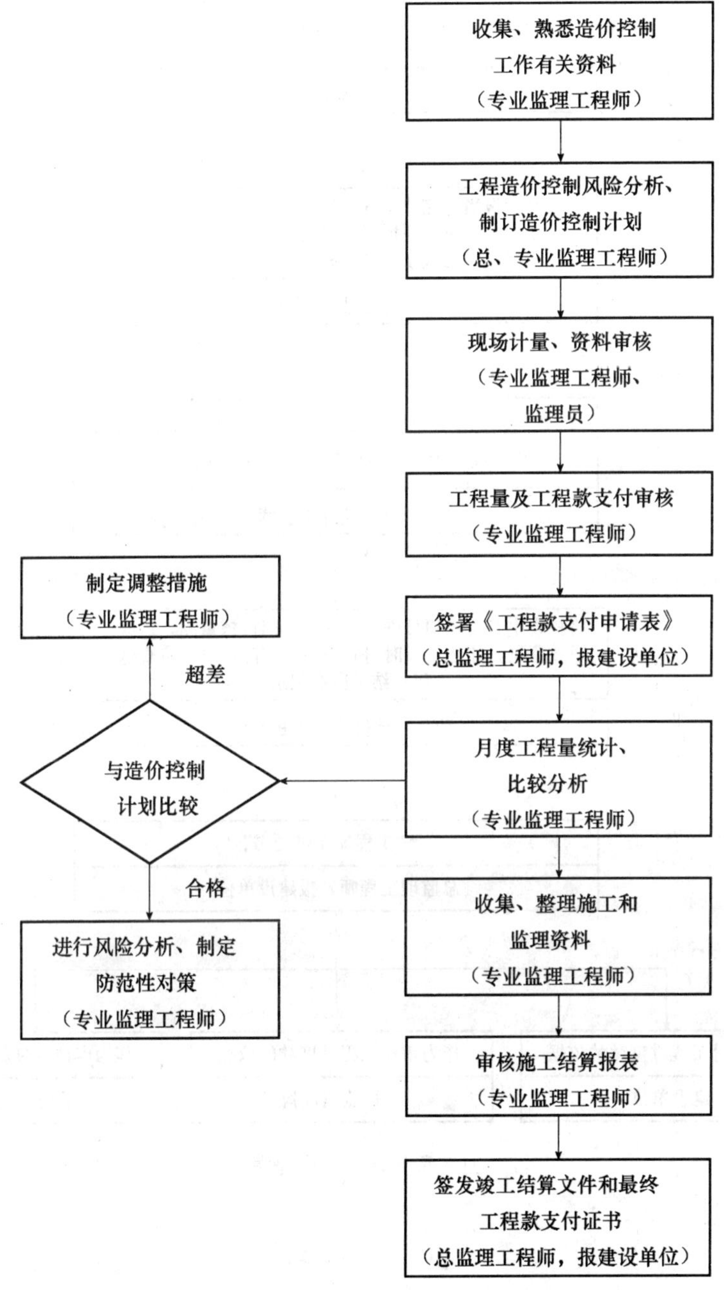

造价控制工作总程序

9.5.2　月工程量计量工作程序（见下图）

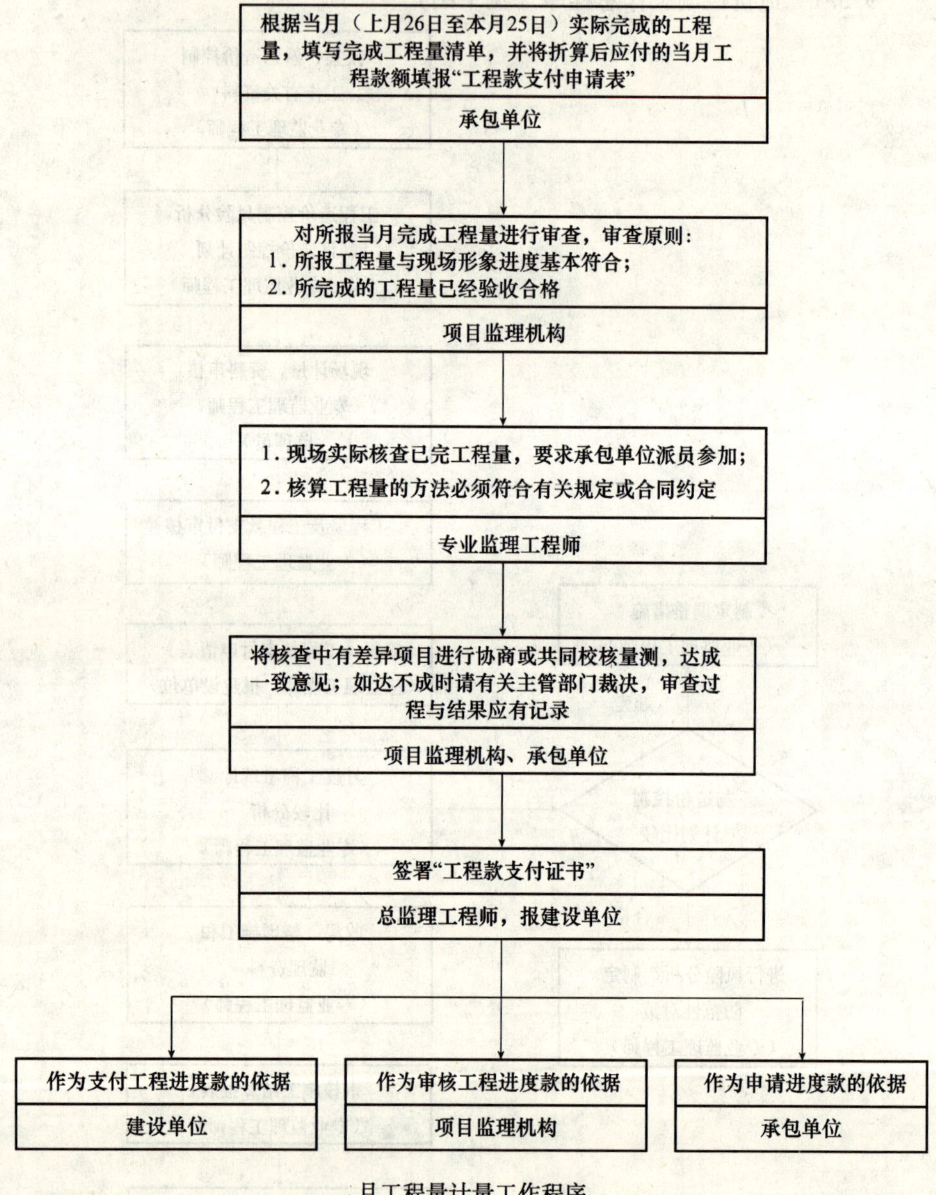

月工程量计量工作程序

9.5.3 月支付工作程序（见下图）

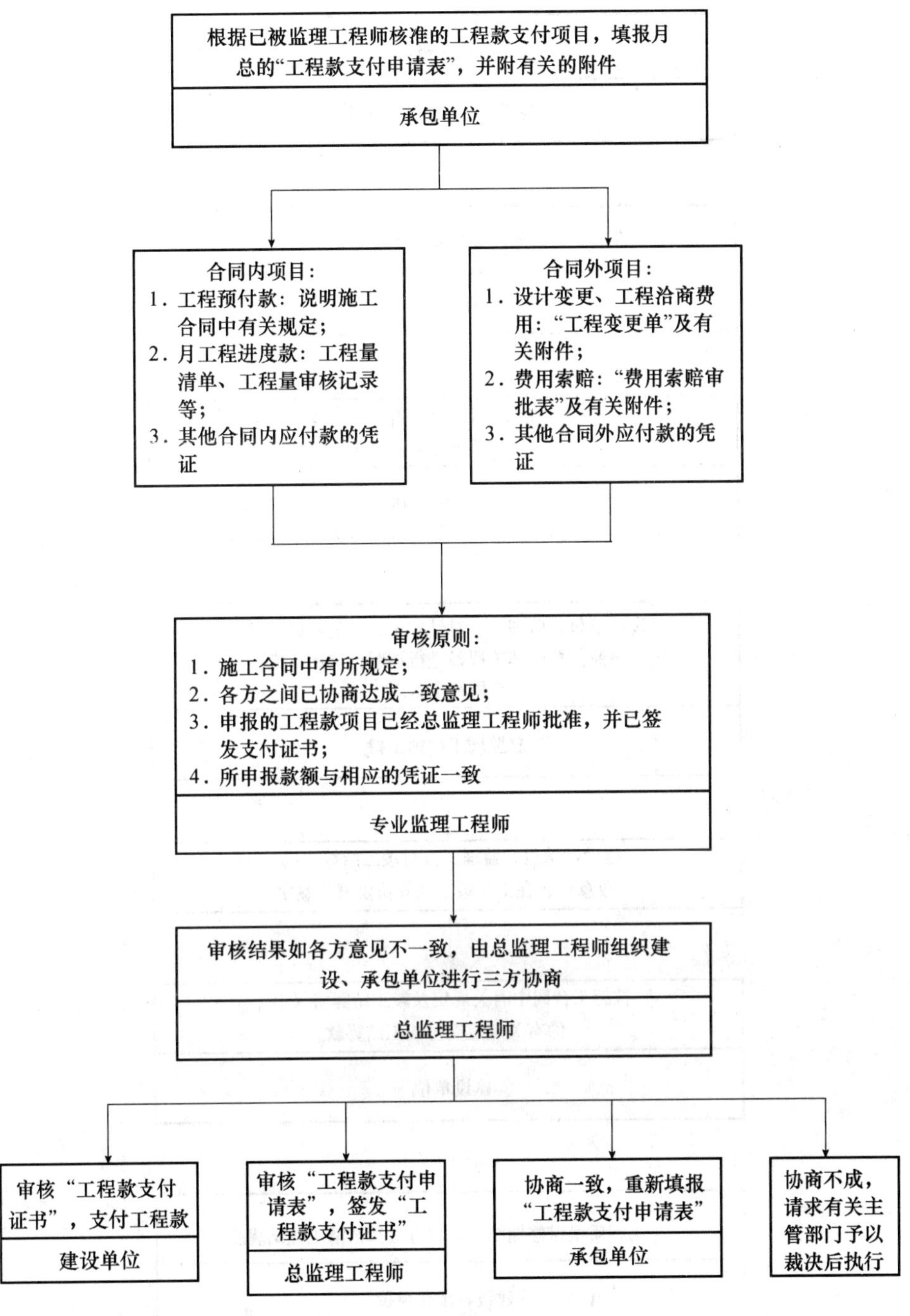

月支付工作程序

9.5.4 工程竣工结算工作程序（见下图）

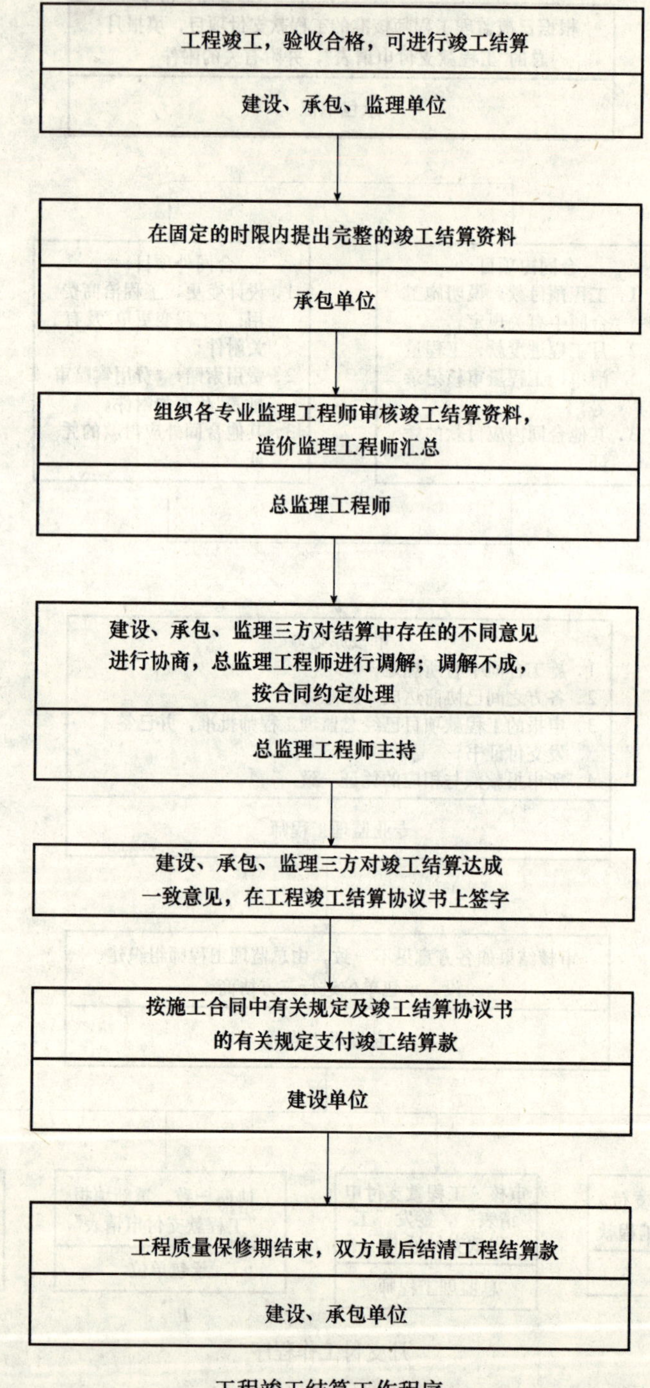

工程竣工结算工作程序

9.6 合同管理工作程序

9.6.1 合同管理工作总程序（见下图）

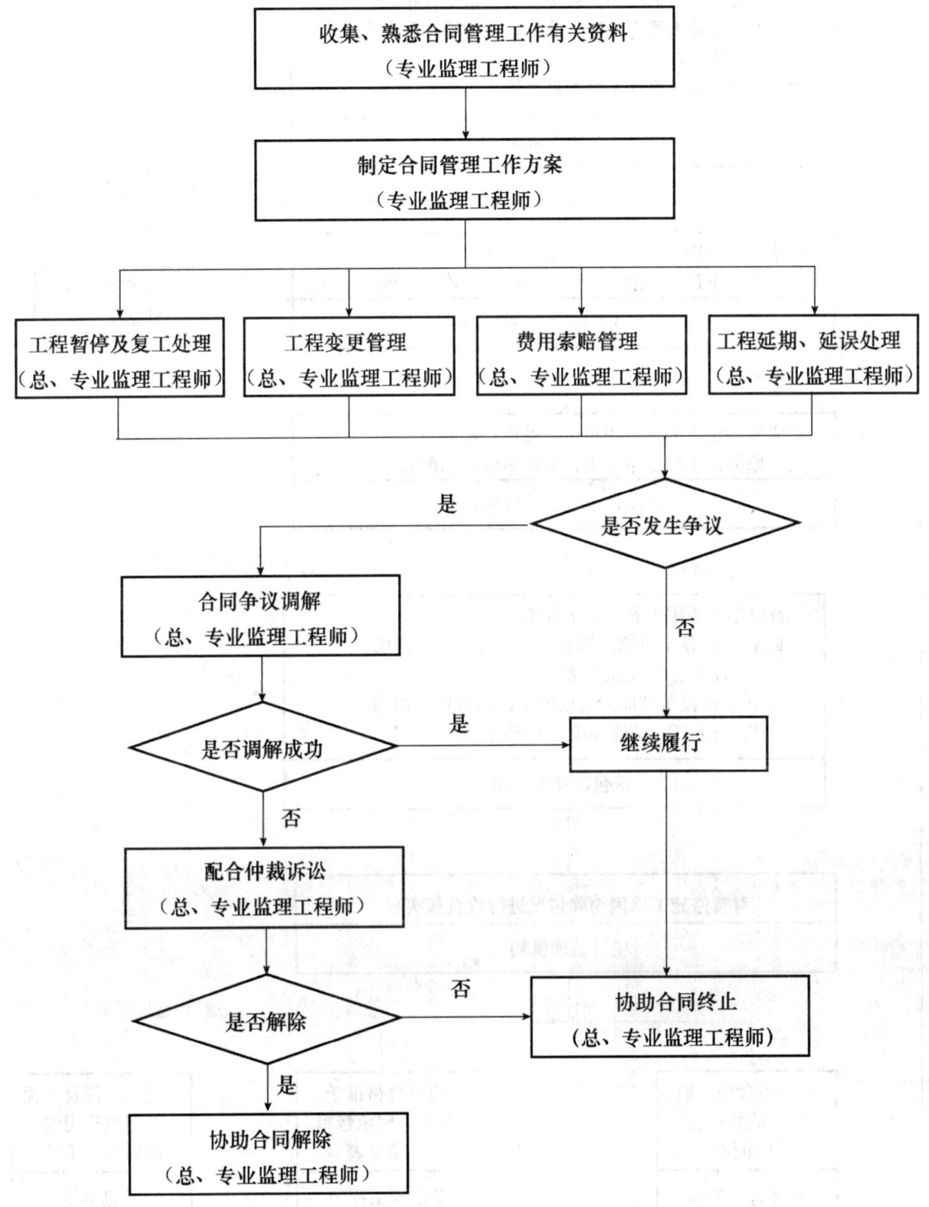

合同管理工作总程序

9.6.2 工程暂停及复工工作程序（见下图）

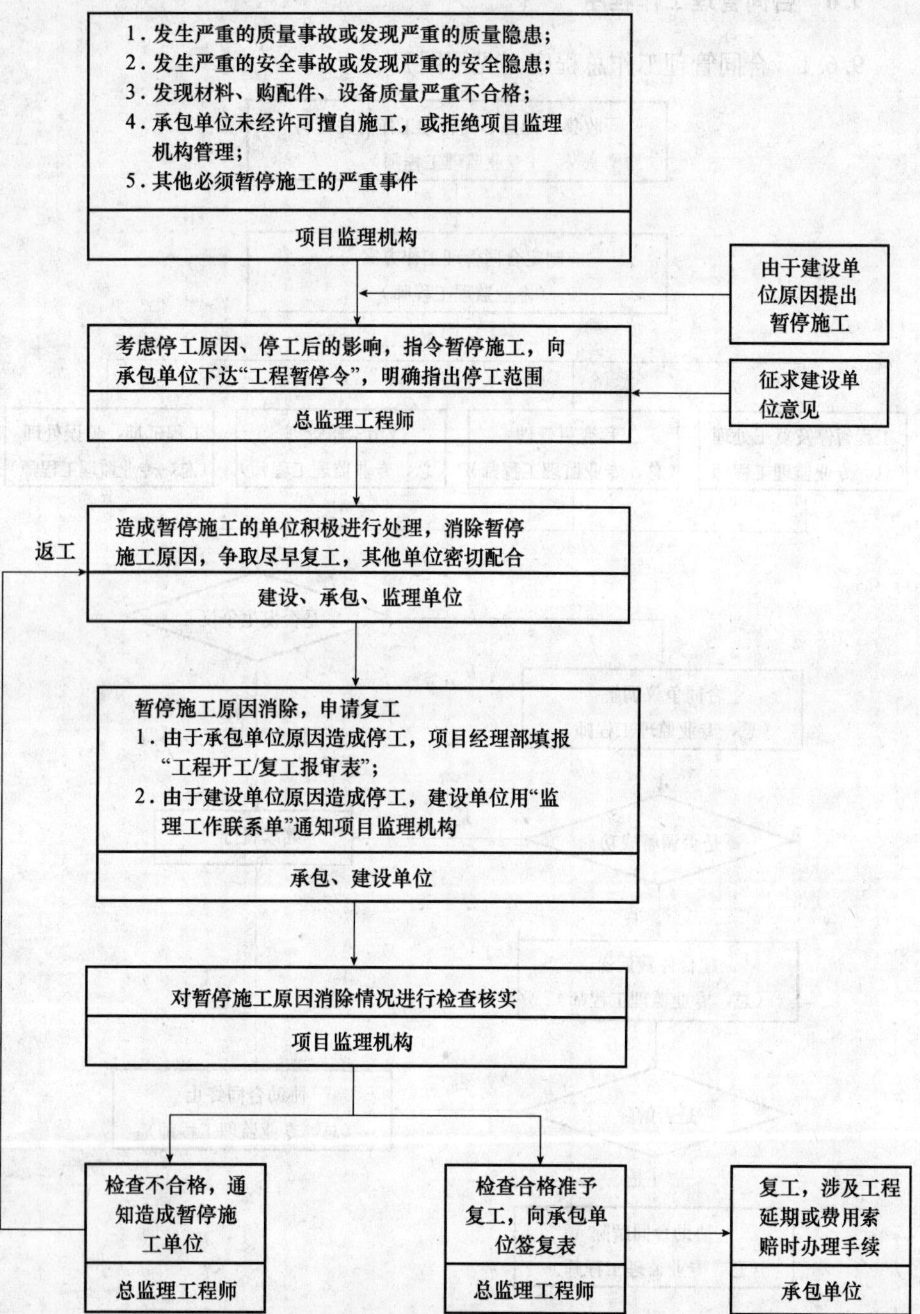

工程暂停及复工工作程序

9.6.3　工程变更审核工作程序（见下图）

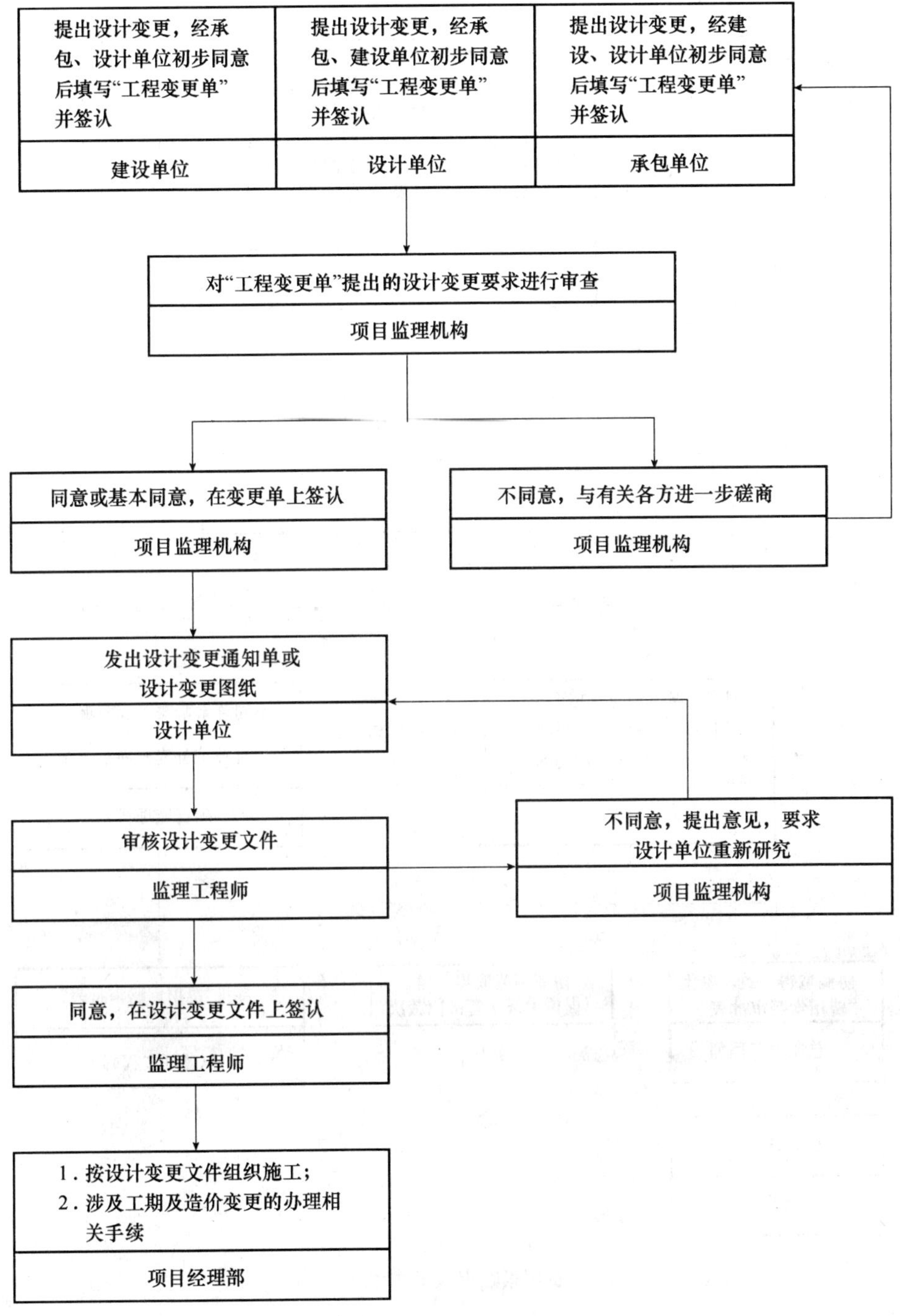

工程变更审核工作程序

9.6.4 费用索赔审核工作程序（见下图）

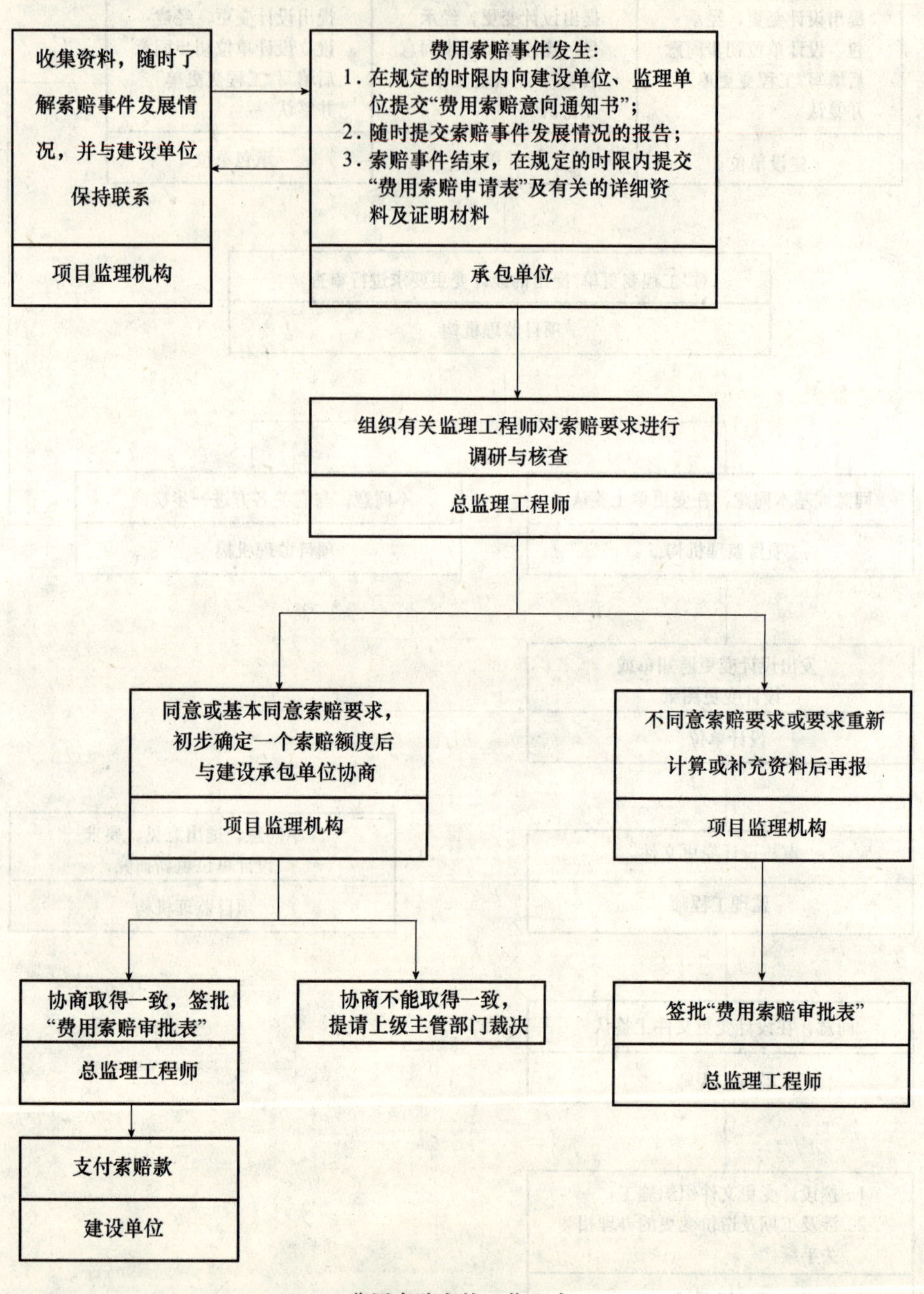

费用索赔审核工作程序

9.6.5　进度延期与延误处理审批工作程序（见下图）

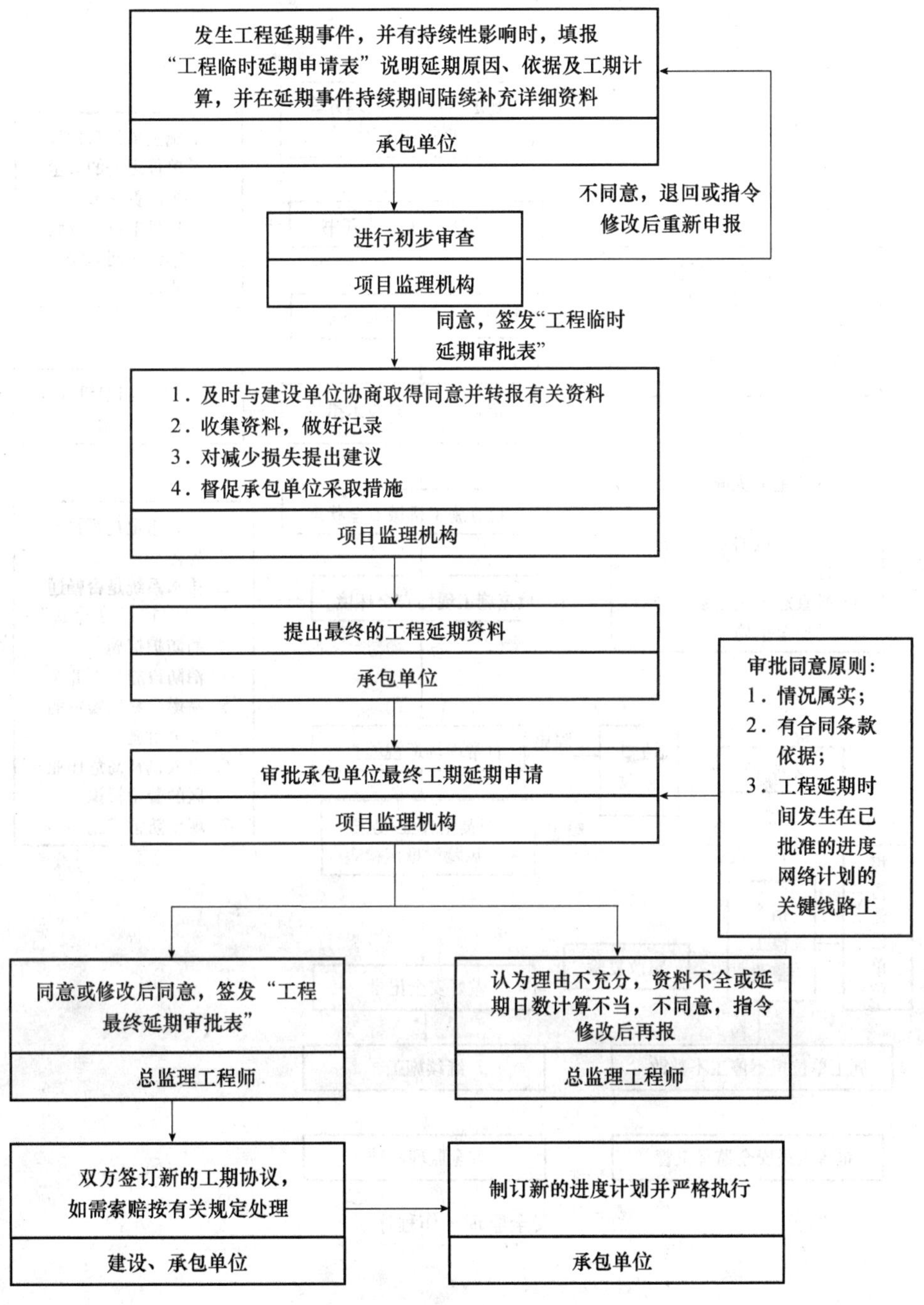

进度延期与延误处理审批工作程序

9.7 安全监理工作程序（见下图）

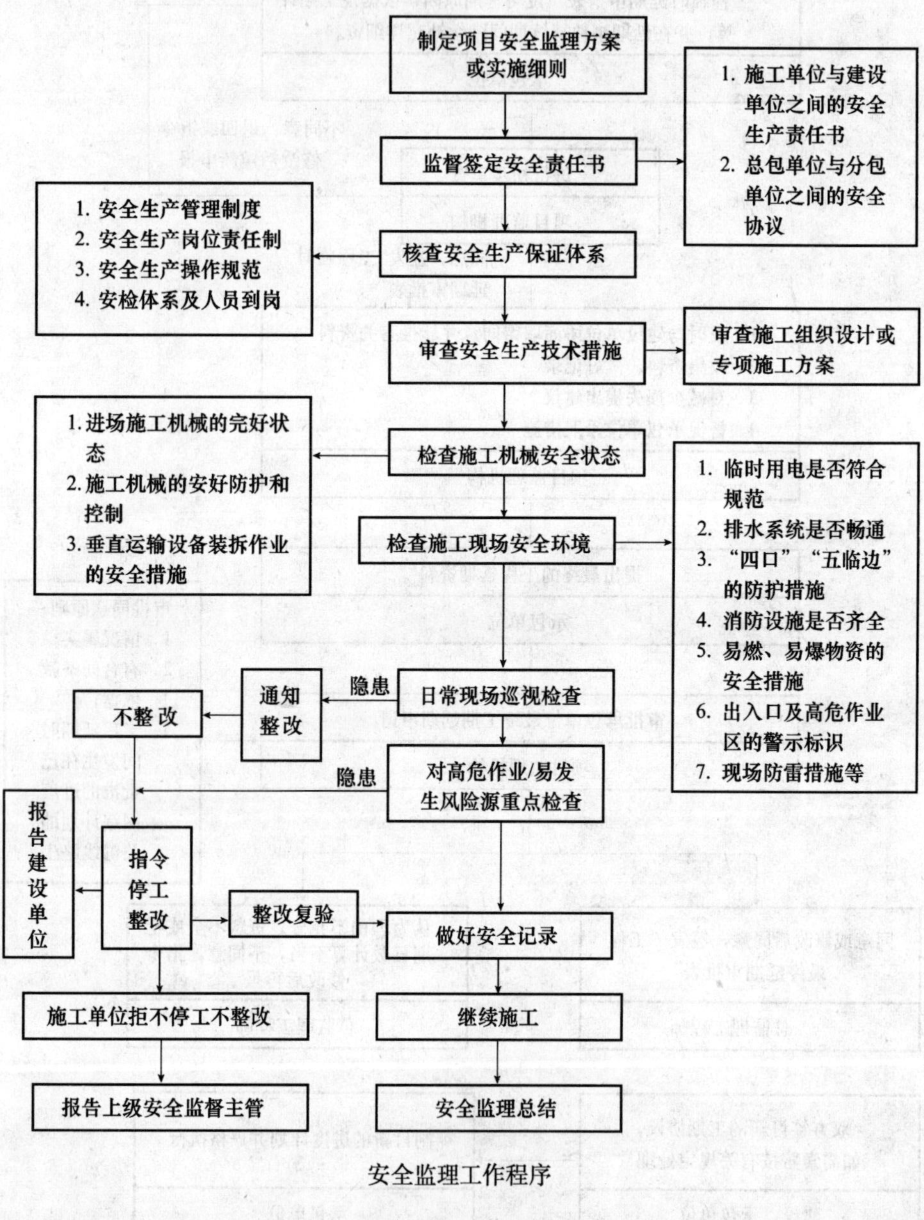

安全监理工作程序

9.8　交工监理工作程序（见下图）

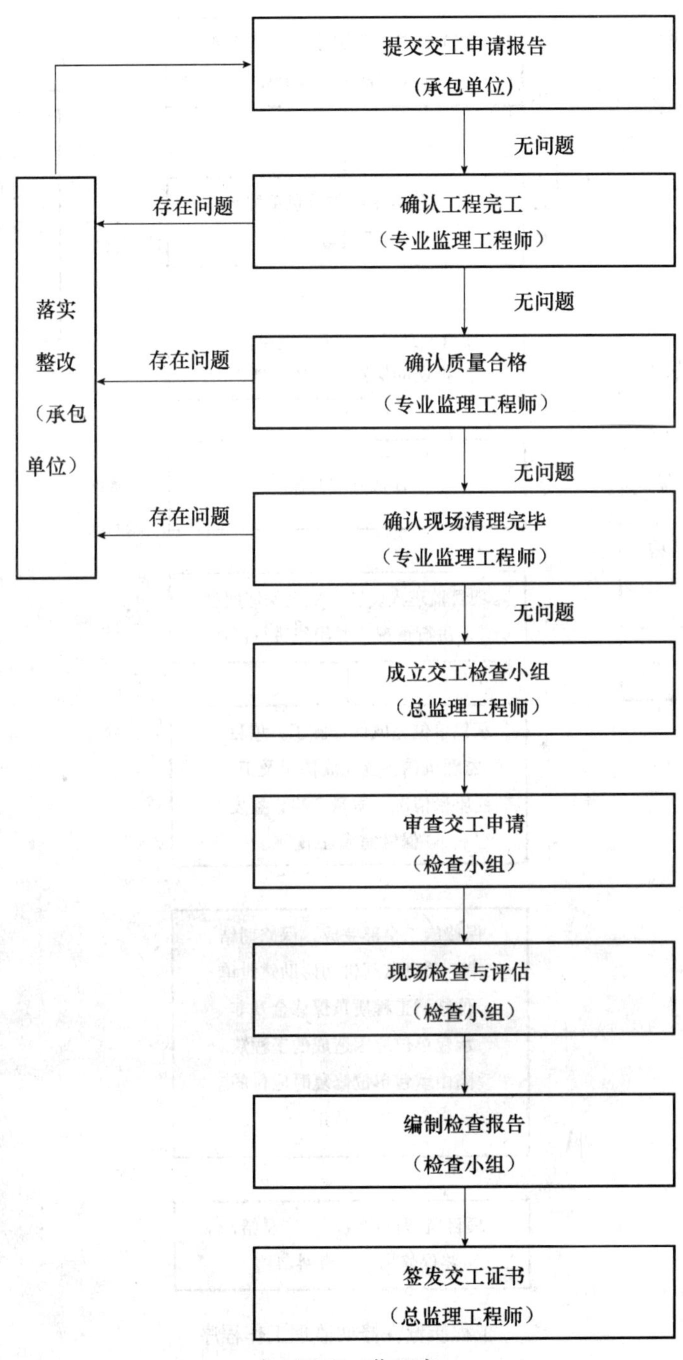

交工监理工作程序

9.9 工程质量保修期监理工作程序（见下图）

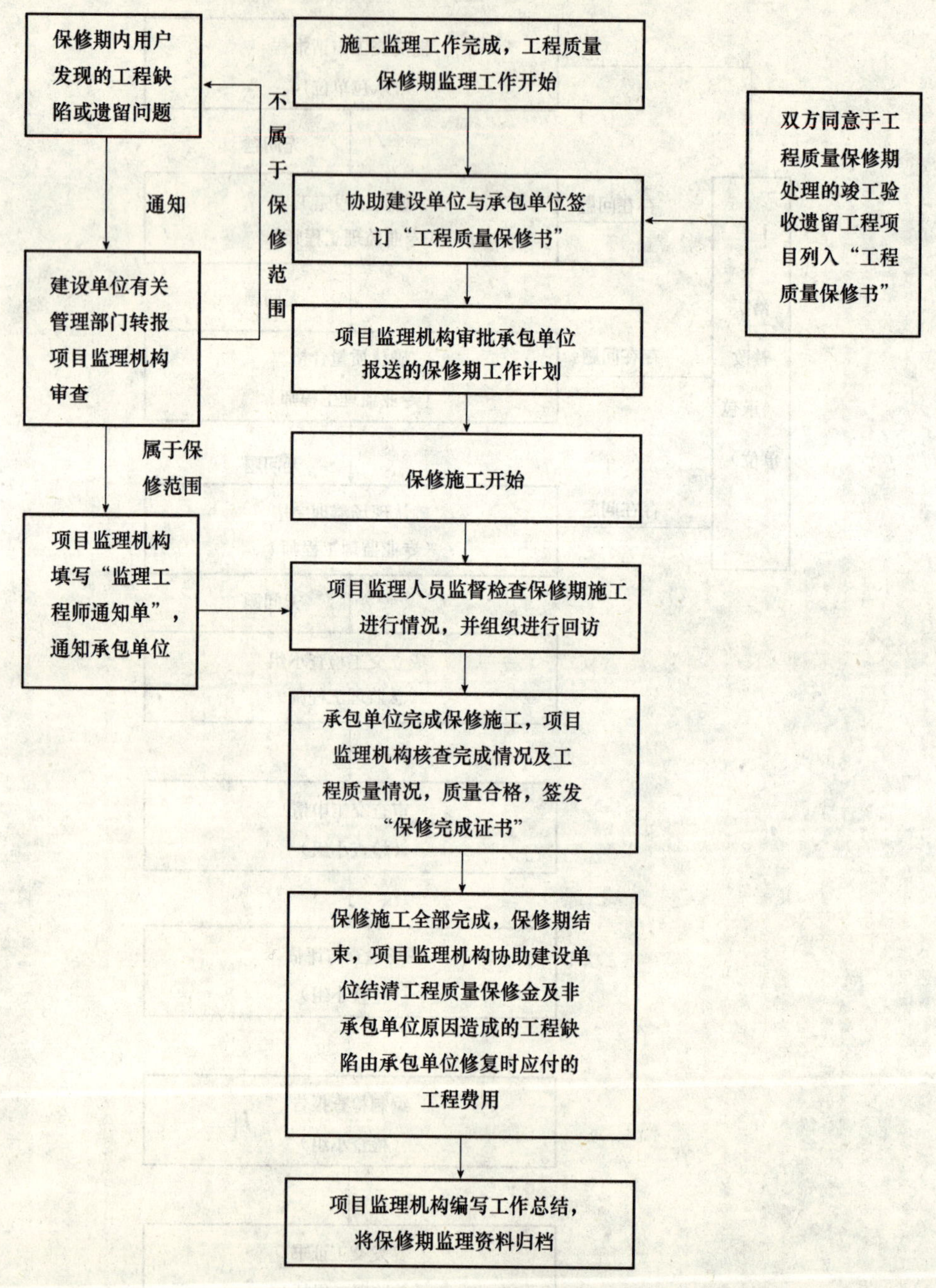

工程质量保修期监理工作程序

10　监理工作方法及措施

10.1　施工准备阶段监理工作方法及措施

10.1.1　了解并协助建设单位做好报建手续工作。

10.1.2　协助建设单位做好招标工作，参于施工合同的订立，审查合同各条款。

10.1.3　协助建设单位做好场地内五通一平工作。

10.1.4　检查设计施工图能否满足施工需要，协助做好优化和改善设计工作。

10.1.5　组织好图纸会审与技术交底。

10.1.6　审查施工单位的施工组织设计，重点审查施工方法、施工进度计划、施工单位场地平面布置及劳动力、材料、机械设备的组织和保证工程质量、安全、工期和造价等方面的措施，提出意见。

10.1.7　审查分包单位的资质，应符合所承包工程要求。

10.1.8　检查施工单位的质量保证体系，完善项目管理程序与制度。

10.1.9　开工前检查测量控制网系统，对交桩资料进行复核，核查无误后方可使用。

10.1.10　制定监理控制工作程序，建立监理工作制度，编写监理规划及监理细则，并向施工、建设单位交底。

10.1.11　做好监理人员上岗前组织培训工作。

10.2　施工阶段质量控制监理工作方法

10.2.1　审核有关技术文件、报告或报表

（1）审查分包单位的资质、组织机构、人员资格；

（2）审批开工申请书，控制施工准备工作质量；

（3）审批施工方案、施工组织设计或施工计划；

（4）审批有关材料、半成品和构配件质量证明文件（出厂合格证、质量检验或试验报告等）；

（5）审核施工单位提交的有关工序产品质量的证明文件（检验记录及试验报告），工序交接检查（自检）、隐蔽工程检查、分部分项工程质量检查等文件、资料；

（6）审核有关设计变更、设计图纸修改等；

(7) 审核有关应用新技术、新工艺、新材料、新结构的技术鉴定书;

(8) 审批有关工程质量缺陷或质量事故的处理报告，确保质量缺陷或事故处理的质量;

(9) 审核与签署现场有关质量技术签证。

10.2.2　现场质量监督与检查

(1) 开工前检查准备工作情况，避免仓促开工影响工程质量;

(2) 跟踪监督、检查工序施工过程中，人员、施工机械、材料、施工方法及施工环境条件等是否均处于良好的状态，以保证满足工程质量的要求;

(3) 对工程质量有重大影响的关键部位和工序在现场进行施工全过程的旁站监理;

(4) 对工序产品、工序交接及隐蔽工程，在施工单位自检与互检的基础上，监理人员进行工序交接的检查、签认，经检查不合格不得进行下道工序施工、隐蔽工程不得覆盖;

(5) 因质量问题或其他原因，监理指令停工后，在复工前应经监理人员检查认可后，下达复工指令，方可复工;

(6) 分项、分部工程完成后，应经监理人员检查验收签认质量报验单;

(7) 对于难度大或容易产生质量通病的部位施工，监理人员进行现场跟踪检查;

(8) 现场质量检查工作的方法：目测法、检测工具量测法以及试验法。

10.2.3　完善质量保证体系

确立合理的监理组织机构，完善监理工作程序，健全监理工作制度；配齐配强监理人员，明确职责，责任到人；加强事前、事中、事后控制，分析影响质量的人、材料、机械、方法和环境等要素，确保质量控制目标的实现。

10.3　施工阶段质量控制监理工作措施

10.3.1　质量控制的组织措施

(1) 建立健全监理组织机构，完善职责分工及有关质量控制工作制度、落实质量控制的具体措施。

(2) 监督施工单位质量保证体系的正常运作，如有异常及时监督调整。

10.3.2　质量控制的技术措施

(1) 事前控制

1) 审查施工单位资质及人员素质

审查承包单位资质及人员的技术资质，经监理工程师认可后，方可上岗；特殊工种、工序、检验和试验人员，持证上岗。

2）对工程所需原材料、半成品、构配件和永久性设备质量控制

对各施工单位在采购前提供的样品和有关订货厂家等资料进行审核，在确认符合质量控制要求并征得建设单位同意后，由总监理工程师签认《建筑材料报审表》和《主要设备选型报审表》；材料、设备到货后及时复核出厂合格证、有关设备的技术参数资料，并对材料进行见证取样复试；由建设单位提供材料设备时，协助建设单位进行设备选型、订货并参加建设单位组织的对该设备安装质量验收。

3）严格审查施工组织设计、施工方案、方法、工艺

分项、分部工程开工前由施工单位报送详细的施工方案，提交相应的施工计划，详细说明为完成该项工程的施工方法，施工机械设备及人员组织配备，质量保证措施以及进度安排等情况，报请监理工程师审查认可后方能实施。监理工程师着重审查：质量保证体系是否健全有效；主要技术组织措施是否具有针对性、是否安全有效；施工程序、施工现场布置是否合理，是否有利于保证施工的正常、顺利进行，是否有利于保证工程质量，经监理方审批同意后方可实施。

4）施工机械、设备的质量控制

监理工程师审查设备的选型是否恰当；承包单位提供的技术性能报告中机械性能是否满足质量要求和适合现场条件；凡不能满足施工要求的施工机械设备不能使用。

5）审查施工环境与条件方面准备工作质量

事先检查施工单位对施工作业环境条件方面准备工作是否妥当，确认其准备充分、有效后，方准许其进行施工。对施工质量管理环境的检查与控制应着重审查：施工单位的质量管理、质量保证体系和质量控制自检系统是否处于良好的状态，系统的组织机构、检测制度、人员配备等方面是否完善和明确，准备使用的质量检测、试验和计量等仪器设备和仪表是否能满足使用要求，是否处于良好的可用状态，符合要求后方可进行施工。

6）做好施工图纸会审工作

①总监理工程师应组织专业监理工程师认真熟悉施工图纸及有关设计说明和技术资料，了解设计意图和各项技术要求。

②核对全套图纸及说明是否齐全、清楚，图中尺寸、坐标、标高及管线是否精确和吻合一致。

③核对建筑、结构、水电、通讯、设备安装等各种图纸相互之间有无矛盾。

④对重大分项工程和关键部位的特殊技术，复核是否能满足施工要求。

⑤及时组织施工图会审，搞好设计交底。

7）工程测量放线控制

由施工承包单位对于给定的原始坐标点、水准点进行复核，并据以进行准确的测量放线、复测施工测量控制网；由测量专业监理工程师组织工程测量的复核控制工作。

（2）事中控制

1）协助施工单位建立和完善工序控制体系。把影响工序质量的因素都纳入管理状态。对重要工序应建立质量控制点，及时检查或审核各分包单位提交的质量统计分析资料和质量控制图表。

2）项目监理部应按质量计划目标要求，督促施工单位加强施工工艺管理，认真执行工艺标准和操作规程，以提高项目质量稳定性；加强工序控制，对隐蔽工程实行验收签证制，对关键部位进行旁站监理、中间检查和技术复核，防止质量隐患。各专业监理工程师还要做好工作日记，认真做好数据统计和数理分析，对不符合质量标准的提出专题报告，由总监理工程师签发送建设单位及施工单位。检查施工单位是否严格按照现行国家建筑安装施工规范和设计图纸要求进行施工。监理工程师应经常深入现场检查施工质量，如发现有不按照规范和设计要求施工而影响工程质量时，应及时向施工单位负责人提出口头整改意见，如整改不力或坚持不改，由总监理工程师直接向施工单位签发书面整改通知单。

3）项目监理部在接到隐蔽工程验收单后应及时派监理工程师做好验收工作（各分包单位在提交隐蔽工程验收单前已认真做好自检工作）。在验收过程中如发现施工质量不符合设计要求，必要时应以整改通知书的形式通知各分包单位，待其整改后重新进行验收，未经复验签证一律不得进行隐蔽。隐蔽工程验收内容按照相应规范执行，重点部位由专业监理工程师根据各工程情况编制实施细则：

①桩基础工程；

②基础工程；

③钢筋工程和模板工程；

④防水工程；

⑤埋入构件中的避雷导线；

⑥埋入构件中的工艺管线；

⑦安装设备和管道的水压试验；

⑧其他总监理工程师认为有必要重点控制的部位。

4）审查技术变更和会签设计变更。凡施工承包单位原因需修改设计，应经监理工程师审查对工程质量、进度、投资是否有不利影响，必要时提出书面意见向建设单位反映，经建设单位认可后必须通过原设计单位修改，总监理工程师将有关设计变更交施工承包单位。

5）监理工程师应认真履行监督职责，深入施工现场，以预控为主，及时发现，早期处理，防止漏检和失检。

6）行使质量监督权，下达停工令。如分包单位违反合同条款施工，使工程质量得不到保证时，总监理工程师有权指令其停工整改。

7）组织现场质量协调会。及时分析、通报工程质量状况，并协调有关单位间的工作配合。

8）坚持记好质量监理日记。认真做好统计数据处理分析，对不符合质量标准的提出报告，加以处理。

9）工程质量控制工作方式主要有以下几项。

①巡视检查：监理人员每日对正在施工的部位或工序在现场进行定时或不定时的监督管理。

②旁站监督：在施工过程中于现场观察、监督与检查，注意并及时发现质量事故的苗头和影响质量的不利因素，以便及时控制。

③试验：监理工程师通过试验数据判断和确认各种材料和工程部位内在质量情况，控制施工质量结果。

④测量：施工前监理人员对施工放线及高程控制进行检查，不合格者不得施工，在施工过程中也应随时控制，发现偏差，及时纠正，中间验收时，对不合要求者，指令施工单位处理，整改。

⑤见证：由监理人员现场监督某工序全过程完成情况，例如：材料的取样送样、现场的试验、试压、试车运转等。

⑥平行检测：对重要的分项工程或对质量有怀疑的材料、结构，受建设单位委托另行进行检验、试验。

⑦指令文件：监理工程师适用监理合同赋予指令控制权，对施工承包单位提出书面指示和要求。

⑧支付控制手段：监理以计量支付控制权为保障手段。

（3）事后控制

1）按规定的质量评定标准和方法，对完成的分项、分部工程，单位工程进行检验。

2）工程验收。

①根据施工单位工程验收申请报告，总监理工程师组织有关专业监理工程师进行初验，并将初验结果通报施工单位；

②单位工程竣工验收，总监理工程师在单位工程的各分部工程验收合格基础上，按国家验收规范标准，报请建设单位确定组织竣工验收的日期和程序，协助组织竣工验收工作，并由总监理工程师组织编写和签发工程质量评估报告。

3）审核施工单位提交的竣工资料和竣工图，并进行汇总。

4）整理工程项目技术文件资料，按要求编目、建档。

10.3.3 质量控制的经济措施

(1) 严格质量检验和验收，对不符合质量验收标准要求的不予计量，其工程量在当月工程款中予以扣除，并说明扣除原因。监理工程师责令其限时整改。达到质量要求后，方可申请建设单位支付。

(2) 对于质量不合格工程，按照合同进行反索赔或处罚。

(3) 督促施工单位建立健全质量经济责任制，并检查其执行情况。

10.3.4 质量控制的合同及信息管理措施

监理工程师根据《建设工程委托监理合同》对《建设工程施工合同》实施监督管理。

(1) 协助建设单位确定对目标控制的有利的承发包模式和合同结构，拟定合同条款，参加合同谈判，处理合同执行过程中的问题，做好防止和处理索赔工作。

(2) 了解和熟悉合同，监督按合同保质、保量、按时供应材料和设备。

(3) 按合同规定的质量标准进行工程质量控制与鉴定，及时掌握工程质量信息，以指导下一步控制目标与方向。

(4) 及时分析工程变更，对于变更所增减的工程费用及对工程质量的影响，汇总后及时报建设单位。

(5) 提醒建设单位和施工单位全面履行合同约定的责任义务，防止违约行为的出现，避免索赔事件的发生。一旦发生索赔事件，严格审查索赔证据的真实性、可靠性和及时性，检查索赔理由是否正当，按规定程序公正合理的处理索赔事件。

(6) 工程分包管理。总包单位将工程分包必须征得发包人同意，经总监理工程师审查分包单位的资格合格后，方可将工程分包。

(7) 在工程管理活动中，监理工程师及时、完整、可靠地收集、分析施工中发生的信息，作出正确的处理。对通过检测所得的工程数据分析，作出改进或继续的处理。对可能发生的索赔事件真实、完整地记录。

10.4　施工阶段投资控制监理工作方法

10.4.1　依据工程图纸、概预算、合同的工程量建立工程量台账。

10.4.2　审核承包单位编制的工程项目各阶段及年、季、月度资金使用计划。

10.4.3　通过风险分析，找出工程投资最易突破的部分、最易发生费用索赔的原因及部位，并制定防范性对策。

10.4.4　经常检查工程计量和工程款支付的情况；对实际发生值与计划控制值进行分析、比较。

10.4.5　严格执行工程计量和工程款支付的程序和时限要求。

10.4.6　通过书面文件与建设单位、承包单位沟通信息，提出工程投资控制的建议。

10.4.7　严格规范工程计量。

10.4.8　加强工程款的支付控制。

10.4.9　及时完成竣工决算。

10.5　施工阶段投资控制监理工作措施

10.5.1　投资控制的组织措施

（1）建立健全监理组织机构，完善职责分工及有关制度，落实造价控制的责任。

（2）编制本阶段造价控制工作计划和详细的工作流程图。

（3）建立计量和工程款支付制度、设计变更和签证监理制度，工程计量和支付、设计变更和签证均由专业监理工程师负责技术审核；造价监理工程师负责单价和取费的审核，最后由总监审核签字的责任制。

（4）若建设单位同意，建立工程签证必须经建设单位和监理双方人员签字方为有效的制度。

10.5.2　投资控制的技术措施

（1）审核施工组织设计和施工方案，合理开支施工措施费，对主要施工方案与建设单位运营部、项目部一道进行技术经济分析。

（2）按合理工期组织施工；避免不必要的赶工费。

（3）熟悉设计图纸和设计要求，对量大、质高、价格波动大的材料进行价格预测，采取对策；减少施工单位提出索赔。

（4）对设计变更进行技术经济比较，严格控制设计变更。

10.5.3　投资控制的经济措施

(1) 严格进行工程计量;

(2) 审查工程付款申请表，签发工程付款支付证书;

(3) 对工程施工过程中的投资支出做好分析与预测，经常或定期向建设单位提交项目投资控制及其存在问题的报告。

(4) 做好分阶段投资控制、竣工结算投资控制工作。

10.5.4 投资控制的合同和信息措施

(1) 按照竞争、公正、公平、科学的原则，选择质量好、信誉高、价格合理、工期适当、施工方案先进可行的优秀施工单位中标，尽量减少因施工单位的原因而增加投资的风险。协助建设单位在评标过程中认真进行投标文件符合性、技术性、商务性评审。协助建设单位签订好合同。

(2) 主要设备、材料的采购，建议采用招、投标方式，以正确选择好设备、质优价廉的材料及供应商，减少建设单位的投资风险。

(3) 合同价确定建议建设单位采用固定单价合同，在每次工程付款时，根据实际完成的工程量结算。

(4) 做好工程施工记录，保存各种文件图纸，注意积累素材，为正确处理可能发生的索赔提供依据。参与处理索赔事宜。

(5) 按合同条款支付工程款，防止过早、过量的现金支付，全面履约，减少索赔，正确地处理索赔。

(6) 收集有关投资信息，进行动态分析比较，提供给建设单位，为决策提供依据。

10.6 施工阶段进度控制监理工作方法

10.6.1 督促承包单位根据建设工程施工合同的约定按时编制施工总进度计划、季度进度计划、月进度计划，并按时填写《施工进度计划报审表》，报项目监理部审批。

10.6.2 监理工程师根据工程的条件（工程的规模、质量标准、工艺复杂程度、施工的现场、施工队伍的条件等），全面分析承包单位编制的施工总进度计划的合理性、可行性。审查进度网络计划的关键线路。

10.6.3 对季度及年度进度计划；分析承包单位主要工程材料及设备供应等方面的配套安排。重要的修改要求承包单位重新申报。进度计划由总监理工程师审核并报送建设单位。

10.6.4 在计划实施过程中，监理工程师对承包单位实际进度进行跟踪监督，并对实施情况作出记录。根据检查的结果对工程进度进行评价和分析。发现偏离应签发《监理通知》要求承包单位及时采取措施，实现计划进度。

10.6.5　发现工程进度严重偏离计划时，总监理工程师组织监理工程师进行原因分析，研究措施。

10.6.6　召开各方协调会议，研究措施，保证进度目标的实现。

10.6.7　必须延长工期时，严格按工程延期程序，经项目监理部审批。

10.7　施工阶段进度控制监理工作措施

10.7.1　进度控制的组织措施

（1）建立健全监理组织机构，专人协调控制工程进度，完善职责分工及有关制度，落实进度控制的责任。

（2）将进度目标分解。根据总进度目标编制年、季、月进度计划。

（3）确定进度协调工作制度；每周召开一次协调会议。

（4）对影响进度目标实现的干扰和风险因素进行分析、预测，采取预防措施。

10.7.2　进度控制的技术措施

（1）监理和建设单位充分研究后确定总进度控制计划，各施工单位、供货商按控制计划的要求编制实施进度网络计划；监理认真审核各计划的协调性和合理性。

（2）由建设单位供应材料设备，编制有关材料、设备部分的采供计划。

（3）事中检查控制；每月进行进度检查，动态控制和调整。并在监理日记、月报中反映工程进度。

（4）工程进度的动态管理：实际进度与计划进度发生差异时，分析产生的原因；提出调整的措施和方案，相应调整施工、设计、材料设备供应和资金计划。

（5）组织好现场协调会。重点解决各施工单位内部不能解决的问题。

10.7.3　进度控制的经济措施

（1）编制进度目标计划，确定进度控制点，对按时或提前完成者给予奖励；延期完工者给予处罚。

（2）合理支付赶工措施费。

（3）编制详细的资金使用计划，及早筹措资金，保证资金供应。

10.7.4　进度控制的合同和信息措施

（1）协助建设单位签订好合同；

（2）做好工程施工记录；积累素材，为正确处理可能发生的工期索赔提供依据。参与处理工期索赔事宜；

（3）积极主动当好建设单位的参谋；减少由于建设单位原因导致的工期延误；

（4）收集有关进度的信息，通过计划进度和实际进度的动态比较，定期向建设单位及有关单位提供比较报告，为正确的决策提供依据。

10.8 施工阶段合同管理监理工作

10.8.1 分析合同的缺陷和弱点，以发现和提出需要解决的问题，对可能引起或引起合同变化的事件进行分析研究，以便采取相应预防措施或处理措施。

10.8.2 切记避免口头协议、“君子协定”，防止引起合同争执。

10.8.3 履行监理工程师职责，恰当地使用自己的权力，当好“公正的第三方”，进行合同争议的调解和违约处理。

10.8.4 委任具有应变能力又能坚持原则的监理工程师担任合同管理工作，以应付合同管理中的各种复杂问题。

10.8.5 拟定各种工程文件、记录、指示、报告时，应当全面、细致、准确、具体，当发生索赔事件时监理工程师以公正的态度对待，按照事先规定的索赔程序处理索赔。

10.8.6 特别注意工程变更对合同的影响，对每一份变更进行可行性分析，防止由此而引起的索赔。

10.8.7 监督、检查合同履行情况，进行合同信息统计分析，对发现的违约原因、纠纷数量、变更情况等问题，采取针对性的措施。

10.9 工程项目竣工验收阶段监理工作

项目竣工验收是全面考核建设成果，也是对监理工作成果的检验，项目监理部应对每个分项、分部的质量、功能、安全等各方面进行认真、全面的检查，决不留下质量或安全的任何隐患。监理工作方法和措施如下。

10.9.1 督促检查施工单位及时整理竣工文件和验收资料，审查施工单位提出的工程竣工验收申请报告：竣工资料应齐全、完整、清晰，收尾工程应完工。

10.9.2 根据施工单位的竣工验收申请报告，组织工程预验收，仔细、全面核查竣工资料，按规定要求对工程质量全面检查，对检查中发现的问题或缺陷，督促施工单位整改。

10.9.3 收集、整理、汇编监理资料，向建设单位提出验收意见，提交质量评估报告。

10.9.4 协助建设单位组织正式竣工验收，确定验收程序，做好验收准备组织预验收，参加建设单位组织的竣工验收工作。

10.9.5　做好工程质量的评定，编写竣工验收报告。

10.9.6　确定项目工程交接日期。

10.10　工程质量保修期监理工作

10.10.1　依据合同约定的保修期监理工作范围和内容开展监理工作。

10.10.2　督促设计、施工和设备供应等单位认真做好回访保修工作。

10.10.3　安排监理人员对工程质量状况和使用状况检查并记录，对出现的质量缺陷进行检查和分析，会同施工单位、建设单位根据实际情况共同确定责任归属，提出处理或返修方案，督促责任单位及时修复，对非施工方原因造成的返修，在验收合格后予以签认并对修复部位准确计量，报建设单位。

10.10.4　保修期结束后收集、整理移交工程保修资料，提交工程保修工作报告。

10.11　安全生产、文明施工监理工作方法

10.11.1　审查各类有关安全生产、文明施工的文件。

10.11.2　审核进入施工现场各分包单位的安全资质和证明文件。

10.11.3　审核施工单位提交的施工方案和施工组织设计中安全生产、文明施工技术措施。

10.11.4　工地的安全生产、文明施工组织体系和人员的配备。

10.11.5　审核新工艺、新技术、新材料、新结构的使用安全技术方案及安全、文明措施。

10.11.6　审核施工单位提交的关于工序交接检查、分部、分项工程安全检查报告。

10.11.7　审核并签署现场有关安全、文明签证文件。

10.11.8　现场监督与检查：

(1) 日常现场跟踪监理。根据工程进展情况，安全、文明监理人员对各工序安全、文明情况进行跟踪监督、现场检查、验证施工人员是否按照安全、文明技术防范措施和按规程操作；

(2) 对主要结构、关键部分的安全状况，除进行日常跟踪检查外，视施工情况，必要时可做抽检和检测工作；

(3) 对每道工序检查后，做好记录并给予确认。

10.11.9　如遇下列情况，安全、文明监理人员可下达“暂时停工指令”：

(1) 施工中出现安全异常，经提出后，施工单位未采取改进措施或改进措施不合乎要求时；

（2）对已发生的工程事故未进行有效处理而继续作业时；

（3）安全措施未经自检而擅自使用时；

（4）擅自变更设计图纸进行施工时；

（5）使用没有合格证明的材料或擅自替换、变更工程材料时；

（6）未经安全资质审查的分包单位的施工人员进入现场施工时；

（7）发现文物未采取有效保护措施继续施工会使文物遭到毁坏时；

（8）对周围环境严重影响时。

10.12 安全生产、文明施工监理工作措施

10.12.1 贯彻执行“安全第一，预防为主”的方针，国家现行的安全生产的法律、法规，建设行政主管部门的安全生产、文明施工的规章和标准。

10.12.2 督促施工前段时间落实安全生产、文明施工的组织保证体系，建立健全安全生产、文明施工责任制。

10.12.3 督促施工单位对工人进行安全生产、文明施工教育及分部、分项工程的安全技术交底。

10.12.4 审查施工方案及安全生产、文明施工技术措施。

10.12.5 检查并督促施工单位，按照建筑施工安全生产、文明施工技术标准和规范要求，落实分部、分项工程或各工序，关键部位的安全生产、文明施工措施。

10.12.6 监督检查施工现场的消防工作、冬季防寒、夏季防暑、文明施工、卫生防疫等项工作。

10.12.7 不定期的组织安全生产、文明施工综合检查，可按《建筑施工安全检查标准》JGJ 59—1999 进行评价，提出处理意见并限期整改。

10.12.8 发现违章冒险作业的责令其停止作业，发现隐患的责令其停工整改。

10.12.9 发现施工有损坏文物、对周围环境严重影响时，责令停工整改。

10.13 信息管理工作方法与措施

监理工作的主要任务是控制，控制的基础是信息。在本项目监理中要认真做好工程建设有关信息的收集、整理、处理、存储、传递、输出与应用。做好有组织的信息流通使有关部门和人员及项目建设的决策者能及时准确地获得相应的信息，为科学决策创造条件从而实现对工期、造价、质量的有效控制，如下表所示。

收集信息和资料明细表

序号	类 别	内 容
1	合同文件	工程建设监理合同，施工招（投）标文件，建设工程施工合同，分包合同，各类定货合同
2	勘察设计文件	施工图纸、工程地质勘察报告，测量基础资料
3	设计变更、洽商	设计交底图纸会审记录、纪要、设计变更，技术核定
4	监理内部	监理规划、监理细则、监理月报、旁站监理方案及记录、监理通知、监理日记、监理总结、监理台账
5	会议纪要	监理例会及专题会议纪要（专题、阶段、竣工）
6	分包单位资质审查等资料	分包单位资质条件，分包单位有关资料，供货单位资质资料见证试验室资质资料
7	施工组织设计（施工方案）	施工组织设计（总体、单位工程），分部施工方案，季节施工方案，其他专项施工方案
8	进度控制	工程开工报审表（含必要附件），年、季、月、周进度计划，复工资料，年、月进度报表
9	质量控制	各类工程材料、构配件、设备报验资料，施工测量放线报验，施工试验资料，检验批、分项、分部工程质量报验与认可，不合格工程项目通知，质量事故报告及处理资料，单位及分部工程质量评估报告，设备单机试车资料
10	造价控制	概预算或工程量清单，工程量报审与签认，预付款及工程款报审与支付证书，设计变更、洽商费用审与签认，月付款汇总表，工程竣工结算表
11	合同其他事项管理	工程延期报告、审批等资料，费用索赔报告、审批等资料，合同争议、违约报告及处理资料，合同变更资料
12	工程验收资料	工程基础、主体结构等中间验收资料，设备安装专项验收资料，消防、人防、环保、高压容器等报验收资料，竣工验收资料、竣工移交证书
13	其他来往函件	

（1）广泛收集信息，并力求信息的真实、可靠、准确、有用、及时、完整。

（2）总监理工程师指定专人进行监理资料管理。

（3）监理工程师要认真审核有关资料，不得接受经涂改的报验资料，并在审核整理后及时交资料管理人员发放及存放。

（4）在监理过程中监理资料应按单位工程建立案卷（盒、夹），分专业存放保管并建立编码体系。

（5）监理资料的收发、借阅必须通过资料管理人员履行手续。

（6）对各类信息进行分类、排列、筛选、计算处理、分析、比较判断等加工处理后及时进行信息传递和沟通，有的要以报表、报告、备忘录、通知书等形式提供给需要信息的部门和人员。

（7）监理资料的归档管理。

①监理资料归档的内容（详见监理规范，此略）。

②监理档案组卷的方法。

a. 以单位工程，按归档的内容进行组卷；

b. 卷内文件应按专业和形成资料的时间排序并编写卷内目录；

c. 封面、移交目录、审核备考表的格式按公司统一规定执行；

d. 档案的规格、图纸的折叠与装订应执行本省城市建设档案馆的统一规定。

③监理档案的验收、移交和管理。

a. 由总监理工程师组织监理资料的归档整理工作，并负责审核和签字验收；

b. 由总监理工程师负责，于工程竣工验收的三个月内将监理档案送监理单位总工程师审阅，并与档案管理人员办理移交手续；

c. 存档的监理档案需要借阅时办理借阅和归还手续。

10.14 工作协调的方法和措施

10.14.1 监理工作协调的工作内容、原则

（1）项目工作协调的工作内容。

协调工程建设各参加单位之间的关系。包括建设单位、监理单位、设计单位、施工单位、材料和设备供应单位、施工单位等。

协助建设单位协调与工程建设相关的外部关系。包括与当地建设行政主管部门的关系，与当地市政、煤气、热力、给排水、电力、电信、消防、公安、人防、规划等部门的关系，与工程规划、设计部门的关系，与工程建设相关的其他外部部门的关系。

（2）项目工作协调的工作原则。

①公平合理原则。坚持“公正、独立、自主”的原则开展协调工作，公平维护各参建单位的合法权利。

②主动服务原则。外层关系是为主要协调的范畴；监理要利用自己的技术优势，协助建设单位协调这些关系。

③协调的基础是沟通。监理在协调中，要虚心听取各方意见，并把自己的想法、打算告知相关单位，要经常主动和建设单位、相关单位沟通。

10.14.2　工作协调的方法

（1）监理组织内部协调。

①总监理工程师要按“监理规划”的要求对监理部人员进行业务分工和工作指导；

②总监要实事求是评价每个监理人员，倾听他们的意见，在矛盾协调上做得恰到好处；

③监理部应通过多种形式进行信息沟通，使每个人了解监理部的工作，有利于工作顺利进行。

（2）做好与建设单位的协调。

①总监理工程师要认真熟悉合同，理解建设单位对工程的要求重点、意图、总目标，并为实现其意图、目标组织项目监理工作；

②利用一切接触机会，做好监理职责、监理程序的宣传，让建设单位理解我们的工作，保证实现建设单位的目标和监理任务的完成；

③协助建设单位处理有关问题，以及与工程项目有关的纠纷事宜。

（3）做好与承包单位的协调。

①监理是依据工程监理合同对工程项目实施监理，要做到坚持原则，实事求是，不徇私情，为完成精品工程，监理单位和承包单位的目标是一致的；

②要注意工作方法，语言艺术，凡事要以理服人，办事公正，决不允许有吃、拿、卡、要现象发生；

③帮助总承包单位协调各分包单位的关系。

（4）做好设计单位的协调。

①为了更好的把设计意图贯彻在监理实施之中必须尊重设计工作，尊重设计单位及建设单位研发部门的意见；

②认真熟悉图纸，发现图纸存在问题及时提出，参加设计交底、图纸会审会议，认真听取设计单位的介绍和意见。

（5）经常与当地质量监督站沟通，了解他们对工程监督信息和要求，以利于把监理项目搞好。

10.14.3　工作协调的措施

（1）技术措施。

①建立相关单位联系表。监理工作中在组织协调项目参建各方的工作时，必须建立“相关单位联系表”以明确项目参建各方的工作职责，协调关系联系方法，在使用这一联系表时应及时将变化的情况反映在表上。

②建立完善的工地制度，保证协调管理工作正常开展和进行。

③对每一问题的协调过程都应有详细记录，对设计进度和投资问题的协

调，应及时与建设单位沟通，征询建设单位的意见。

（2）组织措施。

项目总监为工程协调管理责任者，在一些具体问题上也可由项目总监委托专业监理工程师组织进行，协调工作的结果必须在项目监理部内传阅并报请建设单位。项目监理部在工程协调管理中，对本工程项目宜明确专人管理，以确保项目实施中参建者有机结合，协调动作，在技术和管理两个方面进行有效的组织和协调。

（3）经济措施。

定期召开监理协调会，解决分包单位之间、总包单位与分包单位之间、承包单位与建设单位间以及与外围的矛盾。协调解决不同专业、不同工种、不同工序间的技术问题和交叉施工的相互影响。要求各有关单位加强协作配合意识，注意各自成品保护。对不同承包单位的工序交接严格检查验收，几方共同签字认可后，方可交接。避免将来因工程质量问题经济责任划分不清。做好承包单位、建设单位、设计单位之间的组织协调工作。注重使建设单位免于反索赔。

（4）合同措施。

①与建设单位关系——被委托与委托关系。

建设单位与监理单位之间是委托与被委托关系，监理单位受雇于建设单位，代表建设单位的利益，依据监理合同中的内容及权限，处理有关工程建设过程的一切事宜，监理部是建设单位代表，但涉及工程进度与质量相抵触，投资费用等重大事项的处理，必须得到建设单位认可。总之，监理工程师始终以维护建设单位的合法权益为工作宗旨，开展各项监理工作。

②与总承包单位关系——监理与被监理关系。

监理单位与施工总承包单位是监理与被监理的关系。承包单位在施工时须接受监理单位的督促和检查，并为监理单位开展工作提供方便，包括提供监理工作所需要的原始记录，施工组织设计进度计划等技术资料。凡分包商需进行阶段验收或隐蔽工程验收的项目，总承包单位应先验收通过后再交监理单位验收。监理单位要为施工的顺利创造条件。按照计划做好验收工作。

③与分包承包单位关系——监理与被监理关系。

监理单位同分包商之间也是监理与被监理的关系。分包商在施工进度、技术方案和施工措施上确认事项，应通过总承包单位向监理单位提出，监理单位发出的工程整改通知书或停工通知书，由监理单位发给总承包单位，再由总承包单位转发给有关分包商。

④与政府职能部门关系——被管理与管理关系。

政府各职能部门依据有关的法律、法规对工程项目进行强制性的管理并对监理单位实行监督管理。监理单位应及时了解和掌握政府职能部门颁发的法律、法规，并及时提供给建设单位和施工承包单位，以保证项目建设在法律轨道上进行。做好工程信息的统计上报工作，并协助有关职能部门做好项目的验收工作。在涉及各项需报批的施工作业时，应督促施工承包单位在措施上满足政府要求，并及时通过政府部门的批准。

11　监理工作制度

11.1　项目监理部内部制度

11.1.1　监理内部会议制度

（1）会议时间：

（2）会议主持：总监或总监代表。

（3）参加人员：全体监理人员。

（4）会议内容：传达工地例会精神；总结上周监理工作、沟通情况；检查三控制、三管理、一协调监理工作中存在的问题，商讨解决措施；协调专业组之间工作关系；布置本周工作，明确重点工作的预控措施；检查监理人员工作、执行监理人员守则、遵章守纪情况，表扬先进个人和事迹，帮助后进。

11.1.2　项目监理部公文审批制度

（1）为使监理部对外行文工作规范化、科学化，制定本制度。

（2）监理部的公文是监理工作中形成的具有法定效力和规范体式的文书，是依法进行监理活动的重要工具。

（3）监理部发文由相关监理人员起草，专业监理工程师审核，总监办公室打字把关后，总监理工程师（或总监代表）签发；及时报发有关单位。

（4）监理部收文，向总监理工程师（或总监代表）汇报，总监拿出处理意见，交相关监理人员办理，监理人员提出初步处理意见（必要时经专业监理工程师或有关人员审核），总监理工程师（或总监代表）签认，在规定时间内回复有关单位。

（5）严格收发文手续，收发文件实行登记制度，办理或回复填写相应的表格。

（6）及时整理归档。

11.1.3　监理工作日记制度

（1）为加强工程建设监理和监理人员管理，建立监理工作日记制度；

（2）每位监理人员必须按日填写监理日记，项目监理部日记由总监代表负责记载或指定人员负责记载，总监理工程师建立总监巡视日记；

（3）监理日记统一使用公司印发的日记本，主要填写监理人员所开展的监理活动，应注明时间、地点、部位、发现的问题、参加人员、讨论的意见、处理结果等；

（4）监理部日记主要记述监理部的活动及重要会议，重要来访人物及指示记录，监理活动中的重大事项；

（5）监理日记应连续记载，字迹清楚，书写认真，且不得用易褪色、易磨灭字迹的书写材料书写；

（6）总监理工程师（总监代表）不定期地调阅监理人员日记；

（7）监理工作结束后，应及时将监理日记上交归档。

11.1.4　监理月报制度

项目监理部编写“监理月报”。定期向公司及工程项目部汇报。

（1）监理月报编制要求。

①监理月报由总监组织编制，经总监理工程师签发后，报送建设单位和公司，必要时可分发有关施工单位。

②月报反映的起讫时间为上月最后一日到本月月末第二日。

③及时编写、报发，月报于每月5日前发出。

④监理月报应真实反映工程现状和监理工作情况，做到数据准确、重点突出、语言简练，必要时附有关图表或照片。

⑤监理月报的格式按规范要求执行。

（2）监理月报的基本内容。

①工程概况。

a. 工程基本情况（除第一份监理月报外，如无重大变化从第二月起可略去）、合同情况、合同约定质量等级、合同价等；

b. 本月施工基本情况：本月开展施工作业的分项和分部工程的主要施工内容（按单位工程分别描述）。

②本月工程形象进度。

记述工程建设从开工至本月已经监理验收合格的实际形象进度，按分部（子分部）分别描述，即已完工程量占月计划、工作量、总工程量的百分比、或工程已投资额占工程总投资额的百分比。

③工程进度。

a. 本月实际完成情况与计划进度比较；

b. 进度完成情况及采取措施效果的分析。

④工程质量。

a. 本月工程质量情况分析;

b. 本月采取的工程质量措施及效果。

⑤工程计量与工程款支付。

a. 工程量审批情况;

b. 工程款审批情况及月支付情况（月支付汇总表）;

c. 工程款支付情况分析;

d. 本月采取的措施及效果。

⑥合同其他事项的处理情况。

a. 工程变更;

b. 工程延期;

c. 费用索赔。

⑦本月监理工作小结。

a. 本月工程进度、质量、工程款支付等方面的综合评价;

b. 本月监理工作情况;

c. 有关本工程的意见和建议;

d. 下月监理工作的重点。

⑧本月监理工作影像资料。

影像资料主要反映旁站内容，工程总体质量控制情况，施工进度情况和施工中出现的质量问题；照片不少于4张，按专题内容和拍摄时间排序。

11.1.5　建设单位满意程度测评制度

（1）为考察项目监理部是否满足建设单位要求，不断改进监理工作，制定本制度。

（2）监理部每年或不定期向建设单位发出“监理意见征询表”全面征询建设单位对监理工作、监理人员的监理水平、遵守职业道德守则等方面的意见，测评满意程度。

（3）征询到的建设单位意见报公司。

（4）建设单位提出的对监理工作和监理人员意见，经公司经营室和总工室研究处理，提出改进措施，监督项目监理部实施。

（5）项目监理部定期就改进情况进行总结，并将总结发建设单位，报公司进一步征询意见，以提高监理水平。

11.1.6　监理工作信息与资料管理制度

（1）监理资料的管理由总监理工程师挂帅，并由专职资料员具体实施。

（2）各监理人员应广泛搜集与工程有关信息并及时整理后交资料员管理。

(3) 监理资料应真实完整、分类有序，严格收发登记。

(4) 充分发挥信息作用，监理人员应及时搞好内部以及与监理部外部的信息沟通工作，达到全工程的步调一致，运行一体化。

(5) 按《监理信息管理作业指导书》进行资料的编号、分类、借阅、传阅等管理工作。

(6) 定期对监理资料进行全面检查，发现缺漏及时补充完善。

11.1.7　旁站监理制度

在监理过程中，监理人员对工程的关键部位、关键工序的施工质量实施旁站监理，及时发现和处理旁站监理过程中出现的质量问题（详见旁站监理措施）。

11.2　与参建单位有关的工作制度

11.2.1　施工图纸会审及设计交底制度

图纸会审与设计交底是一项重要的技术准备工作。为保障工程建设的顺利进行，特别制定本制度。

(1) 图纸会审与设计交底由建设单位或监理部（代表建设单位）组织。

(2) 先进行设计技术交底，在施工单位、监理单位认真仔细阅读核对图纸的基础上适时组织图纸会审。

(3) 图纸会审重点：审查施工图是否规范、完善、差错、清楚。

(4) 会审中提出的问题及修改建议应认真记录，并写出图纸会审纪要，由各参加单位和人员盖章签字，下发施工单位实施，对会审中提出的问题设计单位可用设计变更单给予答复。

(5) 会审通过的图纸和会审纪要可作为编制预算、材料、半成品订货的依据。

11.2.2　施工组织设计审核制度

施工组织设计是实施工程项目建设的纲领性技术文件，承包单位必须认真编制，于开工前半个月以上填写“施工组织设计报审表”报项目监理部审核：

①审核由总监理工程师主持，重点由项目监理部总工程师审阅，必要时由专业监理工程师参加或请总部总工审核；

②审核中突出施工方案与施工方法、施工进度计划、施工平面布置和资源需要计划四大要素，着重审核是否规范合法、科学合理、经济可行；

③审核结束应由总监理工程师签署明确意见，或修改重报，或按修改意见修改实施；

④经项目监理部审定后的施工组织设计，承包单位应认真实施，如有较大

变动，须报总监理工程师审定同意；

⑤由于本工程规模较大，分期出图，经总监理工程师批准，可分阶段报送施工组织设计；

⑥技术复杂和采用新技术的分项分部工程，承包单位需专题编制分项、分部工程施工组织设计，报项目监理部审定。

11.2.3　开工报告审批制度

（1）承包单位提交开工申请报告后，监理部应对其准备工作情况进行细致检查。

（2）检查具体内容：

①政府主管部门已签发的“建筑工程施工许可证”；

②施工现场道路、水、电、通讯等已达到开工条件；

③建设单位建设资金已基本落实；

④审查承包单位实际进场队伍素质、数量、工种配备等；审查主要技术人员上岗证，审查是否具有能完成工程、并确保其质量的技术能力及管理水平；

⑤对工程所需原材料、构配件的数量及质量进行检查；

⑥审查承包单位提交的施工组织技术方案、施工组织设计及技术交底情况，保证工程质量具有可靠的技术措施；

⑦对施工中采用的新材料、新结构、新工艺、新技术均应审核其技术鉴定书，凡未经试验或无技术鉴定书的不得在施工中使用；

⑧检查复核施工现场的测量标桩，建筑物、构筑物的定位轴线及高程水准点；

⑨检查并协助承包单位完善质量保证体系，推行全面质量管理或ISO9002管理，包括完善计量及质量检测技术和手段等；

⑩审核施工机具数量、配备、完好率及承包单位提供的技术性报告；

⑪周转材料及辅助材料准备情况；

⑫检查承包单位向监理部报告用表；

⑬将检查情况及改进意见反馈给承包单位，并令其完善；

⑭再检查，确认开工准备工作就绪；

⑮总监理工程师认可后，签发开工令。

11.2.4　材料、半成品质量检验制度

（1）材料申报。

①分部工程施工前，施工单位在材料进场前，应向监理工程师报送材料进场申报单并附有出厂合格证、试验报告，经监理工程师核定合格后方可进场使用，不得使用不合格材料。

②主要材料及建筑物构配件订货前，采购单位应提出采购计划清单（包括数量、规格、质量等）及样品（或看样）、有关订货厂家情况、单价等资料，向监理工程师申报，经监理工程师检查无误并报建设单位批准后方可组织订货。

③工程中所有构件，必须具有厂家批号和出厂合格证。钢筋混凝土和预应力钢筋混凝土构件，均应按规定方法进行抽样检验。由于运输安装等原因出现的构件质量问题，应进行原因分析研究，采取措施处理，经监理工程师同意方能使用。

④在现场配置的材料，如混凝土、防水材料、绝缘材料、保温材料等的配合比，应先提出试配要求，经试验合格，经监理工程师审定后才能使用。

⑤主要设备订货，在订货前采购单位应向监理部提出申报，由监理工程师核定是否符合设计要求，再报建设单位批准，必要时应派员进行考察和现场监督制作，设备到场时，必须及时向监理部提交出厂合格证及技术资料，进口产品必须具有海关商检书，并在商定的时间里进行开箱检验，如发现问题，监理部应责成采购单位处理并报建设单位。

（2）对材料、半成品的合格证、试验报告，监理人员发现疑问时，施工单位应负责解释；在监理认为有必要进行复验时，由专业工程师填写材料复验单，经项目监理部负责人审批后，到指定的试验单位复验。

（3）监理部视情况不定期进行抽样检查。

11.2.5　隐蔽工程和中间验收制度

（1）工程具备隐蔽条件和达到中间验收部位，承包人进行自检，确认合格，在隐蔽和中间验收前48h以书面形式通知工程师验收；

（2）承包人通知应写清隐蔽和中间验收内容、验收时间和地点，并准备好验收记录；

（3）监理工程师（特殊情况由建设单位、设计单位一起）按有关规范、标准、设计图纸及要求及时进行验收；验收合格，工程师在验收记录上签字，承包人可进行隐蔽或继续施工；如有质量缺陷，则指令施工单位进行处理，待质量合乎要求时重新验收；

（4）监理工程师不能按时参加验收，须在开始验收前24h向承包人提出书面延期要求，延期不能超过24h；工程师未能按以上时间提出延期要求，不能参加验收，承包人可自行组织验收，工程师应承认验收记录；

（5）对已经隐蔽的工程，当监理工程师提出重新检验要求时，承包人应按要求进行剥露或开孔，并在验收后重新覆盖或修复；检验合格，发包人承担由此发生的费用和工期；检验不合格，承包人承担费用和工期。

11.2.6 设计变更处理制度

为规范监理人员和施工单位提出的设计变更处理，特制定本制度。

①在施工过程中，确因合理化建议或施工设计原因需要进行设计变更时，应出具书面申请，详细写明申请变更的内容、要求；

②监理部收到后，应尽快审核变更会引起对质量、工期、投资以及施工的影响，必要时需另拿方案比较、优选，得出质量可靠，技术先进、投资经济、施工方便的方案；

③监理部将变更申请并审核意见及时与建设单位联系，由建设单位决策，确定变更后交设计单位办理；

④监理部收到设计变更文件后，及时下发施工单位实施，并签认因此而增减的费用、工期；

⑤对采用合理化建议而变更所节约的投资及工期，与建议单位联系后，按相关合同规定，给有关单位和人员给予奖励签认；

⑥施工单位若擅自改变设计，监理人员发现后立即向监理部并建设单位汇报，责令施工单位停工恢复，承担由此引起的投资和工期损失；

⑦做好设计变更资料的整理归档工作，为竣工决算提供依据，为工程档案移交作好准备。

11.2.7 工地例会制度

（1）工地例会是履约各方沟通情况，交流信息，协调处理、研究、解决合同履行中存在的各方面问题，由项目监理部总监理工程师组织与主持的例行工作会议。

（2）工地例会拟定于每周五下午定期举行。

（3）工地例会参加单位及人员：

①总监理工程师、总监理工程师代表、有关监理工程师；

②施工单位项目经理、技术负责人、安全员、质检员及有关专业人员；

③建设单位驻工地代表；

④根据会议议题的需要邀请设计单位、分包单位及其他有关单位的人员参加。

（4）工地例会的主要议题：

①检查上次会议决议落实情况，检查未完成事项及其原因；

②交流工程进展情况；

③确定下一阶段进度目标，研究承包单位人力、设备投入情况和实现目标的措施；

④材料、构配件、设备供应情况及存在的质量问题和改进要求；

⑤工程质量和技术方面的有关问题，主要改进措施；

⑥分包单位的管理及协调问题；

⑦设计变更、洽商问题；

⑧工程款的核定、支付及财务工作的有关问题；

⑨违约、工期、费用索赔的意向及处理情况；

⑩其他事项。

（5）项目监理部应及时收集汇总有关情况，为召开会议做好准备：

①了解上次会议的决议落实情况和存在的问题；

②准备会议资料、确定有关事项的处理原则；

③与有关各方通报情况、交换意见，督促做好准备。

（6）会议纪要

①工地例会由指定的监理人员记录。

②会议纪要由监理工程师根据会议记录整理，主要的内容包括：

a. 会议地点及时间；

b. 会议主持人；

c. 出席者姓名、单位、职务；

d. 会议内容及议决事项（包括负责落实单位、负责人和时限要求）；

e. 其他事项。

③会议纪要的审签、打印和发放：

a. 纪要内容应真实，简明扼要；

b. 纪要需经与会各方签认；

c. 会议纪要发放到有关各方，并应有签收手续。

④会议纪要中的议定事项，有关各方应在规定的时限内落实。

11.2.8　工程计量支付签审制度

（1）工程款支付应严格按照施工承包合同执行；

（2）专业工程师应认真审核施工单位提交的月进度统计报表，并到现场逐项核对已完工程量，签署工程量报表，然后提交投资控制工程师。投资控制工程师对照施工单位工程款支付申请，计算应支付工程款（扣除应扣备料款）意见，提交总监理工程师。总监理工程师审核无误后，签发付款凭证报建设单位；

（3）必须根据设计图纸及设备明细表中的各项工程数量计算，对施工单位超出设计图纸要求增加的工程量和施工单位自身原因造成返工的工程量，不予计量，不支付价款；

（4）下列情况，可在签发付款凭证时予以调整：

①监理工程师签认的费用增减；

②监理工程师确认的设计变更或工程洽商；

③合同约定可调范围内工程造价管理部公布的价格调整；

④合同中约定的其他增减或调整。

（5）不得超支工程款，一般在支付至合同价款90%时，应停止支付，按合同留足保证金；

（6）设备、材料价款支付按合同执行，并由监理工程师签认，记好台账；

（7）审核施工图预算及工程决算。工程结束时，做到账目清楚。

11.2.9　工程索赔签审制度

（1）索赔是当事人在合同实施过程中，根据法律、合同规定及惯例，对于并非由于自己过错，而应由合同对方承担责任情况造成的，且实际发生了损失，向对方提出给予补偿要求；

（2）监理部以合同为依据，独立、公正处理双方的利益纠纷；

（3）监理部应及时提醒建设单位正确履行自己的义务，以避免承包商可能提出的索赔；

（4）索赔应严格按程序办理，步骤如下：

①提出索赔的一方应在事件发生后的28d内书面提出索赔意向通知；

②在索赔意向通知提交后的28d内，提交正式索赔报告，正本报监理单位，同时向被索赔一方抄送一份副本，索赔报告包括以下内容：

a. 事件发生的原因；

b. 对自己权益影响的证据资料；

c. 索赔的依据；

d. 索赔的费用和工期及计算材料。

③监理单位在接到索赔报告后，由总监理工程师组织有关人员研究索赔材料，同时，运用监理单位信息库资料进行核实。必要时可要求索赔方提供补充证据；

④在弄清事实的基础上，根据合同条款，与被索赔一方协商，直至双方对索赔都能接受为止；

⑤工程师答复提出“索赔处理决定”，工程师在收到索赔报告后于28d内予以答复或要求进一步补充索赔理由和证据；既未答复又未提出进一步要求视为索赔认可；

⑥当事人双方或其中一方对监理单位处理索赔仍不满意，可提请仲裁或法律诉讼。

11.2.10　安全生产、文明施工监理工作制度

（1）根据“管生产必须管安全”原则，贯彻“预防为主”文明施工方针，依靠科技进步，与时俱进，推动安全生产、文明施工工作开展；

（2）安全生产、文明施工监理工作由总监理工程师负总责，总监代表具体抓，质量安全组总控制，专业监理工程师，监理员在自己分工的工作、分工的范围内抓落实，明确各自责任，齐抓共管；

（3）严格审核施工单位安全资质，指导并监督施工单位建立健全安全生产、文明施工管理组织，落实责任制，完善安全保证体系及相关规章制度；

（4）监督施工单位突出对人的控制，抓好安全生产、文明施工的培训、交底工作；

（5）严格机械、设备、“三宝”、“四口”、沿边防护、用电、用火等检查审批；

（6）加强施工过程中的巡检、旁站监理，发现影响安全、文明的苗头及时采取措施；

（7）配合建设单位经常组织项目安全、文明活动，按《建筑施工安全检查标准》及“文明工地验评标准”对各施工单位安全生产、文明施工情况考评，表彰奖励先进、鞭策处罚后进；

（8）建立健全安全、文明监理台账，及时记载安全生产、文明施工监理活动轨迹；实行一票否决制，凡安全生产、文明施工工作不达标的监理人员，不得评为先进或嘉奖。

12　旁站监理措施

为规范旁站监理行为，提高旁站监理水平和效果，确保工程质量，依据建设部颁发的《房屋建筑工程施工旁站监理办法（试行）》和相关法律，对本工程的关键部位、关键工序实施旁站监理。

12.1　旁站监理范围

12.1.1　材料验收：本工程材料、预制构件和设备进场验收、送检样品的见证取样过程等。

12.1.2　基础工程：预制桩施工、土方回填、后浇带及其他结构混凝土、防水混凝土浇筑、卷材、涂料防水的细部构造处理等。

12.1.3　主体结构工程：梁柱节点、钢筋隐蔽全过程、混凝土浇筑等。

12.1.4　屋面工程：防水层的施工、接口处理、端部收头、虹吸排水系统

的施工等。

12.1.5　装饰工程：各种砂浆的计量拌制、装饰样板、管件制作施工、涉及声学构造的关键工序施工等。

12.1.6　安装工程：设备进场开箱检查、吊装调试、管道管线预埋等隐蔽施工。

12.1.7　新工艺、新技术、新材料、新设备实验过程等。

12.1.8　其他总监理工程师或专业监理工程师认为有必要旁站的工程部位。

12.2　旁站监理内容

12.2.1　监督施工单位是否按照技术标准、规范、规程和批准的设计文件、施工组织设计进行施工。

12.2.2　检查是否使用合格的材料、购配件。机械设备是否运转正常。

12.2.3　施工单位有关现场管理人员、质检人员是否在岗。

12.2.4　检查施工操作人员的技术水平，操作条件是否满足施工工艺要求，特殊工种操作人员是否持证上岗。

12.2.5　检查施工环境是否对工程产生不利影响。

12.2.6　检查施工过程是否存在质量和安全隐患，对施工过程中出现的较大质量问题或指令隐患，旁站人员采用相应手段予以记录并及时汇报。

12.3　旁站监理工作程序（见下图）

12.4　旁站监理人员职责

旁站监理人员应经过严格的监理上岗培训，持证上岗，具有良好的专业素质，较强的协调能力。旁站监理人员主要是监理员，专业监理工程师负责安排和指导旁站监理，对于重要结构构件的施工，专业监理工程师或项目总监也应参加旁站。旁站监理人员的主要职责为：

12.4.1　检查施工企业现场质检人员到岗情况，特殊工种人员持证上岗以及施工机械、建筑材料准备情况等。

12.4.2　在现场跟班监理关键部位、关键工序施工执行施工方案以及工程建设强制性条文情况。

12.4.3　核查进场建筑材料、购配件、设备和商品混凝土的质量、检验报告等，并可在现场监督施工企业进行检验或者委托具有资格的第三方进行复验。

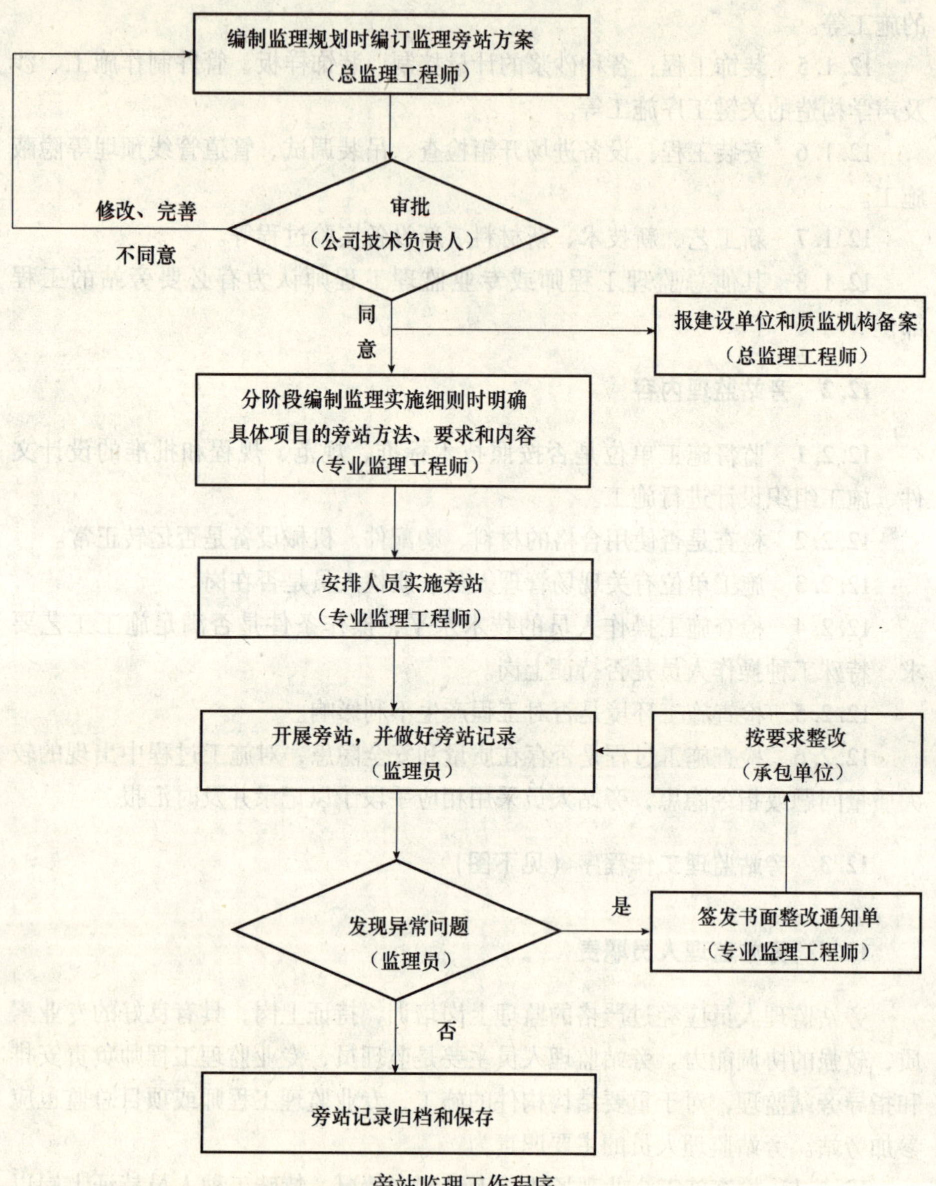

旁站监理工作程序

12.4.4 做好旁站监理记录和监理日记，保存旁站监理原始资料。

12.5 旁站监理的工作方法

根据工程实际情况，编制《旁站监理方案》，明确旁站监理的范围、程序和方法等，并报送至质监机构和送达建设单位、施工单位，明确旁站计划目标，实现与施工单位的初步沟通，做到有言在先。

13　安全监理方案

13.1　编制依据

13.1.1　《中华人民共和国建筑法》

13.1.2　《中华人民共和国消防法》

13.1.3　《中华人民共和国劳动法》

13.1.4　企业职工伤亡事故报告和处理规定

13.1.5　国务院关于特大安全事故行政责任追究的规定

13.1.6　建设工程安全生产管理条例

13.1.7　中华人民共和国安全生产法

13.1.8　建设工程质量管理条例

13.1.9　××省建筑市场条例

13.1.10　××省劳动安全卫生条例

13.1.11　安全帽（GB 2811）

13.1.12　高处作业分级（GB/T 3608）

13.1.13　手持式电动工具的管理、使用、检查和维修安全技术规程（GB/T 3787）

13.1.14　体力劳动强度分级（GB 3869）

13.1.15　高温作业分级（GB/T 4200）

13.1.16　特低电压（ELV）限值（GB/T 3805）

13.1.17　特种作业人员安全技术考核管理规则（GB 5306）

13.1.18　起重机械安全规程（GB 6067）

13.1.19　施工现场临时用电安全技术规范（JGJ 46）

13.1.20　建筑施工高处作业安全技术规范（JGJ 80）

13.1.21　建筑施工安全检查标准（JGJ 59）

13.1.22　建筑施工扣件式钢管脚手架安全技术规范（JGJ 130）

13.1.23　工程建设标准强制性条文（施工安全部分）

13.2　安全监理目标

13.3　安全控制体系及职责分工

总监全面负责安全监理工作，总监代表协助总监搞好安全监理控制、检查工作，各栋楼的安全管理、文明施工、脚手架、“三宝四口”防护等的监理工作分别由各楼号监理责任人负责，即××楼由××负责；施工用电由××负责，施工电梯、塔吊、起重吊装、施工机具等的安全监理工作由各楼号安装责任人负责。监理部每位成员发现存在安全隐患时都应要求施工单位予以整改。

13.4 须经监理复核的施工机械和安全设施一览表（略）

13.5 危险性较大的分部分项工程一览表（略）

13.6 拟定编制的专项安全监理实施细则一览表（略）

13.7 安全监理内容

13.7.1 安全生产、文明施工监理措施

（1）项目监理部建立本部门安全控制体系，责任落实到人；督促、检查承包单位建立、健全施工现场安全生产体系。

（2）督促各承包单位与建设单位签订安全责任协议，督促各分包单位与总包单位签订安全责任协议，及时检查各承包单位安全教育及培训的记录。

（3）审查施工组织设计中的安全技术措施或者专项施工方案是否符合工程建设强制性标准。

（4）在实施监理过程中，发现存在安全事故隐患的，口头并发监理通知要求施工单位整改；情况严重的，发工程暂停令要求施工单位暂时停止施工，并及时报告建设单位。若施工单位拒不整改或者不停止施工的，及时向有关主管部门报告。

（5）总监理工程师每月组织各方进行一次全面安全检查，并按安全检查评分标准进行评分，所得分数与工程款支付挂钩，形成安全检查报告，会签后发放，安全检查报告存档在安全监理资料中。

（6）现场若发生安全事故，现场监理人员立即向总监理工程师汇报，总监理工程师接到后第一时间向公司主管领导汇报并收集各项资料。

（7）各分项工程开工前，总承包单位专职安全员应对班组进行书面交底，新进场的所有人员必须经过上岗前的“三级”安全教育，并有详细的资料备查。

（8）特种作业人员必须经过专门安全培训并取得特种作业资格方可进场从事特种作业。监理应定期或不定期的检查特种作业人员的持证情况，施工单

位应将特种作业人员的上岗证原件交监理查验并报复印件备查。

(9) 所有人员进入施工现场必须戴好安全帽，工地门卫应保持工地人员进入现场凭证出入。

(10) 高空临边施工作业人员，必须使用安全带，严禁酒后上班。高空临边焊接下方应有专人监护，中间应有防护隔板。

(11) 严禁高处向下抛掷物料、工具等，暂时不用的工具不准留置在外脚手架上。

(12) 四口、五临边应按规定进行安全防护。

(13) 电器设备和线路必须绝缘良好，接头不准裸露。

13.7.2　施工机械（具）：

(1) 用电设备应一机一闸，一漏一箱，电源应防雨、防尘、加锁。混凝土振捣器的操作者应穿胶底靴，戴绝缘手套。

(2) 夯机操作开关必须使用定向开关，严禁使用倒顺开关，进线口应有保护胶圈，每台夯机必须设有两名操作人员，一人操作机器，一人随即整理活动电线。电锯机械必须专人管理，安全防护装置必须安全可靠，操作时不准私自拆卸，每日工作完毕，必须活完场清，拉闸断电，锁好电闸箱。钢筋加工机械应专人管理，使用前必须检查电器机身接地，漏电保护器必须灵敏可靠，防护装置必须完好。

(3) 应按操作规定使用钢筋调直机，被调直的钢筋应先穿过钢管 1m 长度，再穿入导管和调直筒，防止钢筋尾头弹出伤人。使用钢筋冷拉设备时，应将冷拉作业区进行围挡防护，严禁人员穿越作业区，卷扬机的作业位置应与拉伸钢筋方向成垂直，防止钢筋拉断时伤人。

(4) 施工用电梯应注意观察上人和上料情况，禁止超载运行。每层楼的电梯进口安全门应随时关闭，不得随意开启。

(5) 塔吊吊装物料注意事项：

1) 吊物前应对索具进行检查，符合要求、才能使用。

2) 吊散料要装箱或装笼。

3) 吊长料要捆绑牢固，先试吊调整吊索和重心，使吊物平衡。

4) 塔吊作业时应有专人调度指挥。

(6) 电梯、塔吊、塔身严禁随意攀爬，防止发生高处坠落事故。

13.7.3　脚手架

(1) 脚手架应有专项施工方案、设计计算书，施工方案中搭设方法应具体。

(2) 脚手架搭设人员必须是经过按现行国家标准特种作业人员安全技术

考核管理规则考核合格的专业架子工，上岗人员应定期体检，合格者方可持证上岗。

（3）搭设脚手架人员必须戴安全帽，系安全带，穿防滑鞋。

（4）脚手架的构配件质量与搭设质量应按相关技术规范的规定进行检查验收，合格后方可使用。

（5）作业层上的施工荷载应符合设计要求，不得超载，不得将模板支架，揽风绳，泵送混凝土和砂浆输送管等固定在脚手架上，严禁悬挂起重设备。

（6）当有六级及六级以上大风和雾、雨雪天气时应停止脚手架的搭设与拆除作业，雨雪后上架作业应有防滑措施，并应扫除积雪。

（7）脚手架的安全检查与维护，应按建筑施工扣件式钢管脚手架安全技术规程。

（8）在脚手架使用期间，严禁拆除下列杆件：主节点处的纵横向水平杆，纵横向扫地杆。

（9）不得在脚手架基础及其临近处进行挖掘作业，否则应采取安全措施，并报主管部门批准。

（10）在脚手架上进行电、气焊作业时，必须有防火措施和专人看守。

（11）拆除脚手架时，地面应设围栏和警戒标志，并派专人看守，严禁非操作人员入内。

13.7.4 安全用电

（1）用电管理：

1）临时用电必须按《施工现场临时用电安全技术规范》JGJ 46 编制用电施工组织设计制定安全用电技术措施和电气防火措施。

2）临时用电工程图纸必须单独由电气工程技术人员绘制，经技术负责人审批后作为临时施工的依据。

3）临时用电施工组织设计的内容和步骤：

①现场勘探、确定电源进线总配电箱（柜），分配电箱的位置及线路走向。

②进行负荷计算，选择导线截面和电器的类型、规格。

③绘制电气平面图、立面图和接线系统图。

④制定安全用电技术措施和电气防火措施。

4）施工现场临时用电安全技术档案：

①临时用电施工组织设计及修改施工组织设计的全部资料。

②技术交底资料。

③临时用电工程检查验收表。

④接地电阻测定记录。

⑤定期检（复）查表（工地每月，公司每季进行一次）。

⑥电工维修工作记录。

5）安装、维修或拆除临时用电工程，必须由电工完成，电工等级应同工程的难易程度和技术复杂性相适应。

（2）对电工管理的监理措施：

1）电工必须经过专业及安全技术培训，经（地）市劳动部门考试合格发给操作证，方准独立操作。

2）电工应掌握用电安全基本知识和所有设备性能。

3）上岗前按规定穿戴好个人防护用品。

4）停用设备用拉闸断电、锁好开关箱。

5）负责保护用电设备的负荷线，保护零线（重复）接地和开关箱。

6）移动用电设备必须切断电源，在一般情况下不许带电作业，带电作业要设监护人。

7）按规定定期（工地每月、公司每季）对用电线路进行检查，发现问题及时处理，并做好检查和维修记录。

8）应懂得触电急救常识和电器灭火常识。

（3）安全用电距离与外电防护的监理措施：

外电线路：指施工现场临时用电线路以外的任何电力线路。

1）不得在高、低压线路下方施工、搭设临时设施或堆放物件，架具、材料及其他杂物。

2）安全距离：

①在建工程（包括脚手架）的外侧与架空线路之间的最小距离 1kV 不小于4m，1～10kV 不小于6m，35～110kV 不小于8m。架空导线最大弧垂与施工现场地面最小距离≥4.0m 与机动车道≥6.0m。

②起重臂或被吊物边缘与 10kV 的架空线路水平距离≥2m。

③室外机动车道与室外的用电架空线路相交叉的最小距离：在 1kV 以下最小距离为6m，在 10kV 以下的最小距离为7m。

3）外电防护：

①达不到安全距离要求，必须采取防护措施，增设屏障、遮拦、围栏或保护网，并悬挂醒目的警告标志牌。

②带电体至遮拦的安全距离 10kV 应大于95cm，35kV 应大于 115cm。

③带电体至栅栏（封闭）的安全距离 10kV 应大于 30cm，35kV 应大于50cm。

④在架设防护设施时，应有电气技术人员或专职安全员监护。

⑤无法防护时必须采取停电，迁移线路或更改工程位置，否则不准施工。

4）供电线路：

架空线路必须架设在专用电杆上，严禁架设在树木上或脚手架上等不稳定的地方。

①架空线路最少截面：为满足机械强度要求，铝线≥16mm²，铜线≥10mm²，跨越铁路、公路、河流、电力线路档柜内的绝缘铝线不小于35mm²，铜线不小于16mm²。

②电线接头：在一个档柜内，每层架空线接头不得超过该层导线50%，且一根导线只允许一个接头。

13.7.5　消防及文明施工：

（1）做好安全防火工作，重点是伙房和木工工棚，做好木工棚每天清扫一次，不准在木工棚内抽烟，点明火，伙房灶堂及时浇水灭火，特别是夜间检查防火。

（2）现场材料堆放要有序，模板拆除要及时清理，班组搞好工完料清场地净。

（3）根据该工程的四周条件，及时吊挂安全网，并做好防护栏杆，售楼看房通道要做好安全防护棚。各种脚手架搭设完毕后，经过安全技术人员的检查验收合格。

14　监理设施

工程项目监理部投入以下监理设备、仪器。（按项目实际情况编写）

附录二 监理实施细则实例

××国际会展中心项目基坑支护、降水土方工程监理细则

一、工程概况

××国际会展中心位于××商务区（CBD）内，总建筑面积18.3万m^2，施工占地面积约1 005亩。本工程由展览中心与会议中心两部分组成，其中：

1. 展览部分建筑总面积13.56万m^2，高40.5m，结构总宽度174m，外轮廓长390m，跨度102m，宽60m；展览厅面积6.7万m^2，共有3 560个国际标准展位，一层展厅高16m，二层展厅高17.6m，结构为钢筋混凝土、预应力混凝土、钢结构。展厅两侧设有六层附属用房为钢筋混凝土框架结构，纵向设两层地下室，深10m，宽40m，屋盖结构为吊杆式悬索结构体系。

2. 会议厅，建筑面积4.74万m^2，主体圆柱形，半径77m，高58.5m，两层，首层能容5 000人的多功能厅，高16m，二层有1 200人座位的国际会议厅，两个400座位的中会议厅，附属用房地上六层，中餐厅、贵宾厅、快餐厅、办公室等设在1、2、3层，地下一层，层高5m，为厨房及设备用房，屋盖为吊杆式悬索结构。

本工程建筑抗震设防7度，结构安全一级，耐久年限50年，消防一类，耐火一级，±0.000相当于绝对标高89.50m。

二、专业工程特点

本部分主要介绍与基坑支护、降水、土方工程及与之相关的工程特点。

（一）基坑支护、降水、土方工程

1. 展览中心，Ⓐ~Ⓔ轴（3区）为二层地下室的深基坑，支护采用桩与锚结合，上部加盖冠梁，根据基坑底标高不同，护壁桩桩长分别为18m、22.5m，共723根。锚杆三排，每排间隔3m，呈25°锚入土层，根据受力部位不同，锚杆长度分别为15m、17m、20m、21m、23m、24m等，锚筋为1ϕ25、

3ϕ22、3ϕ25 三种；土方分层开挖，每层开挖深度应符合设计要求，基底标高为 -11.90m、-13.30m。Ⓔ~Ⓗ轴（2 区）为承台区，承台边部采用土钉墙支护，土方开挖至承台底部 -5.5m。Ⓘ~Ⓛ轴（1 区）为浅基坑，采用土钉墙支护，土方开挖至 -4.1m 标高。

降水采用管井降水，共134 口降水井，另外，观测井 8 口，备用井 10 口。深基坑内动水位降至 25m 以下，浅基坑内动水位降至 20m 以下。整个基坑地下水位必须降至基坑底面以下 0.5~1.0m，满足基坑内施工要求。7~9 月份是降雨季节，在施工中要充分考虑地下水和雨水的排水能力。

2. 会议中心：深基坑的支护采用桩锚结合，浅基坑采用土钉墙支护。

其基坑支护、降水、土方施工与展览中心基本一致。

（二）工程地质、水文地质特点

1. 工程地质特点

①素填土：粉质黏土为主，含少量砖渣，层厚 0.3~1.9m。

$②_1$ 粉土：新近堆积褐黄，很湿，稍密，层厚 1.3~3.5m。

$②_2$ 粉土：灰—灰褐，饱和，稍密，层厚 3.3~3.5m。

$③_1$ 粉土：褐—灰褐，饱和，稍密—中密，1.8~5.0m。

$③_2$ 粉质黏土：灰黄，饱和，软塑性状，中—高压缩性，层厚 0.3~3.6m。

$③_3$ 粉土：灰，饱和，稍密，混有砂粒，层厚 0.4~3.5m。

$③_4$ 黏土：灰黑，可塑—软塑，含有机质，层厚 0.6~3.4m。

$④_1$ 粉、细砂：灰黄，饱和，密实，层厚 0.7~9.6m。

$④_2$ 细、中砂：灰黄，饱和，密实，层厚 4.0~9.8m。

$⑤_1$ 粉、粉质黏土：褐黄—黄褐，塑—坚硬，层厚 0.4~8.9m。

$⑤_2$ 细、中砂：灰黄，饱和，密实，层厚 0.7~9.6m。

$⑤_3$ 粉质黏土：褐黄，黄褐，可塑—硬塑，层厚 5.6~15.8m。

⑥粉质黏土：黄褐—棕红，可塑—硬塑，含姜石与钙质胶结层，层厚 9.1~11.8m。

⑦粉质黏土：黄褐—红褐，可塑—硬塑，层厚 9.5~13.4m。

⑧粉质黏土：黄褐，可塑—硬塑，层厚 > 15.5m。

2. 水文地质特点

场内地下水根据赋存状态不同分为两层，第一层为孔隙潜水，赋存在 $②_1$~$③_3$ 中，第二层为孔隙承压水，赋存在④~$⑤_2$ 砂土中，静水位介于 1.6~3.45m 之间。

第一层地下水受大气降水的补给，第二层地下水主要受竖越流和地下水径流补给。

（三）设计要求

1. 桩

（1）桩体混凝土强度等级C30。

（2）本工程±0.000相当于绝对标高89.50m。

（3）桩成孔后，必须清除孔底沉渣，沉渣厚度不大于100mm。

（4）钢筋：HPB235级、HRB335级。桩身混凝土保护层厚度50mm。

（5）灌注桩的充盈系数要求大于1.0。

（6）桩施工完成后，用低应变动测法检测桩身混凝土完整性，检测比例为10%。

（7）施工过程中要求严格按照规范进行，控制操作过程、施工质量。

2. 冠梁

（1）冠梁混凝土强度等级C25。

（2）冠梁顶标高－2.00m。

（3）钢筋：HPB235级、HRB335级。

（4）钢筋保护层厚度为25mm。

（5）冠梁底桩身混凝土以外区域浇筑5cm厚C10混凝土垫层，保证冠梁钢筋绑扎不粘泥土。

（6）冠梁必要时可留设垂直施工缝，施工缝用钢板网封堵。

3. 锚杆

（1）锚固采用单根杆体套丝加螺母锚固。

（2）锚杆锚固体直径150mm。

（3）同排锚杆相邻杆体入射角分别为15°、25°。

（4）锚杆杆体接长采用直螺纹套筒连接。

（5）锚杆注浆体选用灰砂比为1∶2，水灰比0.38的水泥砂浆，二次注浆采用水灰比为0.45的水泥浆。

（6）锚杆大面积施工前必须做抗拔试验，验证设计参数，合格后方可大面积施工。

（7）锚杆检验全部做验收试验。

4. 土钉

（1）土钉墙放坡系数为1∶0.2。

（2）加强钢筋为ϕ12。

（3）坡面混凝土厚度为80mm，强度等级为C20。

（4）土方超挖深度不超过500mm。

（5）土钉的水平间距为1.3m，竖向间距1.3m。

（6）土钉孔径0.12m，倾角15°，注浆体强度为M10。

（7）护顶外延2m，混凝土厚度100mm，强度等级为C10。

5. 降水井

（1）成井孔径为650mm。

（2）滤料：1～3mm纯净石英砂。

（3）滤管：内径350mm，无砂水泥滤管。

（4）井深：　　1～55　25m

56～134　30m

A－1～10　30m

（5）降水观测井深15m，孔径300mm，井径120mm，PVC花管，外包尼龙滤布。

（四）施工工艺

1. 钻孔灌注桩：放样定位→埋设护筒→钻机就位→一次清孔→钢筋笼安置→下导管→二次清孔→水下混凝土灌注。

2. 锚杆：放线定位→锚杆钻机就位→钻进成孔→安放锚杆及止浆塞→注浆→养护→安装腰梁、台座→安装锚头张拉锁定。

3. 降水成井：井点测量定位→埋设护筒→钻机就位→成孔→回填井底砂垫层→下井管→填砾→洗井→下水泵、安装抽水控制电路→试抽水→降水井正常抽水。

4. 土钉：测量放线→土方开挖→修坡→埋设喷射混凝土厚度控制标点→喷射第一层混凝土→洛阳铲凿孔→安设土钉→注浆→安设连接件→绑扎钢筋网→焊接加强筋→喷第二层混凝土→养护→观测。

三、监理工作依据

（一）工作依据

1. 建设工程委托监理合同，项目施工招标文件。

2. 有关基坑支护、降水、土方工程的专题会议形成的决议。

3. 经审核批准的施工组织设计、总进度、月进度及周进度计划等。

4. 计划、规划主管部门，行政主管部门批准文件。

（二）规范、规程

1.《建筑基坑支护技术规程》（JCJ 120）

2.《锚杆喷射混凝土技术规范》（GB 50086）

3.《建筑地基基础工程施工质量验收规范》（GB 50202）

4.《工程测量规范》（GB 50026）

5.《建筑工程施工质量验收统一标准》（GB 50300）

6.《建筑工程监理规范》（GB 50319）

7.《建筑桩基技术规范》（JGJ 94）

8. 其他相关的国家规范规程

四、监理工作流程

（一）质量控制监理工作流程

1. 工程材料

①进场工程材料→②审核质保文件→③现场外观检查→④见证取样复试（不合格监督其退出现场，另选合格材料进场，重复②～④步骤）→⑤施工单位使用。

2. 钻孔灌注桩

检查放样定位→检查护筒埋设→检查验收钻机就位→终孔验收→检查、旁站钢筋笼安置→验收二清质量→旁站混凝土灌注。

3. 锚杆

检查放线定位→检查锚杆钻机就位→检查钻进成孔质量→验收锚杆及安放质量→检查注浆情况→督促施工单位进行养护→验收腰梁、台座及锚头张拉锁定质量。

4. 土钉

检查测量放线→检查土方开挖及修坡质量→检查喷射第一层混凝土质量→检查凿孔质量→验收土钉安设→检查注浆情况→验收连接件及钢筋网→旁站喷射第二层混凝土→督促施工单位进行养护。

5. 降水

查井点测量定位→检查钻机成孔孔深→检查井管安放及填砾→验收水泵→安放→检查抽水效果。

6. 土方

（1）土方开挖：检查定位放线、排水降水系统→检查分区分层开挖顺序的合理性→检查每层开挖情况及运土情况→基坑（槽）验收。

（2）土方回填：检查回填前基底→验收基底标高→验收填方土料→检查施工中排水措施，每层填筑厚度、含水量、压实程序→填方结束后，验收标高、边坡坡度、填实程度。

（二）进度控制监理工作流程

根据施工合同要求，制订工程进度目标→审查施工单位工程进度计划→监督工程进度计划实施→过程中检查工程实际进度→（如有偏差，分析原因，采取纠偏措施）→实现工程进度目标。

（三）投资控制监理工作流程

基坑支护、降水、土方工程项目计划投资额（目标值）→实施中投资实际值与计划值比较→（如有偏差，分析原因，采取纠错措施）→实现计划目标值。

（四）安全、文明施工监理

监督施工单位建立以项目经理为首分级负责的综合管理保证体系→控制施工人员的不安全行为→控制物的不安全状态→作业环境的防护→树文明施工形象。

五、监理工作的控制点及目标值

（一）质量控制要点及目标值

1. 钻孔灌注桩

（1）控制要点：桩位放样、孔径、垂直度、孔深、钢筋笼制作和安放，二清质量和水下灌注质量。

（2）目标值应符合以下质量标准（表1、表2、表3）。

表1 灌注桩的平面位置和垂直度的允许偏差

序号	成孔方法		桩径允许偏差（mm）	垂直度允许偏差（%）	桩位允许偏差（mm）	
					1～3根、单排桩基垂直于中心线方向和群桩基础的边桩	条形桩基沿中心线方向和群桩基础的中间距
1	泥浆护壁灌注桩	$D \leq 1\,000$mm	±50	<1	$D/6$，且不大于100	$D/4$，且不大于150
		$D > 1\,000$mm			100 + 0.01H	150 + 0.01H

注：1. 桩径允许偏差的负值是指个别断面。

2. 采用复打、反插法施工的桩，其桩径允许偏差不受上表限制。

3. H为施工现场地面标高与桩顶设计标高的距离，D为设计桩径。

表2 混凝土灌注桩钢筋笼质量检验标准

项目	序号	检查项目	允许偏差或允许值（mm）	检查方法
主控项目	1	主筋间距	±10	用钢尺量
	2	长度	±100	用钢尺量
一般项目	1	钢筋材质检验	设计要求	抽样送检
	2	箍筋间距	±20	用钢尺量
	3	直径	±10	用钢尺量

表3　混凝土灌注桩质量检验标准

<table>
<tr><th rowspan="2">项目</th><th rowspan="2">序号</th><th rowspan="2" colspan="2">检查项目</th><th colspan="2">允许偏差或允许值</th><th rowspan="2">检查方法</th></tr>
<tr><th>单位</th><th>数值</th></tr>
<tr><td rowspan="5">主控项目</td><td>1</td><td colspan="2">桩位</td><td colspan="2">表1</td><td>基坑开挖前量护筒，开挖后量桩中心</td></tr>
<tr><td>2</td><td colspan="2">孔深</td><td>mm</td><td>+300</td><td>只深不浅，用重锤测，或测钻杆、套管长度</td></tr>
<tr><td>3</td><td colspan="2">桩体质量检验</td><td colspan="2">桩基检测规范。如钻芯取样，大直径嵌岩桩应钻至桩尖下50cm</td><td>按建筑桩基检测技术规范</td></tr>
<tr><td>4</td><td colspan="2">混凝土强度</td><td colspan="2">设计要求</td><td>试件报告或钻芯取样送检</td></tr>
<tr><td>5</td><td colspan="2">承载力</td><td colspan="2">按桩基检测技术规范</td><td>按桩基检测技术规范</td></tr>
<tr><td rowspan="11">一般项目</td><td>1</td><td colspan="2">垂直度</td><td colspan="2"><1%</td><td>测套管或钻杆，或用超声波检测</td></tr>
<tr><td>2</td><td colspan="2">桩径</td><td>mm</td><td>±50</td><td>井径仪或超声波检测</td></tr>
<tr><td>3</td><td colspan="2">泥浆比重（黏土或砂性黏土中）</td><td colspan="2">1.15～1.20</td><td>用比重计测，清孔后在距孔底50cm处取样</td></tr>
<tr><td>4</td><td colspan="2">泥浆面标高（高于地下水位）</td><td>m</td><td>0.5～1.0</td><td>目测</td></tr>
<tr><td rowspan="2">5</td><td rowspan="2">沉渣厚度</td><td>端承桩</td><td>mm</td><td>≤50</td><td rowspan="2">用沉渣仪或重锤测量</td></tr>
<tr><td>摩擦桩</td><td>mm</td><td>≤150</td></tr>
<tr><td rowspan="2">6</td><td colspan="2">水下灌注</td><td>mm</td><td>160～220</td><td rowspan="2">坍落度仪</td></tr>
<tr><td colspan="2">干灌注</td><td>mm</td><td>70～100</td></tr>
<tr><td>7</td><td colspan="2">钢筋笼安装深度</td><td>mm</td><td>±100</td><td>用钢尺量</td></tr>
<tr><td>8</td><td colspan="2">混凝土充盈系数</td><td colspan="2">>1</td><td>检查每根桩的实际灌注量</td></tr>
<tr><td>9</td><td colspan="2">桩顶标高</td><td>mm</td><td>+30
-50</td><td>水准仪，需扣除桩顶浮浆层及劣质桩体</td></tr>
</table>

2. 锚杆

（1）控制要点：锚杆基本试验，定位、成孔、杆体制作、注浆、张拉锁定、验收试验。

（2）目标值：应符合锚杆及土钉墙支护工程质量检验标准（表4）。

表4　锚杆及土钉墙支护工程质量检验标准

<table>
<tr><th rowspan="2">项目</th><th rowspan="2">序号</th><th rowspan="2">检查项目</th><th colspan="2">允许偏差或允许值</th><th rowspan="2">检查方法</th></tr>
<tr><th>单位</th><th>数值</th></tr>
<tr><td rowspan="2">主控项目</td><td>1</td><td>锚杆土钉长度</td><td>mm</td><td>±30</td><td>用钢尺量</td></tr>
<tr><td>2</td><td>锚杆锁定力</td><td colspan="2">设计要求</td><td>现场实测</td></tr>
</table>

续表

项目	序号	检查项目	允许偏差或允许值		检查方法
			单位	数值	
一般项目	1	锚杆或土钉位置	mm	±100	用钢尺量
	2	钻孔倾斜度	度（°）	±1	测钻机倾角
	3	浆体强度	设计要求		试样送检
	4	注浆量	大于理论计算浆量		检查计量数据
	5	土钉墙面厚度	mm	±10	用钢尺量
	6	墙体强度	设计要求		试样送检

3. 土钉

（1）控制要点，边坡修整、定位、成孔、安放土钉、注浆、钢筋隐蔽、喷射混凝土。

（2）目标值：符合锚杆及土钉墙支护工程质量检验标准（表4）。

4. 降水与排水

（1）控制要点：定位、钻进成井、井管安装、填滤料、洗井、安装水泵、降水效果及排水沟与集水井的设置，排水沟纵坡。

（2）目标值：符合降水与排水施工质量检验标准（表5）。

表5 降水与排水施工质量检验标准

序号	检查项目		允许值或允许偏差		检查方法
			单位	数值	
1	排水沟坡度		‰	1～2	目测：坑内不积水，沟内排水畅通
2	井管（点）垂直度		%	1	插管时目测
3	井管（点）间距（与设计相比）		%	≤150	用钢尺量
4	井管（点）插入深度（与设计相比）		mm	≤200	水准仪
5	过滤砂砾料填灌（与计算值相比）		mm	≤5	检查回填料用量
6	井点真空度	轻型井点	kPa	>60	真空度表
		喷射井点		>93	
7	电渗井点阴阳极距离	轻型井点	mm	80～100	用钢尺量
		喷射井点		120～150	

5. 土方

（1）土方开挖控制要点：定位放线、开挖区的平面位置、水平标高、边坡坡度、压实度、排水和降低地下水位系统、周围的环境变化等。其目标值应符合土方开挖工程的质量检验标准（表6）。

表6 土方开挖工程质量检验标准

<table>
<tr><td rowspan="3">项目</td><td rowspan="3">序号</td><td rowspan="3">检查项目</td><td colspan="5">允许偏差或允许值（mm）</td><td rowspan="3">检验方法</td></tr>
<tr><td rowspan="2">柱基基坑基槽</td><td colspan="2">挖方场地平整</td><td rowspan="2">管沟</td><td rowspan="2">地（路）面基层</td></tr>
<tr><td>人工</td><td>机械</td></tr>
<tr><td rowspan="3">主控项目</td><td>1</td><td>标高</td><td>-50</td><td>±30</td><td>±50</td><td>-50</td><td>-50</td><td>水准仪</td></tr>
<tr><td>2</td><td>长度、宽度（由设计中心线向两边量）</td><td>+200
-50</td><td>+300
-100</td><td>+500
-150</td><td>+100</td><td>—</td><td>经纬仪，用钢尺量</td></tr>
<tr><td>3</td><td>边坡</td><td></td><td></td><td></td><td></td><td></td><td>观察或用坡度尺检查</td></tr>
<tr><td rowspan="2">一般项目</td><td>1</td><td>表面平整度</td><td>20</td><td>20</td><td>50</td><td>20</td><td>20</td><td>用2m靠尺和楔形塞尺检查</td></tr>
<tr><td>2</td><td>基底土性</td><td colspan="5">设计要求</td><td>观察或土样分析</td></tr>
</table>

注：地（路）面基层的偏差只适用于直接在挖、填方上做地（路）面的基层。

（2）土方回填控制要点：基底质量、填方土料质量、每层填筑厚度、含水量、压实程度和表面平整度。其目标值应符合填土工程质量检验标准（表7）。

表7 填土工程质量检验标准

<table>
<tr><td rowspan="3">项目</td><td rowspan="3">序号</td><td rowspan="3">检查项目</td><td colspan="5">允许偏差或允许值（mm）</td><td rowspan="3">检验方法</td></tr>
<tr><td rowspan="2">柱基基坑基槽</td><td colspan="2">场地平整</td><td rowspan="2">管沟</td><td rowspan="2">地（路）面基层</td></tr>
<tr><td>人工</td><td>机械</td></tr>
<tr><td rowspan="2">主控项目</td><td>1</td><td>标高</td><td>-50</td><td>±30</td><td>±50</td><td>-50</td><td>-50</td><td>水准仪</td></tr>
<tr><td>2</td><td>分层压实系数</td><td colspan="5">设计要求</td><td>按规定方法</td></tr>
<tr><td rowspan="3">一般项目</td><td>1</td><td>回填土料</td><td colspan="5">设计要求</td><td>取样检查或直观鉴别</td></tr>
<tr><td>2</td><td>分层厚度及含水量</td><td colspan="5">设计要求</td><td>水准仪及抽样检查</td></tr>
<tr><td>3</td><td>表面平整度</td><td>20</td><td>20</td><td>30</td><td>20</td><td>20</td><td>用靠尺或水准仪</td></tr>
</table>

（二）进度控制要点及目标值

1. 以“严格管理、积极控制、监帮结合、认真负责”的方法，实行系统性、前瞻性、科学性管理。根据本工程实际，建立完整的监理进度控制体系。

2. 审核施工单位《施工组织设计》中的进度保证措施有效性和组织体系合理性；检查进度网络计划的合理性和关键线路的准确性；监督施工单位人员、材料及设备等进场计划落实。

3. 建立形象进度表，全面动态了解进度计划的实施情况。

4. 对周、月计划进度与实际进度的偏差，分析原因，采取纠偏措施，必要时调整进度计划。严禁为赶进度而影响工程质量。

5. 进度控制目标：工程实际进度符合项目总进度计划要求。

（三）投资控制要点及目标值

1. 审查施工图预算，明确控制重点，编制资金使用计划。

2. 进行分项工程的（已完成的实物工程量）计量、复核。

编制投资控制管理报表，定期向建设单位汇报。

3. 审核已完成合格工程量，并由项目总监签署工程量凭证，作为建设单位支付进度款的依据。

4. 严格控制签证。

5. 在实施投资控制过程中，若有较大的超预算苗头，及时分析原因，写出专题报告，与建设单位一起商定解决措施。

6. 公平、公正、合理处理承包商和建设单位提出的索赔和反索赔事项。

7. 投资控制目标：把项目投资控制在批准的预算范围内。

（四）安全文明施工管理监督要点及目标值

1. 坚持“安全第一，预防为主”为方针，实行“管生产必须管安全”原则，监督施工单位建立以项目经理为首分级负责的安全生产保证体系。形成专管成线、群管成网的安全管理网络。

2. 审核《施工组织设计》中项目安全生产计划目标、安全管理制度、措施，对薄弱环节加以调整、完善，并监督施工单位实行。

3. 督促施工单位定期进行施工人员的安全教育、安全培训。

4. 坚持电工、电焊工、吊车司机等特殊工种人员持证上岗，审核持证上岗情况。杜绝特殊工种的无证操作。

5. 监督施工单位实行安全技术交底制度。实行书面安全技术交底，针对工种、分项工程特点，有重点的交代注意事项，杜绝违章作业。

6. 对施工现场各种坑、池设置警告标志护栏。

7. 桩孔的空灌段及时回填。

8. 现场施工用电设备，严格执行“一机一箱一闸一漏”制和“三相五线”制，按规范程序操作。坚持现场电缆架空，配电箱与开关箱固定牢靠，且离地面不低于0.6m。

9. 严格安全检查制度。坚持自检、总包、监理等分层次检查和联合检查相结合，经常检查和突击检查相结合，对检查中发现的问题及时进行监督整改，消防安全隐患。

10. 进入施工现场人员，必须戴安全帽。施工人员禁止酒后作业；不准穿拖鞋、赤脚、赤膊作业。

11. 及时清理泥浆池的废浆、废渣、浆渣、开挖土堆放有固定的排污消纳场所，严禁浆渣乱堆乱放。

12. 对不安全因素，违章操作、违章作业等安全隐患，监理以口头通知、工地例会、专题安全会议、监理工作联系单、监理通知单等敦促施工单位整改，消除安全隐患。

13. 保护现场施工环境，保持场区道路的干净整洁。

14. 安全文明施工管理监督目标：确保无重大安全事故发生，省文明施工工地。

六、监理工作方法和措施

（一）监理工作方法

1. 采用巡视检查、平行检验、现场见证、旁站监理的方法对基坑支护、降水、土方工程的材料、施工过程进行全方位控制。

2. 严格检查验收程序，每完成一道工序，按施工单位自检，总包复查，监理检查验收的程序进行，未经检查验收或检查验收不合格者，不准进行下一道工序。

3. 监理指令：对施工中出现的影响质量的行为，施工中出现的质量通病，监理以口头通知，旁站其整改，或以监理工作联系单，监理通知单形式，责令施工单位进行整改。

4. 会议形式：每周主持召开工程例会，对出现质量问题与针对重要质量问题召开专题会议而作出的决议，责令施工单位进行及时整改，并复查整改结果。

（二）监理措施

1. 组织措施

根据基坑支护、降水、土方工程分项工程多，施工中先后顺序既有相连又有交叉的特点，在总监理工程师的领导下，对监理人员进行分工，对钻孔灌注桩进行 24 小时跟踪监理，对锚杆、土钉墙根据现场施工的情况进行全方位的监控，对钻井施工进行跟踪检查，土方工程的重点部位如基底开挖和回填压实等进行旁站监理并验收其质量。

2. 技术措施

（1）组织所有上岗监理人员全面地学习掌握相关的国家规范、规程，阅读施工组织设计、熟悉施工工艺流程。

（2）学习基坑支护、降水、土方工程监理细则，人人做到心中有数。

（3）监督施工技术交底。

（4）督促检查施工单位建立健全质保体系，在施工中得到切实落实。

（5）研究分析基坑开挖易出质量问题的环节，制定质量控制点的监理监控措施。

3. 质量控制措施

根据施工阶段工程实体形成过程，质量控制分为事前控制、事中控制和事后控制。

（1）事前控制

1）审查施工单位资质、人员资格。

2）审查施工组织设计。

3）审查进场施工设备。

4）审核进场材料、质检报告与质保书，审核有关材料结构的试验报告。

（2）事中控制

1）钻孔灌注桩的事中控制详见本工程《桩基监理细则》。

2）锚杆

①检查锚杆的放线定位，其偏差不允许超过±100mm。

②检查钻孔的倾斜度，其偏差不得超过1°，检查方法测钻机倾角。

③钻进到设计孔深后，停止钻进，测定孔深，并检查孔内质量，孔内不允许有浮土、沉渣。

④锚筋安放，首先检查锚筋质量（大小、形状、长度）再检查安置质量，锚筋放入要自然入放，不许强压和强扭入孔。

⑤注浆管宜与锚筋一起放入钻孔内，注浆管内端距孔底宜为50～100mm。

⑥检查注浆情况，第一次注浆用灰砂比1∶2、水灰比0.38的水泥砂浆，第二次注浆用水灰比为0.45的水泥浆，其强度宜满足设计要求。

⑦注浆所用砂材要过筛，浆体应搅拌均匀，随拌随用，浆体应在初凝前用完。

⑧检查锚杆的锚头安装质量。

⑨按规定做抗拔试验。

⑩锚杆施工完毕，做好监理记录。

3）土钉

①检查土钉的放线位置，其偏差不允许超过±100mm。

②检查土方开挖及修坡质量，坡面坡度为1∶0.2，坡面应安置混凝土喷射厚度控制标志。

③对坡面喷射第一层细石混凝土时厚度不小于40mm。

④检查钻孔、安设土钉、注浆、安设连接件的质量，土钉钢筋应设定位器，以保护土钉钢筋。

⑤土钉注浆前检查孔内质量，孔内残留及松动的废土必须清理干净。

⑥检查注浆体质量，监控注浆过程，注浆应拌搅均匀，随拌随用，砂浆应在初凝前注入完毕。

⑦土钉施工分层分段进行，每段土钉施工完后，检查验收土钉质量。若采用先施工土钉再喷射第一层细石混凝土的方法，其第一层细石混凝土不小于40mm，钢筋网应在第一层喷射之后铺设，钢筋网铺设后进行检查，检查符合要求，才准许喷射第二层细石混凝土。

⑧喷射细石混凝土宜自下而上的顺序进行射喷，喷射时喷头与受喷面应保持垂直，距离宜为0.6～1.0m，在喷射过程中监理进行旁站。

⑨喷射完毕终凝2h后，督促施工单位进行养护。

⑩做好土钉施工的监理记录。

4）冠梁

①检查模板尺寸、标高。

②检查钢筋规格数量。

③检查保护层厚度。

④旁站灌注过程，并做好旁站记录。

在基坑支护中的钢筋工程，所用焊条必须满足HPB235级钢与HPB235级钢、HPB235级钢与HRB335级钢用E43型系列及以上型号的焊条。HRB335级钢与HRB335级钢用E50系列及以上型号的焊条。

5）降水

①检查降水井位置。

②检查孔径及终孔深度。

③检查井管安放质量和填砾质量。

④检查洗井质量。

⑤验收水泵安放，检查降水效果，并做好记录。

⑥检查基坑内明设置排水沟及集水井的合理性，排水沟纵坡宜控制在1‰～2‰。

⑦督促施工单位做好降雨的处理措施。

6）土方

①开挖

a. 土方开挖前应检查定位放线系统，检查确定开挖路线和土方运输路线的合理性。

b. 基坑内开挖，应分层开挖，每层根据地质实际情况确定，不宜超过2m。

c. 在深基坑开挖时，必须待支护体系检验合格后进行。

d. 开挖时严禁碰伤工程桩，当挖至设计标高之上20~30cm时，停止机械挖土，应采用人工开挖清底，严禁超挖。

e. 对挖至设计标高的基坑会同有关单位进行验收。

f. 基坑验收后应尽快进行下道工序施工，基坑暴露时间越短越好。

②回填

a. 检查所填基坑质量，基坑必须清除垃圾，树根等杂物，抽除坑穴积水、淤泥。

b. 检查填方土料质量、土料必须无淤泥（腐泥）、树根等杂物。

c. 分层填筑、压实必须符合以下要求（见表8）。

表8 填土施工时的分层厚度及压实遍数

压实机具	分层厚度（mm）	每层压实遍数
平碾	250~300	6~8
振动压实机	250~350	3~4
柴油打夯机	200~250	3~4
人工打夯	<200	3~4

d. 填方施工结束后，应检查标高，边坡、坡度、压实程度。

（3）事后控制

1）对基坑支护，建立测量控制网监控，围护结构墙顶位移监控值：深基坑为3cm、浅基坑为6cm；墙体最大位移监控值：深基坑5cm、浅基坑8cm；地面最大沉降监控值：深基坑3cm、浅基坑6cm。

2）对完工后的工程进行检查验收。

3）资料验收与归档，应符合相关规范要求。

4）督促施工单位在基坑支护、降水及土方工程结束后出现的异常情况，制定相应的应急处理方案。

4. 监理工作音影资料管理工作

（1）施工质量监控过程中，对关键点、隐蔽工程及时拍录音像资料，反映施工质量情况。

（2）检查验收过程中，对不符合质量要求的部位及整改合格后的情况均应拍摄记录。

（3）对拍摄的影像资料及时整理、归档，便于今后工程的检索。

七、监理旁站内容、方法和要求

1. 旁站工序

对基坑工程中的土方开挖、排桩、降水井、土钉与锚杆安设、注浆、挂网喷混凝土等关键工序，实施旁站监理。

2. 工作要求

（1）检查施工单位管理人员的到位情况；

（2）检查执行施工方案以及工程建设强性标准情况；

（3）严格按照本细则监理工作的控制要点和目标值中规定的相应工序的质量要求进行过程检验；

（4）认真准确地做好旁站监理记录；

（5）发现异常问题及时向专业监理师或总监反映，并经妥善处理后方可转入下道工序施工；

（6）其他详细的要求见本监理细则。

八、现场监理检查记录表式

1. 混凝土灌注桩钢筋笼制作质量监理检查记录表

2. 监理全过程检查旁站记录表

3. 巡视、旁站检查记录（见表9）

表9 混凝土灌注桩钢筋笼制作质量监理检查记录表

<table>
<tr><td colspan="4">工程名称：</td><td colspan="5">分项工程：混凝土灌注桩</td><td colspan="6">检验批号：</td></tr>
<tr><td rowspan="2">项目</td><td rowspan="2">序号</td><td rowspan="2" colspan="2">检查项目</td><td rowspan="2">允许偏差（mm）</td><td colspan="10">实测值</td></tr>
<tr><td>1</td><td>2</td><td>3</td><td>4</td><td>5</td><td>6</td><td>7</td><td>8</td><td>9</td><td>10</td></tr>
<tr><td rowspan="2">主控项目</td><td>1</td><td>主筋间距</td><td></td><td>±10</td><td></td><td></td><td></td><td></td><td></td><td></td><td></td><td></td><td></td><td></td></tr>
<tr><td>2</td><td>长度</td><td></td><td>±100</td><td></td><td></td><td></td><td></td><td></td><td></td><td></td><td></td><td></td><td></td></tr>
<tr><td rowspan="3">一般项目</td><td>1</td><td>钢筋材质检验</td><td></td><td>符合设计要求</td><td></td><td></td><td></td><td></td><td></td><td></td><td></td><td></td><td></td><td></td></tr>
<tr><td>2</td><td>箍筋间距</td><td></td><td>±20</td><td></td><td></td><td></td><td></td><td></td><td></td><td></td><td></td><td></td><td></td></tr>
<tr><td>3</td><td>直径</td><td></td><td>±10</td><td></td><td></td><td></td><td></td><td></td><td></td><td></td><td></td><td></td><td></td></tr>
</table>

续表

检查结果	主控项目 一般项目检查　　　　点，其中合格　　　　点，合格率　　　%。
验收结论	检查人： 日　期：

______桩检查旁站监理记录

一、开孔　　　　　　　　　　　　值班监理签字：______

机号		桩机型号		钻头直径（mm）	
开孔时间		地（筒）面标高（m）		设计桩底标高（m）	
设计孔深（m）		设计桩顶标高（m）		机高（m）	

二、成孔　　　　　　　　　　　　值班监理签字：______

成孔施工情况					
终孔时间		用时	h　min	机上余尺（m）	
钻具总长（m）		实际孔深（m）		一清开始时间	
结束时间		用时	h　min	核定孔深（m）	
提钻开始时间		结束时间		用时	h　min

三、钢筋笼制作、安装　　　　　　值班监理签字：______

设计笼顶标高（m）		设计笼底标高（m）		设计笼长（m）	
检验批号			钢筋笼节数		
钢筋笼总长（m）			焊接质量		
下笼开始时间		下笼结束时间		用时	h　min

四、导管安装、二次清孔　　　　　值班监理签字：______

导管节数		导管总长（m）			
下导管时间		结束时间		用时	h　min
二清检测时间		绳测深度（m）		沉渣厚度（cm）	
泥浆比重		泥浆黏度		含砂率	

五、混凝土水下灌注　　　　　　　　　　值班监理签字：________________

<table>
<tr><td>开灌时间</td><td></td><td>结束时间</td><td></td><td>用时</td><td>h　min</td></tr>
<tr><td>设计灌注标高
(m)</td><td></td><td>实际灌注标高
(m)</td><td></td><td>设计理论
方量</td><td></td></tr>
<tr><td>实际理论方量
(m^3)</td><td></td><td>实灌方量
(m^3)</td><td></td><td>充盈系数</td><td></td></tr>
<tr><td rowspan="3">测坍落度
(次)</td><td>检查时间</td><td>坍落度(cm)</td><td rowspan="3">试件
留置组</td><td>制作时间</td><td>组数</td></tr>
<tr><td>h　min</td><td></td><td>h　min</td><td></td></tr>
<tr><td>h　min</td><td></td><td>h　min</td><td></td></tr>
<tr><td>混凝土
灌注情况</td><td colspan="5"></td></tr>
</table>

巡视、旁站检查记录

工程名称：　　　　　　　　　　　　　　　　　　　　　　编号：

<table>
<tr><td>巡视旁站的工程部位：
承包单位______________________
到达时间______日______时______分
离开时间______日______时______分
检查项目（强制性规范及图纸要求）

检查记录（实测数据及情况描述）

专业监理工程师/监理员：______
日　期：______</td></tr>
<tr><td>处理意见：

项目监理机构（章）______
总/专业监理工程师______
日　期______</td></tr>
</table>

附录三　安全监理规划实例

××工程安全监理规划

一、工程概况及专业特点

1. 工程名称：
2. 工程地点：
3. 建筑特点：（占地面积、建筑面积、层高、容积率、用途等）
4. 结构特点：（结构形式、结构类型等）
5. 建设单位：
6. 勘察单位：
7. 设计单位：
8. 施工单位：（如有指定分包商，列在总承包商之后）
9. 其他需要描述的内容

二、安全监理工作范围

三、安全监理目标

本工程的安全监理目标是：督促施工单位预防和消灭工伤事故，保证施工设施、工程施工对象和有关设备的安全；加强施工现场周围的环境保护，减少对周围居民的干扰；督促施工单位抓好文明施工。

四、安全监理工作依据

1. 工程建设安全监理委托合同。
2. 国家和地方关于工程建设的法律、法规、规范、标准。
3. 行业安全生产规范性文件、安全技术规范等。
4. 其他有关劳动保护、安全生产方面的规定、标准等。

五、项目监理机构安全监理组织形式（见下图）

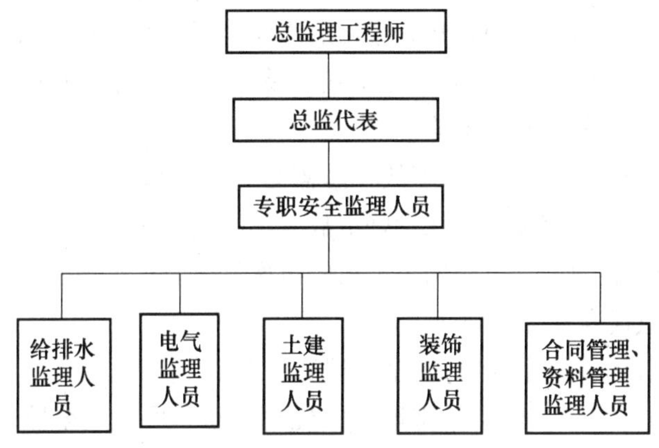

项目监理机构安全监理组织形式

六、项目监理机构的人员配备计划（见下表）

项目监理机构人员配备计划

序号	姓名	专业	职称	资格	监理职务
1					
2					
3					
4					
5					
6					
7					
8					

七、项目监理机构监理人员安全监理岗位职责

（一）总监理工程师安全监理岗位职责

1. 确定项目监理机构人员安全监理工作的分工，明确安全监理人员的岗位职责。

2. 主持编写项目安全监理工作规划，审批项目安全监理实施细则。

3. 审核施工单位报审的施工组织设计、施工方案和技术措施；审核施工单位的安全生产保证体系；审核施工单位报审的：施工临时用电方案、模板支撑方案、井架搭拆方案、脚手架搭拆方案以及临边和洞口防护措施。

4. 审核施工单位报审的重大危险源安全施工预防措施。

5. 审核施工单位报审的突发伤亡事故应急预案。

6. 定期巡视检查工地安全施工情况，发现安全隐患立即开出整改通知单，限期进行整改，并待施工单位自查合格后组织监理人员进行复核。

7. 发现重大安全隐患，果断指令施工单位进行应急整改措施，并上报建设单位，直至采取停工整改措施。

8. 施工现场一旦发生伤亡事故，总监必须赶赴事故现场，督促施工单位立即抢救伤员，组织有关人员保护好事故现场，以便对事故进行分析处理，从中吸取事故的经验教训，以防同类事故的再次发生。

（二）总监代表安全监理岗位职责

1. 负责项目监理部（组）安全监理的日常工作。

2. 协助总监编写项目安全监理工作规划，起草项目安全监理工作实施细则并报总监审批。

3. 审查施工单位报审的施工组织设计、施工方案和技术措施；审核施工单位的安全生产保证体系；审查施工单位报审的：施工临时用电方案、模板支撑方案、井架搭拆方案、脚手架搭拆方案以及临边和洞口防护措施；对上述各文件初审后报总监审核批准。

4. 审查施工单位报审的重大危险源安全施工预防措施，并报总监审核批准。

5. 审查施工单位报审的突发伤亡事故应急预案，并报总监审核批准。

6. 审核施工单位三级安全教育的实施情况。

7. 检查施工单位安全交底的实施情况。

8. 每天检查或抽查：重大危险源的安全施工状况；施工临时用电、模板支撑、井架搭拆、脚手架搭拆、施工机械运转、临边和洞口防护等各方面的安全施工状况。发现安全隐患，立即开出整改通知单，限期进行整改，并组织监理人员进行旁站，督促其整改，待施工单位专职安全管理人员自检合格后，组织监理人员进行复验。

9. 督促施工单位切实抓好防火工作，适时抓好防台、防汛工作。

10. 督促施工单位切实抓好落手清工作和文明施工。

11. 发现重大安全隐患，上报总监采取果断措施，直至采取停工整改措施。

12. 施工现场一旦发生伤亡事故，督促施工单位立即抢救伤员，并保护好事故现场，以便对事故进行分析处理，从中吸取事故的经验教训，以防同类事故的再次发生。

（三）项目专职安全监理人员岗位职责

1. 负责项目监理部（组）安全监理的具体工作。

2. 协助总监代表编写项目安全监理工作规划和实施细则，并报总监理工程师审批。

3. 协助总监代表和总监审查施工单位报审的施工组织设计、施工方案和技术措施中涉及安全方面的内容，并和总监代表一起审查施工单位的安全生产保证体系，经初审合格后报总监审核批准；审查施工单位报审的：施工临时用电方案、模板支撑方案、井架搭拆方案、脚手架搭拆方案以及监边和洞口防护措施，初审合格后报总监审核批准。

4. 审查施工单位报审的重大危险源安全施工预防措施，并报总监审核批准。

5. 审查施工单位报审的突发伤亡事故应急预案，并报总监审核批准。

6. 审查施工单位三级安全教育的实施情况。

7. 检查施工单位安全生产交底的实施情况。

8. 每天检查：重大危险源的安全施工状况；施工临时用电、模板支撑、井架搭拆、脚手架搭拆、施工机械运转、临边和洞口防护等各方面的安全施工状况，发现安全隐患，立即开出整改通知单，限期进行整改，待施工单位专职安全管理人员自检合格后，组织监理人员进行复验。

9. 督促施工单位切实抓好防火工作，适时抓好防台、防汛工作。

10. 督促施工单位切实抓好落手清工作和文明施工。

11. 发现重大安全隐患，上报总监采取果断措施，直至采取停工整改措施。

12. 施工现场一旦发生伤亡事故，督促施工单位立即抢救伤员，并保护好事故现场，以便对事故进行分析处理，从中吸取事故的经验教训，以防同类事故的再次发生。

（四）各专业监理人员安全监理岗位职责

各专业监理人员除了做好本专业质量、进度等方面的监理工作以外，在安全监理方面还必须做好如下工作：

1. 根据施工单位申报，并经总监查核批准的施工临时用电、模板支撑、井架搭拆、脚手架搭拆、施工机械运转以及临边和洞口防护等各方面的安全施工状况，检查安全施工保护措施是否到位，发现安全隐患，立即开出整改通知单，限期进行整改，重要部位进行旁站，督促其进行整改，待施工单位专职安全管理人员自检后，进行复验。

2. 平时督促施工单位抓好防火工作，并适时督促施工单位抓好防台、防讯工作。

3. 督促施工单位抓好三级安全教育工作和班前安全技术交底工作，特别要经常检查施工单位对新增职工的安全教育工作。

4. 督促施工单位切实抓好落手清工作。

5. 督促施工单位切实抓好文明施工工作。

八、安全监理工作程序

（一）安全监理工作程序及流程（见下图）

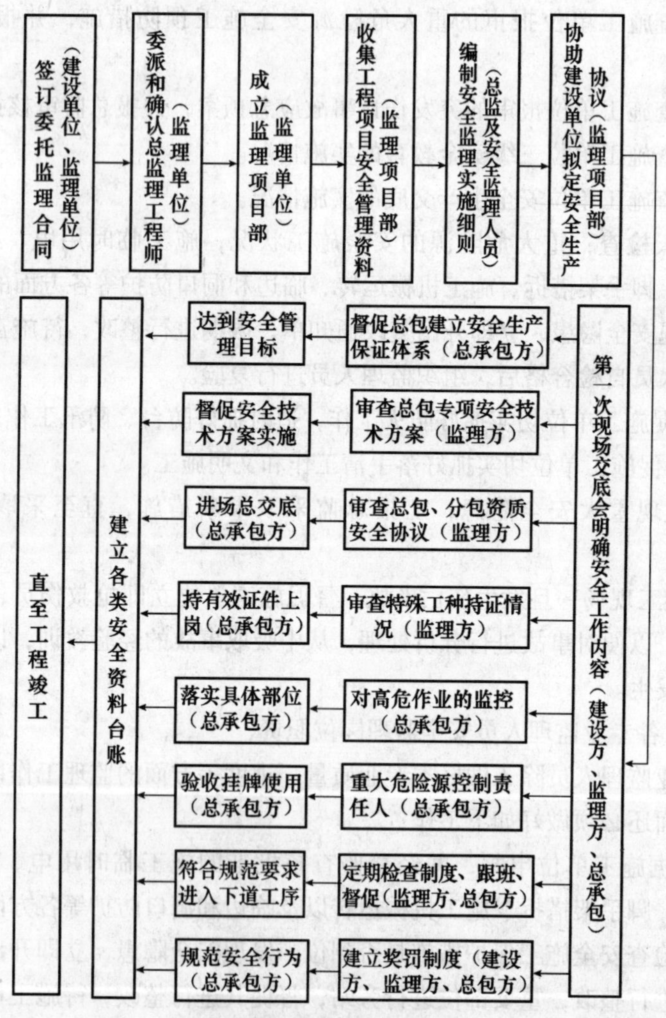

安全监理工作程序及流程

（二）安全隐患整改通知单签发程序（见下图）

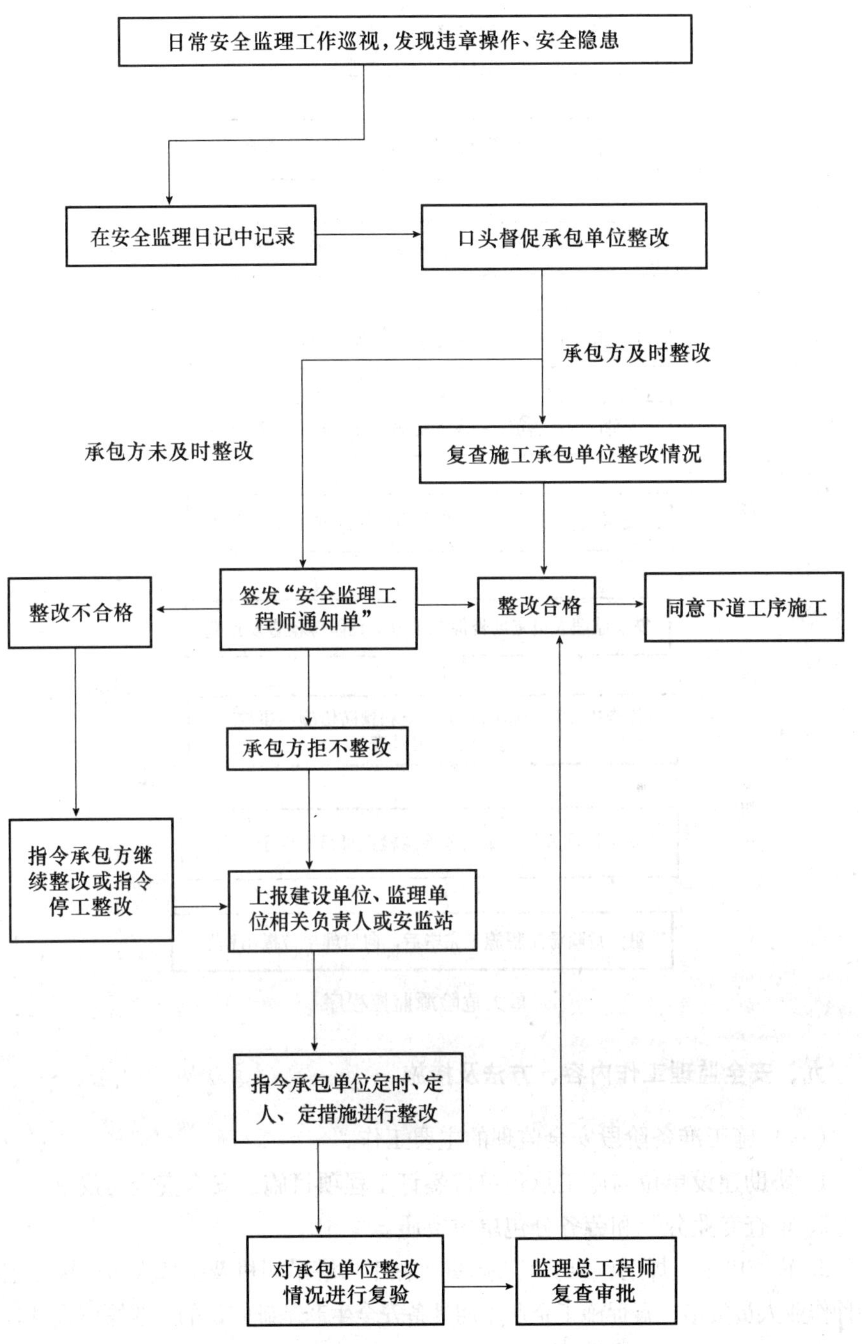

安全隐患整改通知单签发程序

（三）重大危险源监控程序（见下图）

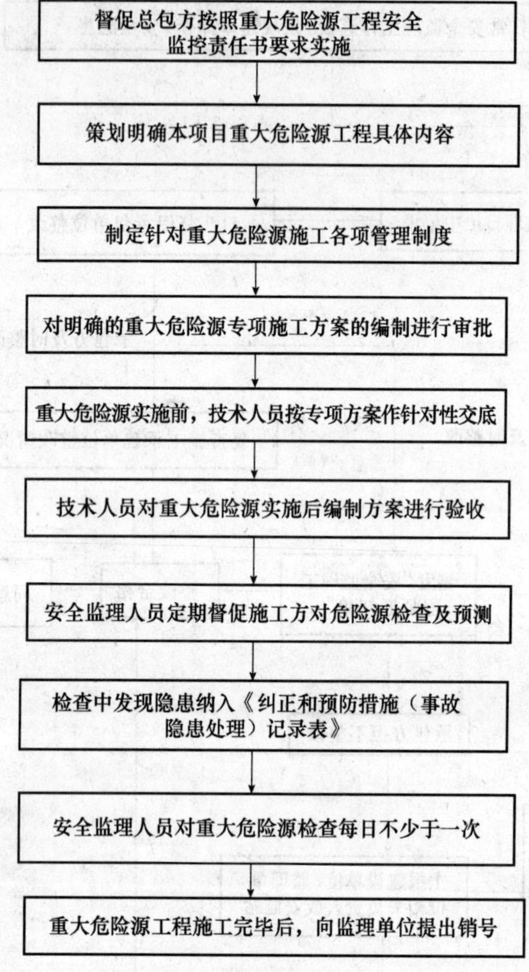

重大危险源监控程序

九、安全监理工作内容、方法及措施

（一）施工准备阶段安全监理的主要工作

1. 协助建设单位与施工承包单位签订工程项目施工安全安全协议书。

2. 审查专业分包和劳务分包单位资质。

3. 审查电工、焊工、架子工、起重机械工、塔吊司机及指挥人员、爆破工等特种作业人员资格，督促施工企业雇佣具备安全生产基础知识的一线操作人员。

4. 督促施工承包单位建立、健全施工现场安全生产保证体系；督促施工承包单位检查各分包企业的安全生产制度。

5. 审核施工承包单位编制的施工组织设计、安全技术措施、高危作业安全施工及应急抢救方案。

6. 督促施工承包单位做好逐级安全交底工作。

（二）施工过程中安全监理的主要工作

1. 督促施工承包单位按照工程建设强制性标准和专项安全施工方案组织施工，制止违规施工作业。

2. 对施工过程中的高危作业等进行巡视检查，每天不少于一次。发现严重违规施工和存在安全事故隐患的，应当要求施工承包单位整改，并检查整改结果，签署复查意见；情况严重的，由总监理工程师签发暂停施工令并报告建设单位；施工承包单位拒不整改的应及时向安全监督部门报告。

3. 督促施工承包单位进行安全自查工作；参加施工现场的安全生产检查。

4. 复核施工承包单位施工机械、安全设施的验收手续，并签署意见，未经安全监理人员签署认可的不得投入使用。

5. 安全监理人中应对高危作业的关键工序实施现场跟班监督检查。

（三）安全监理的资料管理

1. 参照国家建设工程监理规范的资料管理和表式要求，专项安全施工方案（安全技术措施）报审仍使用该规范的附录A2表；分包单位资质审查使用A3表；监理通知单和整改回复单使用B1、A6表。现场检查记录仍使用本市现行的巡视旁站检查表B1表。

安全监理资料包括原始记录资料及安全监理文书资料。

原始记录有：

（1）天气记录；

（2）安全监理人员的监理日记；

（3）安全监理人员的报告；

（4）总监理工程师的安全监理记录；

（5）向承包方发出的指令；

（6）向建设单位发出的函件。

2. 安全监理人员应在监理日记中记录当天施工现场安全生产和安全监理工作情况，记录发现和处理的安全施工问题。总监应定期审阅并签署意见。

3. 项目监理机构应增编安全监理月报表，对当月施工现场的安全施工状况和安全监理工作作出评述，报建设单位和安全监督部门。

4. 提倡使用音像资料记录施工现场安全生产重要情况和施工安全隐患，并摘要载入安全监理月报。

5. 安全监理资料必须真实、完整。

（四）常见危险源及其监控对策

1. 基础施工阶段（见下表）

基础施工阶段

序号	控制点	危险源	对策措施	监护人	安全监理抽查落实情况
1	机械挖土	机斗伤人	配合拉铲的清底、清坡人员不准在挖掘机回转半径内工作		
2	基坑支护	支撑点松动	对支撑点要有验收，过程做到巡查，支撑上部严禁超荷载堆物，经验收投入使用		
3★	基础施工过程	人、物从基坑坑边坠落	基坑周边必须有防护措施，有上下扶梯斜道，基坑支撑上部严禁有残留物、材料，严禁人在支撑架上行走		
4	基础混凝土浇捣	震动机、电源线破损	使用完好的电源线，必要时架空设置，使用一机一闸一漏一箱的开关电箱		

2. 主体结构施工阶段（见下表）

主体结构施工阶段

序号	控制点	危险源	对策措施	监护人	安全监理抽查落实情况
1★	附着式塔吊、人货两用电梯安装、加节、拆除	人、物高处坠落	制定方案，设置警戒区域，专人监控，专职人员持证上岗		
2★	附着式塔吊、人货两用电梯安装、加节、拆除	限位的有效性、附墙装置的有效性	安装完毕后，报请检测部门验收，验收合格挂牌方可使用		
3★	行走式塔吊安装、拆除	路基不平衡、限位的有效性、电缆拖地	安装完毕后，报请检测部门验收，验收合格挂牌方可使用		
4★	井架的搭设、拆除	井架倾覆	制定方案，持有井架搭拆、提升工证人员操作，按规定设置缆风绳或附墙装置，设置警戒区，经验收后投入使用		
5	井架的搭设、拆除	操作人员高处坠落	高空作业系好安全带，操作人员必须持证上岗		

续表

序号	控制点	危险源	对策措施	监护人	安全监理抽查落实情况
6	井架使用过程	限位装置、通讯装置失效	定期检修、保养		
7	井架使用过程	吊篮未停稳就打开楼层防护门	对工人进行相应的教育，落实责任人，进行监控		
8	脚手架的搭设	架体失稳	制定专项施组方案，严格按照JGJ 130及相应的规范执行，分阶段验收，合格后方可投入使用，重点关注拉结点的设置与分布		

3. 装饰装修阶段（见下表）

装饰装修阶段

序号	控制点	危险源	对策措施	监护人	安全监理抽查落实情况
1	脚手架的重新验收挂牌	拉接点四排一隔的缺损	组织相关人员进行验收，不符合标准的及时修复，重新设置加固		
2	手持电动工具	使用过程未经二级漏电保护，电源线不符合规范	电动工具必须经验收合格，使用过程配置符合要求的开关电箱		
3	动用明火	靠近易燃易爆物周边动火	动火必须有动火证，教育生产工人注意监护；严禁在易燃易爆物周边动火，确需要动火的必须有可靠的防护措施，动火证要升级		
4	使用的人字扶梯、高凳、活动架	人字扶梯、高凳、活动架倾覆，造成人员伤亡	人字扶梯必须有防滑措施，中间必须有拉接；高凳、活动架必须按标准搭设，使用轮子位移的必须有固定措施		
5	木工间、危险品仓库、油漆仓库	管理不当，引起火灾、爆炸	严格仓库管理制度，落实专人负责；多家分包单位，仓库集中设置		

续表

序号	控制点	危险源	对策措施	监护人	安全监理抽查落实情况
6	满堂脚手、移动脚手、内脚手	架体稳定性差，无扶手；缺竹笆，缺上人扶梯	有设计图、设计书，做好分部、分项工作交底，搭设完毕后要验收挂牌使用		
7★	吊篮施工	吊篮堆物超重，钢丝绳锈蚀，防护设施不到位，安全锁限位失灵导致高处坠落	吊篮有产品合格证，使用编制施工方案，安装完毕后应经市级检测中心检测合格后发放准用证使用，操作人佩戴好安全带，并系在独立设置的生命绳上		

注：1. “二证一器一监护”指，二证：上岗证、动火证；一器：灭火器；一监护：派人旁站监护。

2. 注明“★”号为重点监控过程，须安排监理人员旁站监理。

（五）突发伤亡事故应急预案

根据项目的实际情况，由项目部总监理工程师或安全监理员进行策划，对因工伤事故、环境事故、中毒事故、火灾、爆炸、台风暴雨等特殊的气候影响发生施工单位操作人员或监理人员伤亡或监理人员伤亡事故，妥善处理善后工作，特制定本工作预案。

1. 施工现场一旦发生死亡事故（施工单位，包括监理单位人员），监理项目部总监及总监代表应立即向监理公司办公室在72小时以内用电话报告，施工单位发生伤亡事故督促项目经理及时向有关部门上报。

2. 抢救人员向120急救中心求救，报工地方位、详细地址、入口位置，必要时在路口引导急救车辆，并视伤势情况参照下列特色医院清单送往相应医院。

3. 重伤或轻伤事故，总监理工程师可将事故情况资料存放项目部自行保管。

4. 督促施工单位抢救伤员，保护好事故现场，以便对事故进行分析处理，从中吸取事故的经验教训，以防同类事故的再次发生。

5. 总监理工程师、专职安全监理员了解事故发生经过，即填写事故快报表，在24小时内向公司工程部汇报。

6. 事故调查组应着重把事故发生的经过、原因、责任分析和处理意见以及本次事故的教训和改进措施的建议等写成文字报告，经调查组全体人员签字后报批。

7. 待事故处理完毕后，安监总站对事故进行批复下达后，监理项目部将事故处理结案报告复印件留存备案，该起事故结案。

十、安全监理工作制度

（一）定期学习与交流

安全总监理工程师应组织安全监理人员研究设计文件、有关规定、规范、标准、安全监理合同、安全监理细则和及时传达建设主管部门的文件和会议精神等，建立起定期学习和交流制度。

（二）填写安全监理日记

1. 各专业组必须填写安全监理日记，记录每天安全监理工作内容及交接注意事项。

2. 安全总监理工程师每月检查各专业组的日记。

3. 各专业组在检查安全时，同时要注意文明生产，并将其纳入安全监理日记的内容中。

（三）安全监理月报

1. 各专业组每月在规定日期向安全总监理工程师提供安全监理月报，并由其审阅。

2. 资料组根据各组安全监理月报编写出综合安全监理月报，经总监审查后，报建设单位或上级主管部门。

（四）例会记录和来往信函

1. 安全监理工作每周一次例会，由资料组负责记录整理、保存。

2. 其他有关文件、设计及变更设计图纸、会议记录、安全监理联系单和信函，由有关人员处理后交资料组保存。

3. 检查表格，按不同专业组由有关人员签证、处理后交资料组存卷。

（五）安全监理文书资料

安全监理所用表式应设计合理、简明扼要、实用性强、便于现场操作。

十一、现场监理人员安全守则

1. 认真学习国家、地方和行业现行安全生产、劳动保护方针、政策、标准，了解工程施工程序和安全操作规程。

2. 进入现场必须戴好安全帽、扣好安全带，并正确使用个人劳防用品。

3. 吊装区域不得行走。

4. 严禁赤膊或穿高跟鞋、拖鞋进入施工现场，不准穿硬底和带钉易滑的鞋靴登高。

5. 上下脚手架应注意其是否牢固、安全，并注意头顶、脚下，以防碰头或坠落。

6. 凡患有高血压、贫血症、眩晕、严重心脏病等不适应施工现场工作的人员，不得进入施工现场作业。发觉疾病及时就医，不应勉强进入施工现场工作。

7. 要注意在建工程的楼梯口、电梯口、预留洞口、通道口等防护设施是否齐全，避免失足。对现场不安全隐患及时向承包方指出并督促整改。

8. 施工检查过程中，进入暗处工作须带手电筒，攀高作业应有防护措施，宜两人同行。

9. 凡监理需验收的项目，在安全措施未落实前，有权不予验收，并要求施工单位整改。

10. 重视防火安全，不在禁烟区吸烟，不在办公室和宿舍存放汽油等易燃物品。严禁使用电炉，外出与下班应切断所有用电设备的电源。

11. 上班时间不准饮酒。

附录四　法律法规选编

中华人民共和国建筑法

（1997 年 11 月 1 日第八届全国人民代表大会常务委员会
第二十八次会议通过）

第一章　总　　则

第一条　为了加强对建筑活动的监督管理，维护建筑市场秩序，保证建筑工程的质量和安全，促进建筑业健康发展，制定本法。

第二条　在中华人民共和国境内从事建筑活动，实施对建筑活动的监督管理，应当遵守本法。

本法所称建筑活动，是指各类房屋建筑及其附属设施的建造和与其配套的线路、管道、设备的安装活动。

第三条　建筑活动应当确保建筑工程质量和安全，符合国家的建筑工程安全标准。

第四条　国家扶持建筑业的发展，支持建筑科学技术研究，提高房屋建筑设计水平，鼓励节约能源和保护环境，提倡采用先进技术、先进设备、先进工艺、新型建筑材料和现代管理方式。

第五条　从事建筑活动应当遵守法律、法规，不得损害社会公共利益和他人的合法权益。

任何单位和个人都不得妨碍和阻挠依法进行的建筑活动。

第六条　国务院建设行政主管部门对全国的建筑活动实施统一监督管理。

第二章　建筑许可

第一节　建筑工程施工许可

第七条　建筑工程开工前，建设单位应当按照国家有关规定向工程所在地县级以上人民政府建设行政主管部门申请领取施工许可证；但是，国务院建设行政主管部门确定的限额以下的小型工程除外。

按照国务院规定的权限和程序批准开工报告的建筑工程，不再领取施工许可证。

第八条 申请领取施工许可证，应当具备下列条件：

（一）已经办理该建筑工程用地批准手续；

（二）在城市规划区的建筑工程，已经取得规划许可证；

（三）需要拆迁的，其拆迁进度符合施工要求；

（四）已经确定建筑施工企业；

（五）有满足施工需要的施工图纸及技术资料；

（六）有保证工程质量和安全的具体措施；

（七）建设资金已经落实；

（八）法律、行政法规规定的其他条件。

建设行政主管部门应当自收到申请之日起十五日内，对符合条件的申请颁发施工许可证。

第九条 建设单位应当自领取施工许可证之日起三个月内开工。因故不能按期开工的，应当向发证机关申请延期；延期以两次为限，每次不超过三个月。既不开工又不申请延期或者超过延期时限的，施工许可证自行废止。

第十条 在建的建筑工程因故中止施工的，建设单位应当自中止施工之日起一个月内，向发证机关报告，并按照规定做好建筑工程的维护管理工作。

建筑工程恢复施工时，应当向发证机关报告；中止施工满一年的工程恢复施工前，建设单位应当报发证机关核验施工许可证。

第十一条 按照国务院有关规定批准开工报告的建筑工程，因故不能按期开工或者中止施工的，应当及时向批准机关报告情况。因故不能按期开工超过六个月的，应当重新办理开工报告的批准手续。

第二节 从业资格

第十二条 从事建筑活动的建筑施工企业、勘察单位、设计单位和工程监理单位，应当具备下列条件：

（一）有符合国家规定的注册资本；

（二）有与其从事的建筑活动相适应的具有法定执业资格的专业技术人员；

（三）有从事相关建筑活动所应有的技术装备；

（四）法律、行政法规规定的其他条件。

第十三条 从事建筑活动的建筑施工企业、勘察单位、设计单位和工程监理单位，按照其拥有的注册资本、专业技术人员、技术装备和已完成的建筑工程业绩等资质条件，划分为不同的资质等级，经资质审查合格，取得相应等级的资质证书后，方可在其资质等级许可的范围内从事建筑活动。

第十四条 从事建筑活动的专业技术人员，应当依法取得相应的执业资格证书，并在执业资格证书许可的范围内从事建筑活动。

第三章 建筑工程发包与承包

第一节 一般规定

第十五条 建筑工程的发包单位与承包单位应当依法订立书面合同，明确双方的权利和义务。

发包单位和承包单位应当全面履行合同约定的义务。不按照合同约定履行义务的，依法承担违约责任。

第十六条 建筑工程发包与承包的招标投标活动，应当遵循公开、公正、平等竞争的原则，择优选择承包单位。

建筑工程的招标投标，本法没有规定的，适用有关招标投标法律的规定。

第十七条 发包单位及其工作人员在建筑工程发包中不得收受贿赂、回扣或者索取其他好处。

承包单位及其工作人员不得利用向发包单位及其工作人员行贿、提供回扣或者给予其他好处等不正当手段承揽工程。

第十八条 建筑工程造价应当按照国家有关规定，由发包单位与承包单位在合同中约定。公开招标发包的，其造价的约定，须遵守招标投标法律的规定。

发包单位应当按照合同的约定，及时拨付工程款项。

第二节 发 包

第十九条 建筑工程依法实行招标发包，对不适于招标发包的可以直接发包。

第二十条 建筑工程实行公开招标的，发包单位应当依照法定程序和方式，发布招标公告，提供载有招标工程的主要技术要求、主要的合同条款、评标的标准和方法以及开标、评标、定标的程序等内容的招标文件。

开标应当在招标文件规定的时间、地点公开进行。开标后应当按照招标文件规定的评标标准和程序对标书进行评价、比较，在具备相应资质条件的投标者中，择优选定中标者。

第二十一条 建筑工程招标的开标、评标、定标由建设单位依法组织实施，并接受有关行政主管部门的监督。

第二十二条 建筑工程实行招标发包的，发包单位应当将建筑工程发包给依法中标的承包单位。建筑工程实行直接发包的，发包单位应当将建筑工程发包给具有相应资质条件的承包单位。

第二十三条 政府及其所属部门不得滥用行政权力，限定发包单位将招标发包的建筑工程发包给指定的承包单位。

第二十四条 提倡对建筑工程实行总承包，禁止将建筑工程肢解发包。

建筑工程的发包单位可以将建筑工程的勘察、设计、施工、设备采购一并发包给一个工程总承包单位，也可以将建筑工程勘察、设计、施工、设备采购的一项或者多项发包给一个工程总承包单位；但是，不得将应当由一个承包单位完成的建筑工程肢解成若干部分发包给几个承包单位。

第二十五条 按照合同约定，建筑材料、建筑构配件和设备由工程承包单位采购的，发包单位不得指定承包单位购入用于工程的建筑材料、建筑构配件和设备或者指定生产厂、供应商。

第三节 承 包

第二十六条 承包建筑工程的单位应当持有依法取得的资质证书，并在其资质等级许可的业务范围内承揽工程。

禁止建筑施工企业超越本企业资质等级许可的业务范围或者以任何形式用其他建筑施工企业的名义承揽工程。禁止建筑施工企业以任何形式允许其他单位或者个人使用本企业的资质证书、营业执照，以本企业的名义承揽工程。

第二十七条 大型建筑工程或者结构复杂的建筑工程，可以由两个以上的承包单位联合共同承包。共同承包的各方对承包合同的履行承担连带责任。

两个以上不同资质等级的单位实行联合共同承包的，应当按照资质等级低的单位的业务许可范围承揽工程。

第二十八条 禁止承包单位将其承包的全部建筑工程转包给他人，禁止承包单位将其承包的全部建筑工程肢解以后以分包的名义分别转包给他人。

第二十九条 建筑工程总承包单位可以将承包工程中的部分工程发包给具有相应资质条件的分包单位；但是，除总承包合同中约定的分包外，必须经建设单位认可。施工总承包的，建筑工程主体结构的施工必须由总承包单位自行完成。

建筑工程总承包单位按照总承包合同的约定对建设单位负责；分包单位按照分包合同的约定对总承包单位负责。总承包单位和分包单位就分包工程对建设单位承担连带责任。

禁止总承包单位将工程分包给不具备相应资质条件的单位。禁止分包单位将其承包的工程再分包。

第四章　建筑工程监理

第三十条　国家推行建筑工程监理制度。

国务院可以规定实行强制监理的建筑工程的范围。

第三十一条　实行监理的建筑工程，由建设单位委托具有相应资质条件的工程监理单位监理。建设单位与其委托的工程监理单位应当订立书面委托监理合同。

第三十二条　建筑工程监理应当依照法律、行政法规及有关的技术标准、设计文件和建筑工程承包合同，对承包单位在施工质量、建设工期和建设资金使用等方面，代表建设单位实施监督。

工程监理人员认为工程施工不符合工程设计要求、施工技术标准和合同约定的，有权要求建筑施工企业改正。

工程监理人员发现工程设计不符合建筑工程质量标准或者合同约定的质量要求的，应当报告建设单位要求设计单位改正。

第三十三条　实施建筑工程监理前，建设单位应当将委托的工程监理单位、监理的内容及监理权限，书面通知被监理的建筑施工企业。

第三十四条　工程监理单位应当在其资质等级许可的监理范围内，承担工程监理业务。

工程监理单位应当根据建设单位的委托，客观、公正地执行监理任务。

工程监理单位与被监理工程的承包单位以及建筑材料、建筑构配件和设备供应单位不得有隶属关系或者其他利害关系。

工程监理单位不得转让工程监理业务。

第三十五条　工程监理单位不按照委托监理合同的约定履行监理义务，对应当监督检查的项目不检查或者不按照规定检查，给建设单位造成损失的，应当承担相应的赔偿责任。

工程监理单位与承包单位串通，为承包单位谋取非法利益，给建设单位造成损失的，应当与承包单位承担连带赔偿责任。

第五章　建筑安全生产管理

第三十六条　建筑工程安全生产管理必须坚持安全第一、预防为主的方针，建立健全安全生产的责任制度和群防群治制度。

第三十七条　建筑工程设计应当符合按照国家规定制定的建筑安全规程和技术规范，保证工程的安全性能。

第三十八条　建筑施工企业在编制施工组织设计时。应当根据建筑工程的特点制定相应的安全技术措施；对专业性较强的工程项目，应当编制专项安全施工组织设计，并采取安全技术措施。

第三十九条 建筑施工企业应当在施工现场采取维护安全、防范危险、预防火灾等措施；有条件的，应当对施工现场实行封闭管理。

施工现场对毗邻的建筑物、构筑物和特殊作业环境可能造成损害的，建筑施工企业应当采取安全防护措施。

第四十条 建设单位应当向建筑施工企业提供与施工现场相关的地下管线资料，建筑施工企业应当采取措施加以保护。

第四十一条 建筑施工企业应当遵守有关环境保护和安全生产的法律、法规的规定，采取控制和处理施工现场的各种粉尘、废气、废水、固体废物以及噪声、振动对环境的污染和危害的措施。

第四十二条 有下列情形之一的，建设单位应当按照国家有关规定办理申请批准手续：

（一）需要临时占用规划批准范围以外场地的；

（二）可能损坏道路、管线、电力、邮电通讯等公共设施的；

（三）需要临时停水、停电、中断道路交通的；

（四）需要进行爆破作业的；

（五）法律、法规规定需要办理报批手续的其他情形。

第四十三条 建设行政主管部门负责建筑安全生产的管理，并依法接受劳动行政主管部门对建筑安全生产的指导和监督。

第四十四条 建筑施工企业必须依法加强对建筑安全生产的管理，执行安全生产责任制度，采取有效措施，防止伤亡和其他安全生产事故的发生。

建筑施工企业的法定代表人对本企业的安全生产负责。

第四十五条 施工现场安全由建筑施工企业负责。实行施工总承包的，由总承包单位负责。分包单位向总承包单位负责，服从总承包单位对施工现场的安全生产管理。

第四十六条 建筑施工企业应当建立健全劳动安全生产教育培训制度，加强对职工安全生产的教育培训；未经安全生产教育培训的人员，不得上岗作业。

第四十七条 建筑施工企业和作业人员在施工过程中，应当遵守有关安全生产的法律、法规和建筑行业安全规章、规程，不得违章指挥或者违章作业。作业人员有权对影响人身健康的作业程序和作业条件提出改进意见，有权获得安全生产所需的防护用品。作业人员对危及生命安全和人身健康的行为有权提出批评、检举和控告。

第四十八条　建筑施工企业必须为从事危险作业的职工办理意外伤害保险，支付保险费。

第四十九条　涉及建筑主体和承重结构变动的装修工程，建设单位应当在施工前委托原设计单位或者具有相应资质条件的设计单位提出设计方案；没有设计方案的，不得施工。

第五十条　房屋拆除应当由具备保证安全条件的建筑施工单位承担，由建筑施工单位负责人对安全负责。

第五十一条　施工中发生事故时，建筑施工企业应当采取紧急措施减少人员伤亡和事故损失，并按照国家有关规定及时向有关部门报告。

第六章　建筑工程质量管理

第五十二条　建筑工程勘察、设计、施工的质量必须符合国家有关建筑工程安全标准的要求，具体管理办法由国务院规定。

有关建筑工程安全的国家标准不能适应确保建筑安全的要求时，应当及时修订。

第五十三条　国家对从事建筑活动的单位推行质量体系认证制度。从事建筑活动的单位根据自愿原则可以向国务院产品质量监督管理部门或者国务院产品质量监督管理部门授权的部门认可的认证机构申请质量体系认证。经认证合格的，由认证机构颁发质量体系认证证书。

第五十四条　建设单位不得以任何理由，要求建筑设计单位或者建筑施工企业在工程设计或者施工作业中，违反法律、行政法规和建筑工程质量、安全标准，降低工程质量。

建筑设计单位和建筑施工企业对建设单位违反前款规定提出的降低工程质量的要求，应当予以拒绝。

第五十五条　建筑工程实行总承包的，工程质量由工程总承包单位负责，总承包单位将建筑工程分包给其他单位的，应当对分包工程的质量与分包单位承担连带责任。分包单位应当接受总承包单位的质量管理。

第五十六条　建筑工程的勘察、设计单位必须对其勘察、设计的质量负责。勘察、设计文件应当符合有关法律、行政法规的规定和建筑工程质量、安全标准、建筑工程勘察、设计技术规范以及合同的约定。设计文件选用的建筑材料、建筑构配件和设备，应当注明其规格、型号、性能等技术指标，其质量要求必须符合国家规定的标准。

第五十七条　建筑设计单位对设计文件选用的建筑材料、建筑构配件和设备，不得指定生产厂、供应商。

第五十八条 建筑施工企业对工程的施工质量负责。

建筑施工企业必须按照工程设计图纸和施工技术标准施工，不得偷工减料。工程设计的修改由原设计单位负责，建筑施工企业不得擅自修改工程设计。

第五十九条 建筑施工企业必须按照工程设计要求、施工技术标准和合同的约定，对建筑材料、建筑构配件和设备进行检验，不合格的不得使用。

第六十条 建筑物在合理使用寿命内，必须确保地基基础工程和主体结构的质量。

建筑工程竣工时，屋顶、墙面不得留有渗漏、开裂等质量缺陷；对已发现的质量缺陷，建筑施工企业应当修复。

第六十一条 交付竣工验收的建筑工程，必须符合规定的建筑工程质量标准，有完整的工程技术经济资料和经签署的工程保修书，并具备国家规定的其他竣工条件。

建筑工程竣工经验收合格后，方可交付使用；未经验收或者验收不合格的，不得交付使用。

第六十二条 建筑工程实行质量保修制度。

建筑工程的保修范围应当包括地基基础工程、主体结构工程、屋面防水工程和其他土建工程，以及电气管线、上下水管线的安装工程，供热、供冷系统工程等项目；保修的期限应当按照保证建筑物合理寿命年限内正常使用，维护使用者合法权益的原则确定。具体的保修范围和最低保修期限由国务院规定。

第六十三条 任何单位和个人对建筑工程的质量事故、质量缺陷都有权向建设行政主管部门或者其他有关部门进行检举、控告、投拆。

第七章　法律责任

第六十四条 违反本法规定，未取得施工许可证或者开工报告未经批准擅自施工的，责令改正，对不符合开工条件的责令停止施工，可以处以罚款。

第六十五条 发包单位将工程发包给不具有相应资质条件的承包单位的，或者违反本法规定将建筑工程肢解发包的，责令改正，处以罚款。

超越本单位资质等级承揽工程的，责令停止违法行为，处以罚款，可以责令停业整顿，降低资质等级；情节严重的，吊销资质证书；有违法所得的，予以没收。

未取得资质证书承揽工程的，予以取缔，并处罚款；有违法所得的，予以没收。

以欺骗手段取得资质证书的，吊销资质证书，处以罚款；构成犯罪的，依法追究刑事责任。

第六十六条 建筑施工企业转让、出借资质证书或者以其他方式允许他人以本企业的名义承揽工程的，责令改正，没收违法所得，并处罚款，可以责令停业整顿，降低资质等级；情节严重的，吊销资质证书。对因该项承揽工程不符合规定的质量标准造成的损失，建筑施工企业与使用本企业名义的单位或者个人承担连带赔偿责任。

第六十七条 承包单位将承包的工程转包的，或者违反本法规定进行分包的，责令改正，没收违法所得，并处罚款，可以责令停业整顿，降低资质等级；情节严重的，吊销资质证书。

承包单位有前款规定的违法行为的，对因转包工程或者违法分包的工程不符合规定的质量标准造成的损失，与接受转包或者分包的单位承担连带赔偿责任。

第六十八条 在工程发包与承包中索贿、受贿、行贿，构成犯罪的，依法追究刑事责任；不构成犯罪的，分别处以罚款，没收贿赂的财物，对直接负责的主管人员和其他直接责任人员给予处分。

对在工程承包中行贿的承包单位，除依照前款规定处罚外，可以责令停业整顿，降低资质等级或者吊销资质证书。

第六十九条 工程监理单位与建设单位或者建筑施工企业串通，弄虚作假、降低工程质量的，责令改正，处以罚款，降低资质等级或者吊销资质证书；有违法所得的，予以没收；造成损失的，承担连带赔偿责任；构成犯罪的，依法追究刑事责任。

工程监理单位转让监理业务的，责令改正，没收违法所得，可以责令停业整顿，降低资质等级；情节严重的，吊销资质证书。

第七十条 违反本法规定，涉及建筑主体或者承重结构变动的装修工程擅自施工的，责令改正，处以罚款；造成损失的，承担赔偿责任；构成犯罪的，依法追究刑事责任。

第七十一条 建筑施工企业违反本法规定，对建筑安全事故隐患不采取措施予以消除的，责令改正，可以处以罚款；情节严重的，责令停业整顿，降低资质等级或者吊销资质证书；构成犯罪的，依法追究刑事责任。

第七十二条 建设单位违反本法规定，要求建筑设计单位或者建筑施工企业违反建筑工程质量、安全标准，降低工程质量的，责令改正，可以处以罚款；构成犯罪的，依法追究刑事责任。

第七十三条 建筑设计单位不按照建筑工程质量、安全标准进行设计的，责令改正，处以罚款；造成工程质量事故的，责令停业整顿，降低资质等级或者吊销资质证书，没收违法所得，并处罚款；造成损失的，承担赔偿责任；构成犯罪的，依法追究刑事责任。

第七十四条 建筑施工企业在施工中偷工减料的，使用不合格的建筑材料、建筑构配件和设备的，或者有其他不按照工程设计图纸或者施工技术标准施工的行为的，责令改正，处以罚款；情节严重的，责令停业整顿，降低资质等级或者吊销资质证书；造成建筑工程质量不符合规定的质量标准的，负责返工、修理，并赔偿因此造成的损失；构成犯罪的，依法追究刑事责任。

第七十五条 建筑施工企业违反本法规定，不履行保修义务或者拖延履行保修义务的，责令改正，可以处以罚款，并对在保修期内因屋顶、墙面渗漏、开裂等质量缺陷造成的损失，承担赔偿责任。

第七十六条 本法规定的责令停业整顿、降低资质等级和吊销资质证书的行政处罚，由颁发资质证书的机关决定，其他行政处罚，由建设行政主管部门或者有关部门依照法律和国务院规定的职权范围决定。

依照本法规定被吊销资质证书的，由工商行政管理部门吊销其营业执照。

第七十七条 违反本法规定，对不具备相应资质等级条件的单位颁发该等级资质证书的，由其上级机关责令收回所发的资质证书，对直接负责的主管人员和其他直接责任人员给予行政处分；构成犯罪的，依法追究刑事责任。

第七十八条 政府及其所属部门的工作人员违反本法规定，限定发包单位将招标发包的工程发包给指定的承包单位的，由上级机关责令改正；构成犯罪的，依法追究刑事责任。

第七十九条 负责颁发建筑工程施工许可证的部门及其工作人员对不符合施工条件的建筑工程颁发施工许可证的，负责工程质量监督检查或者竣工验收的部门及其工作人员对不合格的建筑工程出具质量合格文件或者按合格工程验收的，由上级机关责令改正，对责任人员给予行政处分；构成犯罪的，依法追究刑事责任；造成损失的，由该部门承担相应的赔偿责任。

第八十条 在建筑物的合理使用寿命内，因建筑工程质量不合格受到损害的，有权向责任者要求赔偿。

第八章 附 则

第八十一条 本法关于施工许可、建筑施工企业资质审查和建筑工程发包、承包、禁止转包，以及建筑工程监理、建筑工程安全和质量管理的规定，适用于其他专业建筑工程的建筑活动，具体办法由国务院规定。

第八十二条 建设行政主管部门和其他有关部门在对建筑活动实施监督管理中，除按照国务院有关规定收取费用外，不得收取其他费用。

第八十三条　省、自治区、直辖市人民政府确定的小型房屋建筑工程的建筑活动，参照本法执行。

依法核定作为文物保护的纪念建筑物和古建筑等的修缮，依照文物保护的有关法律规定执行。

抢险救灾及其他临时性房屋建筑和农民自建低层住宅的建筑活动，不适用本法。

第八十四条　军用房屋建筑工程建筑活动的具体管理办法，由国务院、中央军事委员会依据本法制定。

第八十五条　本法自1998年3月1日起施行。

中华人民共和国招标投标法

（1999年8月30日第九届全国人民代表大会常务委员会第十一次会议通过）

第一章　总　　则

第一条　为了规范招标投标活动，保护国家利益、社会公共利益和招标投标活动当事人的合法权益，提高经济效益，保证项目质量，制定本法。

第二条　在中华人民共和国境内进行招标投标活动，适用本法。

第三条　在中华人民共和国境内进行下列工程建设项目包括项目的勘察、设计、施工、监理以及与工程建设有关的重要设备、材料等的采购，必须进行招标：

（一）大型基础设施、公用事业等关系社会公共利益、公众安全的项目；

（二）全部或者部分使用国有资金投资或者国家融资的项目；

（三）使用国际组织或者外国政府贷款、援助资金的项目。

前款所列项目的具体范围和规模标准，由国务院发展计划部门会同国务院有关部门制定，报国务院批准。

法律或者国务院对必须进行招标的其他项目的范围有规定的，依照其规定。

第四条　任何单位和个人不得将依法必须进行招标的项目化整为零或者以其他任何方式规避招标。

第五条　招标投标活动应当遵循公开、公平、公正和诚实信用的原则。

第六条　依法必须进行招标的项目，其招标投标活动不受地区或者部门的限制。任何单位和个人不得违法限制或者排斥本地区、本系统以外的法人或者其他组织参加投标、不得以任何方式非法干涉招标投标活动。

第七条 招标投标活动及其当事人应当接受依法实施的监督。

有关行政监督部门依法对招标投标活动实施监督，依法查处招标投标活动中的违法行为。

对招标投标活动的行政监督及有关部门的具体职权划分，由国务院规定。

第二章 招 标

第八条 招标人是依照本法规定提出招标项目、进行招标的法人或者其他组织。

第九条 招标项目按照国家有关规定需要履行项目审批手续的，应当先履行审批手续，取得批准。

招标人应当有进行招标项目的相应资金或者资金来源已经落实，并应当在招标文件中如实载明。

第十条 招标分为公开招标和邀请招标。

公开招标，是指招标人以招标公告的方式邀请不特定的法人或者其他组织投标。

邀请招标，是指招标人以投标邀请书的方式邀请特定的法人或者其他组织投标。

第十一条 国务院发展计划部门确定的国家重点项目和省、自治区、直辖市人民政府确定的地方重点项目不适宜公开招标的，经国务院发展计划部门或者省、自治区、直辖市人民政府批准，可以进行邀请招标。

第十二条 招标人有权自行选择招标代理机构，委托其办理招标事宜。任何单位和个人不得以任何方式为招标人指定招标代理机构。

招标人具有编制招标文件和组织评标能力的，可以自行办理招标事宜，任何单位和个人不得强制其委托招标代理机构办理招标事宜。

依法必须进行招标的项目，招标人自行办理招标事宜的，应当向有关行政监督部门备案。

第十三条 招标代理机构是依法设立、从事招标代理业务并提供相关服务的社会中介组织。

招标代理机构应当具备下列条件：

（一）有从事招标代理业务的营业场所和相应资金；

（二）有能够编制招标文件和组织评标的相应专业力量；

（三）有符合本法第三十七条第三款规定条件、可以作为评标委员会成员人选的技术、经济等方面的专家库。

第十四条　从事工程建设项目招标代理业务的招标代理机构，其资格由国务院或者省、自治区、直辖市人民政府的建设行政主管部门认定。具体办法由国务院建设行政主管部门会同国务院有关部门制定。从事其他招标代理业务的招标代理机构，其资格认定的主管部门由国务院规定。

招标代理机构与行政机关和其他国家机关不得存在隶属关系或者其他利益关系。

第十五条　招标代理机构应当在招标人委托的范围内办理招标事宜，并遵守本法关于招标人的规定。

第十六条　招标人采用公开招标方式的，应当发布招标公告。依法必须进行招标的项目的招标公告，应当通过国家指定的报刊、信息网络或者其他媒介发布。

招标公告应当载明招标人的名称和地址、招标项目的性质、数量、实施地点和时间以及获取招标文件的办法等事项。

第十七条　招标人采用邀请招标方式的应当向三个以上具备承担招标项目的能力、资信良好的特定的法人或者其他组织发出投标邀请书。

投标邀请书应当载明本法第十六条第二款规定的事项。

第十八条　招标人可以根据招标项目本身的要求，在招标公告或者投标邀请书中，要求潜在投标人提供有关资质证明文件和业绩情况，并对潜在投标人进行资格审查；国家对投标人的资格条件有规定的，依照其规定。

招标人不得以不合理的条件限制或者排斥潜在投标人，不得对潜在投标人实行歧视待遇。

第十九条　招标人应当根据招标项目的特点和需要编制招标文件。招标文件应当包括招标项目的技术要求、对投标人资格审查的标准、投标报价要求和评标标准等所有实质性要求和条件以及拟签订合同的主要条款。

国家对招标项目的技术、标准有规定的，招标人应当按照其规定在招标文件中提出相应要求。

招标项目需要划分标段、确定工期的，招标人应当合理划分标段、确定工期，并在招标文件中载明。

第二十条　招标文件不得要求或者标明特定的生产供应者以及含有倾向或者排斥潜在投标人的其他内容。

第二十一条　招标人根据招标项目的具体情况，可以组织潜在投标人踏勘项目现场。

第二十二条　招标人不得向他人透露已获取招标文件的潜在投标人的名

称、数量以及可能影响公平竞争的有关招标投标的其他情况。

招标人设有标底的，标底必须保密。

第二十三条 招标人对已发出的招标文件进行必要的澄清或者修改的，应当在招标文件要求提交投标文件截止时间至少十五日前，以书面形式通知所有招标文件收受人。该澄清或者修改的内容为招标文件的组成部分。

第二十四条 招标人应当确定投标人编制投标文件所需要的合理时间；但是，依法必须进行招标的项目，自招标文件开始发出之日起至投标人提交投标文件截止之日止，最短不得少于二十日。

第三章 投 标

第二十五条 投标人是响应招标、参加投标竞争的法人或者其他组织。

依法招标的科研项目允许个人参加投标的，投标的个人适用本法有关投标人的规定。

第二十六条 投标人应当具备承担招标项目的能力；国家有关规定对投标人资格条件或者招标文件对投标人资格条件有规定的，投标人应当具备规定的资格条件。

第二十七条 投标人应当按照招标文件的要求编制投标文件。投标文件应当对招标文件提出的实质性要求和条件作出响应。

招标项目属于建设施工的，投标文件的内容应当包括拟派出的项目负责人与主要技术人员的简历、业绩和拟用于完成招标项目的机械设备等。

第二十八条 投标人应当在招标文件要求提交投标文件的截止时间前，将投标文件送达投标地点。招标人收到投标文件后，应当签收保存，不得开启。投标人少于三个的，招标人应当依照本法重新招标。

在招标文件要求提交投标文件的截止时间后送达到投标文件，招标人应当拒收。

第二十九条 投标人在招标文件要求提交投标文件的截止时间前，可以补充、修改或者撤回已提交的投标文件，并书面通知招标人。补充、修改的内容为投标文件的组成部分。

第三十条 投标人根据招标文件载明的项目实际情况，拟在中标后将中标项目的部分非主体、非关键性工作进行分包的，应当在投标文件中载明。

第三十一条 两个以上法人或者其他组织可以组成一个联合体，以一个投标人的身份共同投标。

联合体各方均应当具备承担招标项目的相应能力；国家有关规定或者招标文件对投标人资格条件有规定的，联合体各方均应当具备规定的相应资格条件。由同一专业的单位组成的联合体，按照资质等级较低的单位确定资质等级。

联合体各方应当签订共同投标协议，明确约定各方拟承担的工作和责任，并将共同投标协议连同投标文件一并提交招标人。联合体中标的，联合体各方应当共同与招标人签订合同，就中标项目向招标人承担连带责任。

招标人不得强制投标人组成联合体共同投标，不得限制投标人之间的竞争。

第三十二条　投标人不得相互串通投标报价，不得排挤其他投标人的公平竞争，损害招标人或者其他投标人的合法权益。

投标人不得与招标人串通投标，损害国家利益、社会公共利益或者他人的合法权益。

禁止投标人以向招标人或者评标委员会成员行贿的手段谋取中标。

第三十三条　投标人不得以低于成本的报价竞标、也不得以他人名义投标或者以其他方式弄虚作假，骗取中标。

第四章　开标、评标和中标

第三十四条　开标应当在招标文件确定的提交投标文件截止时间的同一时间公开进行；开标地点应当为招标文件中预先确定的地点。

第三十五条　开标由招标人主持。邀请所有投标人参加。

第三十六条　开标时，由招标人或者其推选的代表检查投标文件的密封情况，也可以由招标人委托的公证机构检查并公证；经确认无误后，由工作人员当众拆封，宣读投标人名称、投标价格和投标文件的其他主要内容。

招标人在招标文件要求提交投标文件的截止时间前收到的所有投标文件，开标时都应当当众予以拆封、宣读。

开标过程应当记录，并存档备查。

第三十七条　评标由招标人依法组建的评标委员会负责。

依法必须进行招标的项目，其评标委员会由招标人的代表和有关技术、经济等方面的专家组成，成员人数为五人以上单数，其中技术、经济等方面的专家不得少于成员总数的三分之二。

前款专家应当从事相关领域工作满八年并具有高级职称或者具有同等专业水平，由招标人从国务院有关部门或者省、自治区、直辖市人民政府有关部门提供的专家名册或者招标代理机构的专家库内的相关专业的专家名单中确定；一般招标项目可以采取随机抽取方式，特殊招标项目可以由招标人直接确定。

与投标人有利害关系的人不得进入相关项目的评标委员会；已进入的应当

更换。

评标委员会成员的名单在中标结果确定前应当保密。

第三十八条 招标人应当采取必要的措施，保证评标在严格保密的情况下进行。

任何单位和个人不得非法干预、影响评标的过程和结果。

第三十九条 评标委员会可以要求投标人对投标文件中含义不明确的内容作必要的澄清或者说明，但是澄清或者说明不得超出投标文件的范围或者改变投标文件的实质性内容。

第四十条 评标委员会应当按照招标文件确定的评标标准和方法，对投标文件进行评审和比较；设有标底的，应当参考标底。评标委员会完成评标后，应当向招标人提出书面评标报告，并推荐合格的中标候选人。

招标人根据评标委员会提出的书面评标报告和推荐的中标候选人确定中标人。招标人也可以授权评标委员会直接确定中标人。

国务院对特定招标项目的评标有特别规定的，从其规定。

第四十一条 中标人的投标应当符合下列条件之一：

（一）能够最大限度地满足招标文件中规定的各项综合评价标准；

（二）能够满足招标文件的实质性要求，并且经评审的投标价格最低；但是投标价格低于成本的除外。

第四十二条 评标委员会经评审，认为所有投标都不符合招标文件要求的，可以否决所有投标。

依法必须进行招标的项目的所有投标被否决的，招标人应当依照本法重新招标。

第四十三条 在确定中标人前，招标人不得与投标人就投标价格、投标方案等实质性内容进行谈判。

第四十四条 评标委员会成员应当客观、公正地履行职务，遵守职业道德，所提出的评审意见承担个人责任。

评标委员会成员不得私下接触投标人，不得收受投标人的财物或者其他好处。

评标委员会成员和参与评标的有关工作人员不得透露对投标文件的评审和比较、中标候选人的推荐情况以及与评标有关的其他情况。

第四十五条 中标人确定后，招标人应当向中标人发出中标通知书，并同时将中标结果通知所有未中标的投标人。

中标通知书对招标人和中标人具有法律效力。中标通知书发出后，招标人改变中标结果的，或者中标人放弃中标项目的，应当依法承担法律责任。

第四十六条 招标人和中标人应当自中标通知书发出之日起三十日内，按照招标文件和中标人的投标文件订立书面合同。招标人和中标人不得再行订立背离合同实质性内容的其他协议。

招标文件要求中标人提交履约保证金的，中标人应当提交。

第四十七条 依法必须进行招标的项目，招标人应当自确定中标之日起十五日内，向有关行政监督部门提交招标投标情况书面报告。

第四十八条 中标人应当按照合同约定履行义务，完成中标项目。中标人不得向他人转让中标项目，也不得将中标项目肢解后分别向他人转让。

中标人按照合同约定或者经招标人同意，可以将中标项目的部分非主体、非关键性工作分包给他人完成。接受分包的人应当具备相应的资格条件，并不得再次分包。

中标人应当就分包项目向招标人负责，接受分包的人就分包项目承担连带责任。

第五章 法律责任

第四十九条 违反本法规定，必须进行招标的项目而不招标的，将必须进行招标的项目化整为零或者以其他任何方式规避招标的，责令限期改正，可以处项目合同金额千分之五以上千分之十以下的罚款；对全部或者部分使用国有资金的项目，可以暂停项目执行或者暂停资金拨付；对单位直接负责的主管人员和其他直接责任人员依法给予处分。

第五十条 招标代理机构违反本法规定，泄露应当保密的与招标投标活动有关的情况和资料的，或者与招标人、投标人串通损害国家利益、社会公共利益或者他人合法权益的，处五万元以上二十五万元以下的罚款，对单位直接负责的主管人员和其他直接责任人员处单位罚款数额百分之五以上百分之十以下的罚款；有违法所得的，并处没收违法所得；情节严重的，暂停直至取消招标代理资格；构成犯罪的，依法追究刑事责任。给他人造成损失的，依法承担赔偿责任。

前款所列行为影响中标结果的，中标无效。

第五十一条 招标人以不合理的条件限制或者排斥潜在投标人的，对潜在投标人实行歧视待遇的，强制要求投标人组成联合体共同投标的，或者限制投标人之间竞争的，责令改正，可以处一万元以上五万元以下的罚款。

第五十二条 依法必须进行招标的项目的招标人向他人透露已获取招标文件的潜在投标人的名称、数量或者可能影响公平竞争的有关招标投标的其他情况的，或者泄露标底的，给予警告，可以并处一万元以上十万元以下的罚款；对单位直接负责的主管人员和其他直接责任人员依法给予处分；构成犯罪的，依法追究刑事责任。

前款所列行为影响中标结果的，中标无效。

第五十三条 投标人相互串通投标或者与招标人串通投标的，投标人以向招标人或者评标委员会成员行贿的手段谋取中标的，中标无效，处中标项目金额千分之五以上千分之十以下罚款，对单位直接负责的主管人员和其他直接责任人员处单位罚款数额百分之五以上百分之十以下的罚款；有违法所得的，并处没收违法所得；情节严重的，取消其一年至二年内参加依法必须进行招标的项目的投标资格并予以公告，直至由工商行政管理机关吊销营业执照；构成犯罪的，依法追究刑事责任。给他人造成损失的，依法承担赔偿责任。

第五十四条 投标人以他人名义投标或者以其他方式弄虚作假，骗取中标的，中标无效，给招标人造成损失的，依法承担赔偿责任；构成犯罪的，依法追究刑事责任。

依法必须进行招标的项目的投标人有前款所列行为尚未构成犯罪的，处中标项目金额千分之五以上千分之十以下的罚款，对单位直接负责的主管人员和其他直接责任人员处单位罚款数额百分之五以上百分之十以下的罚款；有违法所得的，并处没收违法所得；情节严重的，取消其一年至三年内参加依法必须进行招标的项目的投标资格并予以公告，直至由工商行政管理机关吊销营业执照。

第五十五条 依法必须进行招标的项目，招标人违反本法规定，与投标人就投标价格、投标方案等实质性内容进行谈判的，给予警告，对单位直接负责的主管人员和其他直接责任人员依法给予处分。

前款所列行为影响中标结果的，中标无效。

第五十六条 评标委员会成员收受投标人的财物或者其他好处的，评标委员会成员或者参加评标的有关工作人员向他人透露对投标文件的评审和比较、中标候选人的推荐以及与评标有关的其他情况的，给予警告，没收收受的财物，可以并处三千元以上五万元以下的罚款，对有所列违法行为的评标委员会成员取消担任评标委员会成员的资格，不得再参加任何依法进行招标的项目的评标；构成犯罪的，依法追究刑事责任。

第五十七条 招标人在评标委员会依法推荐的中标候选人以外确定中标人的，依法必须进行招标的项目在所有投标被评标委员会否决后自行确定中标人的，中标无效。责令改正，可以处中标项目金额千分之五以上千分之十以下的罚款；对单位直接负责的主管人员和其他直接责任人员依法给予处分。

第五十八条 中标人将中标项目转让给他人的，将中标项目肢解后分别转让给他人的，违反本法规定将中标项目的部分主体、关键性工作分包给他人的，或者分包人再次分包的，转让、分包无效，处转让、分包项目金额千分之五以上千分之十以下的罚款；有违法所得的，并处没收违法所得；可以责令其停业整顿；情节严重的，由工商行政管理机关吊销营业执照。

第五十九条　招标人与中标人不按照招标文件和中标人的投标文件订立合同的，或者招标人、中标人订立背离合同实质性内容的协议的，责令改正；可以处中标项目金额千分之五以上千分之十以下的罚款。

第六十条　中标人不履行与招标人订立的合同的，履约保证金不予退还，给招标人造成的损失超过履约保证金数额的，还应当对超过部分予以赔偿；没有提交履约保证金的，应当对招标人的损失承担赔偿责任。

中标人不按照与招标人订立的合同履行义务、情节严重的，取消其二年至五年内参加依法必须进行招标的项目的投标资格并予以公告，直至由工商行政管理机关吊销营业执照。因不可抗力不能履行合同的，不适用前两款规定。

第六十一条　本章规定的行政处罚，由国务院规定的有关行政监督部门决定。本法已对实施行政处罚的机关作出规定的除外。

第六十二条　任何单位违反本法规定，限制或者排斥本地区、本系统以外的法人或者其他组织参加投标的，为招标人指定招标代理机构的，强制招标人委托招标代理机构办理招标事宜的，或者以其他方式干涉招标投标活动的，责令改正；对单位直接负责的主管人员和其他直接责任人员依法给予警告、记过、记大过的处分，情节较重的依法给予降级、撤职、开除处分。

个人利用职权进行前款违法行为的，依照前款规定追究责任。

第六十三条　对招标投标活动依法负有行政监督职责的国家机关工作人员徇私舞弊、滥用职权或者玩忽职守，构成犯罪的，依法追究刑事责任；不构成犯罪的，依法给予行政处分。

第六十四条　依法必须进行招标的项目违反本法规定，中标无效的，应当依照本法规定的中标条件从其余投标人中重新确定中标人或者依照本法重新进行招标。

第六章　附　则

第六十五条　投标人和其他利害关系人认为招标投标活动不符合本法有关规定的，有权向招标人提出异议或者依法向有关行政监督部门投诉。

第六十六条　涉及国家安全、国家秘密、抢险救灾或者利用扶贫资金实行以工代赈、需要使用农民工等特殊情况，不适宜进行招标的项目，按照国家有关规定可以不进行招标。

第六十七条　使用国际组织或者外国政府贷款、援助资金的项目进行招标贷款方、资金提供方对招标投标的具体条件和程序有不同规定的，可以适用其规定，但违背中华人民共和国的社会公共利益的除外。

第六十八条 本法自2000年1月1日起施行。

建设工程质量管理条例

（国务院 2000年1月30日）

第一章 总 则

第一条 为了加强对建设工程质量的管理，保证建设工程质量，保护人民生命和财产安全，根据《中华人民共和国建筑法》，制定本条例。

第二条 凡在中华人民共和国境内从事建设工程的新建、扩建、改建等有关活动及实施对建设工程质量监督管理的，必须遵守本条例。

本条例所称建设工程，是指土木工程、建筑工程、线路管道和设备安装工程及装修工程。

第三条 建设单位、勘察单位、设计单位、施工单位、工程监理单位依法对建设工程质量负责。

第四条 县级以上人民政府建设行政主管部门和其他有关部门应当加强对建设工程质量的监督管理。

第五条 从事建设工程活动，必须严格执行基本建设程序，坚持先勘察、后设计、再施工的原则。

县级以上人民政府及其有关部门不得超越权限审批建设项目或者擅自简化基本建设程序。

第六条 国家鼓励采用先进的科学技术和管理方法，提高建设工程质量。

第二章 建设单位的质量责任和义务

第七条 建设单位应当将工程发包给具有相应资质等级的单位。

建设单位不得将建设工程肢解发包。

第八条 建设单位应当依法对工程建设项目的勘察、设计、施工、监理以及与工程建设有关的重要设备、材料等的采购进行招标。

第九条 建设单位必须向有关的勘察、设计、施工、工程监理等单位提供与建设工程有关的原始资料。

原始资料必须真实、准确、齐全。

第十条 建设工程发包单位不得迫使承包方以低于成本的价格竞标，不得任意压缩合理工期。

建设单位不得明示或者暗示设计单位或者施工单位违反工程建设强制性标准，降低建设工程质量。

第十一条　建设单位应当将施工图设计文件报县级以上人民政府建设行政主管部门或者其他有关部门审查。施工图设计文件审查的具体办法，由国务院建设行政主管部门会同国务院其他有关部门制定。

施工图设计文件未经审查批准的，不得使用。

第十二条　实行监理的建设工程，建设单位应当委托具有相应资质等级的工程监理单位进行监理，也可以委托具有工程监理相应资质等级并与被监理工程的施工承包单位没有隶属关系或者其他利害关系的该工程的设计单位进行监理。

下列建设工程必须实行监理：

（一）国家重点建设工程；

（二）大中型公用事业工程；

（三）成片开发建设的住宅小区工程；

（四）利用外国政府或者国际组织贷款、援助资金的工程；

（五）国家规定必须实行监理的其他工程。

第十三条　建设单位在领取施工许可证或者开工报告前，应当按照国家有关规定办理工程质量监督手续。

第十四条　按照合同约定，由建设单位采购建筑材料、建筑构配件和设备的，建设单位应当保证建筑材料、建筑构配件和设备符合设计文件和合同要求。

建设单位不得明示或者暗示施工单位使用不合格的建筑材料、建筑构配件和设备。

第十五条　涉及建筑主体和承重结构变动的装修工程，建设单位应当在施工前委托原设计单位或者具有相应资质等级的设计单位提出设计方案；没有设计方案的，不得施工。

房屋建筑使用者在装修过程中，不得擅自变动房屋建筑主体和承重结构。

第十六条　建设单位收到建设工程竣工报告后，应当组织设计、施工、工程监理等有关单位进行竣工验收。

建设工程竣工验收应当具备下列条件：

（一）完成建设工程设计和合同约定的各项内容；

（二）有完整的技术档案和施工管理资料；

（三）有工程使用的主要建筑材料、建筑构配件和设备的进场试验报告；

（四）有勘察、设计、施工、工程监理等单位分别签署的质量合格文件；

（五）有施工单位签署的工程保修书。

建设工程经验收合格的，方可交付使用。

第十七条 建设单位应当严格按照国家有关档案管理的规定，及时收集、整理建设项目各环节的文件资料，建立、健全建设项目档案，并在建设工程竣工验收后，及时向建设行政主管部门或者其他有关部门移交建设项目档案。

第三章 勘察、设计单位的质量责任和义务

第十八条 从事建设工程勘察、设计的单位应当依法取得相应等级的资质证书，并在其资质等级许可的范围内承揽工程。

禁止勘察、设计单位超越其资质等级许可的范围或者以其他勘察、设计单位的名义承揽工程。禁止勘察、设计单位允许其他单位或者个人以本单位的名义承揽工程。

勘察、设计单位不得转包或者违法分包所承揽的工程。

第十九条 勘察、设计单位必须按照工程建设强制性标准进行勘察、设计，并对其勘察、设计的质量负责。

注册建筑师、注册结构工程师等注册执业人员应当在设计文件上签字，对设计文件负责。

第二十条 勘察单位提供的地质、测量、水文等勘察成果必须真实、准确。

第二十一条 设计单位应当根据勘察成果文件进行建设工程设计。

设计文件应当符合国家规定的设计深度要求，注明工程合理使用年限。

第二十二条 设计单位在设计文件中选用的建筑材料、建筑构配件和设备，应当注明规格、型号、性能等技术指标，其质量要求必须符合国家规定的标准。

除有特殊要求的建筑材料、专用设备、工艺生产线等外，设计单位不得指定生产厂、供应商。

第二十三条 设计单位应当就审查合格的施工图设计文件向施工单位作出详细说明。

第二十四条 设计单位应当参与建设工程质量事故分析，并对因设计造成的质量事故，提出相应的技术处理方案。

第四章 施工单位的质量责任和义务

第二十五条 施工单位应当依法取得相应等级的资质证书，并在其资质等级许可的范围内承揽工程。

禁止施工单位超越本单位资质等级许可的业务范围或者以其他施工单位的名义承揽工程。禁止施工单位允许其他单位或者个人以本单位的名义承揽工程。

施工单位不得转包或者违法分包工程。

第二十六条　施工单位对建设工程的施工质量负责。

施工单位应当建立质量责任制，确定工程项目的项目经理、技术负责人和施工管理负责人。

建设工程实行总承包的，总承包单位应当对全部建设工程质量负责；建设工程勘察、设计、施工、设备采购的一项或者多项实行总承包的，总承包单位应当对其承包的建设工程或者采购的设备的质量负责。

第二十七条　总承包单位依法将建设工程分包给其他单位的，分包单位应当按照分包合同的约定对其分包工程的质量向总承包单位负责，总承包单位与分包单位对分包工程的质量承担连带责任。

第二十八条　施工单位必须按照工程设计图纸和施工技术标准施工，不得擅自修改工程设计，不得偷工减料。

施工单位在施工过程中发现设计文件和图纸有差错的，应当及时提出意见和建议。

第二十九条　施工单位必须按照工程设计要求、施工技术标准和合同约定，对建筑材料、建筑构配件、设备和商品混凝土进行检验，检验应当有书面记录和专人签字；未经检验或者检验不合格的，不得使用。

第三十条　施工单位必须建立、健全施工质量的检验制度，严格工序管理，做好隐蔽工程的质量检查和记录。隐蔽工程在隐蔽前，施工单位应当通知建设单位和建设工程质量监督机构。

第三十一条　施工人员对涉及结构安全的试块、试件以及有关材料，应当在建设单位或者工程监理单位监督下现场取样，并送具有相应资质等级的质量检测单位进行检测。

第三十二条　施工单位对施工中出现质量问题的建设工程或者竣工验收不合格的建设工程，应当负责返修。

第三十三条　施工单位应当建立、健全教育培训制度，加强对职工的教育培训；未经教育培训或者考核不合格的人员，不得上岗作业。

第五章　工程监理单位的质量责任和义务

第三十四条　工程监理单位应当依法取得相应等级的资质证书，并在其资质等级许可的范围内承担工程监理业务。

禁止工程监理单位超越本单位资质等级许可的范围或者以其他工程监理单位的名义承担工程监理业务。禁止工程监理单位允许其他单位或者个人以本单位的名义承担工程监理业务。

工程监理单位不得转让工程监理业务。

第三十五条 工程监理单位与被监理工程的施工承包单位以及建筑材料、建筑构配件和设备供应单位不得有隶属关系或者其他利害关系的，不得承担该项建设工程的监理业务。

第三十六条 工程监理单位应当依照法律、法规以及有关技术标准、设计文件和建设工程承包合同，代表建设单位对施工质量实施监理，并对施工质量承担监理责任。

第三十七条 工程监理单位应当选派具备相应资格的总监理工程师和监理工程师进驻施工现场。

未经监理工程师签字，建筑材料、建筑构配件和设备不得在工程上使用或者安装，施工单位不得进行下一道工序的施工。未经总监理工程师签字，建设单位不拨付工程款，不进行竣工验收。

第三十八条 监理工程师应当按照工程监理规范的要求，采取旁站、巡视和平行检验等形式，对建设工程实施监理。

第六章 建设工程质量保修

第三十九条 建设工程实行质量保修制度。

建设工程承包单位在向建设单位提交工程竣工验收报告时，应当向建设单位出具质量保修书。质量保修书中应当明确建设工程的保修范围、保修期限和保修责任等。

第四十条 在正常使用条件下，建设工程的最低保修期限为：

（一）基础设施工程、房屋建筑的地基基础工程和主体结构工程，为设计文件规定的该工程的合理使用年限；

（二）屋面防水工程、有防水要求的卫生间、房间和外墙面的防渗漏，为5年；

（三）供热与供冷系统，为2个采暖期、供冷期；

（四）电气管线、给排水管道、设备安装和装修工程，为2年。

其他项目的保修期限由发包方与承包方约定。

建设工程的保修期，自竣工验收合格之日起计算。

第四十一条 建设工程在保修范围和保修期限内发生质量问题的，施工单位应当履行保修义务，并对造成的损失承担赔偿责任。

第四十二条　建设工程在超过合理使用年限后需要继续使用的，产权所有人应当委托具有相应资质等级的勘察、设计单位鉴定，并根据鉴定结果采取加固、维修等措施，重新界定使用期。

第七章　监督管理

第四十三条　国家实行建设工程质量监督管理制度。

国务院建设行政主管部门对全国的建设工程质量实施统一监督管理。国务院铁路、交通、水利等有关部门按照国务院规定的职责分工，负责对全国的有关专业建设工程质量的监督管理。

县级以上地方人民政府建设行政主管部门对本行政区域内的建设工程质量实施监督管理。县级以上地方人民政府交通、水利等有关部门在各自的职责范围内，负责对本行政区域内的专业建设工程质量的监督管理。

第四十四条　国务院建设行政主管部门和国务院铁路、交通、水利等有关部门应当加强对有关建设工程质量的法律、法规和强制性标准执行情况的监督检查。

第四十五条　国务院发展计划部门按照国务院规定的职责，组织稽察特派员，对国家出资的重大建设项目实施监督检查。

国务院经济贸易主管部门按照国务院规定的职责，对国家重大技术改造项目实施监督检查。

第四十六条　建设工程质量监督管理，可民由建设行政主管部门或者其他有关部门委托的建设工程质量监督机构具体实施。

从事房屋建筑工程和市政基础设施工程质量监督的机构，必须按照国家有关规定经国务院建设行政主管部门或者省、自治区、直辖市人民政府建设行政主管部门考核；从事专业建设工程质量监督的机构，必须按照国家有关规定经国务院有关部门或者省、自治区、直辖市人民政府有关部门考核。经考核合格后，方可实施质量监督。

第四十七条　县级以上地方人民政府建设行政主管部门和其他有关部门应当加强对有关建设工程质量的法律、法规和强制性标准执行情况的监督检查。

第四十八条　县级以上人民政府建设行政主管部门和其他有关部门履行监督检查职责时，有权采取下列措施：

（一）要求被检查的单位提供有关工程质量的文件和资料；

（二）进入被检查单位的施工现场进行检查；

（三）发现有影响工程质量的问题时，责令改正。

第四十九条　建设单位应当自建设工程竣工验收合格之日起 15 日内，将建设工程竣工验收报告和规划、公安消防、环保等部门出具的认可文件或者准许使用文件报建设行政主管部门或者其他有关部门备案。

建设行政主管部门或者其他有关部门发现建设单位在竣工验收过程中有违反国家有关建设工程质量管理规定行为的，责令停止使用，重新组织竣工验收。

第五十条 有关单位和个人对县级以上人民政府建设行政主管部门和其他有关部门进行的监督检查应当支持与配合，不得拒绝或者阻碍建设工程质量监督检查人员依法执行职务。

第五十一条 供水、供电、供气、公安消防等部门或者单位不得明示或者暗示建设单位、施工单位购买其指定的生产供应单位的建筑材料、建筑构配件和设备。

第五十二条 建设工程发生质量事故，有关单位应当在24h内向当地建设行政主管部门和其他有关部门报告。对重大质量事故，事故发生地的建设行政主管部门和其他有关部门应当按照事故类别和等级向当地人民政府和上级建设行政主管部门和其他有关部门报告。

特别重大质量事故的调查程序按照国务院有关规定办理。

第五十三条 任何单位和个人对建设工程的质量事故、质量缺陷都有权检举、控告、投诉。

第八章　罚　　则

第五十四条 违反本条例规定，建设单位将建设工程发包给不具有相应资质等级的勘察、设计、施工单位或者委托给不具有相应资质等级的工程监理单位的，责令改正，处50万元以上100万元以下的罚款。

第五十五条 违反本条例规定，建设单位将建设工程肢解发包的，责令改正，处工程合同价款0.5%以上1%以下的罚款；对全部或者部分使用国有资金的项目，并可以暂停项目执行或者暂停资金拨付。

第五十六条 违反本条例规定，建设单位有下列行为之一的，责令改正，处20万元以上50万元以下的罚款：

（一）迫使承包方以低于成本的价格竞标的；

（二）任意压缩合理工期的；

（三）明示或者暗示设计单位或者施工单位违反工程建设强制性标准，降低工程质量的；

（四）施工图设计文件未经审查或者审查不合格，擅自施工的；

（五）建设项目必须实行工程监理而未实行工程监理的；

（六）未按照国家规定办理工程质量监督手续的；

（七）明示或者暗示施工单位使用不合格的建筑材料、建筑构配件和设备的；

（八）未按照国家规定将竣工验收报告、有关认可文件或者准许使用文件报送备案的。

第五十七条　违反本条例规定，建设单位未取得施工许可证或者开工报告未经批准，擅自施工的，责令停止施工，限期改正，处工程合同价款1%以上2%以下的罚款。

第五十八条　违反本条例规定，建设单位有下列行为之一的，责令改正，处工程合同价款2%以上4%以下的罚款；造成损失的，依法承担赔偿责任：

（一）未组织竣工验收，擅自交付使用的；

（二）验收不合格，擅自交付使用的；

（三）对不合格的建设工程按照合格工程验收的。

第五十九条　违反本条例规定，建设工程竣工验收后，建设单位未向建设行政主管部门或者其他有关部门移交建设项目档案的，责令改正，处1万元以上10万元以下的罚款。

第六十条　违反本条例规定，勘察、设计、施工、工程监理单位超越本单位资质等级承揽工程的，责令停止违法行为，对勘察、设计单位或者工程监理单位处合同约定的勘察费、设计费或者监理酬金1倍以上2倍以下的罚款；对施工单位处工程合同价款2%以上4%以下的罚款，可以责令停业整顿，降低资质等级；情节严重的，吊销资质证书；有违法所得的，予以没收。

未取得资质证书承揽工程的，予以取缔，依照前款规定处以罚款；有违法所得的，予以没收。

以欺骗手段取得资质证书承揽工程的，吊销资质证书，依照本条第一款规定处以罚款；有违法所得的，予以没收。

第六十一条　违反本条例规定，勘察、设计、施工、工程监理单位允许其他单位或者个人以本单位名义承揽工程的，责令改正，没收违法所得，对勘察、设计单位和工程监理单位处合同约定的勘察费、设计费和监理酬金1倍以上2倍以下的罚款；对施工单位处工程合同价款2%以上4%以下的罚款；可以责令停业整顿，降低资质等级；情节严重的，吊销资质证书。

第六十二条　违反本条例规定，承包单位将承包的工程转包或者违法分包的，责令改正，没收违法所得，对勘察、设计单位处合同约定的勘察费、设计费25%以上50%以下的罚款；对施工单位处工程合同价款0.5%以上1%以下的罚款；可以责令停业整顿，降低资质等级；情节严重的，吊销资质证书。

工程监理单位转让工程监理业务的，责令改正，没收违法所得，处合同约定的监理酬金25%以上50%以下的罚款；可以责令停业整顿，降低资质等级；情节严重的，吊销资质证书。

第六十三条 违反本条例规定，有下列行为之一的，责令改正，处10万元以上30万元以下的罚款：

（一）勘察单位未按照工程建设强制性标准进行勘察的；

（二）设计单位未根据勘察成果文件进行工程设计的；

（三）设计单位指定建筑材料、建筑构配件的生产厂、供应商的；

（四）设计单位未按照工程建设强制性标准进行设计的。

有前款所列行为，造成重大工程质量事故的，责令停业整顿，降低资质等级；情节严重的，吊销资质证书；造成损失的，依法承担赔偿责任。

第六十四条 违反本条例规定，施工单位在施工中偷工减料的，使用不合格的建筑材料、建筑构配件和设备的，或者有不按照工程设计图纸或者施工技术标准施工的其他行为的，责令改正，处工程合同价款2%以上4%以下的罚款；造成建设工程质量不符合规定的质量标准的，负责返工、修理，并赔偿因此造成的损失；情节严重的，责令停业整顿，降低资质等级或者吊销资质证书。

第六十五条 违反本条例规定，施工单位未对建筑材料、建筑构配件、设备和商品混凝土进行检验，或者未对涉及结构安全的试块、试件以及有关材料取样检测的，责令改正，处10万元以上20万元以下的罚款；情节严重的，责令停业整顿，降低资质等级或者吊销资质证书；造成损失的，依法承担赔偿责任。

第六十六条 违反本条例规定，施工单位不履行保修义务或者拖延履行保修义务的，责令改正，处10万元以上20万元以下的罚款，并对在保修期内因质量缺陷造成的损失承担赔偿责任。

第六十七条 工程监理单位有下列行为之一的，责令改正，处50万元以上100万元以下的罚款，降低资质等级或者吊销资质证书；有违法所得的，予以没收；造成损失的，承担连带赔偿责任：

（一）与建设单位或者施工单位串通，弄虚作假、降低工程质量的；

（二）将不合格的建设工程、建筑材料、建筑构配件和设备按照合格签字的。

第六十八条 违反本条例规定，工程监理单位与被监理工程的施工承包单位以及建筑材料、建筑构配件和设备供应单位有隶属关系或者其他利害关系承担该项建设工程的监理业务的，责令改正，处5万元以上10万元以下的罚款，降低资质等级或者吊销资质证书；有违法所得的，予以没收。

第六十九条　违反本条例规定，涉及建筑主体或者承重结构变动的装修工程，没有设计方案擅自施工的，责令改正，处50万元以上100万元以下的罚款；房屋建筑使用者在装修过程中擅自变动房屋建筑主体和承重结构的，责令改正，处5万元以上10万元以下的罚款。

有前款所列行为，造成损失的，依法承担赔偿责任。

第七十条　发生重大工程质量事故隐瞒不报、谎报或者拖延报告期限的，对直接负责的主管人员和其他责任人员依法给予行政处分。

第七十一条　违反本条例规定，供水、供电、供气、公安消防等部门或者单位明示或者暗示建设单位或者施工单位购买其指定的生产供应单位的建筑材料、建筑构配件和设备的，责令改正。

第七十二条　违反本条例规定，注册建筑师、注册结构工程师、监理工程师等注册执业人员因过错造成质量事故的，责令停止执业1年；造成重大质量事故的，吊销执业资格证书，5年以内不予注册；情节特别恶劣的，终身不予注册。

第七十三条　依照本条例规定，给予单位罚款处罚的，对单位直接负责的主管人员和其他直接责任人员处单位罚款数额5%以上10%以下的罚款。

第七十四条　建设单位、设计单位、施工单位、工程监理单位违反国家规定，降低工程质量标准，造成重大安全事故，构成犯罪的，对直接责任人员依法追究刑事责任。

第七十五条　本条例规定的责令停业整顿，降低资质等级和吊销资质证书的行政处罚，由颁发资质证书的机关决定；其他行政处罚，由建设行政主管部门或者其他有关部门依照法定职权决定。

依照本条例规定被吊销资质证书的，由工商行政管理部门吊销其营业执照。

第七十六条　国家机关工作人员在建设工程质量监督管理工作中玩忽职守、滥用职权、徇私舞弊，构成犯罪的，依法追究刑事责任；尚不构成犯罪的，依法给予行政处分。

第七十七条　建设、勘察、设计、施工、工程监理单位的工作人员因调动工作、退休等原因离开该单位后，被发现在该单位工作期间违反国家有关建设工程质量管理规定，造成重大工程质量事故的，仍应当依法追究法律责任。

第九章　附　则

第七十八条　本条例所称肢解发包，是指建设单位将应当由一个承包单位完成的建设工程分解成若干部分发包给不同的承包单位的行为。

本条例所称违法分包，是指下列行为：

（一）总承包单位将建设工程分包给不具备相应资质条件的单位的；

（二）建设工程总承包合同中未有约定，又未经建设单位认可，承包单位将其承包的部分建设工程交由其他单位完成的；

（三）施工总承包单位将建设工程主体结构的施工分包给其他单位的；

（四）分包单位将其承包的建设工程再分包的。

本条例所称转包，是指承包单位承包建设工程，不履行合同约定的责任和义务，将其承包的全部建设工程转给他人或者将其承包的全部建设工程肢解以后以分包的名义分别转给其他单位承包的行为。

第七十九条 本条例规定的罚款和没收的违法所得，必须全部上缴国库。

第八十条 抢险救灾及其他临时性房屋建筑和农民自建低层住宅的建设活动，不适用本条例。

第八十一条 军事建设工程的管理，按照中央军事委员会的有关规定执行。

第八十二条 本条例自2000年1月30日起施行。

附 刑法有关条款

第一百三十七条 建设单位、设计单位、施工单位、工程监理单位违反国家规定，降低工程质量标准，造成重大安全事故的，对直接责任人员处五年以下有期徒刑或者拘役，并处罚金；后果特别严重的，处五年以上十年以下有期徒刑，并处罚金。

建设工程安全生产管理条例

（2004年2月1日）

第一章 总 则

第一条 为了加强建设工程安全生产监督管理，保障人民群众生命和财产安全，根据《中华人民共和国建筑法》、《中华人民共和国安全生产法》，制定本条例。

第二条 在中华人民共和国境内从事建设工程的新建、扩建、改建和拆除等有关活动及实施对建设工程安全生产的监督管理，必须遵守本条例。

本条例所称建设工程，是指土木工程、建筑工程、线路管道和设备安装工程及装修工程。

第三条　建设工程安全生产管理，坚持安全第一、预防为主的方针。

第四条　建设单位、勘察单位、设计单位、施工单位、工程监理单位及其他与建设工程安全生产有关的单位，必须遵守安全生产法律、法规的规定，保证建设工程安全生产，依法承担建设工程安全生产责任。

第五条　国家鼓励建设工程安全生产的科学技术研究和先进技术的推广应用，推进建设工程安全生产的科学管理。

第二章　建设单位的安全责任

第六条　建设单位应当向施工单位提供施工现场及毗邻区域内供水、排水、供电、供气、供热、通信、广播电视等地下管线资料，气象和水文观测资料，相邻建筑物和构筑物、地下工程的有关资料，并保证资料的真实、准确、完整。

建设单位因建设工程需要，向有关部门或者单位查询前款规定的资料时，有关部门或者单位应当及时提供。

第七条　建设单位不得对勘察、设计、施工、工程监理等单位提出不符合建设工程安全生产法律、法规和强制性标准规定的要求，不得压缩合同约定的工期。

第八条　建设单位在编制工程概算时，应当确定建设工程安全作业环境及安全施工措施所需费用。

第九条　建设单位不得明示或者暗示施工单位购买、租赁、使用不符合安全施工要求的安全防护用具、机械设备、施工机具及配件、消防设施和器材。

第十条　建设单位在申请领取施工许可证时，应当提供建设工程有关安全施工措施的资料。

依法批准开工报告的建设工程，建设单位应当自开工报告批准之日起15日内，将保证安全施工的措施报送建设工程所在地的县级以上地方人民政府建设行政主管部门或者其他有关部门备案。

第十一条　建设单位应当将拆除工程发包给具有相应资质等级的施工单位。

建设单位应当在拆除工程施工15日前，将下列资料报送建设工程所在地的县级以上地方人民政府建设行政主管部门或者其他有关部门备案：

（一）施工单位资质等级证明；

（二）拟拆除建筑物、构筑物及可能危及毗邻建筑的说明；

（三）拆除施工组织方案；

（四）堆放、清除废弃物的措施。

实施爆破作业的，应当遵守国家有关民用爆炸物品管理的规定。

第三章　勘察、设计、工程监理及其他有关单位的安全责任

第十二条　勘察单位应当按照法律、法规和工程建设强制性标准进行勘察，提供的勘察文件应当真实、准确，满足建设工程安全生产的需要。

勘察单位在勘察作业时，应当严格执行操作规程，采取措施保证各类管线、设施和周边建筑物、构筑物的安全。

第十三条　设计单位应当按照法律、法规和工程建设强制性标准进行设计，防止因设计不合理导致生产安全事故的发生。

设计单位应当考虑施工安全操作和防护的需要，对涉及施工安全的重点部位和环节在设计文件中注明，并对防范生产安全事故提出指导意见。

采用新结构、新材料、新工艺的建设工程和特殊结构的建设工程，设计单位应当在设计中提出保障施工作业人员安全和预防生产安全事故的措施建议。

设计单位和注册建筑师等注册执业人员应当对其设计负责。

第十四条　工程监理单位应当审查施工组织设计中的安全技术措施或者专项施工方案是否符合工程建设强制性标准。

工程监理单位在实施监理过程中，发现存在安全事故隐患的，应当要求施工单位整改；情况严重的，应当要求施工单位暂时停止施工，并及时报告建设单位。施工单位拒不整改或者不停止施工的，工程监理单位应当及时向有关主管部门报告。

工程监理单位和监理工程师应当按照法律、法规和工程建设强制性标准实施监理，并对建设工程安全生产承担监理责任。

第十五条　为建设工程提供机械设备和配件的单位，应当按照安全施工的要求配备齐全有效的保险、限位等安全设施和装置。

第十六条　出租的机械设备和施工机具及配件，应当具有生产（制造）许可证、产品合格证。

出租单位应当对出租的机械设备和施工机具及配件的安全性能进行检测，在签订租赁协议时，应当出具检测合格证明。

禁止出租检测不合格的机械设备和施工机具及配件。

第十七条　在施工现场安装、拆卸施工起重机械和整体提升脚手架、模板等自升式架设设施，必须由具有相应资质的单位承担。

安装、拆卸施工起重机械和整体提升脚手架、模板等自升式架设设施，应当编制拆装方案、制定安全施工措施，并由专业技术人员现场监督。

施工起重机械和整体提升脚手架、模板等自升式架设设施安装完毕后，安装单位应当自检，出具自检合格证明，并向施工单位进行安全使用说明，办理验收手续并签字。

第十八条　施工起重机械和整体提升脚手架、模板等自升式架设设施的使用达到国家规定的检验检测期限的，必须经具有专业资质的检验检测机构检测。经检测不合格的，不得继续使用。

第十九条　检验检测机构对检测合格的施工起重机械和整体提升脚手架、模板等自升式架设设施，应当出具安全合格证明文件，并对检测结果负责。

第四章　施工单位的安全责任

第二十条　施工单位从事建设工程的新建、扩建、改建和拆除等活动，应当具备国家规定的注册资本、专业技术人员、技术装备和安全生产等条件，依法取得相应等级的资质证书，并在其资质等级许可的范围内承揽工程。

第二十一条　施工单位主要负责人依法对本单位的安全生产工作全面负责。施工单位应当建立健全安全生产责任制度和安全生产教育培训制度，制定安全生产现章制度和操作规程，保证本单位安全生产条件所需资金的投入，对所承担的建设工程进行定期和专项安全检查，并做好安全检查记录。

施工单位的项目负责人应当由取得相应执业资格的人员担任，对建设工程项目的安全施工负责，落实安全生产责任制度、安全生产规章制度和操作规程，确保安全生产费用的有效使用，并根据工程的特点组织制定安全施工措施，消除安全事故隐患，及时、如实报告生产安全事故。

第二十二条　施工单位对列入建设工程概算的安全作业环境及安全施工措施所需费用，应当用于施工安全防护用具及设施的采购和更新、安全施工措施的落实、安全生产条件的改善，不得挪作他用。

第二十三条　施工单位应当设立安全生产管理机构，配备专职安全生产管理人员。

专职安全生产管理人员负责对安全生产进行现场监督检查。发现安全事故隐患，应当及时向项目负责人和安全生产管理机构报告；对违章指挥、违章操作的，应当立即制止。

专职安全生产管理人员的配备办法由国务院建设行政主管部门会同国务院其他有关部门制定。

第二十四条　建设工程实行施工总承包的，由总承包单位对施工现场的安全生产负总责。

总承包单位应当自行完成建设工程主体结构的施工。

总承包单位依法将建设工程分包给其他单位的，分包合同中应当明确各自的安全生产方面的权利、义务。总承包单位和分包单位对分包工程的安全生产承担连带责任。

分包单位应当服从总承包单位的安全生产管理，分包单位不服从管理导致生产安全事故的，由分包单位承担主要责任。

第二十五条 垂直运输机械作业人员、安装拆卸工、爆破作业人员、起重信号工、登高架设作业人员等特种作业人员，必须按照国家有关规定经过专门的安全作业培训，并取得特种作业操作资格证书后，方可上岗作业。

第二十六条 施工单位应当在施工组织设计中编制安全技术措施和施工现场临时用电方案，对下列达到一定规模的危险性较大的分部分项工程编制专项施工方案，并附具安全验算结果，经施工单位技术负责人、总监理工程师签字后实施，由专职安全生产管理人员进行现场监督：

（一）基坑支护与降水工程；

（二）土方开挖工程；

（三）模板工程；

（四）起重吊装工程；

（五）脚手架工程；

（六）拆除、爆破工程；

（七）国务院建设行政主管部门或者其他有关部门规定的其他危险性较大的工程。

对前款所列工程中涉及深基坑、地下暗挖工程、高大模板工程的专项施工方案，施工单位还应当组织专家进行论证、审查。

本条第一款规定的达到一定规模的危险性较大工程的标准，由国务院建设行政主管部门会同国务院其他有关部门制定。

第二十七条 建设工程施工前，施工单位负责项目管理的技术人员应当对有关安全施工的技术要求向施工作业班组、作业人员作出详细说明，并由双方签字确认。

第二十八条 施工单位应当在施工现场入口处、施工起重机械、临时用电设施、脚手架、出入通道口、楼梯口、电梯井口、孔洞口、桥梁口、隧道口、基坑边沿、爆破物及有害危险气体和液体存放处等危险部位，设置明显的安全警示标志。安全警示标志必须符合国家标准。

施工单位应当根据不同施工阶段和周围环境及季节、气候的变化，在施工现场采取相应的安全施工措施。施工现场暂时停止施工的，施工单位应当做好现场防护，所需费用由责任方承担，或者按照合同约定执行。

第二十九条 施工单位应当将施工现场的办公、生活区与作业区分开设置，并保持安全距离；办公、生活区的选址应当符合安全性要求。职工的膳食、饮水、休息场所等应当符合卫生标准。施工单位不得在尚未竣工的建筑物内设置员工集体宿舍。

施工现场临时搭建的建筑物应当符合安全使用要求。施工现场使用的装配式活动房屋应当具有产品合格证。

第三十条 施工单位对因建设工程施工可能造成损害的毗邻建筑物、构筑物和地下管线等，应当采取专项防护措施。

施工单位应当遵守有关环境保护法律、法规的规定，在施工现场采取措施，防止或者减少粉尘、废气、废水、固体废物、噪声、振动和施工照明对人和环境的危害和污染。

在城市市区内建设工程，施工单位应对施工现场实行封闭围挡。

第三十一条 施工单位应当在施工现场建立消防安全责任制度，确定消防安全责任人，制定用火、用电、使用易燃易爆材料等各项消防安全管理制度和操作规程，设置消防通道、消防水源，配备消防设施和灭火器材，并在施工现场入口处设置明显标志。

第三十二条 施工单位应当向作业人员提供安全防护用具和安全防护服装，并书面告知危险岗位的操作规程和违章操作的危害。

作业人员有权对施工现场的作业条件、作业程序和作业方式中存在的安全问题提出批评、检举和控告，有权拒绝违章指挥和强令冒险作业。

在施工中发生危及人身安全的紧急情况时，作业人员有权立即停止作业或者在采取必要的应急措施后撤离危险区域。

第三十三条 作业人员应当遵守安全施工的强制性标准、规章制度和操作规程，正确使用安全防护用具、机械设备等。

第三十四条 施工单位采购、租赁的安全防护用具、机械设备、施工机具及配件，应当具有生产（制造）许可证、产品合格证，并在进入施工现场前进行查验。

施工现场的安全防护用具、机械设备、施工机具及配件必须由专人管理，定期进行检查、维修和保养，建立相应的资料档案，并按照国家有关规定及时报废。

第三十五条 施工单位在使用施工起重机械和整体提升脚手架、模板等自升式架设设施前，应当组织有关单位进行验收，也可以委托具有相应资质的检验检测机构进行验收；使用承租的机械设备和施工机具及配件的，由施工总承包单位、分包单位、出租单位和安装单位共同进行验收。验收合格的方可使用。

《特种设备安全监察条例》规定的施工起重机械，在验收前应当经有相应资质的检验检测机构监督检验合格。

施工单位应当自施工起重机械和整体提升脚手架、模板等自升式架设设施验收合格之日起30日内，向建设行政主管部门或者其他有关部门登记。登记标志应当置于或者附着于该设备的显著位置。

第三十六条 施工单位的主要负责人、项目负责人、专职安全生产管理人员应当经建设行政主管部门或者其他有关部门考核合格后方可任职。

施工单位应当对管理人员和作业人员每年至少进行一次安全生产教育培训，其教育培训情况记人个人工作档案。安全生产教育培训考核不合格的人员，不得上岗。

第三十七条 作业人员进入新的岗位或者新的施工现场前，应当接受安全生产教育培训。未经教育培训或者教育培训考核不合格的人员，不得上岗作业。

施工单位在采用新技术、新工艺、新设备、新材料时，应当对作业人员进行相应的安全生产教育培训。

第三十八条 施工单位应当为施工现场从事危险作业的人员办理意外伤害保险。

意外伤害保险费由施工单位支付。实行施工总承包的，由总承包单位支付意外伤害保险费。意外伤害保险期限自建设工程开工之日起至竣工验收合格止。

第五章　监督管理

第三十九条 国务院负责安全生产监督管理的部门依照《中华人民共和国安全生产法》的规定，对全国建设工程安全生产工作实施综合监督管理。

县级以上地方人民政府负责安全生产监督管理的部门依照《中华人民共和国安全生产法》的规定，对本行政区域内建设工程安全生产工作实施综合监督管理。

第四十条 国务院建设行政主管部门对全国的建设工程安全生产实施监督管理。国务院铁路、交通、水利等有关部门按照国务院规定的职责分工，负责有关专业建设工程安全生产的监督管理。

县级以上地方人民政府建设行政主管部门对本行政区域内的建设工程安全生产实施监督管理。县级以上地方人民政府交通、水利等有关部门在各自的职责范围内，负责本行政区域内的专业建设工程安全生产的监督管理。

第四十一条 建设行政主管部门和其他有关部门应当将本条例第十条、第十一条规定的有关资料的主要内容抄送同级负责安全生产监督管理的部门。

第四十二条 建设行政主管部门在审核发放施工许可证时，应当对建设工程是否有安全施工措施进行审查，对没有安全施工措施的，不得颁发施工许可证。

建设行政主管部门或者其他有关部门对建设工程是否有安全施工措施进行审查时，不得收取费用。

第四十三条 县级以上人民政府负有建设工程安全生产监督管理职责的部门在各自的职责范围内履行安全监督检查职责时，有权采取下列措施：

（一）要求被检查单位提供有关建设工程安全生产的文件和资料；

（二）进入被检查单位施工现场进行检查；

（三）纠正施工中违反安全生产要求的行为；

（四）对检查中发现的安全事故隐患，责令立即排除；重大安全事故隐患排除前或者排除过程中无法保证安全的，责令从危险区域内撤出作业人员或者暂时停止施工。

第四十四条 建设行政主管部门或者其他有关部门可以将施工现场的监督检查委托给建设工程安全监督机构具体实施。

第四十五条 国家对严重危及施工安全的工艺、设备、材料实行淘汰制度。具体目录，由国务院建设行政主管部门会同国务院其他有关部门制定并公布。

第四十六条 县级以上人民政府建设行政主管部门和其他有关部门应当及时受理对建设工程生产安全事故及安全事故隐患的检举、控告和投诉。

第六章 生产安全事故的应急救援和调查处理

第四十七条 县级以上地方人民政府建设行政主管部门应当根据本级人民政府的要求，制定本行政区域内建设工程特大生产安全事故应急救援预案。

第四十八条 施工单位应当制定本单位生产安全事故应急救援预案，建立应急救援组织或者配备应急救援人员，配备必要的应急救援器材、设备，并定期组织演练。

第四十九条 施工单位应当根据建设工程施工的特点、范围，对施工现场易发生重大事故的部位、环节进行监控，制定施工现场生产安全事故应急救援预案。

实行施工总承包的，由总承包单位统一组织编制建设工程生产安全事故应急救援预案，工程总承包单位和分包单位按照应急救援预案，各自建立应急救援组织或者配备应急救援人员，配备救援器材、设备，并定期组织演练。

第五十条 施工单位发生生产安全事故，应当按照国家有关伤亡事故报告和调查处理的规定，及时、如实地向负责安全生产监督管理的部门、建设行政主管部门或者其他有关部门报告；特种设备发生事故的，还应当同时向特种设备安全监督管理部门报告。接到报告的部门应当按照国家有关规定，如实上报。

实行施工总承包的建设工程，由总承包单位负责上报事故。

第五十一条 发生生产安全事故后，施工单位应当采取措施防止事故扩大，保护事故现场。需要移动现场物品时，应当作出标记和书面记录，妥善保管有关证物。

第五十二条 建设工程生产安全事故的调查、对事故责任单位和责任人的处罚与处理，按照有关法律、法规的规定执行。

第七章 法律责任

第五十三条 违反本条例的规定，县级以上人民政府建设行政主管部门或者其他有关行政管理部门的工作人员，有下列行为之一的，给予降级或者撤职的行政处分；构成犯罪的，依照刑法有关规定追究刑事责任：

（一）对不具备安全生产条件的施工单位颁发资质证书的；

（二）对没有安全施工措施的建设工程颁发施工许可证的；

（三）发现违法行为不予查处的；

（四）不依法履行监督管理职责的其他行为。

第五十四条 违反本条例的规定，建设单位未提供建设工程安全生产作业环境及安全施工措施所需费用的，责令限期改正；逾期未改正的，责令该建设工程停止施工。

建设单位未将保证安全施工的措施或者拆除工程的有关资料报送有关部门备案的，责令限期改正，给予警告。

第五十五条 违反本条例的规定，建设单位有下列行为之一的，责令限期改正，处20万元以上50万元以下的罚款；造成重大安全事故，构成犯罪的，对直接责任人员，依照刑法有关规定追究刑事责任；造成损失的，依法承担赔偿责任：

（一）对勘察、设计、施工、工程监理等单位提出不符合安全生产法律、法规和强制性标准规定的要求的；

（二）要求施工单位压缩合同约定的工期的；

（三）将拆除工程发包给不具有相应资质等级的施工单位的。

第五十六条　违反本条例的规定，勘察单位、设计单位有下列行为之一的，责令限期改正，处10万元以上30万元以下的罚款；情节严重的，责令停业整顿，降低资质等级，直至吊销资质证书；造成重大安全事故，构成犯罪的，对直接责任人员，依照刑法有关规定追究刑事责任；造成损失的，依法承担赔偿责任：

（一）未按照法律、法规和工程建设强制性标准进行勘察、设计的；

（二）采用新结构、新材料、新工艺的建设工程和特殊结构的建设工程，设计单位未在设计中提出保障施工作业人员安全和预防生产安全事故的措施建议的。

第五十七条　违反本条例的规定，工程监理单位有下列行为之一的，责令限期改正；逾期未改正的，责令停业整顿，并处10万元以上30万元以下的罚款；情节严重的，降低资质等级，直至吊销资质证书；造成重大安全事故，构成犯罪的，对直接责任人员，依照刑法有关规定追究刑事责任；造成损失的，依法承担赔偿责任：

（一）未对施工组织设计中的安全技术措施或者专项施工方案进行审查的；

（二）发现安全事故隐患未及时要求施工单位整改或者暂时停止施工的；

（三）施工单位拒不整改或者不停止施工，未及时向有关主管部门报告的；

（四）未依照法律、法规和工程建设强制性标准实施监理的。

第五十八条　注册执业人员未执行法律、法规和工程建设强制性标准的，责令停止执业3个月以上1年以下；情节严重的，吊销执业资格证书，5年内不予注册；造成重大安全事故的，终身不予注册；构成犯罪的，依照刑法有关规定追究刑事责任。

第五十九条　违反本条例的规定，为建设工程提供机械设备和配件的单位，未按照安全施工的要求配备齐全有效的保险、限位等安全设施和装置的，责令限期改正，处合同价款1倍以上3倍以下的罚款；造成损失的，依法承担赔偿责任。

第六十条　违反本条例的规定，出租单位出租未经安全性能检测或者经检测不合格的机械设备和施工机具及配件的，责令停业整顿，并处5万元以上10万元以下的罚款；造成损失的，依法承担赔偿责任。

第六十一条　违反本条例的规定，施工起重机械和整体提升脚手架、模板等自升式架设设施安装、拆卸单位有下列行为之一的，责令限期改正，处5万元以上10万元以下的罚款；情节严重的，责令停业整顿，降低资质等级，直至吊销资质证书；造成损失的，依法承担赔偿责任：

（一）未编制拆装方案、制定安全施工措施的；

（二）未由专业技术人员现场监督的；

（三）未出具自检合格证明或者出具虚假证明的；

（四）未向施工单位进行安全使用说明，办理移交手续的。

施工起重机械和整体提升脚手架、模板等自升式架设设施安装、拆卸单位有前款规定的第（一）项、第（三）项行为，经有关部门或者单位职工提出后，对事故隐患仍不采取措施，因而发生重大伤亡事故或者造成其他严重后果，构成犯罪的，对直接责任人员，依照刑法有关规定追究刑事责任。

第六十二条 违反本条例的规定，施工单位有下列行为之一的，责令限期改正；逾期未改正的，责令停业整顿，依照《中华人民共和国安全生产法》的有关规定处以罚款；造成重大安全事故，构成犯罪的，对直接责任人员，依照刑法有关规定追究刑事责任：

（一）未设立安全生产管理机构、配备专职安全生产管理人员或者分部分项工程施工时无专职安全生产管理人员现场监督的；

（二）施工单位的主要负责人、项目负责人、专职安全生产管理人员、作业人员或者特种作业人员，未经安全教育培训或者经考核不合格即从事相关工作的；

（三）未在施工现场的危险部位设置明显的安全警示标志，或者未按照国家有关规定在施工现场设置消防通道、消防水源、配备消防设施和灭火器材的；

（四）未向作业人员提供安全防护用具和安全防护服装的；

（五）未按照规定在施工起重机械和整体提升脚手架、模板等自升式架设设施验收合格后登记的；

（六）使用国家明令淘汰、禁止使用的危及施工安全的工艺、设备、材料的。

第六十三条 违反本条例的规定，施工单位挪用列入建设工程概算的安全生产作业环境及安全施工措施所需费用的，责令限期改正，处挪用费用20%以上50%以下的罚款；造成损失的，依法承担赔偿责任。

第六十四条 违反本条例的规定，施工单位有下列行为之一的，责令限期改正；逾期未改正的，责令停业整顿，并处5万元以上10万元以下的罚款；造成重大安全事故，构成犯罪的，对直接责任人员，依照刑法有关规定追究刑事责任：

（一）施工前未对有关安全施工的技术要求作出详细说明的；

（二）未根据不同施工阶段和周围环境及季节、气候的变化，在施工现场采取相应的安全施工措施，或者在城市市区内的建设工程的施工现场未实行封闭围挡的；

（三）在尚未竣工的建筑物内设置员工集体宿舍的；

（四）施工现场临时搭建的建筑物不符合安全使用要求的；

（五）未对因建设工程施工可能造成损害的毗邻建筑物、构筑物和地下管线等采取专项防护措施的。

施工单位有前款规定第（四）项、第（五）项行为，造成损失的，依法承担赔偿责任。

第六十五条　违反本条例的规定，施工单位有下列行为之一的，责令限期改正；逾期未改正的，责令停业整顿，并处10万元以上30万元以下的罚款；情节严重的，降低资质等级，直至吊销资质证书；造成重大安全事故，构成犯罪的，对直接责任人员，依照刑法有关规定追究刑事责任；造成损失的，依法承担赔偿责任：

（一）安全防护用具、机械设备、施工机具及配件在进入施工现场前未经查验或者查验不合格即投入使用的；

（二）使用未经验收或者验收不合格的施工起重机械和整体提升脚手架、模板等自升式架设设施的；

（三）委托不具有相应资质的单位承担施工现场安装、拆卸施工起重机械和整体提升脚手架、模板等自升式架设设施的；

（四）在施工组织设计中未编制安全技术措施、施工现场临时用电方案或者专项施工方案的。

第六十六条　违反本条例的规定，施工单位的主要负责人、项目负责人未履行安全生产管理职责的，责令限期改正；逾期未改正的，责令施工单位停业整顿；造成重大安全事故、重大伤亡事故或者其他严重后果，构成犯罪的，依照刑法有关规定追究刑事责任。

作业人员不服管理、违反规章制度和操作规程冒险作业造成重大伤亡事故或者其他严重后果，构成犯罪的，依照刑法有关规定追究刑事责任。

施工单位的主要负责人、项目负责人有前款违法行为，尚不够刑事处罚的，处2万元以上20万元以下的罚款或者按照管理权限给予撤职处分；自刑罚执行完毕或者受处分之日起，5年内不得担任任何施工单位的主要负责人、项目负责人。

第六十七条　施工单位取得资质证书后，降低安全生产条件的，责令限期改正；经整改仍未达到与其资质等级相适应的安全生产条件的，责令停业整顿，降低其资质等级直至吊销资质证书。

第六十八条 本条例规定的行政处罚，由建设行政主管部门或者其他有关部门依照法定职权决定。

违反消防安全管理规定的行为，由公安消防机构依法处罚。

有关法律、行政法规对建设工程安全生产违法行为的行政处罚决定机关另有规定的，从其规定。

第八章 附 则

第六十九条 抢险救灾和农民自建低层住宅的安全生产管理，不适用本条例。

第七十条 军事建设工程的安全生产管理，按照中央军事委员会的有关规定执行。

第七十一条 本条例自2004年2月1日起施行。

关于落实建设工程安全生产监理责任的若干意见

（建设部 2006年10月16日）

各省、自治区建设厅，直辖市建委，山东、江苏省建管局，新疆生产建设兵团建设局，国务院有关部门，总后基建营房部工程管理局，国资委管理的有关企业，有关行业协会：

为了认真贯彻《建设工程安全生产管理条例》（以下简称《条例》），指导和督促工程监理单位（以下简称“监理单位”）落实安全生产监理责任，做好建设工程安全生产的监理工作（以下简称“安全监理”），切实加强建设工程安全生产管理，提出如下意见：

一、建设工程安全监理的主要工作内容

监理单位应当按照法律、法规和工程建设强制性标准及监理委托合同实施监理，对所监理工程的施工安全生产进行监督检查，具体内容包括：

（一）施工准备阶段安全监理的主要工作内容

1. 监理单位应根据《条例》的规定，按照工程建设强制性标准、《建设工程监理规范》（GB50319—2000）和相关行业监理规范的要求，编制包括安全监理内容的项目监理规划，明确安全监理的范围、内容、工作程序和制度措施，以及人员配备计划和职责等。

2. 对中型及以上项目和《条例》第二十六条规定的危险性较大的分部分

项工程，监理单位应当编制监理实施细则。实施细则应当明确安全监理的方法、措施和控制要点，以及对施工单位安全技术措施的检查方案。

3. 审查施工单位编制的施工组织设计中的安全技术措施和危险性较大的分部分项工程安全专项施工方案是否符合工程建设强制性标准要求。审查的主要内容应当包括：

（1）施工单位编制的地下管线保护措施方案是否符合强制性标准要求；

（2）基坑支护与降水、土方开挖与边坡防护、模板、起重吊装、脚手架、拆除、爆破等分部分项工程的专项施工方案是否符合强制性标准要求；

（3）施工现场临时用电施工组织设计或者安全用电技术措施和电气防火措施是否符合强制性标准要求；

（4）冬季、雨季等季节性施工方案的制定是否符合强制性标准要求；

（5）施工总平面布置图是否符合安全生产的要求，办公、宿舍、食堂、道路等临时设施设置以及排水、防火措施是否符合强制性标准要求。

4. 检查施工单位在工程项目上的安全生产规章制度和安全监管机构的建立、健全及专职安全生产管理人员配备情况，督促施工单位检查各分包单位的安全生产规章制度的建立情况。

5. 审查施工单位资质和安全生产许可证是否合法有效。

6. 审查项目经理和专职安全生产管理人员是否具备合法资格，是否与投标文件相一致。

7. 审核特种作业人员的特种作业操作资格证书是否合法有效。

8. 审核施工单位应急救援预案和安全防护措施费用使用计划。

（二）施工阶段安全监理的主要工作内容

1. 监督施工单位按照施工组织设计中的安全技术措施和专项施工方案组织施工，及时制止违规施工作业。

2. 定期巡视检查施工过程中的危险性较大工程作业情况。

3. 核查施工现场施工起重机械、整体提升脚手架、模板等自升式架设设施和安全设施的验收手续。

4. 检查施工现场各种安全标志和安全防护措施是否符合强制性标准要求，并检查安全生产费用的使用情况。

5. 督促施工单位进行安全自查工作，并对施工单位自查情况进行抽查，参加建设单位组织的安全生产专项检查。

二、建设工程安全监理的工作程序

（一）监理单位按照《建设工程监理规范》和相关行业监理规范要求，编制含有安全监理内容的监理规划和监理实施细则。

（二）在施工准备阶段，监理单位审查核验施工单位提交的有关技术文件及资料，并由项目总监在有关技术文件报审表上签署意见；审查未通过的，安全技术措施及专项施工方案不得实施。

（三）在施工阶段，监理单位应对施工现场安全生产情况进行巡视检查，对发现的各类安全事故隐患，应书面通知施工单位，并督促其立即整改；情况严重的，监理单位应及时下达工程暂停令，要求施工单位停工整改，并同时报告建设单位。安全事故隐患消除后，监理单位应检查整改结果，签署复查或复工意见。施工单位拒不整改或不停工整改的，监理单位应当及时向工程所在地建设主管部门或工程项目的行业主管部门报告，以电话形式报告的，应当有通话记录，并及时补充书面报告。检查、整改、复查、报告等情况应记载在监理日志、监理月报中。

监理单位应核查施工单位提交的施工起重机械、整体提升脚手架、模板等自升式架设设施和安全设施等验收记录，并由安全监理人员签收备案。

（四）工程竣工后，监理单位应将有关安全生产的技术文件、验收记录、监理规划、监理实施细则、监理月报、监理会议纪要及相关书面通知等按规定立卷归档。

三、建设工程安全生产的监理责任

（一）监理单位应对施工组织设计中的安全技术措施或专项施工方案进行审查，未进行审查的，监理单位应承担《条例》第五十七条规定的法律责任。

施工组织设计中的安全技术措施或专项施工方案未经监理单位审查签字认可，施工单位擅自施工的，监理单位应及时下达工程暂停令，并将情况及时书面报告建设单位。监理单位未及时下达工程暂停令并报告的，应承担《条例》第五十七条规定的法律责任。

（二）监理单位在监理巡视检查过程中，发现存在安全事故隐患的，应按照有关规定及时下达书面指令要求施工单位进行整改或停止施工。监理单位发现安全事故隐患没有及时下达书面指令要求施工单位进行整改或停止施工的，应承担《条例》第五十七条规定的法律责任。

（三）施工单位拒绝按照监理单位的要求进行整改或者停止施工的，监理单位应及时将情况向当地建设主管部门或工程项目的行业主管部门报告。监理单位没有及时报告，应承担《条例》第五十七条规定的法律责任。

（四）监理单位未依照法律、法规和工程建设强制性标准实施监理的，应当承担《条例》第五十七条规定的法律责任。

监理单位履行了上述规定的职责，施工单位未执行监理指令继续施工或发生安全事故的，应依法追究监理单位以外的其他相关单位和人员的法律责任。

四、落实安全生产监理责任的主要工作

（一）健全监理单位安全监理责任制。监理单位法定代表人应对本企业监理工程项目的安全监理全面负责。总监理工程师要对工程项目的安全监理负责，并根据工程项目特点，明确监理人员的安全监理职责。

（二）完善监理单位安全生产管理制度。在健全审查核验制度、检查验收制度和督促整改制度基础上，完善工地例会制度及资料归档制度。定期召开工地例会，针对薄弱环节，提出整改意见，并督促落实；指定专人负责监理内业资料的整理、分类及立卷归档。

（三）建立监理人员安全生产教育培训制度。监理单位的总监理工程师和安全监理人员需经安全生产教育培训后方可上岗，其教育培训情况记入个人继续教育档案。

各级建设主管部门和有关主管部门应当加强建设工程安全生产管理工作的监督检查，督促监理单位落实安全生产监理责任，对监理单位实施安全监理给予支持和指导，共同督促施工单位加强安全生产管理，防止安全事故的发生。

中华人民共和国建设部

二〇〇六年十月十六日

建设工程监理范围和规模标准规定

（建设部　2001年1月17日）

第一条　为了确定必须实行监理的建设工程项目具体范围和规模标准，规范建设工程监理活动，根据《建设工程质量管理条例》，制定本规定。

第二条　下列建设工程必须实行监理：

（一）国家重点建设工程；

（二）大中型公用事业工程；

（三）成片开发建设的住宅小区工程；

（四）利用外国政府或者国际组织贷款、援助资金的工程；

（五）国家规定必须实行监理的其他工程。

第三条　国家重点建设工程，是指依据《国家重点建设项目管理办法》所确定的对国民经济和社会发展有重大影响的骨干项目。

第四条 大中型公用事业工程，是指项目总投资额在3000万元以上的下列工程项目：

（一）供水、供电、供气、供热等市政工程项目；

（二）科技、教育、文化等项目；

（三）体育、旅游、商业等项目；

（四）卫生、社会福利等项目；

（五）其他公用事业项目。

第五条 成片开发建设的住宅小区工程，建筑面积在5万平方米以上的住宅建设工程必须实行监理；5万平方米以下的住宅建设工程，可以实行监理，具体范围和规模标准，由省、自治区、直辖市人民政府建设行政主管部门规定。

为了保证住宅质量，对高层住宅及地基、结构复杂的多层住宅应当实行监理。

第六条 利用外国政府或者国际组织贷款、援助资金的工程范围包括：

（一）使用世界银行、亚洲开发银行等国际组织贷款资金的项目；

（二）使用国外政府及其机构贷款资金的项目；

（三）使用国际组织或者国外政府援助资金的项目。

第七条 国家规定必须实行监理的其他工程是指：

（一）项目总投资额在3000万元以上关系社会公共利益、公众安全的下列基础设施项目：

（1）煤炭、石油、化工、天然气、电力、新能源等项目；

（2）铁路、公路、管道、水运、民航以及其他交通运输业等项目；

（3）邮政、电信枢纽、通信、信息网络等项目；

（4）防洪、灌溉、排涝、发电、引（供）水、滩涂治理、水资源保护、水土保持等水利建设项目；

（5）道路、桥梁、地铁和轻轨交通、污水排放及处理、垃圾处理、地下管道、公共停车场等城市基础设施项目；

（6）生态环境保护项目；

（7）其他基础设施项目。

（二）学校、影剧院、体育场馆项目。

第八条 国务院建设行政主管部门商同国务院有关部门后，可以对本规定确定的必须实行监理的建设工程具体范围和规模标准进行调整。

第九条 本规定由国务院建设行政主管部门负责解释。

第十条 本规定自发布之日起施行。

工程监理企业资质管理规定

（建设部　2007年8月1日）

第一章　总　则

第一条　为了加强工程监理企业资质管理，规范建设工程监理活动，维护建筑市场秩序，根据《中华人民共和国建筑法》、《中华人民共和国行政许可法》、《建设工程质量管理条例》等法律、行政法规，制定本规定。

第二条　在中华人民共和国境内从事建设工程监理活动，申请工程监理企业资质，实施对工程监理企业资质监督管理，适用本规定。

第三条　从事建设工程监理活动的企业，应当按照本规定取得工程监理企业资质，并在工程监理企业资质证书（以下简称资质证书）许可的范围内从事工程监理活动。

第四条　国务院建设主管部门负责全国工程监理企业资质的统一监督管理工作。国务院铁路、交通、水利、信息产业、民航等有关部门配合国务院建设主管部门实施相关资质类别工程监理企业资质的监督管理工作。

省、自治区、直辖市人民政府建设主管部门负责本行政区域内工程监理企业资质的统一监督管理工作。省、自治区、直辖市人民政府交通、水利、信息产业等有关部门配合同级建设主管部门实施相关资质类别工程监理企业资质的监督管理工作。

第五条　工程监理行业组织应当加强工程监理行业自律管理。

鼓励工程监理企业加入工程监理行业组织。

第二章　资质等级和业务范围

第六条　工程监理企业资质分为综合资质、专业资质和事务所资质。其中，专业资质按照工程性质和技术特点划分为若干工程类别。

综合资质、事务所资质不分级别。专业资质分为甲级、乙级；其中，房屋建筑、水利水电、公路和市政公用专业资质可设立丙级。

第七条　工程监理企业的资质等级标准如下：

（一）综合资质标准

1. 具有独立法人资格且注册资本不少于600万元。

2. 企业技术负责人应为注册监理工程师，并具有15年以上从事工程建设工作的经历或者具有工程类高级职称。

3. 具有5个以上工程类别的专业甲级工程监理资质。

4. 注册监理工程师不少于60人，注册造价工程师不少于5人，一级注册建造师、一级注册建筑师、一级注册结构工程师或者其他勘察设计注册工程师合计不少于15人次。

5. 企业具有完善的组织结构和质量管理体系，有健全的技术、档案等管理制度。

6. 企业具有必要的工程试验检测设备。

7. 申请工程监理资质之日前一年内没有本规定第十六条禁止的行为。

8. 申请工程监理资质之日前一年内没有因本企业监理责任造成重大质量事故。

9. 申请工程监理资质之日前一年内没有因本企业监理责任发生三级以上工程建设重大安全事故或者发生两起以上四级工程建设安全事故。

（二）专业资质标准

1. 甲级

（1）具有独立法人资格且注册资本不少于300万元。

（2）企业技术负责人应为注册监理工程师，并具有15年以上从事工程建设工作的经历或者具有工程类高级职称。

（3）注册监理工程师、注册造价工程师、一级注册建造师、一级注册建筑师、一级注册结构工程师或者其他勘察设计注册工程师合计不少于25人次；其中，相应专业注册监理工程师不少于《专业资质注册监理工程师人数配备表》（附表1）中要求配备的人数，注册造价工程师不少于2人。

（4）企业近2年内独立监理过3个以上相应专业的二级工程项目，但是，具有甲级设计资质或一级及以上施工总承包资质的企业申请本专业工程类别甲级资质的除外。

（5）企业具有完善的组织结构和质量管理体系，有健全的技术、档案等管理制度。

（6）企业具有必要的工程试验检测设备。

（7）申请工程监理资质之日前一年内没有本规定第十六条禁止的行为。

（8）申请工程监理资质之日前一年内没有因本企业监理责任造成重大质量事故。

（9）申请工程监理资质之日前一年内没有因本企业监理责任发生三级以上工程建设重大安全事故或者发生两起以上四级工程建设安全事故。

2. 乙级

（1）具有独立法人资格且注册资本不少于100万元。

（2）企业技术负责人应为注册监理工程师，并具有10年以上从事工程建设工作的经历。

（3）注册监理工程师、注册造价工程师、一级注册建造师、一级注册建筑师、一级注册结构工程师或者其他勘察设计注册工程师合计不少于15人次。其中，相应专业注册监理工程师不少于《专业资质注册监理工程师人数配备表》（附表1）中要求配备的人数，注册造价工程师不少于1人。

（4）企业具有较完善的组织结构和质量管理体系，有技术、档案等管理制度。

（5）企业具有必要的工程试验检测设备。

（6）申请工程监理资质之日前一年内没有本规定第十六条禁止的行为。

（7）申请工程监理资质之日前一年内没有因本企业监理责任造成重大质量事故。

（8）申请工程监理资质之日前一年内没有因本企业监理责任发生三级以上工程建设重大安全事故或者发生两起以上四级工程建设安全事故。

3. 丙级

（1）具有独立法人资格且注册资本不少于50万元。

（2）企业技术负责人应为注册监理工程师，并具有8年以上从事工程建设工作的经历。

（3）相应专业的注册监理工程师不少于《专业资质注册监理工程师人数配备表》（附表1）中要求配备的人数。

（4）企业具有必要的质量管理体系和规章制度。

（5）企业具有必要的工程试验检测设备。

（三）事务所资质标准

1. 取得合伙企业营业执照，具有书面合作协议书。

2. 合伙人中有3名以上注册监理工程师，合伙人均有5年以上从事建设工程监理的工作经历。

3. 有固定的工作场所。

4. 有必要的质量管理体系和规章制度。

5. 有必要的工程试验检测设备。

第八条　工程监理企业资质相应许可的业务范围如下：

（一）综合资质

可以承担所有专业工程类别建设工程项目的工程监理业务。

（二）专业资质

1. 专业甲级资质：

可承担相应专业工程类别建设工程项目的工程监理业务（见附表2）。

2. 专业乙级资质：

可承担相应专业工程类别二级以下（含二级）建设工程项目的工程监理业务（见附表2）。

3. 专业丙级资质：

可承担相应专业工程类别三级建设工程项目的工程监理业务（见附表2）。

（三）事务所资质

可承担三级建设工程项目的工程监理业务（见附表2），但是，国家规定必须实行强制监理的工程除外。

工程监理企业可以开展相应类别建设工程的项目管理、技术咨询等业务。

第三章　资质申请和审批

第九条　申请综合资质、专业甲级资质的，应当向企业工商注册所在地的省、自治区、直辖市人民政府建设主管部门提出申请。

省、自治区、直辖市人民政府建设主管部门应当自受理申请之日起20日内初审完毕，并将初审意见和申请材料报国务院建设主管部门。

国务院建设主管部门应当自省、自治区、直辖市人民政府建设主管部门受理申请材料之日起60日内完成审查，公示审查意见，公示时间为10日。其中，涉及铁路、交通、水利、通信、民航等专业工程监理资质的，由国务院建设主管部门送国务院有关部门审核。国务院有关部门应当在20日内审核完毕，并将审核意见报国务院建设主管部门。国务院建设主管部门根据初审意见审批。

第十条　专业乙级、丙级资质和事务所资质由企业所在地省、自治区、直辖市人民政府建设主管部门审批。

专业乙级、丙级资质和事务所资质许可。延续的实施程序由省、自治区、直辖市人民政府建设主管部门依法确定。

省、自治区、直辖市人民政府建设主管部门应当自作出决定之日起10日内，将准予资质许可的决定报国务院建设主管部门备案。

第十一条　工程监理企业资质证书分为正本和副本，每套资质证书包括一本正本，四本副本。正、副本具有同等法律效力。

工程监理企业资质证书的有效期为5年。

工程监理企业资质证书由国务院建设主管部门统一印制并发放。

第十二条　申请工程监理企业资质，应当提交以下材料：

（一）工程监理企业资质申请表（一式三份）及相应电子文档；

（二）企业法人、合伙企业营业执照；

（三）企业章程或合伙人协议；

（四）企业法定代表人、企业负责人和技术负责人的身份证明、工作简历及任命（聘用）文件；

（五）工程监理企业资质申请表中所列注册监理工程师及其他注册执业人员的注册执业证书；

（六）有关企业质量管理体系、技术和档案等管理制度的证明材料；

（七）有关工程试验检测设备的证明材料。

取得专业资质的企业申请晋升专业资质等级或者取得专业甲级资质的企业申请综合资质的，除前款规定的材料外，还应当提交企业原工程监理企业资质证书正、副本复印件，企业《监理业务手册》及近两年已完成代表工程的监理合同、监理规划、工程竣工验收报告及监理工作总结。

第十三条 资质有效期届满，工程监理企业需要继续从事工程监理活动的，应当在资质证书有效期届满 60 日前，向原资质许可机关申请办理延续手续。

对在资质有效期内遵守有关法律、法规、规章、技术标准，信用档案中无不良记录，且专业技术人员满足资质标准要求的企业，经资质许可机关同意，有效期延续 5 年。

第十四条 工程监理企业在资质证书有效期内名称、地址、注册资本、法定代表人等发生变更的，应当在工商行政管理部门办理变更手续后 30 日内办理资质证书变更手续。

涉及综合资质、专业甲级资质证书中企业名称变更的，由国务院建设主管部门负责办理，并自受理申请之日起 3 日内办理变更手续。

前款规定以外的资质证书变更手续，由省、自治区、直辖市人民政府建设主管部门负责办理。省、自治区、直辖市人民政府建设主管部门应当自受理申请之日起 3 日内办理变更手续，并在办理资质证书变更手续后 15 日内将变更结果报国务院建设主管部门备案。

第十五条 申请资质证书变更，应当提交以下材料：

（一）资质证书变更的申请报告；

（二）企业法人营业执照副本原件；

（三）工程监理企业资质证书正、副本原件。

工程监理企业改制的，除前款规定材料外，还应当提交企业职工代表大会或股东大会关于企业改制或股权变更的决议、企业上级主管部门关于企业申请改制的批复文件。

第十六条 工程监理企业不得有下列行为：

（一）与建设单位串通投标或者与其他工程监理企业串通投标，以行贿手段谋取中标；

（二）与建设单位或者施工单位串通弄虚作假、降低工程质量；

（三）将不合格的建设工程、建筑材料、建筑构配件和设备按照合格签字；

（四）超越本企业资质等级或以其他企业名义承揽监理业务；

（五）允许其他单位或个人以本企业的名义承揽工程；

（六）将承揽的监理业务转包；

（七）在监理过程中实施商业贿赂；

（八）涂改、伪造、出借、转让工程监理企业资质证书；

（九）其他违反法律法规的行为。

第十七条 工程监理企业合并的，合并后存续或者新设立的工程监理企业可以承继合并前各方中较高的资质等级，但应当符合相应的资质等级条件。

工程监理企业分立的，分立后企业的资质等级，根据实际达到的资质条件，按照本规定的审批程序核定。

第十八条 企业需增补工程监理企业资质证书的（含增加、更换、遗失补办），应当持资质证书增补申请及电子文档等材料向资质许可机关申请办理。遗失资质证书的，在申请补办前应当在公众媒体刊登遗失声明。资质许可机关应当自受理申请之日起3日内予以办理。

第四章 监督管理

第十九条 县级以上人民政府建设主管部门和其他有关部门应当依照有关法律、法规和本规定，加强对工程监理企业资质的监督管理。

第二十条 建设主管部门履行监督检查职责时，有权采取下列措施：

（一）要求被检查单位提供工程监理企业资质证书、注册监理工程师注册执业证书，有关工程监理业务的文档，有关质量管理、安全生产管理、档案管理等企业内部管理制度的文件；

（二）进入被检查单位进行检查，查阅相关资料；

（三）纠正违反有关法律、法规和本规定及有关规范和标准的行为。

第二十一条 建设主管部门进行监督检查时，应当有两名以上监督检查人员参加，并出示执法证件，不得妨碍被检查单位的正常经营活动，不得索取或者收受财物、谋取其他利益。

有关单位和个人对依法进行的监督检查应当协助与配合，不得拒绝或者阻挠。

监督检查机关应当将监督检查的处理结果向社会公布。

第二十二条　工程监理企业违法从事工程监理活动的，违法行为发生地的县级以上地方人民政府建设主管部门应当依法查处，并将违法事实、处理结果或处理建议及时报告该工程监理企业资质的许可机关。

第二十三条　工程监理企业取得工程监理企业资质后不再符合相应资质条件的，资质许可机关根据利害关系人的请求或者依据职权，可以责令其限期改正；逾期不改的，可以撤回其资质。

第二十四条　有下列情形之一的，资质许可机关或者其上级机关，根据利害关系人的请求或者依据职权，可以撤销工程监理企业资质：

（一）资质许可机关工作人员滥用职权、玩忽职守作出准予工程监理企业资质许可的；

（二）超越法定职权作出准予工程监理企业资质许可的；

（三）违反资质审批程序作出准予工程监理企业资质许可的；

（四）对不符合许可条件的申请人作出准予工程监理企业资质许可的；

（五）依法可以撤销资质证书的其他情形。

以欺骗、贿赂等不正当手段取得工程监理企业资质证书的，应当予以撤销。

第二十五条　有下列情形之一的，工程监理企业应当及时向资质许可机关提出注销资质的申请，交回资质证书，国务院建设主管部门应当办理注销手续，公告其资质证书作废：

（一）资质证书有效期届满，未依法申请延续的；

（二）工程监理企业依法终止的；

（三）工程监理企业资质依法被撤销、撤回或吊销的；

（四）法律、法规规定的应当注销资质的其他情形。

第二十六条　工程监理企业应当按照有关规定，向资质许可机关提供真实、准确、完整的工程监理企业的信用档案信息。

工程监理企业的信用档案应当包括基本情况、业绩、工程质量和安全、合同违约等情况。被投诉举报和处理、行政处罚等情况应当作为不良行为记入其信用档案。

工程监理企业的信用档案信息按照有关规定向社会公示，公众有权查阅。

第五章　法律责任

第二十七条　申请人隐瞒有关情况或者提供虚假材料申请工程监理企业资

质的，资质许可机关不予受理或者不予行政许可，并给予警告，申请人在1年内不得再次申请工程监理企业资质。

第二十八条 以欺骗、贿赂等不正当手段取得工程监理企业资质证书的，由县级以上地方人民政府建设主管部门或者有关部门给予警告，并处1万元以上2万元以下的罚款，申请人3年内不得再次申请工程监理企业资质。

第二十九条 工程监理企业有本规定第十六条第（七）项、第（八）项行为之一的，由县级以上地方人民政府建设主管部门或者有关部门予以警告，责令其改正，并处1万元以上3万元以下的罚款；造成损失的，依法承担赔偿责任；构成犯罪的，依法追究刑事责任。

第三十条 违反本规定，工程监理企业不及时办理资质证书变更手续的，由资质许可机关责令限期办理；逾期不办理的，可处以1千元以上1万元以下的罚款。

第三十一条 工程监理企业未按照本规定要求提供工程监理企业信用档案信息的，由县级以上地方人民政府建设主管部门予以警告，责令限期改正；逾期未改正的，可处以1千元以上1万元以下的罚款。

第三十二条 县级以上地方人民政府建设主管部门依法给予工程监理企业行政处罚的，应当将行政处罚决定以及给予行政处罚的事实、理由和依据，报国务院建设主管部门备案。

第三十三条 县级以上人民政府建设主管部门及有关部门有下列情形之一的，由其上级行政主管部门或者监察机关责令改正，对直接负责的主管人员和其他直接责任人员依法给予处分；构成犯罪的，依法追究刑事责任：

（一）对不符合本规定条件的申请人准予工程监理企业资质许可的；

（二）对符合本规定条件的申请人不予工程监理企业资质许可或者不在法定期限内作出准予许可决定的；

（三）对符合法定条件的申请不予受理或者未在法定期限内初审完毕的；

（四）利用职务上的便利，收受他人财物或者其他好处的；

（五）不依法履行监督管理职责或者监督不力，造成严重后果的。

第六章　附　则

第三十四条 本规定自2007年8月1日起施行。2001年8月29日建设部颁布的《工程监理企业资质管理规定》（建设部令第102号）同时废止。

附表：1. 专业资质注册监理工程师人数配备表

2. 专业工程类别和等级表

附表1　专业资质注册监理工程师人数配备表　（单位：人）

序号	工程类别	甲级	乙级	丙级
1	房屋建筑工程	15	10	5
2	冶炼工程	15	10	
3	矿山工程	20	12	
4	化工石油工程	15	10	
5	水利水电工程	20	12	5
6	电力工程	15	10	
7	农林工程	15	10	
8	铁路工程	23	14	
9	公路工程	20	12	5
10	港口与航道工程	20	12	
11	航天航空工程	20	12	
12	通信工程	20	12	
13	市政公用工程	15	10	5
14	机电安装工程	15	10	

注：表中各专业资质注册监理工程师人数配备是指企业取得本专业工程类别注册的注册监理工程师人数。

附表2　专业工程类别和等级表

序号	工程类别		一级	二级	三级
一	房屋建筑工程	一般公共建筑	28层以上；36米跨度以上（轻钢结构除外）；单项工程建筑面积3万平方米以上	14～28层；24～36米跨度（轻钢结构除外）；单项工程建筑面积1万～3万平方米	14层以下；24米跨度以下（轻钢结构除外）；单项工程建筑面积1万平方米以下
		高耸构筑工程	高度120米以上	高度70～120米	高度70米以下
		住宅工程	小区建筑面积12万平方米以上；单项工程28层以上	建筑面积6万～12万平方米；单项工程14～28层	建筑面积6万平方米以下；单项工程14层以下

续表

序号	工程类别		一级	二级	三级
二	冶炼工程	钢铁冶炼、连铸工程	年产100万吨以上；单座高炉炉容1250立方米以上；单座公称容量转炉100吨以上；电炉50吨以上；连铸年产100万吨以上或板坯连铸单机1450毫米以上	年产100万吨以下；单座高炉炉容1250立方米以下；单座公称容量转炉100吨以下；电炉50吨以下；连铸年产100万吨以下或板坯连铸单机1450毫米以下	
		轧钢工程	热轧年产100万吨以上，装备连续、半连续轧机；冷轧带板年产100万吨以上，冷轧线材年产30万吨以上或装备连续、半连续轧机	热轧年产100万吨以下，装备连续、半连续轧机；冷轧带板年产100万吨以下，冷轧线材年产30万吨以下或装备连续、半连续轧机	
		冶炼辅助工程	炼焦工程年产50万吨以上或炭化室高度4.3米以上；单台烧结机100平方米以上；小时制氧300立方米以上	炼焦工程年产50万吨以下或炭化室高度4.3米以下；单台烧结机100平方米以下：小时制氧300立方米以下	
		有色冶炼工程	有色冶炼年产10万吨以上；有色金属加工年产5万吨以上；氧化铝工程40万吨以上	有色冶炼年产10万吨以下；有色金属加工年产5万吨以下；氧化铝工程40万吨以下	
		建材工程	水泥日产2000吨以上；浮化玻璃日熔量400吨以上；池窑拉丝玻璃纤维、特种纤维；特种陶瓷生产线工程	水泥日产2000吨以下；浮化玻璃日熔量400吨以下；普通玻璃生产线；组合炉拉丝玻璃纤维；非金属材料、玻璃钢、耐火材料、建筑及卫生陶瓷厂工程	

续表

序号	工程类别		一级	二级	三级
三	矿山工程	煤矿工程	年产120万吨以上的井工矿工程；年产120万吨以上的洗选煤工程；深度800米以上的立井井筒工程；年产400万吨以上的露天矿山工程	年产120万吨以下的井工矿工程；年产120万吨以下的洗选煤工程；深度800米以下的立井井筒工程：年产400万吨以下的露天矿山工程	
		冶金矿山工程	年产100万吨以上的黑色矿山采选工程；年产100万吨以上的有色砂矿采、选工程；年产60万吨以上的有色脉矿采、选工程	年产100万吨以下的黑色矿山采选工程；年产100万吨以下的有色砂矿采、选工程；年产60万吨以下的有色脉矿采、选工程	
		化工矿山工程	年产60万吨以上的磷矿、硫铁矿工程	年产60万吨以下的磷矿、硫铁矿工程	
		铀矿工程	年产10万吨以上的铀矿；年产200吨以上的铀选冶	年产10万吨以下的铀矿；年产200吨以下的铀选冶	
		建材类非金属矿工程	年产70万吨以上的石灰石矿；年产30万吨以上的石膏矿、石英砂岩矿	年产70万吨以下的石灰石矿；年产30万吨以下的石膏矿、石英砂岩矿	
四	化工石油工程	油田工程	原油处理能力150万吨/年以上、天然气处理能力150万方/天以上、产能50万吨以上及配套设施	原油处理能力150万吨/年以下、天然气处理能力150万方/天以下、产能50万吨以下及配套设施	
		油气储运工程	压力容器8MPa以上；油气储罐10万立方米/台以上；长输管道120千米以上	压力容器8MPa以下；油气储罐10万立方米/台以下；长输管道120千米以下	
		炼油化工工程	原油处理能力在500万吨/年以上的一次加工及相应二次加工装置和后加工装置	原油处理能力在500万吨/年以下的一次加工及相应二次加工装置和后加工装置	

续表

序号	工程类别		一级	二级	三级
四	化工石油工程	基本原材料工程	年产30万吨以上的乙烯工程；年产4万吨以上的合成橡胶、合成树脂及塑料和化纤工程	年产30万吨以下的乙烯工程；年产4万吨以下的合成橡胶、合成树脂及塑料和化纤工程	
		化肥工程	年产20万吨以上合成氨及相应后加工装置；年产24万吨以上磷氨工程	年产20万吨以下合成氨及相应后加工装置；年产24万吨以下磷氨工程	
		酸碱工程	年产硫酸16万吨以上；年产烧碱8万吨以上；年产纯碱40万吨以上	年产硫酸16万吨以下；年产烧碱8万吨以下；年产纯碱40万吨以下	
		轮胎工程	年产30万套以上	年产30万套以下	
		核化工及加工工程	年产1000吨以上的铀转换化工工程；年产100吨以上的铀浓缩工程；总投资10亿元以上的乏燃料后处理工程；年产200吨以上的燃料元件加工工程；总投资5000万元以上的核技术及同位素应用工程	年产1000吨以下的铀转换化工工程；年产100吨以下的铀浓缩工程；总投资10亿元以下的乏燃料后处理工程；年产200吨以下的燃料元件加工工程；总投资5000万元以下的核技术及同位素应用工程	
		医药及其他化工工程	总投资1亿元以上	总投资1亿元以下	
五	水利水电工程	水库工程	总库容1亿立方米以上	总库容1千万~1亿立方米	总库容1千万立方米以下
		水力发电站工程	总装机容量300MW以上	总装机容量50MW~300MW	总装机容量50MW以下
		其他水利工程	引调水堤防等级1级；灌溉排涝流量5立方米/秒以上；河道整治面积30万亩以上；城市防洪城市人口50万人以上；围垦面积5万亩以上；水土保持综合治理面积1000平方公里以上	引调水堤防等级2、3级；灌溉排涝流量0.5~5立方米/秒；河道整治面积3万~30万亩；城市防洪城市人口20万~50万人；围垦面积0.5万~5万亩；水土保持综合治理面积100~1000平方公里	引调水堤防等级4、5级；灌溉排涝流量0.5立方米/秒以下；河道整治面积3万亩以下；城市防洪城市人口20万人以下；围垦面积0.5万亩以下；水土保持综合治理面积100平方公里以下

续表

序号	工程类别		一级	二级	三级
六	电力工程	火力发电站工程	单机容量30万千瓦以上	单机容量30万千瓦以下	
		输变电工程	330千伏以上	330千伏以下	
		核电工程	核电站；核反应堆工程		
七	农林工程	林业局（场）总体工程	面积35万公顷以上	面积35万公顷以下	
		林产工业工程	总投资5000万元以上	总投资5000万元以下	
		农业综合开发工程	总投资3000万元以上	总投资3000万元以下	
		种植业工程	2万亩以上或总投资1500万元以上	2万亩以下或总投资1500万元以下	
		兽医/畜牧工程	总投资1500万元以上	总投资1500万元以下	
		渔业工程	渔港工程总投资3000万元以上；水产养殖等其他工程总投资1500万元以上	渔港工程总投资3000万元以下；水产养殖等其他工程总投资1500万元以下	
		设施农业工程	设施园艺工程1公顷以上；农产品加工等其他工程总投资1500万元以上	设施园艺工程1公顷以下；农产品加工等其他工程总投资1500万元以下	
		核设施退役及放射性三废处理处置工程	总投资5000万元以上	总投资5000万元以下	
八	铁路工程	铁路综合工程	新建、改建一级干线；单线铁路40千米以上；双线30千米以上及枢纽	单线铁路40千米以下；双线30千米以下；二级干线及站线；专用线、专用铁路	
		铁路桥梁工程	桥长500米以上	桥长500米以下	
		铁路隧道工程	单线3000米以上；双线1500米以上	单线3000米以下；双线1500米以下	
		铁路通信、信号、电力电气化工程	新建、改建铁路（含枢纽、配、变电所、分区亭）单双线200千米及以上	新建、改建铁路（不含枢纽、配、变电所、分区亭）单双线200千米及以下	

续表

序号	工程类别		一级	二级	三级
九	公路工程	公路工程	高速公路	高速公路路基工程及一级公路	一级公路路基工程及二级以下各级公路
		公路桥梁工程	独立大桥工程；特大桥总长1000米以上或单跨跨径150米以上	大桥、中桥桥梁总长30～1000米或单跨跨径20～150米	小桥总长30米以下或单跨跨径20米以下；涵洞工程
		公路隧道工程	隧道长度1000米以上	隧道长度500～1000米	隧道长度500米以下
		其他工程	通信、监控、收费等机电工程，高速公路交通安全设施、环保工程和沿线附属设施	一级公路交通安全设施、环保工程和沿线附属设施	二级及以下公路交通安全设施、环保工程和沿线附属设施
十	港口与航道工程	港口工程	集装箱、件杂、多用途等沿海港口工程20000吨级以上；散货、原油沿海港口工程30000吨级以上；1000吨级以上内河港口工程	集装箱、件杂、多用途等沿海港口工程20000吨级以下；散货、原油沿海港口工程30000吨级以下；1000吨级以下内河港口工程	
		通航建筑与整治工程	1000吨级以上	1000吨级以下	
		航道工程	通航30000吨级以上船舶沿海复杂航道；通航1000吨级以上船舶的内河航运工程项目	通航30000吨级以下船舶沿海航道；通航1000吨级以下船舶的内河航运工程项目	
		修造船水工工程	10000吨位以上的船坞工程；船体重量5000吨位以上的船台、滑道工程	10000吨位以下的船坞工程；船体重量5000吨位以下的船台、滑道工程	
		防波堤、导流堤等水工工程	最大水深6米以上	最大水深6米以下	
		其他水运工程项目	建安工程费6000万元以上的沿海水运工程项目；建安工程费4000万元以上的内河水运工程项目	建安工程费6000万元以下的沿海水运工程项目；建安工程费4000万元以下的内河水运工程项目	

续表

序号	工程类别		一级	二级	三级
十一	航天航空工程	民用机场工程	飞行区指标为4E及以上及其配套工程	飞行区指标为4D及以下及其配套工程	
		航空飞行器	航空飞行器（综合）工程总投资1亿元以上；航空飞行器（单项）工程总投资3000万元以上	航空飞行器（综合）工程总投资1亿元以下；航空飞行器（单项）工程总投资3000万元以下	
		航天空间飞行器	工程总投资3000万元以上；面积3000平方米以上；跨度18米以上	工程总投资3000万元以下；面积3000平方米以下；跨度18米以下	
十二	通信工程	有线、无线传输通信工程，卫星、综合布线	省际通信、信息网络工程	省内通信、信息网络工程	
		邮政、电信、广播枢纽及交换工程	省会城市邮政、电信枢纽	地市级城市邮政、电信枢纽	
		发射台工程	总发射功率500千瓦以上短波或600千瓦以上中波发射台；高度200米以上广播电视发射塔	总发射功率500千瓦以下短波或600千瓦以下中波发射台；高度200米以下广播电视发射塔	
十三	市政公用工程	城市道路工程	城市快速路、主干路，城市互通式立交桥及单孔跨径100米以上桥梁；长度1000米以上的隧道工程	城市次干路工程，城市分离式立交桥及单孔跨径100米以下的桥梁；长度1000米以下的隧道工程	城市支路工程、过街天桥及地下通道工程
		给水排水工程	10万吨/日以上的给水厂；5万吨/日以上污水处理工程；3立方米/秒以上的给水、污水泵站；15立方米/秒以上的雨泵站；直径2.5米以上的给排水管道	2万~10万吨/日的给水厂；1万~5万吨/日污水处理工程；1~3立方米/秒的给水、污水泵站；5~15立方米/秒的雨泵站；直径1~2.5米的给水管道；直径1.5~2.5米的排水管道	2万吨/日以下的给水厂；1万吨/日以下污水处理工程；1立方米/秒以下的给水、污水泵站；5立方米/秒以下的雨泵站；直径1米以下的给水管道；直径1.5米以下的排水管道

续表

序号	工程类别		一级	二级	三级
十三	市政公用工程	燃气热力工程	总储存容积1000立方米以上液化气贮罐场（站）；供气规模15万立方米/日以上的燃气工程；中压以上的燃气管道、调压站；供热面积150万平方米以上的热力工程	总储存容积1000立方米以下的液化气贮罐场（站）；供气规模15万立方米/日以下的燃气工程；中压以下的燃气管道、调压站；供热面积50万~150万平方米的热力工程	供热面积50万平方米以下的热力工程
		垃圾处理工程	1200吨/日以上的垃圾焚烧和填埋工程	500~1200吨/日的垃圾焚烧及填埋工程	500吨/日以下的垃圾焚烧及填埋工程
		地铁轻轨工程	各类地铁轻轨工程		
		风景园林工程	总投资3000万元以上	总投资1000万~3000万元	总投资1000万元以下
十四	机电安装工程	机械工程	总投资5000万元以上	总投资5000万以下	
		电子工程	总投资1亿元以上；含有净化级别6级以上的工程	总投资1亿元以下；含有净化级别6级以下的工程	
		轻纺工程	总投资5000万元以上	总投资5000万元以下	
		兵器工程	建安工程费3000万元以上的坦克装甲车辆、炸药、弹箭工程；建安工程费2000万元以上的枪炮、光电工程；建安工程费1000万元以上的防化民爆工程	建安工程费3000万元以下的坦克装甲车辆、炸药、弹箭工程；建安工程费2000万元以下的枪炮、光电工程；建安工程费1000万元以下的防化民爆工程	

续表

序号	工程类别		一级	二级	三级
十四	机电安装工程	船舶工程	船舶制造工程总投资1亿元以上；船舶科研、机械、修理工程总投资5000万元以上	船舶制造工程总投资1亿元以下；船舶科研、机械、修理工程总投资5000万元以下	
		其他工程	总投资5000万元以上	总投资5000万元以下	

注：1. 表中的“以上”含本数，“以下”不含本数。

2. 未列入本表中的其他专业工程，由国务院有关部门按照有关规定在相应的工程类别中划分等级。

3. 房屋建筑工程包括结合城市建设与民用建筑修建的附建人防工程。

主要参考文献

[1] 中国建设监理协会．建设工程监理概论［M］．北京：知识产权出版社，2008.
[2] 中国建设监理协会．建设工程合同管理［M］．北京：知识产权出版社，2008.
[3] 中国建设监理协会．建设工程投资控制［M］．北京：知识产权出版社，2008.
[4] 中国建设监理协会．建设工程质量控制［M］．北京：中国建筑工业出版社，2008.
[5] 中国建设监理协会．建设工程进度控制［M］．北京：中国建筑工业出版社，2008.
[6] 中国建设监理协会．建设工程信息管理［M］．北京：中国建筑工业出版社，2008.
[7] 徐崇禄，任燕增，刘新锋编著．建设工程施工合同示范文本应用指南［M］．北京：物价出版社，2000.
[8] 全国一级建造师执业资格考试用书编写委员会．建设工程项目管理［M］．北京：中国建筑工业出版社，2007.
[9] 全国一级建造师执业资格考试用书编写委员会．建筑工程管理与实务［M］．北京：中国建筑工业出版社，2007.
[10] 建设工程监理规范 GB 50319—2000. 北京：中国建筑工业出版社，2001.
[11] 建筑工程施工质量验收统一标准 GB 50300—2001. 北京：中国建筑工业出版社，2002.
[12] 混凝土结构工程施工质量验收规范 GB50204—2002. 北京：中国建筑工业出版社，2002.